ABHANDLUNGEN UND VORTRÄGE

ZUR GESCHICHTE DER

NATURWISSENSCHAFTEN

VON

PROF. DR. EDMUND O. VON LIPPMANN
DR.-ING. E. H. DER KGL. TECHNISCHEN HOCHSCHULE ZU DRESDEN
DIREKTOR DER „ZUCKERRAFFINERIE HALLE"
ZU HALLE A. S.

„Die Geschichte der Wissenschaft ist die Wissenschaft selbst." Goethe

ZWEITER BAND

VERLAG VON VEIT & COMP. IN LEIPZIG
1913

Zur Geschichte der Naturwissenschaften

ABHANDLUNGEN UND VORTRÄGE

ZUR GESCHICHTE DER

NATURWISSENSCHAFTEN

VON

PROF. DR. EDMUND O. VON LIPPMANN

DR.-ING. E. H. DER KGL. TECHNISCHEN HOCHSCHULE ZU DRESDEN
DIREKTOR DER „ZUCKERRAFFINERIE HALLE"
ZU HALLE A. S.

„Die Geschichte der Wissenschaft ist die Wissenschaft selbst." Goethe

ZWEITER BAND

VERLAG VON VEIT & COMP. IN LEIPZIG

1913

Druck von Metzger & Wittig in Leipzig.

MEINEM EINSTIGEN LEHRER
UND LANGJÄHRIGEN FREUNDE

HERRN PROF. DR. GEORG LUNGE

IN DANKBARKEIT UND VEREHRUNG

GEWIDMET

Vorrede

Der erste, 1906 erschienene Band meiner „Abhandlungen und Vorträge“ fand bei zahlreichen, der Geschichte der Naturforschung beflissenen Lesern, sowie bei der gesamten wissenschaftlichen Kritik, eine so wohlwollende Aufnahme, daß ich den Plan fassen durfte, ihm einen zweiten folgen zu lassen; die Verlagsbuchhandlung stimmte zu, und entschloß sich zugleich, die Herausgabe nach Möglichkeit zu beschleunigen, wofür ich ihr auch an dieser Stelle aufrichtigen Dank sage.

Der nun vorliegende Band umfaßt 36 neue Arbeiten, und bringt, neben mehreren ausführlichen Abhandlungen, eine Reihe von Vorträgen knapperen Umfanges, sowie einige kurze Mitteilungen, die sich vielleicht dem Wortlaute des Haupttitels nicht streng fügen, seine Abänderung aber nicht gerechtfertigt hätten. Für welchen Leserkreis meine Studien bestimmt sind, und nach welchen Grundsätzen ihre Veröffentlichung erfolgt, habe ich in der Vorrede zum ersten Bande dargelegt, auf die ich verweisen darf; wiederholen möchte ich nur die Bitte um Berichtigung untergelaufener Fehler, und um Bezeichnung etwa auszufüllender Lücken.

Für das Ausschreiben und Anordnen der Register bin ich Herrn Th. Hübener, Chemiker der „Zuckerraffinerie Halle“, zu bestem Danke verpflichtet.

Mögen meine Bestrebungen sich auch diesmal der Zustimmung Gleichgesinnter erfreuen. Jenen aber, die der Geschichte der Wissenschaften bisher noch ferner standen, einige Anregung gewähren.

Halle a. S., 9. Januar 1913.

Der Verfasser.

Inhalt

Fünfte Abteilung

Sechste Abteilung

Siebente Abteilung

Achte Abteilung

Erste Abteilung

CHEMISCHES AUS DEM „PAPYRUS EBERS“[1]

Der Papyrus medizinischen Inhaltes, den Ebers im Winter 1872/73 zu Luxor in Ägypten erwarb, und dessen prächtige, nicht weniger als 20 m lange und 30 cm hohe Rolle seither unter den Namen „Papyrus Ebers“ in der Leipziger Universitäts-Bibliothek aufbewahrt wird, gilt nach allgemeinem Urteile für eine der umfangreichsten, mit größter Vollendung ausgeführten und am besten erhaltenen sämtlicher bekannter Papyrus-Urkunden, und darf, da er zweifellos im 16. vorchristlichen Jahrhunderte niedergeschrieben ist, mit vollem Rechte Anspruch auf den Namen „Ältestes Buch über die Heilkunde“ erheben, — wenigstens insolange, als aus der nach einigen Autoren jedenfalls noch weit älteren (und primären) Keilschrift-Literatur nur vereinzelte und spärliche Fragmente veröffentlicht sind.

Die eingehenden Forschungen, deren Ergebnisse einer der genauesten Kenner der ägyptischen und vorderasiatischen Medizin des Altertumes, Dr. med. Felix Freiherr von Oefele zu Neuenahr, in Puschmanns „Handbuch der Geschichte der Medizin“,[2] sowie im „Archiv für Geschichte der Medizin“,[3] niedergelegt, und durch die er frühere Anschauungen von Ebers, Lepsius, Lieblein, und anderen hervorragenden

[1] „Archiv für die Geschichte der Naturwissenschaften und der Technik“, 1909, S. 87. [2] Jena 1902; Bd. 1, S. 78ff. [3] Leipzig 1907; Bd. 1, S. 12.

Ägyptologen in wesentlichen Punkten berichtigt, ergänzt und vertieft hat, ergeben nachstehendes Bild über Wesen und Entstehung dieses wichtigen Dokumentes: Der Papyrus Ebers ist eine, nach bestimmtem, aber nicht stets ganz durchsichtigem Plane angelegte Kompilation aus älteren, anscheinend namentlich den Tempelsanatorien Unterägyptens entstammenden Schriften; die Auszüge aus diesen wurden indes vielfach umgearbeitet und zurechtgerückt, auch sind ganze Abschnitte (z. B. die beiden letzten) der fertigen Zusammenstellung erst nachträglich angestückelt; der Schreiber arbeitete zwar kalligraphisch musterhaft, beging aber zahlreiche sachliche Fehler, und kopierte oft nachlässig und flüchtig, so daß er u. a. eine Seite zweimal, und zwar mit zahlreichen Varianten, abschrieb.[1] Als Zeit der Niederschrift ist etwa 1550 v. Chr. anzusetzen, wie weit jedoch die zum Teil fraglos außerordentlich viel älteren Quellen zurückreichen, läßt sich bisher nicht sicher entscheiden (der Text selbst spricht von „alten, vom Lichte der Männer verfaßten Büchern", und berichtet u. a. von der Wiederauffindung solcher Werke zur Zeit eines Königs, der um 3700 v. Chr. regierte.[2]) An zahlreichen Stellen machen sich babylonische, ägäische und hettitische Einflüsse bemerkbar, so daß es orientalische Heilkunde in ägyptischem Gewande ist, die uns der Papyrus bietet; bisher, und für absehbare Zukunft, bildet er jedenfalls die maßgebende Grundlage unserer Kenntnisse über die altägyptische Medizin.

Für den Chemiker sind natürlich in erster Linie die zahlreichen Heilmittel von Interesse, die sich in den nach Hunderten zählenden Rezepten des Papyrus Ebers erwähnt finden. Aber obwohl dieser, nach v. Oefele[3] „sehr viel genannte, doch wenig bekannte Papyrus" in einer deutschen, als „möglichst wort-

[1] v. Oefele, in den „Mitteilungen zur Geschichte der Medizin und der Naturwissenschaften", Bd. 5, S. 354; diese Zeitschrift ist weiterhin „M. M. N." zitiert. [2] S. 62 und 185 der Übersetzung von Joachim; s. unten.
[3] M. M. N., Bd. 6, S. 536.

getreu“ bezeichneten Übersetzung vorliegt, die ein Mediziner von Fach, Dr. H. Joachim, unter Anleitung und Mitwirkung des berühmten Ägyptologen Lieblein in Christiania herausgab,[1] hat sich dennoch, soweit mir erinnerlich, bisher kein deutscher Chemiker mit seinem Inhalte beschäftigt; ein Aufsatz Berthelots hinwiederum, der unter dem Titel „Les médecins égyptiens“ auch in dessen „Archéologie et Histoire des Sciences“ abgedruckt steht,[2] ist recht oberflächlich; anscheinend hat sogar Berthelot nicht alle von ihm zitierten Quellen auch selbst eingesehen, denn eines der drei in seinem Literatur-Nachweise angeführten Werke, der „Commentaire medicinal“ von Lüring, ist in Wirklichkeit eine Straßburger Dissertation von 1888 und heißt „Die über die medizinischen Kenntnisse der alten Ägypter berichtenden Papyri“; ihr Inhalt wird überdies von Berthelot nirgends direkt benützt.

Sowohl die Schriften von Ebers und Lieblein, als auch u. a. Brugschs „Ägyptologie“,[3] Lorets „L'Egypte au temps des Pharaons“,[4] und Woenigs „Die Pflanzen im alten Ägypten“,[5] erwähnen übereinstimmend der „unsäglichen Schwierigkeiten, die schon eine richtige Lesung, und noch mehr eine richtige Deutung der vegetabilischen und mineralischen Medikamente des Papyrus Ebers bietet“, und auch Joachim macht ausdrücklich darauf aufmerksam, daß er (bzw. Lieblein) in vielen Fällen nicht einmal den Versuch einer Übertragung wagen konnte, und in vielen anderen die gegebene Übersetzung durch Beifügung eines Fragezeichens als unsicher charakterisieren mußte. Aber auch die Hoffnung, daß nun wenigstens die restlichen Fälle keinen Anlaß zu Bedenken gäben, ist trügerisch, denn auf naturwissenschaftlichem Gebiete sind leider sowohl Philologen als auch Ärzte (sobald andere Zweige als die rein medizinischen in Betracht kommen) zumeist noch

[1] Berlin 1890. [2] Paris 1906; S. 234. [3] Leipzig 1897; S. 395, 409. [4] Paris 1889. [5] Leipzig 1897; S. 392.

Laien, so daß auch die größte Gewissenhaftigkeit sie nicht davor schützt, dort Fehler zu begehen, wo sie deren Möglichkeit gar nicht ahnen; wenn also z. B. Joachim-Lieblein von den „Spänen des Grünspans“, von „Kupferkohle“, vom „Granit des Anch-Metalles“ sprechen,[1] den Weidenbaum Beeren tragen lassen,[2] oder den alten Ägyptern den Genuß von „Zuckerkuchen“ zuschreiben,[3] so darf man derlei Irrtümer nicht allzu scharf beurteilen, — man wird aber durch sie auch hinsichtlich mancher anderer Stellen zweifelhaft und ängstlich werden. Der Einwand, daß es unter solchen Umständen wohl überhaupt nicht ratsam erscheine, vom chemischen Standpunkte aus an ein Werk wie den Papyrus Ebers heranzutreten, liegt daher nahe; er darf jedoch, wie ich dies schon wiederholt bei analogen Anlässen hervorhob, zurückgewiesen werden, denn erfahrungsgemäß bringen gerade erst derartige Versuche die einschlägigen Fragen in Bewegung, veranlassen die eigentlichen Fachgelehrten, sich mit den auftauchenden Problemen zu beschäftigen, und führen so, an der Hand des dem Laien unbekannten und unzugänglichen Materials, ganz von selbst zur Berichtigung der begangenen Fehler; an solchen wird es natürlich nie mangeln, sie werden aber auch niemanden überraschen, der da bedenkt, daß die gelehrte Arbeit mehrerer Jahrhunderte noch bei weitem nicht hinreichte, um auch nur die sogenannten „naturhistorischen Realien“ der griechischen und römischen Literatur aufzuklären, geschweige denn etwa die der arabischen oder indischen.

I. Mineralische Stoffe.

1. Das am längsten bekannte (weil am leichtesten gewinnbare) Metall scheint, wie in Vorderasien so auch in Ägypten, das Kupfer gewesen zu sein, das ursprünglich (schon im 5. Jahrtausende v. Chr.) die Gruben der Sinai-Halbinsel

[1] Joachim, S. 118, 190, 160. [2] ebd., S. 166. [3] ebd., S. 77, 115, 179.

lieferten, später die Cyperns;[1] Inschriften, die der Regierung des Königs Thutmosis III. entstammen (1500 v. Chr.), erwähnen oft Kupfer in Ziegeln oder Barren,[2] und noch zur Zeit Ramses II. (1348—1281 v. Chr.) war Kupfer so kostbar, daß es neben Gold und Silber in den Schatzhäusern der Tempel aufbewahrt wurde und daß alle drei Metalle zur Bezahlung aus Arabien eingeführter Luxuswaren dienten.[3] Im Papyrus Ebers wird eines medizinischen kupfernen Instrumentes (ohne nähere Bezeichnung) nur einmal ausdrücklich gedacht,[4] außerdem ist einige Male die Rede von einem „Metallmann“ genannten Stift zum Ausbrennen von Wunden oder Geschwüren, der vermutlich ebenfalls aus Kupfer, vielleicht aber auch aus Bronze bestand.[5] — Kupferhaltige Präparate (unverbürgter Einheitlichkeit und Reinheit, wie auch alle übrigen), die der Darstellung von Heilmitteln zu äußerlichem und innerlichem Gebrauche dienen,[6] sind: Kupferschlacken; vom Kupfer Abgeriebenes, vermutlich identisch mit Kupferrost; Grünspan, einmal auch als „Grünspan von der Barke“ bezeichnet,[7] was entweder irgendwie mit der Barke zusammenhängt, auf der Thot, der Ärztegott, oftmals abgebildet erscheint, oder ein Lese- oder Übersetzungs-Fehler ist; Kupfer-Grünspan; Kupfervitriol (äg. gesfen). Der Grünspan oder Kupfergrünspan kann indes zuweilen auch ein anderer Stoff gewesen sein, z. B. sog. Kupfergrün, d. i. eine erdige Abart des Malachits (äg. mafek), den nach Lepsius die Gruben des Sinaigebietes seit altersher in größeren Mengen lieferten,[8] und ebenso ist vielleicht unter Kupfervitriol ein anderes blaugefärbtes Kupfermineral zu verstehen oder mitzuverstehen.

[1] Brugsch, a. a. O., S. 400. [2] ebd., S. 384. [3] ebd., S. 334, 268, 253. [4] S. 191; Zahlen ohne besondere Angabe beziehen sich auf die Joachimsche Übersetzung. [5] Die Belegstellen sind hier und im folgenden nur in besonderen Fällen angegeben, da sie mittels des ausführlichen deutschen und ägyptischen Registers bei Joachim leicht zu finden sind. [6] Innerlich besonders auch als Brechmittel (v. Oefele bei Puschmann, Bd. 1, S. 87). [7] S. 50. [8] „Die Metalle in den ägyptischen Inschriften“ (Berlin 1872, S. 79ff).

2. Ein Stück Blei wird einmal zum Auflegen auf einen Wundschorf verordnet; dieses Metall war den Ägyptern ebenfalls schon in sehr früher Zeit wohlbekannt, immerhin rühmt sich aber noch Ramses III. (um 1200 v. Chr.), den Göttern u. a. mehr als 100000 Pfund Kupfer und 9000 Pfund Blei dargebracht zu haben.[1] – Von Bleipräparaten finden zu äußerlichen Zwecken, häufig aber auch zu innerlichen, Verwendung: Mennige, Bleivitriol, und Grüne Bleierde, in manchen Rezepten auch alle drei zusammen.[2] Bleivitriol war im Altertum wohl überhaupt nicht, sicherlich aber nicht im alten Ägypten bekannt, wäre auch keinesfalls, wie dies Joachim tut,[3] mit dem „Sory“ der griechischen Autoren zu identifizieren. Bekanntlich gibt es wenige Substanzen, die den Kommentatoren so vieles Kopfzerbrechen verursachten, wie das „Sory“ und „Misy“ des Dioskurides, Plinius, Galenos, und anderer antiker Schriftsteller; völlige Sicherheit besteht auch heute noch nicht, doch darf als wahrscheinlichste Erklärung gelten, daß Misy im wesentlichen ein kupferkieshaltiger Pyrit war, und Sory ein vornehmlich aus basischen Eisensulfaten bestehendes Gemenge von Produkten seiner allmählichen Zersetzung und Oxydation. „Sory“ soll ein ägyptisches Wort sein, auch findet sich diese Substanz, wie noch Dioskurides berichtet,[4] in Ägypten selbst vor; dagegen wurde „Misy“ hauptsächlich aus Cypern bezogen,[5] und da diese Insel nach Brugsch[6] ägyptisch Isy, nach Lepsius[7] Mas hieß, so mögen Fachgelehrte entscheiden, ob zwischen diesen Namen und dem Worte Misy, das bisher für unerklärt gilt, ein Zusammenhang besteht, ob etwa, ähnlich wie (nicht unbestritten!) Cupressus und Cuprum, auch Misy = „Cyprisches“ zu setzen ist?

Da die „Grüne Bleierde“ eines der am häufigsten (in über fünfzig Rezepten) äußerlich und innerlich verordneten Heil-

[1] Brugsch, S. 271. [2] z. B. S. 134. [3] S. 7, 17 bis 20 usf. [4] „Materia medica“, lib. 5, cap. 118. [5] ebd. cap. 116. [6] Brugsch, S. 465. [7] a. a. O. S. 104.

mittel des Papyrus Ebers darstellt, dem chemischen Verständnisse aber ganz besondere Schwierigkeiten bietet, so habe ich dieserhalb bei Herrn Dr. von Oefele angefragt. Seiner freundlichen Antwort vom 10. April 1908, für die ich auch an dieser Stelle bestens danke, ist folgendes zu entnehmen: „Wo Joachim und Lieblein ‚grüne Bleierde' schreiben, steht im Original nur ein Wort, dessen Konsonantengerüst h-n-t-j lautet, und das weder Grün noch Bleierde bedeutet, sondern wörtlich ‚etwas zur vorderen Gesichtshälfte oder zur Nase in Beziehung Stehendes', etwas ‚Nasiges'; nach einer Angabe Dümichens[1] beschreibt ein die Einbalsamierung behandelnder Papyrus dieses Präparat als eine grüne Erdfarbe, weshalb vermutlich obengenannte Übersetzer die grüne Farbe, als die einzige gesicherte Eigenschaft der Substanz, hervorheben wollten." — Diese grüne Erdfarbe, deren von Oefele gedenkt, war offenbar das schon erwähnte „Kupfergrün", d. i. erdiger Malachit, der insofern zur Nase und zum Gesicht in Beziehung steht, als die Ägypter der ältesten Zeit sich grüne Streifen und Ringe um die Augen zu malen pflegten, — welche Sitte später für altväterisch und barbarisch galt,[2] und darauf zurückzuführen ist, daß Malachit, sowie andere Schminken aus Metallpräparaten, den Völkern, die die Küsten des roten Meeres bewohnten, seit jeher zur präservativen Behandlung der dort endemischen Augenkrankheiten (namentlich solcher der Bindehaut) dienten;[3] grüne Augenschminke enthalten nach Ed. Meyer[4] schon gewisse, mit Schnitzereien, Reliefbildern, und primitiven hieroglyphischen Schriftzeichen bedeckte Schminksteine aus dem fünften vorchristlichen Jahrtausende, auch führt solche ein sehr altes Ritualbuch an[5]; ferner stellte man die Göttin Hathor mit grün bemaltem Antlitze dar,[6] vielleicht weil sie eine Lokal-

[1] Des berühmten Ägyptologen, dessen Schüler auch der eingangs genannte Lüring war. [2] Loret, a. a. O., S. 195; Stern „Ägyptische Kulturgeschichte", Leipzig 1896, S. 203. [3] v. Oefele bei Puschmann, Bd. 1, S. 63, 65, 76. [4] M. M. N., Bd. 7, S. 395. [5] Brugsch, S. 154. [6] ebd. S. 398.

göttin jener Sinai-Gegend war, die den Grünstein Mafek (= Malachit) lieferte.[1] — Joachim und Lieblein identifizieren ihre „grüne Bleierde“ auch mit den Chent-Körnern[2] und dem Chent-Mörtel,[3] d. h. wohl mit einer körnigen oder breiigen Masse von „Chent“, aus welchem Worte man vermutlich von Oefeles „h-n-t-j“ herauszulesen hat; auch ist einmal vom „Bodensatze der grünen Bleierde“ die Rede,[4] was gleichfalls auf erdigen Malachit paßt, der durch Schlämmen gereinigt wurde, und endlich findet sich grüne Bleierde zusammen mit Lapis lazuli verordnet,[5] den die Listen der kostbaren „Metalle“ stets gemeinsam mit Malachit aufzählen.[6]

3. Eisen[7] wird einmal als „Eisen aus der Stadt Qesi“ (in Oberägypten) angeführt, und einmal als „art-pet“ = „himmels-gemachtes“, d. i. wohl Meteoreisen, dem alle Völker seines Ursprunges halber besondere Kräfte zuzuschreiben pflegen;[8] Eisen war im alten Ägypten schon während des vierten vorchristlichen Jahrtausends bekannt, und stand um 1500 v. Chr. bereits sehr allgemein in Gebrauch, ohne indessen Bronze und Kupfer völlig zu verdrängen.[9] Ob der „schwarze Messerstein“ des Papyrus Ebers als Eisen oder Eisenmineral anzusehen ist, bleibt dahingestellt; vielleicht handelt es sich um Obsidian, der noch lange nach Einführung der Metalle zu religiösen (und daher auch zu medizinischen) Zwecken in Anwendung blieb. — Hämatit (Blutstein, Roteisenstein) ist jedenfalls von Ebers richtig übersetzt,[10] und da sich dieses Mineral an verschiedenen leicht zugänglichen Orten (u. a. in großer Menge am Sinai) vorfindet, so braucht man nicht an Brugschs Rötel der nördlichen Oasen zu denken,[11] und noch weniger mit Joachim und Lieblein an Granit;[12]

[1] ebd. S. 402. [2] S. 68, 139. [3] S. 189. [4] S. 82. [5] S. 95. [6] Lepsius, a. a. O. [7] S. 90, 168. [8] Man denke an den „schwarzen Stein“ der Kaaba zu Mekka. [9] Lepsius, a. a. O.; s. meine „Abhandlungen und Vorträge zur Geschichte der Naturwissenschaften“, Leipzig 1906, S. 259. [10] S. 92. [11] Brugsch, S. 406. [12] S. 92, 115, 120, 158.

hauptsächlich wird auch die fragliche Substanz gegen Blutfluß, zur Heilung blutender Wunden usf., verschrieben, wobei aus Gründen der „Sympathie“ der rote Hämatit sehr angebracht erscheint.

4. Zink und Zinn kommen im Papyrus Ebers nicht vor. Metallisches Zink war dem Altertum überhaupt unbekannt, zinkhaltige Erze wurden jedoch in Vorderasien schon frühzeitig medizinisch benützt, und die Galmei könnte daher ein von dorther eingeführtes Präparat sein, — vorausgesetzt, daß die Übersetzung richtig ist; die Anwendung zu Augensalben u. dgl.[1] spricht zugunsten dieser Annahme.

Zinn verwandte man in Ägypten schon gegen Ende der ältesten Periode zur Herstellung von Bronzegeräten, die allmählich, jedoch nicht völlig, die ursprünglich rein kupfernen verdrängten; in der Mehrzahl der Fälle (jedoch nicht ausnahmslos!) sind die Bronzen der frühesten Zeit noch sehr arm, die der späteren aber reicher an Zinn, das Metall scheint also anfangs noch selten und kostbar gewesen zu sein. Ramses III. (um 1200 v. Chr.) verkündigt in einer Inschrift, er habe den Göttern neben den obenerwähnten 100000 Pfund Kupfer und 9000 Pfund Blei auch 95 Pfund Zinn dargebracht, und „aus den Tributen“ nochmals 19000 Pfund Kupfer und 2130 Pfund Zinn;[2] unter den Gegenden, die als Bringer dieser Tribute aufgezählt werden, kann für das Zinn allein Vorderasien in Betracht kommen; daselbst sind in den transkaukasischen und persischen Gebirgen einige Fundorte nachweisbar, die jedenfalls auch das Material zu dem aus dortigen Gräbern des zweiten vorchristlichen Jahrtausends zutage geförderten Zinnschmuck geliefert haben, und derer noch in später Zeit Strabon gedenkt.[3] Die Einfuhr von Zinn durch die Phönizier über die westlichen Mittelmeerländer und aus England ist jedenfalls erst eine Folge-

[1] S. 89, 90, 94. [2] Brugsch, S. 271, 273. [3] „Erdbeschreibung“, lib. 15, cap. 2, Absatz 10.

erscheinung, denn an den umständlichen und kostspieligen Bezug eines Produktes vom Ende der damals bekannten Welt her konnte man nicht früher denken, als die Art der Benützung und Verwertung längst sicher feststand und sich dringender Bedarf geltend machte. Die hieroglyphische Bezeichnung für Zinn ist „weißes Blei“, vermutlich weil Zinn wirklich für eine Abart des Bleies galt, wie dies selbst noch in römischer Zeit der Gegensatz zwischen „plumbum album“ und „plumbum nigrum“ zeigt; erst in später hellenistischer Periode tritt der Name „Tran“ auf.[1]

5. Antimon. Schwefelantimon oder „Stimmi“ (Stibium) findet sich im Papyrus Ebers zweimal als solches erwähnt[2] und bildet zweifellos auch einen wesentlichen Bestandteil der Augenschminken und Collyrien, die in etwa 40 Rezepten verordnet werden (zuweilen auch innerlich);[3] einige Male ist von „männlichem“ die Rede,[4] — was daran erinnert, daß noch bei Plinius zwei Sorten Stibium vorkommen, männliches und weibliches[5] —, einige Male auch von „echtem“,[6] womit es übereinstimmt, daß nach neueren Analysen die in Grabstätten usf. vorgefundenen Reste nicht selten statt aus Schwefelantimon aus Schwefelblei bestanden, über dessen Herstellung oder Bezugsquelle nichts Näheres bekannt ist.[7] Der prophylaktischen Verwendung von Augenschminken bei den Völkern an den Küsten des roten Meeres ist schon oben gedacht worden; bereits um 2500 v. Chr. erwähnen Inschriften die Augenschminke Mestem (koptisch Stem = Stimmi) als aus dem Lande Pitsew (d. i. Arabien) kommend,[8] und ebendaher brachte man sie, wie alte Denkmäler bezeugen, zur Zeit der Königin Hatschepsu (um 1600 v. Chr.)[9] sowie des Königs Thutmosis III. (um 1500 v. Chr.);[10] ein sehr altes Ritualbuch des Ammondienstes

[1] Brugsch, S. 398. [2] S. 84, 87. [3] z. B. S. 19. [4] S. 87, 95.
[5] „Hist Nat.“, lib. 33, cap. 101. [6] S. 87, 89. [7] Brugsch, S. 405.
[8] Brugsch, ebd. [9] Woenig, a. a. O., S. 359. [10] Brugsch, S. 405.

erwähnt, neben Weihrauch, Weihwasser und köstlichen Salben, auch schwarzes Mestem,[1] und Ramses III. (um 1200 v. Chr.) widmete den Göttern u. a. auch ein Weihgeschenk von 50 Pfund Augenschminke;[2] ebenso enthalten die, noch jetzt in einigen Museen zu sehenden vierteiligen Toilettenkästchen vornehmer Damen des mittleren Reiches Büchsen mit der hieratischen Aufschrift: „Gutes Stimmi“,[3] das damals in Säckchen oder Beuteln aus (oder über) Arabien und Ostafrika bezogen wurde.[4]

Einer Bemerkung zufolge, die sich in Hovorka-Kronfelds soeben erschienener „Vergleichender Volksmedizin“ vorfindet (Stuttgart 1909; Bd. 2, S. 140) soll nach v. Oefele auch das Antimonpersulfid, der sog. Goldschwefel, von den alten Ägyptern benützt, und im Papyrus Ebers mit jenem Worte bezeichnet worden sein, das Joachim-Lieblein mit „Bleivitriol“ übersetzten (s. oben); da aber eine Bekanntschaft des Altertumes mit dem Goldschwefel bisher nicht nachgewiesen, und die fragliche Abhandlung v. Oefeles nicht näher bezeichnet ist, so muß die Richtigkeit jener Angabe vorerst dahingestellt bleiben.

6. Andere Metalle. Gold und Silber erwähnt der Papyrus Ebers bemerkenswerterweise nicht, wohl aber Asem, das zuerst Lepsius als identisch mit dem „Elektros“ der Griechen erkannte,[5] d. i. eine, in älterer Zeit angeblich aus Ostafrika und über Arabien nach Ägypten eingeführte Gold-Silber-Legierung,[6] deren Benützung aber schon frühzeitig in den Hintergrund trat und bald fast ganz aufhörte. (Sie hatte ihren Grund vermutlich darin, daß ganz reines Gold seiner Weichheit wegen schlecht zu verarbeiten ist; daher begegnen wir analogen Legierungen auch in anderen, ganz entlegenen

[1] ebd., S. 154. [2] ebd., S. 273. [3] ebd., S. 412. [4] ebd., S. 399, 389; s. auch Lieblein „Handel und Schiffahrt auf dem roten Meere . . .“, Christiania 1886; S. 29, 31, 35, 70. [5] a. a. O., S. 43ff. [6] Brugsch, S. 399; Lieblein „Handel“, S. 29, 31.

Kulturkreisen, so z. B. nach Humboldt im Mexikanischen, nach Labat im Karaibischen).[1]

Was das Anch-Metall[2] und das Abennu-Metall[3] gewesen sei, ist bisher unbekannt; da auch Schwefel als „Metall" bezeichnet wird, so handelt es sich vielleicht gar nicht um wirkliche Metalle, sondern das Wort ist nur im Sinne von „gediegen" oder von „mineralisch" zu nehmen. Anch führt übrigens Lieblein als einen Eigennamen an.[4]

7. Kohle. Verschiedene Rezepte enthalten als Bestandteile Kohle, Kohle der Mauern oder Maurer (?), Kohlenpulver aus verkohlten Pflanzen, und Ruß; Kohle dürfte auch der wesentliche Bestandteil der oft verordneten „Schwärze der Schreiber" oder „Tinte" gewesen sein, da man letztere aus feinst pulverisierter Holzkohle und Gummiwasser zu bereiten pflegte.[5] (Woraus die schön rote Tinte besteht, mit der verschiedene Stellen des Papyrus Ebers geschrieben sind, ist nicht untersucht.)

8. Schwefel. Gepulverten Schwefels ist unter dem Namen „Hunnut-Metall" nur einmal gedacht, und zwar als Bestandteiles einer Augenschminke.[6]

9. Kochsalz und Soda. Salz wird als Zubehör zahlreicher Rezepte aufgeführt, teils ohne weitere Bezeichnung, teils als Bergsalz (wohl Steinsalz), Seesalz, und Salz des Nordens; ebenso wird Natron, d. i. die natürlich vorkommende Soda, entweder nur unter diesem Namen verschrieben, oder als rotes Natron, als Natron des Nordens,[7] Natron des Südens,[8] Sa-Samen oder Sa-Korn Oberägyptens (d. i. feinkörniges, vielleicht kleinkristallinisches Natron), als Bedet (d. i. nach Brugsch eine besonders reine Natronart),[9]

[1] Humboldt, „Vues des Cordillères. . ." (Paris 1816); die Stelle kann ich augenblicklich nicht angeben. — Père Labat, „Reisen nach Westindien 1693—1705", übers. Schad, Nürnberg 1783; Bd. 3, S. 105ff. [2] S. 160. [3] S. 99. [4] „Handel", S. 13. [5] Woenig, S. 105. [6] S. 90. [7] S. 140. [8] S. 144. [9] S. 120, 157, 158.

und zuweilen auch in Form von Natronwasser.[1] Das Natron des Südens ist vermutlich das auch b-s-n genannte Laugensalz aus den Natronwüsten im Westen Unterägyptens,[2] das Natron des Nordens aber das Salz Hosmen[3] aus der Gegend der nördlichen libyschen Oase, des sog. Salzgaues oder „Nomos Nitrites", nach dem es auch Netri heißt;[4] es diente u. a. zu Reinigungs- und Kultzwecken, wie denn Ramses III. (um 1200 v. Chr.) den Tempeln der Götter auch 1843 Artaben (Hohlmaße) Natron und Salz, sowie Ziegel aus Natron und Salz weihte.[5] — Fachgelehrte mögen entscheiden, ob nicht der Name Netri (von dem unser Natron kommt) auch in der Substanz Netri-tit steckt, die zweimal als „Metall", und einmal als „Körner" angeführt, und nach einer Angabe Brugschs mit „Götterkot" übersetzt wird[6] (s. hierüber weiter unten).

10. Andere Mineralien. Gips (?) wird einmal erwähnt,[7] Alabaster, dessen schon die Inschriften des alten Reiches gedenken,[8] wiederholt, u. a. auch als Zusatz zu Schminken in Gestalt von Staub oder Mehl;[9] an einer Stelle[10] soll es fraglich bleiben, ob Eisen oder Alabaster zu verstehen ist.

Lapis Lazuli, dessen Name „Chesbet" aus dem Chaldäischen kommt und auf Vorderasien als Bezugsquelle hinweist,[11] findet sich mehrmals verschrieben, zweimal ausdrücklich als „echter";[12] tatsächlich erwähnen auch Inschriften aus der Zeit Thutmosis III. (um 1500 v. Chr.) schon „unechten", der nach Lepsius aus einem prächtigen blauen Glasflusse bestand[13]. — Roter Jaspis diente als Mittel gegen Blutflüsse u. dgl. (vermutlich, ebenso wie Bluteisenstein, aus sympathetischen Gründen); nach Lepsius wurde er schon in alter Zeit häufig als Amulett getragen.[14] — Die Natur des Uat-Steines,

[1] S. 179. [2] Brugsch, S. 428, 457. [3] Bei Woenig, S. 373 „Hesmen". [4] Brugsch, S. 406. [5] ebd., S. 274, 406. [6] S. 64, 65, 135. [7] S. 92. [8] Brugsch, S. 494. [9] S. 114, 155, 158; 157. [10] S. 90. [11] Lepsius, S. 55ff. [12] S. 91, 95. [13] Lepsius, S. 60. [14] ebd., S. 57.

der eine grünliche Augenschminke geliefert haben soll, ist unbekannt.[1]

Kieselstein, auch Stein vom Flußstrande oder Stein vom Ufer genannt, wird verschiedentlich angewandt, z. B. gepulvert zum Putzen der Zähne;[2] das Nämliche gilt vom Ton (Scherben, Abfall tönerner Gefäße u. dgl.) und vom Lehm, den die Rezepte als Lehm, Lehm von der Mauer, Lehm vom Tor, Lehm der Mauer, Lehm von Ziegeln, Lehm und Lehmstaub von Statuen, usf., verordnen; über Nilschlamm s. weiter unten.

Memphitischer Stein[3] scheint jene Art Asphalt gewesen zu sein, von der noch Dioskurides berichtet,[4] und Erdöl[5] vielleicht das sog. Asphaltöl, das auch keilschriftlich belegt ist.[6]

11. Wasser dient in kaltem, warmem, kochendem und abgekochtem Zustande zur Herstellung vieler Heilmittel; in einigen Fällen verlangen die Rezepte Quellwasser,[7] in anderen „Regen des Himmels",[8] Nilwasser,[9] oder „Wasser der Vogelteiche"[10]; solcher „Vogelteiche des Vergnügens", in denen man Wasservögel aller Art zu halten pflegte, gedenkt Stern in seiner „Ägyptischen Kulturgeschichte".[11]

II. Tierische Stoffe.

1. Milch wird roh, frisch, abgekocht,[12] oder sauer verschrieben, Sahne frisch oder abgekocht,[13] und neben Milch der Kühe und Eselinnen kommt auch Milch der Frauen in Frage, namentlich solcher, „die einen Knaben geboren haben". Butter und Käse finden sich nicht erwähnt, dagegen sehr oft Fette und zwar manchmal nur ganz allgemein als Fett, dickes Fett,[14]

[1] S. 65, 96. [2] S. 161. [3] S. 18, 19, 22, 23, 102, 103. [4] „Mat. Med.", lib. 5, cap. 157. [5] S. 15, 168, 170. [6] M. M. N., Bd. 5, S. 283; Weber, ebd. Bd. 6, S. 205. [7] S. 89, 106, 157, 160. [8] S. 133, 170. [9] S. 124. [10] S. 67, 82. [11] Stern, a. a. O., S. 162. [12] S. 33, 76. [13] S. 77. [14] S. 117.

Schmalz oder Talg,[1] in der Regel aber als Fette ganz bestimmter Tiere (denen man offenbar auch ganz bestimmte Wirkungen oder Kräfte zuschrieb); von diesen sind zu nennen: Ochsen, Kühe, Widder, Ziegen, Schweine[2] (trotz ihrer „Unreinheit“),[3] Esel, Katzen, Mäuse, Löwen, Gazellen, Antilopen, Steinböcke,[4] Nilpferde (die auch Klauenfett lieferten);[5] Gänse, insbesondere Opfergänse,[6] Strauße; Fische; Krokodile, Schlangen, Würmer.[7] — Es ist sicherlich nicht ohne Interesse, daß die meisten dieser Fette auch schon in älteren Keilschrifttexten vorkommen, woselbst aber Schweine, Nilpferde und Strauße fehlen, dagegen Pferde, Wildesel und Wölfe auftreten.[8]

An dieser Stelle sei auch das Wachs angeschlossen, das einen Bestandteil von etwa 40 Rezepten bildet; da Wachse sowie tierische und pflanzliche Fette und Öle häufig mit großen Mengen alkalisch reagierender Salze und Verbindungen erhitzt und gekocht werden sollen, müssen nicht selten Seifen- oder Pflasterähnliche Substanzen ausgeschieden worden sein, — doch geschieht solcher nirgends ausdrückliche Erwähnung.

2. Horn von den „Hörnern der Rinder“ und von den „Klauen des Esels“ (auch in Öl erhitzt oder geröstet)[9] wird oftmals verordnet, ebenso Galle von Rindern, fetten Ochsen, Kühen, Schweinen und Fischen, ferner Leber, Milz, Hirn und vor allem Blut der verschiedensten Tiere und Tierklassen.[10]. Obwohl nun, wenn z. B. Blut eines „schwarzen Kalbes“ oder einer „schwarzen Kuh“ verlangt wird,[11] die Vorschrift aller Analogie nach wörtlich zu nehmen ist, so hat man doch, wie v. Oefele mit Recht hervorhebt,[12] in vielen anderen Fällen die Möglichkeit von Umdeutungen im Auge zu behalten, und darf nicht vergessen, daß die Ärzte, deren ganzer Verdienst

[1] S. 71, 134. [2] S. 118, 142. [3] Loret, S. 97. [4] S. 74, 116; nach Loret, S. 91, ist eine nubische Antilopenart gemeint. [5] S. 108. [6] S. 94. [7] S. 144. [8] v. Oefele, M. M. N., Bd. 2, S. 367. [9] S. 105, 106. [10] S. 100, 101, 160. [11] S. 104, 105. [12] M. M. N., Bd. 1, S. 87, 94.

in der Bereitung der Arzneien zu liegen pflegte, ein großes Interesse daran hatten, deren Bestandteile im Dunkeln zu halten und zu diesem Zwecke mit Geheimnamen zu bezeichnen. Solche haben sich bekanntlich in der Periode der hellenistischen Chemie und der Alchemie für viele Substanzen fast zwei Jahrtausende lang erhalten; wer also glaubt, daß es sich z. B. beim „Blute des Geiers“[1] tatsächlich um das Blut dieses Raubvogels handelte, begeht daher vielleicht ganz denselben Fehler wie jemand, der sich unter „Drachenblut“ das Blut eines wirklichen Drachen vorstellte, statt des so benannten roten ostindischen Pflanzenharzes.

[Nach der kürzlich ausgegebenen Lieferung 7 von Tschirchs „Handbuch der Pharmakognosie“ (Leipzig 1908, S. 304) veröffentlichte Dieterich schon 1888 aus einem griechischen Papyrus des 2. vorchristlichen Jahrhunderts ein sog. „Synonymen-Lexikon“, dem u. a. zu entnehmen ist, daß die Geheimsprache der Priesterärzte unter „Herz des Geiers“ die Pflanze Absinthium verstand, unter „Blut des Hephaistos“ (oder der entsprechenden ägyptischen Gottheit, des Ptah) die Artemisia, unter „Träne der Isis“ die Verbena, usf.]

3. Ganz das Nämliche gilt auch hinsichtlich der Bestandteile der sog. „Dreckapotheke“, weniger allerdings hinsichtlich des Urins,[2] als des Kotes; von diesem wird verschrieben der von Erwachsenen und Kindern, von Hunden, Katzen, Eseln, Schweinen, Ziegen, Gazellen, Antilopen, Vögeln, Krokodilen, Eidechsen und Wespen, doch ist es keineswegs ausgeschlossen, daß in vielen Fällen dem „Kote“ nur eine ähnliche übertragene Bedeutung zukommt wie den „Faeces“ der Alchemisten, die alle nur denkbaren Rückstände und Überreste bezeichnen können; unter dem „Schreiberkot“[3] z. B. vermag man sich kaum etwas anderes vorzustellen als die Rückstände von der Zubereitung der Tinte (s. oben), und was Brugsch

[1] S. 160. [2] S. 101, 119, 123. [3] S. 126.

mit „Götterkot“ übersetzt, ist vielleicht auch nur eine Art Kehricht, der Abfall verschiedener Stoffe, die bei Kulthandlungen, Reinigungs-Zeremonien u. dgl., Verwendung gefunden hatten. — Unter „Krokodilerde“, die Ebers als Nilschlamm deutet,[1] sind möglicherweise die Exkremente jener Reptilien zu verstehen, über deren Verwendung zu kosmetischen Zwecken noch Dioskurides berichtet.[2]

III. Pflanzliche Stoffe.

1. Fette. Zu mehr als 80 Rezepten wird die Beigabe von Öl vorgeschrieben, das sich zuweilen auch als reines oder weißes bezeichnet findet; außer Sesamöl und Behenöl (qebu, baq) wird besonders oft Rizinusöl verlangt, einige Male mit dem Zusatze „aus den Früchten gepreßt“.[3] Der Rizinusbaum (qeqi, qiqi) lieferte überhaupt zahlreiche Heilmittel, denn neben der Frucht (qesebt) und der Beere (deqm) werden auch Blätter, Mark und Wurzelrinde verordnet.[4] Das „Baumöl“ dürfte wohl ebenfalls als Rizinusöl anzusehen sein; was jedoch das „eingetrocknete Öl“ war, dessen „Stücke“ einer Salbe zugesetzt werden sollten,[5] bleibt ungewiß.

2. Kohlenhydrate. Als Versüßungsmittel dienen: hauptsächlich (an 200mal) Honig, und zwar roher, gekochter, und geronnener (fest gewordener?), ferner Rosinen (sa-sa), Weinbeeren, Feigen und Sykomorenfeigen (sämtlich teils frisch, teils getrocknet oder geröstet), und sehr häufig Datteln, in Form von frischen oder grünen Früchten, von Abfällen, und von „Teig oder Mehl“, — worunter vermutlich der zu einer Art Honig eingekochte Saft zu verstehen ist, aus dem eigene Hofbeamte, die „Macher der Dattel-Süßigkeiten“, allerlei wohlschmeckende Speisen zu bereiten hatten.[6]

[1] S. 81. [2] s. meine „Abhandl. und Vorträge“, S. 61. [3] S. 26, 63. [4] z. B. S. 5, 11, 70. [5] S. 34. [6] Woenig, S. 312; Brugsch, S. 220.

Durch Vergärung verschiedener süßer Pflanzensäfte und aus Getreidearten gewonnener Würzen stellte man Wein, Palmwein und Dattelwein dar, vor allem aber Bier, das schon seit den ältesten Zeiten gebräuchlich war,[1] aber noch in einer Inschrift von etwa 1400 v. Chr. als Geschenk des Königs an einen fremden Fürsten angeführt wird.[2] Der Papyrus Ebers erwähnt etwa 80mal Bier, gärendes Bier, schäumendes, ausgegorenes, abgestandenes, kühles, starkes, süßes und bitteres,[3] Bierschaum und Bierspülicht; auch unterscheidet er bereits Weinhefe, Bierhefe und Mestahefe (die Hefe des nicht näher bekannten Mesta-Getränkes),[4] gedenkt der Hefen des süßen und ausgegorenen Bieres, der „entstehenden Hefe“,[5] des Hefen-Bodensatzes,[6] des Hefensaftes,[7] und Hefenwassers.[8] — Von Essig und Essiggärung ist auffälligerweise niemals die Rede, vielleicht weil man saures Bier und Essig nicht auseinanderhielt; wie Berthelot zur Behauptung kommt, Essig spiele im Papyrus Ebers eine große Rolle,[9] ist daher ganz unverständlich.

Leinsamen und Leinsamenwasser[10] wird öfters vorgeschrieben, wie denn die Leinpflanze, das Leinen, und auch die Leinenscharpie[11] (im Gegensatz zur Baumwollscharpie),[12] sowie die Baumwolle und der Papyrus als wohlbekannt erscheinen; Gummi, auch in Gestalt von Gummitropfen oder Gummiwasser[13] verordnet, war nach Woenig der Gummi der echten oder Nil-Akazie, wurde noch zur Zeit Ramses III. (um 1200 v. Chr.) als Tribut dargebracht,[14] und diente u. a. zur Bereitung der Tinte, sowie später auch zum Aufeinanderkleben beschriebener Papyrusblätter, deren oberstes daher Protokoll (= Erstgeklebtes) hieß.[15]

3. Harze. Neben Weihrauch und Myrrhe spielen auch

[1] Brugsch, S. 67. [2] Lieblein, „Handel“, S. 28. [3] Nach Woenig, S. 170, wurden zur Würzung und Konservierung pflanzliche Bitterstoffe zugesetzt. [4] S. 67. [5] S. 109. [6] S. 160. [7] S. 36, 38. [8] S. 77, 78. [9] „Archéologie“, S. 239. [10] S. 114. [11] S. 28. [12] S. 115, 117, 124. [13] S. 48, 110. [14] Lieblein, „Handel“, S. 49, 64. [15] Woenig, S. 114.

Zedernharz, Terpentinharz,[1] Pistazienharz,[2] Akanthusharz, Sykomorenharz,[3] Styraxharz (niuben),[4] Lotusharz (?),[5] und Mastixharz[6] eine Rolle; sie sind fast ausnahmslos fremdländischen, von Weihrauch und Myrrhe abgesehen meist vorderasiatischen Ursprunges, und es ist in dieser Hinsicht bemerkenswert, daß sich die öfters gebrauchte Bezeichnung „Fett des Baumes" nach v. Oefele ganz ebenso auch in den Keilschrifttexten vorfindet, in denen z. B. „Fett des Mastixbaumes" das Mastixharz bedeutet.[7]

4. Arome, ätherische Öle. Aus der Reihe der Pflanzen, denen ein Gehalt an aromatischen Stoffen oder an ätherischen Ölen besonderen Wert verleiht, sind zu erwähnen: Kümmel, Fenchel (besbes), Dill,[8] Hornklee (foenum graecum),[9] Melilotklee (chebu?),[10] Brunnenkresse, Pfefferminze, Koriander und Wacholder; letzterer, nach Woenig[11] in Ägypten nicht heimisch, kann nur aus Vorderasien eingeführt sein, und tatsächlich spricht ein Rezept von „Wacholderbeeren aus Byblos" in Phönizien.[12]

Was Joachim und Lieblein unter einigem Vorbehalte mit Zwiebel übersetzen, erklärt Woenig, der hierbei an das aus religiösen Gründen bestehende Verbot des Zwiebelgenusses erinnert, für Johannisbrot;[13] indessen haben sich Zwiebeln sehr häufig selbst in den Körperhöhlen der Mumien vorgefunden, u. a. sogar in den Augenhöhlen der Mumie des Königs Ramses II.[14] — Auch die Übersetzung Knoblauch erscheint fragwürdig, da dieses Gewächs nach Loret vor 1200 v. Chr. in Ägypten noch nicht bekannt gewesen sein soll.[15]

Ob die Pflanze Gentet und der Genti-Samen tatsächlich Kassia waren, unterliegt ebenfalls Zweifeln; nach Woenig

[1] S. 21, 27. [2] S. 55. [3] S. 51. [4] S. 180, 114. [5] S. 34, 51. [6] S. 83, 180. [7] M. M. N., Bd. 3, S. 225. [8] S. 62, 142. [9] S. 111; er gehörte nach Woenig (S. 357) auch zu den Bestandteilen des kostbaren Räucherwerkes Kyphi. [10] S. 164. [11] Woenig, S. 362. [12] S. 88. [13] Woenig, S. 375, 380. [14] M. M. N., Bd. 7, S. 481. [15] ebd., Bd. 4, S. 152.

ist die Röhrenkassia in Ägypten einheimisch, während die Kassiarinde schon um 1600 v. Chr. aus oder über Arabien eingeführt wurde.[1]

5. Bitterstoffe. Von Gewächsen, die Bitterstoffe milderer oder schärferer Natur enthalten, finden sich genannt: Lattich, Endivie (qatsut),[2] Absinth (saam),[3] Granate (deren Wurzelrinde bereits zum Abtreiben der Würmer diente), Tamariske, Kalmus aus dem Lande t'abi (d. i. Asien), und Aloe, — nicht zu verwechseln mit dem gleichfalls vorkommenden Aloeholz.[4]

6. Farbstoffe. Pflanzen, die ihrer färbenden, aber auch ihrer sonstigen arzneilichen Eigenschaften halber benützt werden, sind: Saflor (nesti = Carthamus tinctorius),[5] Senau (Carthamus lanatus),[6] Krokus in seinen verschiedenen Abarten (vom Süden, vom Norden, vom Berge, vom Delta), — deren eine jedoch Ebers mit Chelidonium majus (matet) identifiziert, wonach man Krokus vielleicht nur für einen Sammelnamen zu halten hat —, und endlich Indigo. Nach Loret ist Indigo im östlichen Nordafrika einheimisch und heißt ägyptisch Tinkon, woraus durch einen etymologischen Irrtum der griechischen und römischen Autoren „Indikon“ und „Indicum“ entstanden ist;[7] über seine uralte Anwendung zum Färben, die um 1600 v. Chr., wie Gräberfunde beweisen, schon eine längst bekannte war, berichtet Woenig.[8]

7. Narkotika. Von diesen werden verschrieben: Bilsenkraut (sepet) in Öl,[9] Alraunen, auch als Alraunbeeren und als Mehl (= eingedickter Saft?) der Alraunen von Elephantine,[10] sowie Opium; an verschiedenen Stellen finden sich erwähnt: die Mohnpflanze (Chesit),[11] Chesit-Stengel und -Rinde,[12] Chesit-

[1] Woenig, S. 343, 359. [2] S. 129. [3] S. 21; Woenig denkt an den Keuschlammbaum (S. 375). [4] S. 122, 142, 180. [5] S. 23; der ölreichen Samen gedenkt Woenig, S. 351. [6] S. 124. [7] Loret, S. 177; s. meine „Abhandl. und Vorträge“, S. 93. [8] Woenig, S. 353. [9] S. 108. [10] S. 44, 126. [11] S. 25, 74, 133, 153. [12] S. 67, 173; 70.

Früchte[1], Chesit-Kapseln,[2] Chesit-Körner und Samen (sepnen),[3] Chesit-Harz d. i. Opium,[4] Seter-Seref (nach Ebers = Trank des Ruhens),[5] und Hefe (Absatz?) des Seter-Trankes.[6]

IV. Zubereitung der Arzneien.

Feste Substanzen werden durch Mahlen und Reiben, durch Zermalmen mit dem Reiber, und durch Zerstoßen im Steinmörser zerkleinert,[7] zuweilen auch noch gepulvert und gesiebt.[8]

Oft ist eine Vorbehandlung angeordnet, für die sehr mannigfaltige Vorschriften in Betracht kommen, u. a. Rösten oder Backen;[9] Abpressen;[10] Einweichen, Stehenlassen, Erwärmen, oder Auskochen in und mit Wasser, Milch,[11] Dattelwein,[12] bitterem oder süßem Bier,[13] Honig[14] und Öl;[15] Auslaugen in einem Leinensäckchen oder Auskochen in einem Tuch;[16] mehrtägiges Vergären mit Hefe[17] usf. Sollen nicht die verbleibenden Rückstände benützt werden, sondern die entstandenen Lösungen, so werden diese durch Siebe oder Tücher filtriert und geklärt;[18] das Filtrieren ist nach v. Oefele eine schon in ganz alten hieroglyphischen Texten häufig erwähnte Operation und wird durch ein eigenes Zeichen angedeutet, einen Mann darstellend, der in gebückter Stellung das Filtriertuch zusammenwindet und die durchlaufende Flüssigkeit in einem Gefäße sammelt.[19]

Manche Lösungen sollen mit Hilfe eines Röhrchens ausgeschlürft werden;[20] betreff anderer wird empfohlen, sie auf freiem Feuer, oder mittels eingeworfener heißer Steine

[1] S. 9, 108, 132, 141, 144, 151, 154. [2] S. 169. [3] S. 133, 102. [4] S. 64, 112, 120, 143. [5] S. 33, 106. [6] S. 139. [7] S. 4, 114; 14, 131. [8] S. 15; dieses Zitat und die folgenden geben nur einzelne Beispiele an. [9] S. 7, 9. [10] S. 8. [11] S. 77, 123. [12] S. 60. [13] S. 13, 17, 47, 131. [14] S. 7, 47. [15] S. 9, 41. [16] S. 76, 123. [17] S. 12. [18] S. 2, 11; 13, 176. [19] M. M. N., Bd. 6, S. 144. [20] S. 14.

zu erhitzen, und die Dämpfe durch ein Rohr einzuatmen, das in den durchlochten Deckel des Gefäßes eingepaßt ist.[1]

Schließlich sei noch erwähnt, daß neben ganz einfachen, nur aus zwei oder drei Bestandteilen zusammengesetzten Arzneimitteln, sich auch solche vorfinden, die eine große oder sehr große Anzahl Komponenten enthalten,[2] 17, 18, ja 37, so daß sich die besondere Vorliebe der späteren griechischen, der byzantinischen, und der arabischen Medizin für derlei möglichst komplizierte Mischungen, auch in diesem Punkte sichtlich auf uralte ägyptische und vorderasiatische Überlieferungen gründet.

[1] S. 78, 79. [2] S. 51, 132, 145.

2

WIE IST DER AUSDRUCK „CAPUT MORTUUM" FÜR EISENOXYD ZU ERKLÄREN?[1]

In seiner „Schule der Chemie" (Bd. II, S. 214) erwähnt Geheimrat Prof. Dr. W. Ostwald die Bezeichnung des Rückstandes von der Destillation des Eisenvitriols als „Caput mortuum" und sagt hierüber: „Den Vorgang (bei der Destillation) hat man mit dem Tode verglichen, wo die Schwefelsäure gleichsam als die Seele des Eisenvitriols entwichen ist, und den Leichnam, von dem schließlich nur der Schädel übrig blieb, zurückgelassen hat"; gelegentlich einer Besprechung des Ostwaldschen Werkes in der „Naturwissenschaftlichen Rundschau" (Bd. XX, S. 398) bezeichnet Prof. Dr. Biehringer in Braunschweig diese Erklärung als nicht recht einleuchtend, und hält es für wahrscheinlich, daß man etwa, wie z. B. bei Raymund Lullus zu lesen, den Destillationsprozeß mit einem Drachen verglichen und dann das Destillat als dessen unteres Ende, demnach als Schwanz, den Rückstand aber als oberes Ende, demnach als Kopf, angesehen habe, und zwar wegen seiner Widerstandsfähigkeit gegen Säuren als toten Kopf, Caput mortuum. Da jedoch in dieser Hinsicht die Literatur anscheinend völlig im Stiche lasse, solle das Zutreffen dieser Hypothese dahingestellt bleiben, und ihr Urheber fordert

[1] „Chemiker-Zeitung" 1906, S. 323.

mich auf, mich zur Sache zu äußern, und gibt mir durch freundliche Zusendung der betreffenden Nummer des genannten Blattes und einiger begleitender Zeilen hiervon Kenntnis.

Eine eingehende Erörterung der Frage wäre nur an der Hand sehr ausführlicher Darlegungen und Quellenangaben möglich; in Kürze dürfte sie sich aber, soweit meine Kenntnisse reichen, wie folgt beantworten lassen: Aus den um das 4. und 5. nachchristliche Jahrhundert zu Ägypten in griechischer Sprache abgefaßten Schriften des Zosimos, Olympiodoros und ihrer Fachgenossen ergibt sich, als eine bei den damaligen Chemikern schon völlig befestigte Tradition, die Ansicht, daß u. a. den sämtlichen Metallen ein gemeinsamer, unzerstörbarer, feuerfester Urstoff zugrunde liege, der durch „Weißung", „Gilbung", und ähnliche individualisierende Operationen, in jedes Einzelne von ihnen überführbar sei. Dieser Urstoff, den man z. B. durch Brennen und Verbrennen von Kupfer und Blei, durch Kalzinieren der Metalle mit Schwefel, durch Brennen und Rösten der Vitriole, durch Glühen verschiedener metallhaltiger Minerale und Erze, durch Zersetzung („Gärung", „Faulung") von Metallen und Metallderivaten mit Essig, Pflanzensäften usw. zu gewinnen suchte, wurde „schwarzes Präparat", „schwarzes Produkt", „schwarzer Stein", „vollkommene Schwärze" benannt, und gab, wie der Orientalist G. Hoffmann schon 1884 nachwies, vermutlich der Chemie ihren Namen, indem „Chemie" (*χημία*, *χημεία*) nichts anderes als „Bereitung der Schwärze" bedeutet, — denn „schwarz" heißt auf ägyptisch „chêmî", und nach Plutarch nannten die Ägypter auch das „Schwarze des Auges", die Pupille, *χημία* = Chemia; diesen Namen ihrer Kunst kombinierten aber die Chemiker anscheinend auch mit dem gleichklingenden Namen des Landes Ägypten, der im Niederägyptischen, mit Beziehung auf die schwarze

Farbe des fruchtbaren Erdbodens, „chêmî" lautet.[1] Der „Herr Ägyptens" und „Herr der Schwarzerde" ist aber Osiris, denn Ägypten, — so meldet nach Ebers ein Text von Edfu —, ist benannt nach dem Auge des Osiris, weil es seine Pupille ist; auch trägt Osiris den Beinamen „der Schwarze", denn während der Periode der Dürre und des tiefsten Nil-Wasserstandes ruht er, vom Feuer des Typhon (Seth) verbrannt, in der Unterwelt, wo er der Wiederauferstehung zur Zeit des Regens und der Nilschwelle harrt.

Bei den oben erwähnten ägyptisch-hellenistischen Autoren wird nun das „schwarze Präparat", die „vollkommene Schwärze", auch unter dem Namen „Grab des Osiris", „Leiche des Osiris" angeführt; man verglich also die schwarze Masse mit dem Leichnam des Osiris, der nach ägyptischer Sitte mit Binden so völlig umwickelt gedacht wurde, daß nur der Kopf sichtbar bleibt; ebenso betrachtete man nach Zosimos zuweilen auch wieder die Metalle, die zur Darstellung der Schwärze kalziniert oder verbrannt werden sollten, als mit Leinenbinden (κειρίαις) umwickelte Mumien, ja man brachte sie tatsächlich in Stücke Leinwand (πέταλον) eingehüllt in die Schmelztiegel, und gebrauchte für diese abergläubische Vorbereitung den nämlichen Kunstausdruck ταριχεία wie für jene der einzubalsamierenden Leichname. Von der Wiederabscheidung der Metalle aus dem Verbrennungsprodukte (die durch Reduktion, Entschwefelung usw. geschah) spricht daher Zosimos, dem erwähnten Mythus gemäß, geradezu als von einer „Auferstehung des Toten", während er die schwarze Masse selbst als „den Toten" oder „den toten Körper" bezeichnet. Der Kopf des Toten, das „Caput mortuum",

[1] Der etymologische Zusammenhang zwischen „Chemie" und „chêmî" = schwarz ist also durchaus nicht abzuweisen, obwohl dies noch jüngst (Ztschr. f. angew. Chemie 1905, 466) ein Ägyptologe getan hat, dessen Meinung übrigens keineswegs von allen seinen Fachgenossen geteilt wird.

ist also das Haupt des verbrannten Osiris, der einzig sichtbare Teil seiner Mumie, und symbolisiert den nach der Verbrennung und Röstung der Metalle oder ihrer Derivate allein noch übrigbleibenden Rückstand.

Demgemäß gibt „Caput mortuum" ursprünglich einen generellen Begriff wieder, umfaßt also die verschiedensten, beim Verbrennen, Kalzinieren, Rösten und Schmelzen, sowie bei dem (später entdeckten) Destillieren, zu beobachtenden Reste (Oxyde, Sulfide, Aschen und Schlacken aller Art usw.), und daß diese Bezeichnung schließlich gerade am Eisenoxyd haften blieb, ist nur ein Zufall, vergleichbar jenem, der die allgemeinen Namen „Sublimat" oder „Alkohol" (al kohol = das feinste Pulver) speziell dem Quecksilberchlorid und (im übertragenen Sinne = Quintessenz) dem Weingeiste zuerteilte.

Durch syrische und arabische Vermittlung gelangte das „schwarze Präparat" zu den mittelalterlichen Alchemisten, die seine Synonyma „vollkommene Schwärze" durch „nigredo perfecta", und „schwarzer Stein der Philosophen" (nämlich der „Philosophen per ignem", also der Chemiker) durch „lapis (scil. niger) philosophorum", das ist „Stein der Weisen" wiedergaben, den oben erwähnten Kunstausdruck selbst aber mit „Caput mortuum" übersetzten; noch im 17. Jahrhundert war dieser nicht eindeutig, denn Boyle spricht z. B. vom Caput mortuum des Bernsteins und meint damit den Rückstand, der bei der Gewinnung von Bernsteinöl durch trockene Destillation des Bernsteins verbleibt, — ja als Nachklang des alten allgemeinen Sinnes ist es anzusehen, daß man in Norddeutschland noch heute auf die Überreste eines zerstörten Gegenstandes mit dem (entstellten und unverstandenen) Worte hinweist: er ist „kaput" oder gar „kaput gemacht".

Schließlich sei noch erwähnt, daß der Name „Colcotár" für Eisenoxyd vom syrischen und arabischen „Calcotórin" stammt, das selbst wieder vom spätgriechischen χαλκητάριν

(Chalketárin) abzuleiten ist; mit diesem Worte bezeichnete man ursprünglich ein nicht näher definierbares Produkt, entstanden durch Verwittern von χαλκῖτις (Chalkitis), das ist von Vitriol, der übrigens nur als ein mehr oder weniger unreines, Kupfer, Eisen, und zuweilen wohl auch Blei enthaltendes Präparat bekannt war.

Zusatz.[1]

Der berühmte Ägyptologe Prof. Dr. W. Max Müller in Philadelphia hatte die Güte, mir über diesen Gegenstand eine kurze Mitteilung zukommen zu lassen, der ich folgendes entnehme:

„Gemäß der verbreitetsten Form des Mythus über Osiris wurde dessen Körper in 42 Teile zerstückelt, die in den 42 Gauen Ägyptens erhalten sind. Das eigentliche Osirisgrab ist aber das zu Abydos, weil dort der Kopf begraben liegt, das einzig Authentische, das von Osiris übrig blieb; neben diesem Hauptstücke, — denn der Kopf ist in der altägyptischen Theologie der Sitz des Lebens —, gelten die übrigen Körperteile so gut wie nichts, oder sind höchstens Reliquien geringeren Wertes und einer von der abydenischen Theologie wohl bestrittenen Echtheit. Abydos hingegen führt in seinem Wappen den Kopf des Osiris, und „Grab des Osiris" ist also identisch mit „Kopf des Osiris". Sie sehen, diese Modifikation Ihrer Erklärung macht Ihre Ableitung des „Caput mortuum" erst völlig überzeugend".

Dem hervorragenden, mir persönlich unbekannten Forscher gestatte ich mir für seine freundliche Zuschrift, sowie für die Erlaubnis, sie zu veröffentlichen, auch an dieser Stelle meinen aufrichtigen Dank auszusprechen.

[1] „Chemiker-Zeitung" 1906, S. 925.

Zweite Abteilung

3

CHEMISCHES UND PHYSIKALISCHES AUS PLATON[1]

I. Einleitung.

Wie für die Geschichte der Philosophie, so bildet Platon auch für die der Naturwissenschaft einen unvergänglichen Markstein, und zwar nicht nur seiner inneren Bedeutung, sondern auch seiner äußeren Stellung nach: jenseits der Grenze liegt das Trümmerfeld der Fragmente, aus denen nur mühsam und mit oft zweifelhaftem Erfolge, an der Hand lückenhafter und nicht selten mißverständlicher Zitate oder Berichte, die Lehrgebäude der großen und tiefsinnigen „Vor-Sokratiker" rekonstruiert werden können; im diesseitigen Gebiete aber erheben sich, wohlerhalten und in Fülle, reiche Denkmale, deren Anblick den Geist ihrer Schöpfer noch unmittelbar zu uns sprechen läßt, so daß erst mit ihnen die wahrhaft urkundliche Geschichte der Forschung beginnt.

Sämtliche Werke, die Platon hinterließ, als er achtzigjährig 347 v. Chr. starb, hat uns ein günstiges Geschick unzerstört bewahrt, und niemals waltete in der Meinung aller Zeiten daran ein Zweifel, daß sie als unverlierbares Gut zu dem Besten und Höchsten zählen, was das Griechentum, ja was die Menschheit hervorgebracht hat. Betreffs der Zuverlässigkeit der Überlieferung gingen und gehen jedoch die

[1] „Journal für praktische Chemie" 1907, S. 513; Herrn Geheimrat Prof. Dr. Ernst von Meyer zur Feier des 60. Geburtstages dargebracht.

Ansichten auseinander, und auch von den 35 „authentischen" Dialogen mögen einige in ihrer Gesamtheit, andere in einzelnen Teilen nicht von Platon selbst herrühren, vielmehr von ihm nahestehenden und seinem Kreise durchaus zugehörigen Schülern; für sicher gilt es, daß das unvollendet hinterlassene Werk „Die Gesetze" durch Philippos aus Opus redigiert wurde, und daß dieser ihm das 13. Buch, die sogenannte „Epinomis", hinzufügte. Auch über die Abfassungszeit und die Reihenfolge der Dialoge ist die Kritik nur bezüglich einiger Hauptpunkte zu übereinstimmenden Ergebnissen gelangt, während im einzelnen die äußeren, inneren, sprachlichen, grammatischen, und stilistischen Kennzeichen häufig versagen, um so mehr als viele Unterschiede und Widersprüche schon allein durch den Entwicklungsgang des Verfassers während einer mindestens fünfzigjährigen schriftstellerischen Tätigkeit, sowie durch die Möglichkeit von Neuausgaben und Umarbeitungen der älteren Gespräche, genügend erklärbar sind.

Den nachstehenden Darlegungen ist die Gesamtheit der Schriften zugrunde gelegt, die den Corpus der platonischen Werke bilden, und angesichts ihres durchgehenden inneren Zusammenhanges als ein großes Ganzes gelten dürfen; die Übersetzungen sind der klassischen zehnbändigen Ausgabe von Müller und Steinhart[1] entnommen, und auf diese, als für jedermann zugänglich und vergleichbar, weisen auch die angeführten Belegstellen hin. Es sollen zunächst in Kürze einige zum Verständnis unerläßliche philosophische Prinzipien Platons, sodann ausführlich seine Meinungen über chemische und physikalische Fragen wiedergegeben werden, während eine Besprechung der Bedeutung und Fortwirkung dieser Lehren dem Schlusse vorbehalten bleibe.[2]

[1] Leipzig, 1850—1873; bei den Zitaten gibt die erste Ziffer die Band-, die zweite die Seiten-Zahl an.

[2] Näheres über Platons Philosophie s. in den Werken und Abhandlungen von Gomperz, Grote, Rohde, Steinhart, Windelband, Zeller.

II. Allgemeines.

Das dem Freunde der Weltweisheit angemessene Gefühl ist das des „Sich-Verwunderns", denn in ihm liegt der Anfang aller Philosophie.[1] Dem Nachdenkenden wird vor allem klar werden, daß wir die Dinge nicht so zu erkennen vermögen, wie sie sind, sondern nur so, wie sie uns erscheinen; es trügt aber der Sinnenschein, es täuscht die Wahrscheinlichkeit und die Selbstverständlichkeit, wenngleich diese der großen Menge so sehr zusagen,[2] es beirrt (im ganzen wie im einzelnen) das Zurückgehen von der Folge auf den sich doch so augenfällig darbietenden Grund,[3] und nichts ist daher ungerechtfertigter als die so verbreitete Meinung: „Wirklich ist allein das, was man geradezu mit Händen greifen kann."[4] Sind aber die Dinge für uns Erscheinung, so sind sie darum doch kein Schein. Unrichtig bleibt daher die Behauptung des Protagoras (geb. um 485 v. Chr.): „Der Mensch ist das Maß aller Dinge", selbst mit der Einschränkung auf den verständigen Menschen;[5] ebenso einseitig sind die Aussprüche des Heraklit (gest. um 475 v. Chr.): „Alles fließt, ... nichts ist beständig, ... man kann nicht zweimal in denselben Fluß steigen ...", denn auch der durch Drehen schwindlig Gewordene glaubt, die gesamte Umgebung bewege sich in endlosem Kreislaufe, und verlegt die Ursache seiner Wahrnehmung in die Natur der Gegenstände, statt sie in sich selbst zu suchen.[6] Alle solche Sätze gelten eben nur für die Welt der Erscheinung, die Dinge besitzen aber, auch von uns und unserer Vorstellung abgesehen, ihr von der Natur aus bestimmtes, ihnen eigentümliches, für sich selbst bestehendes Wesen.[7]

Dieses Wesentliche nun, das den Objekten der Wahrnehmung und den wechselnden, täuschenden Erscheinungen der

[1] Theätet III, 120. [2] Phädon IV, 511. [3] Phädon IV, 517. [4] Theätet III, 120. [5] Kratylos II, 580; Theätet III, 158. [6] Kratylos II, 602, 614. [7] ebd. II, 581.

Sinnenwelt in ihrem unaufhörlichen „Werden" zugrunde liegt, nannte Platon die „Ideen"; in ihnen sah er die Träger des wahren, beharrenden, und ewig beständigen „Seins", und zwar anfänglich mehr im Sinne von Gattungsbegriffen, unveränderlichen Formen, raum- und zeitlosen Urbildern der individuellen Geschöpfe und Dinge, in späterer Zeit aber vorwiegend im Sinne wirkender Kräfte, zielsetzender Zweckursachen, die als gestaltende Realitäten den Geschöpfen und Dingen Dasein und Individualität verleihen, und die Richtung des Geschehens bestimmen. Die Ideen bilden den Gegenstand begrifflicher Erkenntnis durch die Vernunft, und daher das letzte wahre Ziel wissenschaftlicher Forschung, ja sogar insoweit das einzige völlig Gewisse, als die Ergebnisse der reinen Denktätigkeit sicherer sind wie die des trügerischen Sinnenscheines.[1] Was den Bereich dieses letzteren betrifft, so stellen sich in ihm der Ermittlung der Wahrheit ganz außerordentliche, ja zumeist unüberwindliche Schwierigkeiten entgegen, man muß sich daher häufig begnügen, statt des Wahren nur das Wahrscheinliche ausfindig zu machen,[2] ja vermag selbst dieses oft nur im Gewande des Mythus vorzutragen.

III. Die vier Elemente.

Die Uranfänge des Seins und der Bewegung sind unergründlich und unerklärbar,[3] jegliche Vorstellung über das Werden unserer Welt, des „Kosmos", setzt jene schon als gegeben voraus.

Allem Entstehen liegt ein Erstes, Ursprüngliches zugrunde: das Unbegrenzte, ein unsichtbares, unbestimmtes, weder geformtes noch gestaltetes, aber bildsames, allempfängliches Wesen, „die Mutter" oder „der Schoß" alles Werdens.[4] — Wie Platon diese Lehre verstanden wissen wollte, darüber gehen die Ansichten der Erklärer seit jeher und bis auf den

[1] Phädon IV, 473. [2] Timäus VI, 197, u. auch sonst sehr häufig.
[3] Theätet III, 186; Phädros IV, 117. [4] Timäus VI, 171.

heutigen Tag auseinander: Die einen (unter ihnen, anscheinend schon Aristoteles) nehmen eine eigentliche Urmaterie (Hyle) an, ein in steter, aber ungeordneter Bewegung befindliches, qualitätsloses Substrat aller Elemente, den Träger ihrer zahllosen wechselnden Gestaltungen, und das Bleibende bei ihren Wandlungen; die anderen bestreiten, daß es sich um eine stoffartige Realität handle, identifizieren vielmehr das Unbegrenzte mit dem leeren Raum der eleatischen Philosophen, in dem, nicht aus dem, alle Dinge entstehen. Sicher ist indes, daß Platon die Welt der Erscheinung (die Körperwelt, den Kosmos) aus diesem „Unbegrenzten" hervorgehen läßt, und zwar vermöge einer Durchdringung mit der „Begrenzung": Der Kosmos ist geformter Raum, geformt unter dem Einflusse der Ideen als Zweckursachen, und das Unbegrenzte wird durch die geometrische Begrenzung zum Körper, und erlangt durch sie die körperliche Realität. Die Realität, und mit ihr die Erkennbarkeit der Dinge, sind also wesentlich an ihre Bestimmung durch geometrische Formen geknüpft, und die Mathematik erweist sich so als die Vermittlerin zwischen den Ideen und den Objekten der Anschauung; hieraus erklärt sich die hohe Wichtigkeit, die Platon diesem Wissenszweige beimaß, und der er durch die Überschrift des Einganges zu seiner Lehrstätte Ausdruck gegeben haben soll: „Kein der Mathematik Unkundiger trete hier ein."

Als Flächen der Begrenzung sind zwei Arten rechtwinkliger Dreiecke anzusehen, das gleichschenklige und jenes „unter den nicht gleichschenkligen schönste", dessen Hypotenuse doppelt so groß ist wie die kleinere Kathete;[1] es sind dies die Dreiecke, die durch Zerfällung des Quadrates und des gleichseitigen Dreiecks entstehen.

Nun lassen sich in der Welt vier Elemente nachweisen: das Feuer, das sie sichtbar, die Erde, die sie tastbar macht, und

[1] Timäus VI, 175ff.

als mittlere Proportionalen zwischen diesen die Luft und das Wasser, so daß sich Feuer : Luft = Luft : Wasser = Wasser : Erde verhält;[1] von diesen gingen die Erde aus der ersten, das Feuer, die Luft, und das Wasser aber aus der zweiten Art der rechtwinkligen Dreiecke hervor, und zwar derart, daß jene Begrenzungsflächen gewisse Teile des Raumes zu bestimmten Gestalten zusammenfaßten, so daß erst durch ein solches Zusammenfügen und Ordnen der Dreiecke nach arithmetischen und geometrischen Verhältnissen die Elemente entstanden;[2] mit Recht kann man sie daher als „die zur Entstehung gediehene Bewegung" auffassen,[3] als Endergebnis eines Strebens nach geregelter Anordnung, bei der sich, der Natur des Entstehenden und dem waltenden Zufalle der Bewegung gemäß, das Ähnliche zu vereinigen, das Unähnliche aber zu fliehen trachtet,[4] und jegliches einem bestimmten, ihm seinem Wesen nach natürlichen Orte zustrebt.[5]

Aus der Schwere, Kompaktheit, Festigkeit, Bildsamkeit und Beweglichkeit der Elemente läßt sich auch deren Gestaltung erschließen, die man jedoch nur an größeren Massenteilchen erkennen kann, nicht an den kleinsten, einzeln gar nicht sichtbaren: die Erde hat die Form des Würfels, das Wasser die des Ikosaeders, die Luft die des Oktaeders, das Feuer, als das flüchtigste, die rein pyramidal ansteigende des Tetraeders.[6] — Von den bekanntlich allein möglichen fünf regelmäßigen „platonischen" Körpern können durch einzelne oder kombinierte Dreiecksflächen der beschriebenen Gestalt nur die vier Genannten begrenzt werden, und schon Pythagoras (im 6. Jahrh.), Philolaos (im 5. Jahrh., vermutlich etwas jünger als Sokrates), und wohl auch Empedokles (gest. um 435 v. Chr.) brachten diese mit den vier Elementen in Zusammenhang; den fünften der regelmäßigen Körper, das

[1] ebd. VI, 149ff. [2] ebd. VI, 175ff., 193, 198; Gesetze VII, 338. [3] Gesetze VII, 430. [4] Timäus VI, 173; Gesetze VII, 329. [5] Timäus VI, 186. [6] Timäus VI, 175ff.

Dodekaeder, setzt Platon nicht in Beziehung zu den einzelnen Elementen, sondern zum Weltganzen, dessen Kugelform es durch sein Äußeres am nächsten kommt.

Die geometrische Gestalt der Elemente macht auch erklärlich, daß die feineren und flüchtigeren nicht nur imstande sind, in die Poren der größeren einzudringen und diese in kleinste Teilchen zu zersplittern, sondern daß sie unter Umständen auch vermögen, die kleinsten Teilchen in ihre Elementardreiecke aufzulösen, die sich dann wieder leicht anderweitig aneinander lagern: Die Erde geht allerdings, weil das die Sondergestalt ihrer Dreiecke bedingt, in keinen sonstigen Körper über; aber das Oktaeder der Luft kann in zwei Tetraeder des Feuers zerfallen oder sich aus ihnen bilden, und das nämliche Verhältnis besteht zwischen einem Ikosaeder des Wassers und $2^1/_2$ Oktaedern der Luft, oder zwei Oktaedern der Luft nebst einem Tetraeder des Feuers, und es ist ersichtlich, daß bei diesen Umsetzungen ein Stoff schließlich völlig die Natur des anderen annimmt.[1] Alles ist daher wandelbar, und jegliches geht in das andere über.[2] Wasser verdichtet sich zu Erde und Stein oder verdünnt sich zu Dunst und Luft, entzündete Luft gibt Feuer, verlöschendes Feuer wieder Luft, verdichtete Luft erst Nebel dann Wasser, und so vollziehen sich alle Vorgänge in unaufhörlichem Kreislaufe.

Was nun die einzelnen Elemente anbelangt, so geht das Feuer, und mit ihm das Licht und die Wärme, von der Sonne aus,[3] doch entstehen Feuer und Wärme auch durch Umschwung und Reibung, und diese wieder durch Bewegung.[4] Vom Feuer gibt es viele Stufen und Arten,[5] und die Wärme kann daher zu- und abnehmen, ohne daß man hierfür letzte Grenzen anzugeben vermöchte;[6] mäßige Wärme erweist sich als wohltätig und läßt alles wachsen und gedeihen,[7] scharfes

[1] ebd. VI, 175ff. [2] ebd. VI, 169; Phädon IV, 480. [3] Kratylos II, 617. [4] Theätet II, 116. [5] Timäus III, 179ff. [6] Philebos IV, 683. [7] Theätet III, 116.

Feuer aber wirkt zerschneidend infolge der Schärfe der Kanten und Winkel seiner Dreiecke, der Schnelligkeit ihrer Bewegung, sowie ihrer Kleinheit; hieraus erklärt es sich, daß kein Körper den Durchgang der Wärme völlig aufzuhalten oder zu verhindern vermag, und daß die Hitze für uns mit der bestimmten Empfindung eines „Scharfen“ verbunden ist.[1]

Von der Luft gibt es gleichfalls mannigfache Arten und Grade. Wenn ihre Dichte, die genügt, um Gegenstände von der Erde aufzuwirbeln,[2] noch zunimmt, so wird sie unreiner, und bildet zunächst Dämpfe und Dünste, die Träger der Gerüche, die zwar schon dichter als Luft, aber noch dünner als Wasser sind, und daher erst bei weiterer Verdichtung in dieses übergehen.[3] Die reinste Luft, der gewöhnlichen an Reinheit ebenso weit überlegen wie diese dem Wasser, ist der Äther, der vermöge seiner Leichtigkeit über den irdischen Luftraum emporsteigt und ihn in stetiger Strömung umkreist.[4] — Es ist bemerkenswert, daß Platon den Äther nicht als fünftes Element anerkennt; als solches wird er erst in dem später zugefügten 13. Buche der Gesetze („Epinomis“) bezeichnet.[5]

Das Wasser ist seinem Wesen nach sehr unbeständig, und so leicht zu schädigen und zu verderben, daß seine Reinheit im öffentlichen Interesse unter gesetzlichen Schutz gestellt wird;[6] durch die Zwischenstufen des Rauches und der Dünste geht es unter Umwandlung seiner Natur in Luft über, beim Entweichen seiner Luft- und Feuerteilchen aber verdichtet es sich, und gesteht oberhalb der Erde zu Schnee und Hagel, auf der Erde zu Reif und Eis.[7] In richtiger Mischung mit Feuerteilchen, d. h. bei genügender Wärme, nehmen es die Pflanzen als ihr wichtigstes Nahrungsmittel auf und erzeugen aus ihm ihre Säfte, von denen es vier

[1] Timäus VI, 178, 184, 204; 179. [2] Kratylos II, 613. [3] Timäus VI, 179ff., 190; Phädon IV, 534ff. [4] Timäus, a. a. O.; Phädon, a. a. O.; Kratylos II, 613. [5] Epinomis VIII, 130. [6] Gesetze VII, 276. [7] Timäus VI, 190, 182; Phädon IV, 526, 530.

Hauptarten gibt:[1] die weinartigen, die öl-, pech- und harzartigen, die honigartigen, und die milchartigen, die zuweilen auch gleich geronnener Milch ausgeschwitzt werden (Opos, daher Opium!). Als Flüssiges und Nasses hat das Wasser auch die Natur des Geschmolzenen, und gibt daher beim Abkühlen und Erstarren Gesteine und Erden; die wachs- und harzähnlichen Mineralien enthalten noch viel unverändertes Wasser, die Erze nur mehr wenig, die glas- und schmelzartigen keines oder fast keines.[2]

Die Erde wird unter dem Einflusse des Feuers, des Wassers, und des Druckes verschiedentlich verändert, bald zu schönen durchsichtigen Gesteinen, bald zu Kochsalz und laugenähnlichen Salzen, die man durch Wasser ausziehen kann, bald zu festem Ton; die Teile, die wiederholt und abwechselnd durch Erhitzen und Abkühlen dem Feuer und Wasser ausgesetzt waren, sind zumeist durch beide nicht mehr veränderlich, und weder löslich noch schmelzbar,[3] während im übrigen die Löslichkeit wesentlich von der Dichte der Einzelstoffe abhängt, die den feineren Teilchen des kalten oder heißen Wassers mehr oder minder leichten Durchgang gestattet. Gröbere und feinere erdige Teilchen, zuweilen durch die übrigen Elemente modifiziert, vermitteln die Geschmäcke, indem sie von der Zunge aus durch Blutäderchen zum Herzen geführt werden. Die gröbsten schmecken herb und zusammenziehend, bei großer Schärfe laugenhaft und ätzend, bei geringerer salzig; die feinsten, nach Art einer zarten Salbe alles ausgleichend und naturgemäß vereinigend, süß; die mittleren, durch Aufwallen und Gären gelockert, mit Luft gemischt, und zu Wasser enthaltenden Blasen umgebildet, sauer. Die durchdringenden, zu Kopf steigenden Geschmäcke setzen eine Verflüchtigung durch Wärme voraus, die bitteren (z. B. die der Galle) eine Verschärfung der sauren Prinzipien.[4]

[1] Timäus VI, 182. [2] ebd. VI, 181, 183. [3] Timäus VI, 183, 199; Theätet III, 108. [4] Theätet VI, 188ff., 196, 210.

Aus den genannten vier Elementen geht alles überhaupt Existierende hervor, ebensowohl die Mineralien und Erze der Erde wie die Leiber der Pflanzen und Tiere, oder wie die Bestandteile des ganzen Weltalls; die unendliche Mannigfaltigkeit des Vorhandenen ist bedingt durch die verschiedenen Mischungsverhältnisse der Elemente, durch die verschiedenen Größen ihrer elementaren Dreiecke, und durch den Umfang der sich vollziehenden Verschmelzung entgegengesetzter Qualitäten, Wärme und Kälte, Trockenheit und Feuchte, usw.,[1] die als wahre Vereinigung und Vermählung anzusehen ist.[2]

IV. Mineralische und pflanzliche Stoffe.

Beim Abkühlen und Erstarren des Wassers in der Erde, wobei es durch Gesteine und Felsen gereinigt und geläutert wird, entstehen, durch die Schmelzbarkeit noch ihren Ursprung verratend, die Metalle.[3]

Das Gold ist die feinste, dichteste und gleichförmigste aller Substanzen, und wenn es rein ist, zeigen seine Teile weder untereinander noch dem Ganzen gegenüber irgendeine Verschiedenheit, abgesehen von ihrer größeren oder kleineren Masse.[4] Meist aber kommt es, ebenso wie die anderen Edelmetalle und Steine, nicht rein vor, sondern in Gemenge mit sonstigen Bestandteilen, angefressen und verwittert.[5] Die Werkmeister scheiden dann erst das Geröll, die Erde und die Steine ab, wobei das wertvolle Gold nebst dem ihm verwandten Silber und Kupfer und zuweilen auch Eisen zurückbleibt; von diesen kann es nur auf feurigem Wege getrennt werden, indem man wiederholte Schmelzungen vornimmt, und sie mit Gehaltsproben verbindet, bis zuletzt das sogenannte gediegene Gold allein übrig bleibt und sich dem Blicke dar-

[1] ebd. VI, 149ff., 179; Sophist III, 548. [2] Gesetze VII, 329; Sophist III, 511. [3] Timäus VI, 181. [4] Timäus, a. a. O.; Protagoras I, 457. [5] Phädon IV, 536.

bietet.[1] Das Gold ist das edelste der Metalle und nimmt in deren Rangordnung die oberste Stelle ein, ebenso wie in der Hesiodschen der Zeitalter und Geschlechter;[2] wie jedoch den vornehmsten Geschlechtern Glieder entspringen können, die in die mittleren oder tiefsten Stände herabsinken, während sich umgekehrt aus diesen einzelne Sprößlinge in die obersten Schichten zu erheben vermögen, so erzeugt zuweilen auch das Gold die geringeren Glieder der Rangordnung, nämlich Silber, Kupfer und Eisen, oder geht selbst aus einem von diesen hervor.[3] Es kann daher nicht wundernehmen, daß es in der Natur zumeist im Verbande mit ihnen vorkommt; aber auch künstlich vermischt man es mit anderen Edelmetallen, und versteht z. B. mittels solcher Zusätze goldene Geräte derartig zu anderen neuen umzuarbeiten, daß diese die verschmolzenen Metalle genau im verlangten Verhältnis enthalten.[4]

Dem Golde zunächst soll einstens das Orichalkon (Bergerz) gestanden haben, das man in der Erde auffand und ehemals fast ebenso hoch schätzte wie Gold, während es jetzt nur mehr dem Namen nach bekannt ist.[5] — Welches Metall oder Metallgemisch Platon unter Orichalkon vertand (das in späterer Zeit Messing bedeutete), ist ungewiß; aus ihm bestehen, so berichtet er, die Säule der Gesetze, sowie die Verzierungen an Fußböden, Wänden und Pfeilern in der Königsburg der sagenhaften, an Schätzen überreichen, im fernen westlichen Weltmeere gelegenen Insel „Atlantis".[6]

Das Silber kommt ebenso selten rein vor wie das Gold; es ist allverbreitet und jedermann wohlbekannt.[7]

Das Kupfer ist dem Gold verwandt, und zwar weniger edel, aber dichter und härter; das neben ihm in den Erzen oft vorhandene Erdige, das allmählich auswittert, nennt man Grünspan.[8] Kupfer ist neben Eisen das Werkzeug des

[1] Sophist III, 689. [2] Staat V, 390, 559. [3] ebd. V, 390.
[4] Gesetze VII, 245. [5] Kritias VI, 331. [6] ebd. VI, 333, 337.
[7] Phädon IV, 536; Phädros IV, 139. [8] Timäus VI, 181.

Krieges, doch verhielt sich dies nicht immer so, denn als die Menschen noch das Leben von Hirtenvölkern führten, besaßen sie keine Metalle, und zudem gingen die Kenntnisse über deren Bearbeitung auch später zeitweise wieder verloren.[1]

Das Eisen ist ein Abfall des Goldes,[2] eine harte, schwarze Masse, und heute allgemein bekannt;[3] dafür, daß es dies, ebenso wie das Kupfer, nicht zu allen Zeiten war, zeugt noch das Verbot, im Weihbezirke der Atlantis mit eisernen Waffen zu jagen.[4] Die Schmiede bedienen sich, je nach den Zwecken ihrer Arbeit, verschiedener in- und ausländischer Eisengattungen;[5] ferner gibt es gegossenes Eisen, dessen Stücke bald tadellos „aus einem Guß" sind, bald Fehlstellen aufweisen,[6] sowie den unüberwindlichen Stahl,[7] Adamas (was nicht Diamant bedeutet!). Wie Holz der Fäulnis, wie Getreide dem Mehltau, so fällt Eisen dem Rost anheim; Rost entsteht aus Eisen, und ebenso Grünspan aus Kupfer, infolge der Auswitterung erdiger Teilchen, und dieser Vorgang ist ein den Metallen ihrer Natur nach eigentümlicher, unter dessen Einfluß eine Zerstörung und Veränderung ihres besonderen Wesens erfolgt.[8]

Andere Stoffe als die Metalle erwähnt Platon nur ganz nebenbei und im Vorübergehen, z. B.: Marmor, Gips, Karneol, Jaspis, Smaragd und sonstige Edelsteine,[9] Kochsalz und Laugensalz,[10] Bleiweiß,[11] und Schwefel, den zuerst die Ärzte und Seher (wohl als sie noch eine einzige Klasse bildeten) zur Reinigung und Räucherung (Austreibung der Krankheitsdämonen) gebrauchten.[12]

Zur Aufnahme der Arome bedient man sich höchst reiner und geruchlos gemachter Flüssigkeiten (Öle?);[13] kostbare Arome

[1] Gesetze VII, 415, 73. [2] Timäus VI, 181. [3] Phädros IV, 139. [4] Kritias VI, 337. [5] Kratylos II, 586. [6] Sophist III, 550. [7] Staat V, 564 ff. [8] Timäus VI, 181; Staat V, 644. [9] Phädon IV, 536; Timäus VI, 183. [10] Timäus, a. a. O. [11] Lysis I, 254. [12] Kratylos II, 606. [13] Timäus VI, 170.

und Räucherwerke, wie Weihrauch, sollen in einem geordneten Staatswesen so wenig wie möglich aus fremden Ländern bezogen werden, und das Nämliche gilt für teuere Farbstoffe, wie den Purpur.[1] Will man mit diesem färben, so wählt man von vornherein die beste und weißeste Wolle aus und unterwirft sie einer gewissen Vorbehandlung; sie zeigt dann schließlich den schönsten Glanz und hält auch ohne Schaden das Waschen aus, sei es allein mit Wasser, sei es mit Lauge oder Asche.[2]

Als eines Betäubungsmittels wird der Mandragora (des Alrauns) gedacht;[3] welches Gift der auch dem Sokrates gereichte sogenannte Schierlings-Trank[4] enthielt, läßt sich weder aus der im „Phädon" gegebenen Beschreibung noch aus der Erwähnung von Wein als Gegenmittel,[5] mit Bestimmtheit entnehmen. Die geschilderten Wirkungen sind jedenfalls nicht die des heutigen Koniins.

V. Die Stoffe des tierischen und menschlichen Körpers.

Wie die Gewebe der Pflanzen, so bestehen auch die Leiber der Tiere und Menschen aus den vier Elementen,[6] jedoch nicht immer im ursprünglichen Zustande; von erdähnlichen Stoffen z. B. finden sich allein die auf das feinste und reinste geläuterten in den Knochen, Nägeln und Haaren,[7] die feuerartigen hingegen treten nur in sehr abgeschwächter Form auf und machen sich in Gestalt der körperlichen Wärme bemerkbar, und, durch Wasserteilchen noch weiter gemildert, in jener der heißen Träne.[8]

Ob wirklich, wie behauptet wird, niedrige lebende Geschöpfe unter dem Einfluß der Wärme und Fäulnis entstehen können, bleibt noch fraglich.[9] Sicher ist aber, daß dem mensch-

[1] Gesetze VII, 279. [2] Staat V, 408. [3] ebd. V, 485. [4] Phädon IV, 469ff. [5] Lysis I, 257. [6] Gesetze VII, 329; Timäus VI, 206. [7] Timäus VI, 188ff., 199. [8] Philebos IV, 690; Timäus VI, 192. [9] Phädon IV, 516.

lichen Körper erst die Seele zur Quelle des Lebens wird, da ihr allein (nach einer schon von Alkmaion aus Kroton zu Anfang des 5. Jahrhunderts aufgestellten Lehre) die Kraft der Selbstbewegung zukommt, so daß sie ihm die Fähigkeit des Atmens erteilt;[1] das hierbei wirksame Organ ist die Lunge, die in ihr schwammiges Gefüge die eingesogene Luft und die genossenen Getränke aufnimmt und hierdurch das Blut abkühlt, und das die Leidenschaften erhitzende und Herzklopfen erregende innere Feuer mäßigt.[2]

Erhalten wird das einmal vorhandene Leben durch die Nahrung. Speisen und Getränke erfahren unter dem Einflusse von Wärme, Atmung und Bewegung eine weitgehende Zersetzung, deren Produkte zunächst nach den Adern geleitet werden und sich dann durch diese, wie im Strome einer Wasserleitung, nach allen Teilen des ganzen Körpers ergießen; die rote Farbe des Blutes weist noch auf das Feuer (die Wärme) als zersetzende Ursache hin.[3] Wie sich hieraus ergibt, ist der Mensch mit seinem Körper, und daher auch wieder mit seiner Seele, in vieler Hinsicht von der Beschaffenheit der Nahrung abhängig, in letzter Linie also von jener des Bodens, die diese liefert, und auf dem er lebt.[4]

Jedes Ganze besteht und entsteht zwar aus seinen Teilen, aber aus ihnen allein ist seine Gestaltung nicht erklärlich.[5] Dies zeigt sich auch beim Menschen: seine Individualität beharrt, obwohl sein Knochengerüst und sein Haar, sein Fleisch und sein Blut, ja sein ganzer Leib, fortwährend wechselt, Erneuerung und Ergänzung verlangt.[6] Die allmähliche Abnutzung der, den menschlichen Leib aufbauenden elementaren Dreiecke schwächt aber ihr Assimilationsvermögen für die in der Nahrung neu zugeführten, und hiermit beginnt das Altern; die schließliche Lockerung und Auflösung des Verbandes der Dreiecke im Hirn und Mark führt den Tod herbei, indem die

[1] Kratylos II, 599. [2] Timäus VI, 195, 205. [3] ebd. VI, 205, 207.
[4] Gesetze VII, 158. [5] Theätet III, 189. [6] Gastmahl IV, 315.

Seele, der sie haltenden Fesseln entledigt, mit der Atemluft entschwebt.[1]

So wie das Vorhandensein und die Erhaltung einer richtigen Mischung und Verteilung der Elemente und ihrer Qualitäten (Wärme, Kälte, Feuchte, Trockenheit) Wohlbefinden und Gesundheit bedingt, so bewirkt plötzlich eintretender Mangel oder Überschuß der Elemente, oder auch deren Geraten an eine falsche Stelle, die Krankheiten; wie sich in der Natur unter dem Einfluß übermäßiger Feuchtigkeit Reif, Hagel und Mehltau einstellt, ganz so erzeugt z. B. im menschlichen Körper ein Übermaß der feurigen Teilchen Entzündung und Fieber, ein solches der luftigen, wäßrigen und erdigen, ihrer wachsenden Dichte entsprechend, die zwei-, drei- und viertägigen Wechselfieber, und eine Anhäufung dieser verschiedenen Teilchen am unrichtigen Orte die sauren, salzigen, galligen und blutigen Verschleimungen.[2]

VI. Das Weltall.

Aus den vier Elementen besteht, wie alles Irdische so auch alles Himmlische, demnach das gesamte Weltall. Dieses ist kugelförmig,[3] daher gibt es in ihm kein eigentliches Oben und Unten, vielmehr sind diese Begriffe nur relativ, und würden für Gegenfüßler, die das All umwandelten, sogar fortwährend wechseln.[4] Das Weltall umfaßt den ganzen Umkreis des Vorhandenen, und dreht sich in endlosem geschlossenen Kreislaufe, dessen Richtung aber vielleicht aus freiem Antriebe wechselt, so oft gewisse große Abschnitte der Zeit erfüllt sind.[5] (Mit dem „großen Abschnitt“ ist vermutlich das sogenannte „platonische Jahr“ gemeint, ein Zeitraum von mindestens 10000 Jahren, innerhalb dessen alle Weltkörper ihren Umlauf vollendet haben und an ihren ursprünglichen Ort

[1] Timäus VI, 208. [2] Phädon IV, 480; Gastmahl IV, 289; Timäus VI, 209, 214. [3] Timäus VI, 179, 185 ff. [4] Staat V, 612. [5] Timäus VI, 149 ff.; Staatsmann III, 642.

zurückgekehrt sein sollen; vermutlich liegt dieser Angabe eine orientalische Quelle zugrunde.)

Inmitten des Weltalls befindet sich die Erde; ihre Oberfläche gleicht einem aus bunten Lederstückchen zusammengefügten Balle, ist aber von so ungeheurem Umfange, daß die Griechen an den Küsten des Mittelmeeres nicht anders sitzen wie Ameisen oder Frösche am Rande eines Sumpfes.[1] Die Behauptungen, daß die Erde von der Luft oder von gewissen dem Himmel entstammenden Wirbeln getragen werde, sind unrichtig; vielmehr schwebt sie (wie schon Pythagoras und Parmenides, geboren um 540 v. Chr., lehrten) im Mittelpunkte einer durchaus gleichartigen Umwelt, hat demnach keinen Grund, sich eher nach der einen als nach der anderen Seite zu neigen, und beharrt daher ganz von selbst in stetem Gleichgewichte.[2] Im Inneren der Erde herrscht aber vielfache Bewegung, denn dort bilden sich Ströme von kaltem und heißem Wasser, kaltem und heißem Schlamme, und feuriger Lava, und wälzen sich unaufhörlich durch die Abgründe und Klüfte; im größten Erdschlunde vereinigen sich alle Flüsse, und von ihm aus ergießen sich viele Gewässer nach allen Richtungen und nehmen dabei die Beschaffenheit des Erdreiches an, das sie durcheilen; von entgegengesetzten Seiten her ist ein Vordringen bis in die Mitte der Erde möglich, aber nicht darüber hinaus, denn die weitere Bewegung wäre eine wieder zur Oberfläche aufsteigende.[3]

Die Frage, ob Platon die der Pythagoreischen Schule geläufige Achsendrehung der Erde anerkannt habe, ist strittig, denn in seiner Jugend lehrte er eine solche zweifellos nicht; in einigen Werken der spätesten Periode finden sich jedoch Stellen, die manche Forscher im Sinne einer bejahenden Antwort deuten wollen.[4]

Trägerin des gesamten Kosmos ist, gemäß der mythischen

[1] Phädon IV, 534 ff. [2] Phädon IV, 520, 534 ff. [3] ebd. 534 ff.
[4] Gesetze VII, 248 ff.; Epinomis VIII, 136 ff.

Darstellung im „Staat“,[1] die Weltachse, ein Spindelstab mit Spitzen aus Stahl (nicht aus Diamant), ruhend im Schoße der über allen Höhen thronenden „Ananke“ (= Notwendigkeit, als Personifikation des unwandelbaren Naturgesetzes), und unter dem Schutze ihrer Töchter, der Parzen, stehend. An der Weltachse sind über der im Mittelpunkte des Alls ruhenden Erde, und rings um diese herum, mittels Ringen oder Reifen die acht konzentrischen Sphären befestigt (von denen schon Parmenides zu berichten wußte), und zwar entsprechen ihre Distanzen den Längen jener Abschnitte einer schwingenden Saite, die, der Entdeckung des Pythagoras gemäß, harmonische Töne ergeben.[2] Die äußerste Sphäre (8) ist von buntfarbigem Lichte erfüllt; den fünf folgenden kommen als Farben zu: (7) gelblich, (6) glänzend weiß, (5) rötlich, (4) gelblich, (3) weißlich; (2) hat das glänzendste Licht und bestrahlt mit diesem[3] auch (1). Obwohl nicht ausdrücklich gesagt wird, daß den sieben inneren Sphären die fünf Planeten nebst Sonne und Mond angeheftet sind (die indes schon Pythagoras frei hatte schweben lassen), so geht dies doch deutlich aus dem Sinne der ganzen Darlegung, sowie aus den Parallelstellen im „Timäus“[4] und der „Epinomis“[5] hervor: dort ist die achte Sphäre der Fixstern-Himmel, an dem sich zahlreiche in verschiedenfarbigem Lichte funkelnde Sterne befestigt befinden, und die folgenden tragen: (7) den Phainon (Lichtbringer) = Saturn, (6) den Phaeton (Leuchtender) = Jupiter, (5) den Pyroeis (Feuerfarbiger) = Mars, (4) den Morgenstern = Venus, (3) den Stilbon (Glänzender) = Hermes, (2) den Helios = Sonne, (1) die Selene = Mond. Den Sphären werden Ränder von verschiedener Breite zugeschrieben,[6] — die Ursache ist dunkel, und die Reihenfolge der Breiten nicht bestimmt ersichtlich; die Erklärung der scheinbaren Bewegung der Planeten schließt sich im ganzen der von Eudoxos, Platons Zeitgenossen,

[1] Staat V, 651 ff.; 558 ff. [2] ebd. V, 654 ff. [3] so auch Kratylos II, 611. [4] Timäus VI, 155. [5] Epinomis VIII, 130 ff. [6] Staat V, 651 ff.

aufgestellten Lehre an, die sich der späteren Theorie der Epizyklen nähert, und setzt eine allen Sphären gemeinsame Rotation von Ost nach West, und gleichzeitig eine den sieben inneren zukommende langsamere von Westen nach Osten voraus.[1] Für die Schnelligkeit der Bewegung sind sechs Grade maßgebend: der Fixstern-Himmel (8) steht still, ferner haben den ersten Grad der Mond (1), den zweiten Sonne (2), Merkur (3) und Venus (4), den dritten Mars (5), den vierten Jupiter (6), den fünften Saturn (7). Jeder Sphäre ist eine Sirene zugeteilt, die einen lauten Klang ertönen läßt, und diese vereinigen sich zu einem harmonischen Gesamtklange, der Harmonie der Sphären oder Sphärenmusik. Wohl nach Analogie der „Wagen" des Helios und der Selene werden dann in Platons letzter Periode die Planeten, und die Sterne überhaupt, als „Fahrzeuge" vorgestellt, und zwar als solche für Seelen, zu denen sie in analogem Verhältnisse stehen, wie der menschliche Körper zur menschlichen Seele.[2] Es äußert sich hierin eine charakteristische Tendenz der platonischen Spätzeit: die Betrachtung alles Materiellen als untrennbar von einem ihm innewohnenden Geistigen, das als Weltbewußtsein, als allgegenwärtige Weltseele, dem Weltganzen zugrunde liegt, und als Prinzip des Lebens und der Bewegung in den Individuen zutage tritt, — seien sie nun Menschenleiber oder Sterne. Die Epinomis führt dies des näheren dahin aus, daß die Seelen der Sterne eigentlich Sterngötter seien, die, weil ihr Dienst aus Syrien und Ägypten stammt, nicht einmal sämtlich griechische Eigennamen haben, und daß es daher drei Klassen von Göttern gebe: die olympischen, die Sterngötter, und die Dämonen, die teils ätherische, teils solche der Luft und des Wassers seien.[3]

Die Theorie vom lenkenden Einflusse der Ananke und ihrer Töchter (der Parzen) auf die Himmelswelt, in Verbindung

[1] s. auch Timäus VI, 155. [2] ebd. VI, 159, 194; Gesetze VII, 343ff.
[3] Epinomis VIII, 130ff., 137.

mit jener von der Parallelität des Geschehens im Makro- und Mikrokosmos, führt zur Annahme, daß die Schicksale der Welt, im ganzen und in allen Einzelnheiten (z. B. Witterung, Fruchtbarkeit...), ebenso aber auch die der Erdbewohner, innig mit der Stellung und dem Laufe der Gestirne zusammenhängen, und ganz besonders mit jenen der Planeten; deren Stand bei der Geburt eines Menschen muß daher für dessen Leben von hoher Wichtigkeit sein.[1]

Es ist sehr merkwürdig und beachtenswert, daß Platon an mehreren Stellen seiner späteren (wachsenden Einfluß Pythagoreischer Lehren verratenden) Werke ganz abweichende, und höchst abgeklärte Ansichten äußert: die Sterne erweisen sich nicht selten, ebenso wie die Sonne, als der Erde an Größe weitaus überlegen,[2] ihre wahren Bewegungen sind völlig andere als die scheinbaren,[3] und letztere täuschen auch Geschwindigkeiten vor, die das tatsächliche Verhältnis in sein gerades Gegenteil verkehren;[4] nur dem Augenscheine nach ist der Lauf der Sonne, des Mondes, und der fünf Planeten vielfältig, verwirrt, und wechselnd, in Wahrheit aber bewegen sich die Weltkörper in einfachen, gleichbleibenden, genau bestimmten Kreisbahnen,[5] und es ist die Aufgabe der Forschung, für diese ein System zu finden, aus dem sich der Anschein des Beobachteten in ausreichender Weise erklären läßt.

VII. Physikalisches.

Alle Bewegungen des einzelnen sind in letzter Linie auf die zweckvoll bestimmte Bewegung des Kosmos zurückzuführen. Mit dem Weltganzen ist die Bewegung von Anfang an verknüpft, sie ist unerschaffen und unvergänglich;[6] im Gebiete der Einzeldinge beruhen alle Erscheinungen auf Bewegung, und außer ihr gibt es keinen anderen Erklärungsgrund.[7] Daß

[1] Gastmahl IV, 289ff.; Staat V, 558ff. [2] Epinomis, a. a. O.
[3] Staat V, 538ff. [4] Gesetze VII, 249. [5] Gesetze, a. a. O.
[6] Phädros IV, 117. [7] Theätet III, 121.

eine Bewegung sich ohne Anstoß selbst fortwährend weiter erhält, scheint nicht möglich;[1] daß sie sich gar aus Eigenem noch steigern soll, „so wie die Hitze bei einmal begonnenem Brande", ist wenig wahrscheinlich.[2]

Es gibt zehn Arten der Bewegung: 1. die kreisförmige an unveränderlichem Orte, in und um sich selbst; 2. die unter steter Ortsveränderung, sei es in einer geschlossenen Bahn umlaufend, oder strömend; 3.—8. die nach rechts und links, oben und unten, vorwärts und rückwärts; 9. die von einem zweiten Körper verursachte, unter Umständen auch einem Dritten mitzuteilende; 10. die dem eigenen Wesen entspringende, und unter Umständen ebenfalls weiter übertragbare.[3] Die vollkommenste der Bewegungen ist die Kreisbewegung, und auch die wunderbarste: beschreiben sie z. B. mehrere Körper um einen gemeinsamen Mittelpunkt, so können sie Bahnen verschiedenster Länge in genau der nämlichen Zeit zurücklegen,[4] beschreibt sie aber ein Körper als Kreisel, so bedingt sie einen fortdauernden Umlauf, während er gleichzeitig in senkrechter Stellung feststeht,[5] — worin die Naturen des Kreisförmigen und Geraden in ihrer Vereinigung zutage treten.

Wirkt die nämliche Kraft auf verschiedene Dinge, z. B. sie vom Erdboden emporhebend, so folgen sie ihr in sehr ungleicher Weise, und da nennt man das schwerer Folgende schwer und nach unten strebend, das leichter Folgende leicht und nach oben strebend. Erdartiges z. B. kann nur unter Aufwand einer bedeutenden Kraft, also gewaltsam, in die Luft erhoben werden, offenbar weil seine Natur es zum Verwandten und zu dessen Stelle, als zu seinem natürlichen Orte, hinzieht;[6] denn ähnliches bleibt stets ähnlichem seiner Eigenart gemäß verwandt, — so lehrt schon Homer in der Odyssee Ges. XVII,

[1] Staatsmann III, 642. [2] Charmides I, 319. [3] Timäus VI, 161; Gesetze VII, 535 ff. [4] Gesetze VII, 336. [5] Staat V, 418. [6] Timäus V, 186 ff.

V. 218 —, zieht es an und wird von ihm angezogen, und strebt nach jenem Orte hin, der seinem wesentlichen Elemente im Weltganzen zugeordnet ist.[1] Das leicht Bewegliche bewegt auch leicht sich selbst und das Umgebende, verhält sich also aktiv; das schwer Bewegliche ruht und beeinflußt seine Umgebung nicht, bleibt demnach passiv.[2] — Ob Platon im „Streben zur Erde" eine Schwere im heutigen Sinne gesehen und ihren Sitz in den Mittelpunkt der Erde verlegt hat, bleibt ungewiß; allerdings gibt er an, die unterirdischen Wässer könnten von entgegengesetzter Seite her nur bis zum Erdzentrum vordringen, aber nicht darüber hinaus, weil die weitere Bewegung eine wieder zur Oberfläche aufsteigende wäre.[3]

Die Kenntnis der Wirkungen von Bewegtem und Unbewegtem, leicht und schwer Bewegtem, Leichtem und Schwerem usf., sowie die Lehre von den Bedingungen des Gleichgewichtes, ist die Statik;[4] wo Gleichgewicht besteht, ist kein Streben nach Bewegung mehr vorhanden,[5] wie dies z. B. die Schalen der einspielenden Wage zeigen.[6]

Im Weltall herrscht unaufhörliche, von Anfang an mit ihm verbundene Bewegung; da nun die Kugelgestalt des Kosmos alle seine Teile zusammenhält und keinem ein Entweichen gestattet, da ferner die Partikelchen der Luft und des Feuers, als der feinsten Elemente, die der gröberen zu durchsetzen vermögen, und die Natur sie in die Lücken der letzteren zusammenzudrängen strebt, so ist ein Vakuum offenbar ganz undenkbar.[7] Aus der Unmöglichkeit des Vakuums erklärt sich das Einströmen von Flüssigkeiten in die (in erwärmtem Zustande aufgesetzten) Schröpfköpfe der Ärzte, und ebenso beruht auf ihr, und nicht auf einer „Anziehungskraft", das Verwunderung erregende Verhalten des Bernsteins und des herakleischen Steines;[8] dieser, den

[1] Protagoras I, 468; Lysis I, 248; Gastmahl IV, 298; Timäus VI, 164, 173, 186. [2] Timäus VI, 186ff. [3] Phädon IV, 534ff. [4] Charmides I, 315. [5] Timäus VI, 179. [6] Staat V, 564. [7] Timäus VI, 179, 182, 205. [8] Timäus VI, 207.

Euripides auch den magnetischen nennt, hält nicht nur selbst eiserne Ringe fest, sondern erweckt noch dazu in diesen eine Kraft, andere festzuhalten, so daß schließlich zuweilen Ringe oder Eisenstückchen in Gestalt einer ganzen langen Kette aneinander hängen.[1] — Auch das Herabfahren des Blitzstrahles erklärt Platon aus der Unmöglichkeit eines Vakuums, und setzt es in dieser Hinsicht mit der Wirkung des Bernsteins in Parallele,[2] doch ahnt er (entgegen den Behauptungen Schweiggers) im übrigen natürlich nicht, daß beiden Erscheinungen, ebenso wie dem Glanze des Nordlichtes[3] und dem „Erstarrung-verursachenden" Schlage des Zitterrochens,[4] die nämliche Ursache zugrunde liegt.

Auch die Luft kann in regelmäßige Bewegung gesetzt werden, z. B. durch Stimmgabeln,[5] musikalische Instrumente, und Schwingungen von Saiten; auf der Analogie der hierbei und bei den Bewegungen der Gestirne herrschenden harmonischen und Zahlenverhältnisse beruht die Verwandtschaft der Musik und der Astronomie.[6] Rasche Stöße der Luft erzeugen hohe, langsame tiefe Töne;[7] sie pflanzen sich geraden Weges fort, und beim Aufprallen auf glatte und harte Stellen werden sie nach ihrem Ausgangsorte zurückgeworfen, wodurch der Widerhall entsteht.[8] Durch das Ohr dringt der Schall zunächst zum Gehirn, das (wie schon Alkmäon aus Kroton zu Beginn des 5. Jahrhunderts lehrte) der Sitz der Sinneswahrnehmungen, der Erinnerung und des Wissens ist,[9] und weiterhin (vermöge des Blutes) auch zu Herz und Leber: daher erregt er im Gehirn Gedanken, im Herz Leidenschaften, und in der Leber Begierden.[10]

Wie das Hörvermögen an das Ohr, so ist das Sehvermögen an das Auge gebunden,[11] und wie jede Sinnes-

[1] Ion I, 21. [2] Timäus, a. a. O. [3] Staat V, 654. [4] Menon II, 146. [5] Theätet III, 153. [6] Staat V, 540; Timäus VI, 449; Gesetze VII, 432; auch sonst sehr oft. [7] Timäus VI, 191. [8] Phädros IV, 129. [9] Phädon IV, 516. [10] Timäus VI, 194ff. [11] Laches I, 374.

wahrnehmung, so entsteht auch das Sehen durch Wechselwirkung des Wahrnehmenden und des Wahrgenommenen, also des Aktiven und Passiven:[1] Das in uns befindliche feurige Element strömt als Licht, in Form eines Sehstrahles, durch das Auge aus, desgleichen entsenden aber auch die Objekte Ströme ihrer feinsten Teilchen; nun wird (wie schon Empedokles erwähnt) Gleiches von Gleichem erkannt; sind also diese Teilchen jenen des Auges angemessen und anverwandt, so können sie im Auge eine Empfindung erregen, und es entsteht dann da, wo beide Arten Partikelchen zusammentreffen, also zwischen Auge und Gegenstand, das Bild, das wir wahrnehmen.[2] Das sehende Organ und das gesehene Licht, ohne das Subjekt und Objekt nicht aufeinander wirken könnten, sind wesensverwandt, und mit Recht bezeichnet man daher das Auge als das sonnenähnlichste unter den Werkzeugen der Sinne.[3]

Sind die von den Gegenständen ausgehenden Teilchen genau ebenso groß wie jene des Sehstrahles, so erscheinen die Objekte durchsichtig, sind sie größer, so bewirken sie Erweiterung und Weiße des Bildes, sind sie kleiner, so bedingen sie Verengerung und Schwärze; durch abgestufte Vermischung dieses Hellen und Dunklen entstehen alle übrigen Farben.[4] Die Farbe, für deren Auftreten natürlich das Vorhandensein des Lichtes Bedingung ist,[5] existiert also nicht für sich selbst; sie ist kein Seiendes, sondern ein Werdendes, und entsteht erst durch das Aufeinanderwirken von Objekt und Subjekt. Daher erscheint sie keineswegs allen Wahrnehmenden gleich, ja nicht einmal stets der nämlichen Person, denn auch der Zustand des Beobachtenden wechselt;[6] zudem gibt es Schwach- und Kurzsichtige.[7]

[1] Theätet III, 121; Staat V, 511. [2] Timäus IV, 164; Phädros IV, 124; Menon II, 134; Timäus VI, 191. [3] Staat V, 511, 512. [4] Timäus VI, 191 ff. [5] Staat V, 511. [6] Theätet III, 117. [7] Staat V, 625.

Die Pupille des Auges wirkt wie ein Spiegel.[1] An glatten und glänzenden Oberflächen vereint und mischt sich nämlich das Licht des Sehstrahles mit dem der Gegenstände, und es entstehen so die Spiegelbilder, die bloße Erscheinung sind und sich willkürlich hervorbringen lassen;[2] in ebenen Spiegeln sieht man das Rechte als Linkes und umgekehrt, weil sich die entgegengesetzten Teilchen der Strahlen berühren, krumme Spiegel zeigen noch viel merkwürdigere Bilder.[3]

Die Irrtümer, die man beim Sehen von Objekten in der Nähe und aus der Ferne begeht, die Täuschungen, durch die z. B. ein gerader Stab beim Einsenken in Wasser gebrochen erscheint, die Veränderung und Verschiebung der Bilder im Spiegel und der Schatten an der Wand usf., sind sämtlich wichtige Hinweise auf den Unterschied zwischen den Dingen und ihrer Erscheinung, und verdienen die größte Beachtung.[4] Wir erkennen eben die Dinge nicht so, wie sie sind, sondern so, wie sie uns erscheinen. Über das, was sie sind, dürfen wir wohl nur das eine aussprechen, daß allein das ist, was irgendwie fähig ist auf anderes zu wirken, und daß nichts anderes das Wesen des Seienden ausmacht, als eben diese Kraft oder dieses Vermögen der Wirksamkeit.[5]

VIII. Schlußbetrachtung.

Überblicken wir die Gesamtheit der dargelegten Ansichten und Gedanken, und suchen wir deren Wert in gerechter Weise zu würdigen, so ist zunächst nicht zu vergessen, daß sich das Interesse Platons verhältnismäßig spät rein naturphilosophischen Fragen zuwandte, ja daß vermutlich erst die Lehrtätigkeit in seiner Akademie, der

[1] Alkibiades I, 201. [2] Sophist III, 548; Staat V, 514, 626; Timäus VI, 165. [3] Timäus VI, 165. [4] Sophist III, 548; Staat V, 635. [5] Sophist VII, 519ff.

die Angehörigen verschiedenster Schulen zuströmten, es völlig erweckte. Sein eigentliches philosophisches System stand damals längst fest, zum mindesten in allen Hauptteilen; mit den Naturwissenschaften aber hatte er sich nur wenig des Näheren beschäftigt, und die Kenntnisse seiner Zeit, noch mehr aber seine eigenen, waren unzureichend und lückenhaft. Es ist daher begreiflich, daß das empirische Wissen um die Natur ihm weniger als ein „Wissen" erschien denn als ein „Meinen", und zwar als Eines über das Wechselnde und Vergängliche, während er nach Erkenntnis des Beharrenden und Ewigen strebte: er suchte das waltende Gesetz, das den Erscheinungen zugrunde liegt, das „Sein", das im Werden zutage tritt, denn nur aus dem Sein war ihm das Geschehen begreiflich.

Das Sein ist aber etwas Metaphysisches. An dieses vermag sich nur das reine Denken heranzuwagen, das mit sicheren Schlüssen zu sicheren Ergebnissen fortschreitet; die wandelbare Welt des Geschehens hingegen wird uns durch sinnliche Anschauung gegeben, und diese kann, da sie nur die Erscheinung überliefert und zudem den mannigfaltigsten Täuschungen und Irrtümern unterworfen ist, nicht als gleichwertiges Erkenntnismittel gelten. Dieser Anschauung Platons entspringt seine Überschätzung des reinen Denkens und sein Herabdrücken des Wertes der Anschauung, sowie der Bedeutung der Materie; auch verleitet sie ihn zur mythologischen, ja mystischen Darstellung gewisser Naturlehren, und zwar bis in die kleinsten Einzelheiten hinein. Spätere Schüler und Nachahmer sahen in der hierbei unvermeidlichen Unklarheit und Dunkelheit die Hauptsache, und die allegorische Geheimtuerei der Alchemisten entstammt nicht zum wenigsten gerade dieser Quelle; Platon selbst bezeichnet aber in aufrichtiger Weise solche Konstruktionen stets als das, was sie sind, und rechtfertigt sie damit, daß ein Nachweis des Behaupteten durch Versuche als eine

Art Eingriff in das göttliche Walten erschiene, auch das menschliche Vermögen übersteige, und es stets übersteigen werde,[1] — eine deutliche Mahnung (auch für größte Geister!) zur Vorsicht im Aussprechen des „Ignorabimus".

So einseitig, wie man ihm vorgeworfen hat, lehnt übrigens Platon die empirische Forschung keineswegs ab; wiederholt und mit Nachdruck bezeichnet er vielmehr die „auf Zählen, Messen und Wägen" gegründete Erkenntnis als das Mittel zur Berichtigung der Sinnestäuschungen und zur Schaffung einer exakten Wissenschaft,[2] und ebenso bestimmt verweist er auf den Wert gründlicher und stets erneuter Untersuchungen, durch die das Wesen „vorgeblicher Wundererscheinungen" erklärlich und verständlich werden wird.[3]

Was die Einzelheiten der physikalischen Lehren Platons betrifft, so sind sie, wie leicht ersichtlich, von sehr ungleichem Werte: Die Definition z. B., daß das Wesen des Seienden nichts anderes ist, als sein Vermögen zu wirken, stimmt mit dem Leibnizschen Satze: „Wirklich ist allein das Wirkende", sowie mit den Anschauungen der modernsten Energetiker überein, und ist sicherlich von ungewöhnlichem Tiefsinne; auch die Zurückführung der Masse auf den Widerstand, den verschiedene Körper dem Einwirken der nämlichen Kraft leisten, sowie die Ablehnung von Anziehungskräften (den heutigen Fernkräften), sind Gedanken von hoher Bedeutung. Andere Lehren hingegen erweisen sich als völlig unzureichend, zum Teil sogar als rein willkürlich. Merkwürdigerweise haben aber gerade diese eine lange, mehr als zwei Jahrtausende fortwährende historische Wirksamkeit entfaltet; denn zweifellos ist Platon der Vater des erst 1643 durch Torricelli und um 1650 durch Guericke widerlegten Glaubens an den „Horror Vacui", den „Abscheu der Natur vor dem Leeren", und seine Theorie der verschieden gestalteten Kor-

[1] Timäus VI, 193. [2] Staat V, 635; Philebos IV, 732; Euty-phron V, 208. [3] Timäus VI, 207.

puskeln, die als Feuerteilchen vermöge ihrer Schärfe alle sonstigen Stoffe zerschneiden, durch ihre wechselnde Größe und Form die Geschmäcke bedingen usf., erbt sich ohne sehr wesentliche Veränderungen fort bis zur sogenannten Spitzen- und Häkchentheorie des Descartes (1596—1650) und Lémery, durch die z. B. letzterer noch im ersten Viertel des 18. Jahrhunderts die „fressende Kraft" und den „beißenden Geschmack" der Säuren erklärte. Das Übergewicht, das die Korpuskulartheorie allmählich gegenüber der atomistischen erlangte, dürfte ebenfalls nicht zum wenigsten darauf zurückzuführen sein, daß Platon diese ablehnte, ja die Atomistiker gar nicht nennt, wenigstens nicht direkt. Jedenfalls galt die Physik Platons der ganzen, schon bald nach seinem Tode einsetzenden Verfallperiode des echten griechischen Geistes, ferner der späteren hellenistischen Zeit, sowie auch der gesamten mittelalterlichen, als eine seiner allerwichtigsten Leistungen; höchste Bewunderung zollte man aber ihrer teleologischen Fassung im „Timäus", welcher Dialog auch durch seine theologischen Lehren von der göttlichen Weltschöpfung und Weltregierung eine unvergleichliche geschichtliche Bedeutung gewann. Im Orient erwies sich die Wirkung der platonischen Naturlehre ebenfalls als eine mächtige und andauernde; schon bald nach 800 wurde der Timäus ins Arabische übersetzt,[1] und spätere Araber schrieben daraufhin Platon die verschiedensten physikalischen Arbeiten und Abhandlungen zu und glaubten, er sei von Beruf ein großer Physiker gewesen, — nicht anders, wie die syrischen Theologen und Übersetzer des 4. bis 8. Jahrhundertes ihn für einen Mönch und Bibelausleger ansahen,[2] die Goldkocher und Goldmacher der nämlichen Zeit aber, so schon Zosimos von Panopolis (um 300), für einen Alchemisten.

Alchemistische Gedanken sind nun freilich, den be-

[1] De Boer „Geschichte der Philosophie im Islam" (Stuttg. 1901; S. 23, 27). [2] ebd. S. 22.

stimmtesten Versicherungen entgegen, bei Platon nicht zu finden, und es muß wundernehmen, daß man den Satz: „Und wüßten wir selbst alle Felsen in Gold zu verwandeln, so hätte dies doch keinen Wert",[1] immer wieder in solchem Sinne hat deuten können; aber auf die Entstehung und Entwicklung der Alchemie, und damit auch der Chemie, haben seine Anschauungen tiefgehenden und maßgebenden Einfluß ausgeübt.

Grundlage der Theorie von der Umwandlung der Metalle (Transmutation) ist z. B. zweifellos die Auffassung des platonischen „Urwesens" als einer einheitlichen „Urmaterie", die das gemeinsame Substrat aller Elemente und somit auch aller aus ihnen zusammengesetzten Einzelstoffe darstellt; ist aber alles wandelbar, kann jegliches in ein anderes übergehen, läßt die Natur das Gold aus Silber, Kupfer oder Eisen, und diese wieder als Produkte eines stufenweisen Abfalles aus jenen „verwandten" aber edleren Metallen entstehen, — warum sollte dann nicht auch der Mensch vermögen, Kupfer oder Silber in Gold überzuführen, wenn es ihm nur erst gelänge, sie in den Zustand der gemeinschaftlichen Urmaterie, der „Materia prima", zurückzuversetzen? In solchem Sinne war diese erst wahrhaft als Mutter und Schoß alles Werdens anzusehen, und es unterliegt kaum noch einem Zweifel, daß diesem „Mutterschoße" auch der „Homunkulus" entsprang, das durch chemische Umwandlungen künstlich gezeugte Menschlein, als dessen Verfertiger schon in den, gegen 250 n. Chr. redigierten „Homilien" des sog. Clemens Romanus der aus der Apostelgeschichte bekannte Zauberer Simon Magus genannt wird.[2] Dem Kreise dieser Anschauungen zugehörig ist auch die von der Entstehung der einzelnen Stoffe durch verschiedene Vermischung der Elemente

[1] Euthydem II, 50. [2] s. Krüger „Geschichte der altchristlichen Literatur" (Freiburg, 1895; S. 235), u. meine Mitteilung im Goethe-Jahrbuch (Bd. 24; S. 218).

nach Art einer eigentlichen „Vereinigung“ oder „Vermählung“; sie erhielt sich bis in das späte Mittelalter und ist noch in den Versen des Faust lebendig:

> Da ward ein roter Leu, ein kühner Freier,
> Im lauen Bad der Lilie vermählt,
> Und beide dann mit offnem Flammenfeuer
> Aus einem Brautgemach ins andere gequält.[1]

Auf platonische Einflüsse zurückzuführen ist ferner die allgemeine Verbreitung der Meinung, daß die Metalle in besonderer Beziehung zu gewissen Planeten stünden. Platon selbst macht allerdings über diesen Punkt keine ins einzelne gehenden Angaben, doch erwähnt er, daß aus den vier Elementen auch alle mit Sonne, Mond und Sterne verbundenen Körper hervorgingen,[2] und läßt die Mauern und Zinnen der Burg und des Tempels auf der sagenhaften Insel Atlantis in Absätzen aus verschiedenen buntfarbigen Steinen, Silber und Gold emporsteigen.[3] Nun liegen der Beschreibung dieses Eldorados, — die nicht wenig dazu beigetragen hat, den Glauben an die Existenz eines an Gold und Schätzen jeglicher Art überreichen Landes im fernen Westen alle Zeit lebendig zu erhalten[4] —, in mehr als einer Hinsicht ganz unverkennbar persische Vorbilder zugrunde; die Stufentempel der Perser und Babylonier erhoben sich aber, wie schon Herodots Schilderung von Ekbatana lehrt,[5] und wie neuere Forschungen bestätigen, zumeist in sieben Stockwerken, die mit Hilfe glasierter Ziegel oder metallener Belagplatten die dem Lichte der sieben Planeten zukommenden Farben wiedergaben, — die nämlichen, die ihnen auch im „Staat“ und in den „Gesetzen“ zugeschrieben werden. Zweifellos schöpfte daher Platon die Kenntnis jener Beziehungen (auf deren wichtige und merkwürdige Geschichte an dieser Stelle nicht

[1] „Faust“, Teil I, V. 1042ff. [2] Gesetze VII, 329. [3] Kritias VI, 333.
[4] Humboldt „Kritische Untersuchungen über die historische Entwicklung der geographischen Kenntnisse von der neuen Welt“ (Berlin 1852); s. die Stellen im Register, Bd. II, S. 207. [5] Herodot, lib. I., cap. 98.

näher eingegangen werden kann) bewußt oder unbewußt aus orientalischen Quellen, auf die übrigens in der „Epinomis" auch direkt hingewiesen wird. Einflüsse der nämlichen Art sind auch bezüglich mehrerer sonstiger belangreicher Lehren anzunehmen; solche betreffen u. a.: die Parallelität des Geschehens im Makro- und Mikrokosmos, der gemäß der Verlauf der irdischen Begebenheiten und menschlichen Schicksale durch den Gang und die Stellung der Planeten bestimmt wird und in allen Einzelheiten mit den Bewegungen der Gestirne zusammenhängt, so daß z. B. selbst die Strömung des Blutes den Umlauf der Weltkörper nachbildet und in diesem Sinne als Kreislauf zu bezeichnen ist; die lenkende Gewalt der Sterngötter, namentlich der Planetengötter, denen die „Sirenen" und späterhin die leitenden „Schutzengel" der Gestirne entspringen; die Bedeutung des „großen" (sog. platonischen) Jahres, das mindestens zehntausend gewöhnliche Jahre umfassen, und dessen Ablauf die Sterne an ihren ursprünglichen Ort zurückführen, und damit auch die erneute Wiederkehr aller vergangenen Ereignisse einleiten soll; die Existenz einer dritten Klasse von Göttern, der Dämonen des Wassers, der Luft, und des Äthers, aus denen die Elementargeister der Neuplatoniker hervorgehen, — welche letzteren durch ihre phantastische und mystische Ausgestaltung und Übertreibung platonischer Anschauungen die wahren Väter der mystischen Weltbetrachtung und Dichtung im Okzident und Orient wurden, und den Aberglauben der europäischen Völker, aber auch den der Syrer und Araber, für mehr als anderthalb Jahrtausende völlig in ihre Bahnen lenkten.

Fraglich bleibt orientalischer Einfluß hinsichtlich der Zahl und Wahl der vier Elemente. Originale Bestandteile des platonischen Systems sind hingegen: die Annahme der vier Formen Würfel, Ikosaeder, Oktaeder und Tetraeder als Gestalten der vier Elemente, die sozusagen stereochemische Deutung ihrer gegenseitigen Umwandlungen, und deren Erklärung durch eine Art chemischer Gleichungen: 1 Luft $\rightleftarrows$ 2 Feuer, 1 Wasser $\rightleftarrows$ $2^1/_2$ Luft, 1 Wasser $\rightleftarrows$ 2 Luft + 1 Feuer.

Daß Platon den Übergang des Eisens und Kupfers in Rost und Grünspan von einer Abtrennung auswitternder erdiger Teilchen, also von einem Verlust an Masse abhängig macht, hat gleichfalls die Meinungen zweier Jahrtausende auf das nachhaltigste beeinflußt, denn das Vorurteil, die „Metallkalke" entstünden durch Entweichen eines Bestandteiles, also unter Gewichtsverlust, bleibt, trotz vereinzelter Hinweise auf die Tatsachen der Erfahrung,[1] herrschend bis zum Sturze der Phlogistontheorie durch Lavoisier.

Aus der Reihe sonstiger chemischer Einzelheiten verdient Erwähnung: die Bemerkung über Anstellung von Gehaltsproben beim Schmelzen des Goldes (die leider nichts über die Art der Ausführung verrät), sowie die Charakteristik der Reinheit einer Substanz, als deren Kennzeichen völlige Gleichheit der einzelnen Teilchen untereinander und mit dem Ganzen angegeben wird.

Besondere Bedeutung in alchemistischer Hinsicht erlangten noch die Lehre von der Verwandtschaft des Ähnlichen, und die vom Kreislaufe der Elemente. Daß „Gleiches das Gleiche sucht", „Gleiches das Gleiche anzieht", „Gleiches sich mit Gleichem verbindet und das Ungleiche von sich stößt", ist ein Grunddogma schon der hellenistischen Chemiker, und dieses behält seine Geltung bis ins späte Mittelalter, ja bis in die Neuzeit hinein. Die unaufhörliche gegenseitige Umwandlung der Elemente und deren ununterbrochenes Strömen nach ihrem „natürlichen" Orte, „von oben nach unten und von unten nach oben", wurde symbolisiert im Reif oder „Ring

[1] Ein frühzeitiger, wohl wegen der falschen Erklärung in platonischem Sinne wenig beachteter, findet sich bei Cardanus, „De Subtilitate" (Lyon 1554, S. 212): der Versuch beweist, daß Blei beim „Brennen" um $^1/_{13}$ seines Gewichtes zunimmt (tatsächlich verhält sich auch rund Pb : PbO = 207 : 223).

des Platon" (annulus Platonis), mit dem man jedoch auch wieder die Kette magnetischer Ringe aus dem „Ion", und die im „Theätet"[1] aus der Ilias[2] angeführte goldene Kette des Zeus, die „Catena aurea Homeri", identifizierte; sie alle gelten als Sinnbild eines allgemeinen Zusammenhanges im endlosen Kreislaufe des Weltalls, einer, unberührt von allem Wechsel des Einzelnen, beharrenden, einheitlichen Verkettung des Ganzen, die unterbrochen und zerstört würde, wenn auch nur ein einziges kleines Glied fehlte. Diese Anschauung war namentlich von nachhaltigem Einflusse auf die Transmutationstheorie der alexandrinischen Chemiker, in deren, die Veredlung der Metalle begleitenden Formeln und „heiligen" Sprüchen der Kreislauf der Elemente und das Strömen „von unten nach oben und von oben nach unten" eine Hauptrolle spielt. Den Gipfel seiner Bedeutung erlangte jedoch das „Superius et inferius Hermetis" (das Oben und Unten des Hermes, das hermetische Oben und Unten) vermutlich erst, als (gegen 400 n. Chr.) die Destillation des Quecksilbers, des „Hermes oder Merkurs der Philosophen" (nämlich der „Philosophi per ignem", d. i. der Chemiker) entdeckt wurde; die ungeheure Bedeutung dieses Fortschrittes für die Lehre von der Metallverwandlung hat man bisher entschieden nicht genügend gewürdigt, obwohl zweifellos auch sie den Anlaß gab, daß man das Quecksilber fortan dem beflügelten Merkur zuteilte an Stelle des Zinnes, während dieses nunmehr als „Metall des Zeus" das „Elektron" ersetzte, jene ehemals hochgeschätzte, und in den Listen der Vorzeit dem Jupiter zugesellte Gold-Silber-Legierung, die aber schon zu Beginn unserer Zeitrechnung fast gänzlich außer Gebrauch gekommen war. — Der Ring Platons und die goldene Kette Homers[3] erbten sich übrigens durch

[1] Theätet III, 117. [2] Ges. VII, V. 18ff. [3] s. Kopp, „Aurea catena Homeri" (Braunschweig 1880), u. Maack, „Die goldene Kette Homers" (Lorch 1905).

alle Geschlechter der hellenistischen und mittelalterlichen Alchemisten bis zu den Rosenkreuzern des 18. Jahrhunderts fort; noch Goethe fand in der „Aurea catena Homeri", einer aus rosenkreuzerischem Kreise herrührenden Schrift, „die Natur in schöner Verknüpfung dargestellt", und auch Schiller sagt im Gedichte „Die Weltweisen" von der Natur:

Sie sorgt, daß nie die Kette bricht
Und daß der Reif nicht springe.

Wie schon aus diesen letzten Anführungen ersichtlich ist, beherrschen platonische Gedanken in mehr als einer Hinsicht auch noch die Ausdrucksweise unserer Zeit. Wenn wir von der „Harmonie des Weltalls" sprechen, vom „Kreislaufe der Elemente und des Lebens", von „der Sinnen- und der Geisteswelt" (mundus sensibilis et intelligibilis), von der „Weltseele", vom „Leibe als Kerker der unsterblichen Seele", von „irdischer und himmlischer Liebe", von „platonischer Liebe", von der Liebe als „obherrschendem Weltprinzip", von „Ideen", von „den vier Kardinaltugenden", vom „Schwanengesang",[1] vom „atlantischen" Ozean, von „der Zeit, da die Könige Philosophen oder die Philosophen Könige sein werden"; wenn wir aus Shakespeare zitieren „Des Dichters Aug' in schönem Wahnsinn rollend", aus Goethe „Wär' nicht das Auge sonnenhaft...",[2] oder „Wem sie (die Schönheit) erscheint, wird aus sich selbst entrückt";[3] wenn wir den Spruch anführen: „Es gibt viele Thyrsosträger, aber nur einen Bacchus", oder „Ein großer Freund ist mir Sokrates, ein größerer die Wahrheit",[4] — so sind wir uns kaum mehr bewußt, daß es der Glanz platonischer Edelsteine oder doch platonischer Fassung ist, dessen wir uns erfreuen.

Das Fortleben der naturwissenschaftlichen Ansichten und

[1] Phädon IV, 501. [2] s. meine Mitteilung im Goethe-Jahrbuch, Bd. 15, S. 267. [3] ebd., Bd. 24, S. 220. [4] Phädon IV, 509.

Meinungen Platons, auch der unzureichenden und unrichtigen, ist auf das engste an das der unvergänglichen Gesamtlehren des Meisters geknüpft, wie es in den angeführten, die Jahrtausende überdauernden Gedanken und Wortprägungen zutage tritt, — ebenso sehr aber auch an die mächtige Nachwirkung seiner gewaltigen Persönlichkeit. Gewaltig ist sie durch die Vereinigung höchster Geistesgröße und erhabensten Charakters, überwältigend durch die Vielseitigkeit ihrer Leistungen. Platon zeigt sich nicht minder groß und bahnbrechend als künstlerischer Schriftsteller und Stylist, wie als Forscher und Denker, mag man die Philosophie (Erkenntnislehre, Metaphysik, Ästhetik, Ethik) in Betracht ziehen, die Theologie, Psychologie, oder die Mathematik; er ist aber auch Staatsmann und Sozialpolitiker, und als solcher ein von den weitschauendsten Plänen erfüllter Reformator des öffentlichen Lebens, der gesellschaftlichen und wirtschaftlichen Zustände; er strebt als Pädagoge, mit Hilfe der Wissenschaft, der Kunst, und des persönlichen Beispieles, das heranwachsende Geschlecht zu freien und der Freiheit würdigen Bürgern zu erziehen, und so seinem Volke, ja der Menschheit, eine Bahn fortschreitender Vervollkommnung zu erschließen; er stiftet im Hain des athenischen Lokalgottes Akademos 387 v. Chr. die „Akademie", die bis zu ihrer Aufhebung durch den Kaiser Justinian (529 n. Chr.), also durch nahezu ein Jahrtausend, die Pflegestätte des von ihm organisierten rein-wissenschaftlichen Unterrichtes blieb, und den Körperschaften gleicher Art noch heute ihren Namen leiht; unaufhörlich selbst lernend und strebend lehrt und wirkt er bis die Kraft versagt, und, unabgeschreckt durch bittere Erfahrungen und schwere Enttäuschungen, bleibt er bis zum letzten Augenblicke der unermüdlich-tätige Vorkämpfer seiner Lehre des Idealismus, im Sinne des edlen Wortes „Gedenke zu leben".

So steht Platon vor uns als die reinst-erschlossene Blüte echten Griechentumes und national-hellenischer Geistesentfaltung; „er ist der priesterliche Weise, der mit mahnender Hand dem unsterblichen Geiste aufwärts den Weg weisen will, von dieser Erde hinan zum ewigen Lichte"; „in ihm sehen wir vorbildlich für alle Zeiten das Kulturideal der Menschheit verkörpert: sich ihr Leben und ihre Wissenschaft zu gestalten."[1]

Der Einfluß Platons auf seinen Schüler Aristoteles, weiterhin auf Karneades, „den Hume des Altertumes" (213 bis 129 v. Chr.), auf Plotinos (204—269 n. Chr.), und Augustinus (354—430 n. Chr.), und durch diese, namentlich durch Aristoteles und Plotinos, auf die Denkweise der ganzen Folgezeit, auf die Entstehung und Ausgestaltung der christlichen Glaubenssätze, und auf die gesamte Entwicklung des europäischen Geisteslebens, ist ein so tiefgreifender und umfassender, daß er von dem keines anderen Philosophen auch nur annähernd erreicht wird. Wenn trotz dessen auch seine Lehre nicht stets in voller Reinheit bewahrt blieb, wenn sie schon von manchen unmittelbaren Nachfolgern des Meisters mißverstanden, von späteren aber nicht selten geradezu entstellt und verzerrt wurde, so ist dies das Schicksal, dem fast ausnahmslos gerade die größten und tiefsten Schöpfungen bahnbrechender Geister anheimfallen. Welchen Dank solche Lehrer neuer Weisheit seitens der großen Menge zu erwarten haben, darüber hat sich Platon selbst, frei von jeder Illusion, in jenem berühmten „Mythus von der Höhle" ausgesprochen, der, in Form eines der erhabensten Gleichnisse der Weltliteratur, das Verhältnis zwischen Sein und Erscheinung der Dinge klarlegt.[2] Er lautet in Rückerts fast wörtlicher, kongenialer Übersetzung:[3]

[1] Worte Windelbands u. Rohdes. [2] Staat V, 518. [3] „Gesammelte poetische Werke" (Frankfurt 1868; Bd. 8, S. 495).

„In einer Höhle, hochgewölbt und tiefgegraben,
Sind träge Wohner, die dort feste Sitze haben.
Wie angefesselt sind sie an dem Sitz von Stein,
Und sitzen auswärts nicht gewendet, sondern ein.
In ihrem Rücken ist von oben eine Kluft
Gesprengt, durch welche dringt des Himmels Licht und Luft.
Vor ihrem Angesicht der Höhle finstre Wand
Dient ihrem Augenmerk zum einz'gen Gegenstand.
Sie halten zugewandt den Rücken jenem Licht,
Und nur auf diese Wand gewendet ihr Gesicht.
Was werden sie da sehn? die Schatten, die entstehn,
Der Dinge, die vorbei in ihrem Rücken gehn;
Die Schatten, welche wirft der Sonne Glanz vom Rücken,
Um auch mit einem Bild das dunkle Haus zu schmücken.
Die Leute drinnen sehn die Dinge nicht und halten
Das Schattenbild davon für wirkliche Gestalten.
Sie freuen mäßig sich am bunten Schattenspiel,
Und wissen doch davon den Grund nicht, noch das Ziel.

Nun aber ist ein Geist zu einem hergekommen,
Der hat die Fesseln ihm, die Trägheit abgenommen.
Geblieben sind geschnürt die andern unberührt,
Ihn aber hat der Geist befreiet und entführt.
Sein Angesicht zum Licht wandt' er mit schneller Wendung,
Da traf sein Angesicht vom Licht die erste Blendung.
Doch aufwärts zog er ihn die hehre schwere Kluft,
Und ihm entgegen kam zur Stärkung Himmelsluft.
Und als er draußen war, erstaunt' er nicht geringe,
Daß er nun offenbar statt Schatten sah die Dinge.
Sein Auge war noch schwach für die Gewalt des Schönen,
Er mußte nach und nach sich an den Glanz gewöhnen.
Er sah der Sonne Bild zuerst im Spiegelteich;
Sie war noch nicht sie selbst, doch schon sich selber gleich.
Dann aber konnt' er ihr ins Auge blicken frei,
Beseligt, daß ihr Blick in seinem Auge sei.

Nun aber durchs Geschick ist er zurückgekommen
Zur Höhl, und hat den Sitz dort wieder eingenommen.
Dort sitzen noch, die sich am Schattenbild erbaun,
Denselben wollt' er nun, was er geschaut, vertraun.
Viel Mühe gab er sich, in Bildern zu erklären,
Daß dies die Bilder nur, und nicht die Dinge wären.
Doch sie verstanden's nicht, und glaubten's nicht, und lachten,
Und fuhren ruhig fort, die Schatten zn betrachten."

4

CHEMISCHES UND ALCHEMISCHES AUS ARISTOTELES[1]

Einleitung.

1.

Vorbedingung für die Abfassung einer Geschichte der Chemie im Altertum ist die genaue Feststellung der chemischen Kenntnisse, die sich in den Werken der bedeutendsten antiken Schriftsteller vorfinden, oder aus ihnen zu entnehmen sind. An wirklich brauchbaren Arbeiten in dieser Richtung herrscht noch großer Mangel, der sich durch die geringe chemische Bildung der Philologen, und die ebenso geringe philologische der Chemiker, genügend erklärt: denn zu annehmbaren Ergebnissen kann auf diesem Gebiete nur gelangen, wer die Quellenschriften versteht (wenn auch nur unter Mitbenützung von Hilfsmitteln), und zugleich die Wichtigkeit ihres Inhaltes zu erkennen und zu beurteilen vermag. Beide Fähigkeiten finden sich heutzutage nur selten in jenem Maße verbunden, das Arbeiten von absoluter Vollendung verbürgt, daher wird man sich vorerst in vielen Fällen auch mit solchen relativen Wertes begnügen müssen,[2] namentlich, wenn es sich um Werke eines Autors handelt, die, durch Vielseitigkeit des Inhaltes und durch Schwierigkeit der Form, auch

[1] „Archiv für die Geschichte der Naturwissenschaften und der Technik" 1910, S. 233. Herrn Geheimrat Prof. Dr. Rudolf Kobert in Rostock in aufrichtiger Verehrung dargebracht. [2] S. die Aufsätze über die chemischen Kenntnisse des Plinius und Dioskurides (in meinen „Abhandlungen und Vorträgen zur Geschichte der Naturwissenschaften", Leipzig 1906), ferner über „Chemisches und Physikalisches aus Platon" (1907; „Journal f. prakt. Chemie" II, Bd. 76, S. 513, sowie Nr. 3 des vorliegenden Bandes).

heute noch, zweiundzwanzig Jahrhunderte nach ihrer ersten Niederschrift, selbst Fachgelehrten viele und große Rätsel zu lösen bieten.

Dies ist der Fall bei den Schriften des Aristoteles. Sogar hinsichtlich der vielgelesensten durfte, unter Allen, die ihnen im Laufe der Zeiten nähertraten, noch keiner die Behauptung wagen, er habe die weltumfassende Bedeutung des Dargelegten völlig erschöpft, die großen Richtlinien wie ihre feinen Verzweigungen überall zutreffend herausgefunden, und die plangemäßen Zusammenhänge allerorten lückenlos aufgedeckt. Gilt dies aber schon von jenen Lehrgebieten, die, ihrer hohen Wichtigkeit halber, den Gegenstand ausführlicher Werke bilden und auch seit jeher mit besonderem Eifer erklärt und kommentiert wurden, so wachsen die Bedenken, wenn es sich nicht mehr darum handelt, den Stand einer Disziplin zu einer bestimmten Zeit festzulegen, sondern Anfängen und Vorahnungen nachzuforschen, denen erst in späterer Zeit eine Wissenschaft entspringen sollte. Denn nur selten lassen sich hierbei die Umrisse des Bildes gleich in großen Zügen gestalten, zumeist aber ist die Aufgabe gestellt, die Lücken des Mosaiks mit kleinen Steinchen auszufüllen, die der Gesamtheit eines ungeheuren, ganz anderen Zwecken dienenden, nicht wohlgeordneten, und nicht immer einheitlichen Materials zu entnehmen, und aus tausendfältigen Zufallsverbindungen herauszulösen sind. Die Unvermeidlichkeit, aber auch die Mißlichkeit eines solchen Verfahrens leuchtet ein, und notwendigerweise werden ihm mancherlei Mißverständnisse und Irrtümer entspringen müssen; diese zu bemerken und zu berichtigen, mag der dankenswerten Betätigung philologischen und philosophischen Fachwissens vorbehalten bleiben.

2.

Bald nach dem Tode seines erlauchten Zöglings, Alexander des Großen, sah sich Aristoteles, der bis dahin ungestört in Athen gelebt und gewirkt hatte, durch die lebensgefährliche Anklage auf Asebie (Religionsstörung) bedroht, die seine orthodoxen, politischen (anti-mazedonisch gesinnten), und persönlichen (dem Redner- und Gelehrten-Stande angehörigen) Gegner in einmütigem Zusammenwirken wider ihn erhoben. Da es aussichtslos war, den Fanatismus der Parteien durch Gründe zu widerlegen, verzichtete Aristoteles auf die Beschreitung des Rechtsweges, und verließ die Stadt „deren Bürger sich nicht zum zweiten Male an der Philosophie versündigen sollen", sowie seine im Jahre 335 unweit des „Lykeion" begründete Schule, unter deren schattigen Baumreihen auf- und abwandelnd er vorzutragen und zu lehren pflegte.[1] Er begab sich nach Chalkis auf der Insel Euböa, der Heimat seiner Mutter, und gedachte dort einen politischen Umschwung abzuwarten, den er für nahe bevorstehend hielt; doch erlebte er einen solchen nicht mehr, da ihn schon nach kurzer Zeit ein schweres inneres Leiden im 63. Lebensjahre v. Chr. hinwegraffte.

Über die Schicksale der Werke, die Aristoteles hinterließ, sind wir nur unvollständig unterrichtet, doch steht so viel fest, daß sie lange Zeit hindurch einer getreuen und ununterbrochenen Überlieferung völlig ermangelten, und daß ihnen die, im ganzen noch heute übliche Fassung und Anordnung, erst gegen 70 v. Chr. zuteil wurde. Schon betreff der Zahl der Schriften herrscht Ungewißheit: der Philosoph Ptolemäus gibt sie (wie eine arabische Überlieferung besagt) auf 92 an, Diogenes aus Laerte auf 146, Hesychios gar auf 196; doch sind hierunter vielleicht nur Abhandlungen oder Kapitel zu verstehen, denn über die ursprünglichen Benennungen und Einteilungen ist uns nicht viel Sicheres bekannt, und die heute gebräuchlichen rühren nur in wenigen Fällen von

[1] Von „Lykeion", dem Heiligtume des Appollon Lykeios (des Wolfstöters), schreibt sich unser „Lyceum" her, vom Wandeln unter den Baumgängen (περίπατοι = Peripatoi) der Namen „Peripatetiker" für die Anhänger der aristotelischen Philosophie.

Aristoteles selbst her. So z. B. stammt der Gesamttitel „Organon“ (= Werkzeug) für die logischen Hauptwerke erst aus byzantinischer Zeit, und die „Metaphysik“ wurde so benannt, weil sie sich im Korpus der aristotelischen Schriften unmittelbar nach (*μετά* = meta) der Physik eingereiht findet, und nicht etwa, weil ihr Inhalt über den der Physik hinausgeht; Aristoteles selbst zitiert sie als *πρώτη φιλοσοφία* (= Prinzipien oder Grundfragen der Philosophie). — Auch die zeitliche Reihenfolge der Schriften hat sich bisher nicht mit völliger Bestimmtheit ermitteln lassen; wahrscheinlich ist, daß die rein logischen die ältesten sind, und daß ihnen zunächst die naturgeschichtlichen und psychologischen, und weiterhin die ästhetischen, ethischen und politischen folgten.

In der großen, von der Berliner Akademie der Wissenschaften veranstalteten Ausgabe füllen die Werke des Aristoteles zwei Quartbände mit 1584 zweispaltigen Seiten und 126720 Druckzeilen; einschließlich einiger Fragmente und des 1891 aus einem Papyrus entzifferten „Staatswesens der Athener“ kann man den Gesamtumfang auf rund 130000 Zeilen veranschlagen.

Keine der von Aristoteles völlig ausgearbeiteten und von ihm selbst veröffentlichten Schriften scheint unverändert auf uns gekommen zu sein. Die erhaltenen Texte lassen sich, der gegenwärtig vorliegenden Gestalt gemäß, ungezwungen in folgende wesentliche Gruppen einteilen:

a) Echte Hauptwerke. Sie beruhen auf eigenen (teilweise jedoch nur Zwecken des Vortrages dienenden) Aufzeichnungen, auf Nachschriften der Hörer, und auf Traditionen der Schule; Herausgeber, und zwar oft recht späte, redigierten und kombinierten diese Quellen, und hieraus erklärt sich das Nach- und Durcheinandergehen mehrfacher Texte, sowie der Mangel an Stileinheit; einige sind nur stückweise erhalten, z. B. die „Poetik“ und „Ökonomik“.

b) Entwürfe und Stoffsammlungen. Sie tragen durchaus

fragmentarischen Charakter, ja sind zuweilen nichts weiter als Konglomerate von Auszügen aus fremden Schriften nebst einschlägigen Zusätzen und Bemerkungen, — oft von späterer Hand. Hierher zählen u. a. die „Wunderbaren Nachrichten“, die „Probleme“, ganze Teile der zoologischen Bücher, usf.

c) Unechte und untergeschobene Werke. Hinsichtlich ihrer Beurteilung gehen die Meinungen der Kritiker noch auseinander. Gänzlich unecht sind wohl die Schriften „Über die Welt“ (De cosmo), „Über den Lebenshauch“ (De spiritu), „Über die Pflanzen“, und „Über die Physiognomik“, von denen die beiden ersteren vermutlich nicht vor dem zweiten Jahrhunderte v. Chr., die dritte (durch Nikolaos Damaskenos) zur Zeit des Kaisers Augustus, und die vierte erst um 100 n. Chr. ihre gegenwärtige Gestalt erhielten; gewiß sind aber auch in ihnen einzelne Züge als aristotelisch anzuerkennen, um so mehr als wir wissen, daß es z. B. ein echtes Buch „Über die Pflanzen“ gab, das aber verloren gegangen ist, — ebenso wie noch manche andere wichtige Abhandlungen, z. B. die mit Zeichnungen versehene „Über die Zergliederung (Anatomie) der Tiere“ und die „Über Astronomie“. Für teilweise unecht gelten u. a. die „Eudemische Ethik“, die „Große Ethik“, die „Rhetorik an Alexander“, die Schriften über „Farben“, „Töne“, „Mechanik“, „Bewegungsvermögen der Tiere“, sowie die über „Melissos und Zenon“, die „Lehren der Atomistiker“, und die „Tugenden und Laster“. Die meisten unter ihnen gehen fraglos auf gute aristotelische Tradition zurück, doch läßt sich kaum mehr mit Sicherheit feststellen, in welchem Umfange sie allmählich durch Einschiebsel und Weglassungen entstellt wurden, und ob diese allein der Unwissenheit und Sorglosigkeit der Abschreiber, sowie der Ungunst der Zeiten, oder auch der planmäßigen Tendenz der Redaktoren zur Last fallen; sie bleiben in ihrer großen Mehrzahl wichtige Quellenwerke, sind aber im einzelnen nur mit Vorsicht zu benutzen.

3.

Der hier zu gebenden Darstellung der Lehren des Aristoteles liegen die nachbenannten Schriften zugrunde,[1] die unter folgenden, in alphabetischer Anordnung vorangestellten, abgekürzten Bezeichnungen zitiert werden:

1. A und Aβ: Analytica I. und II. (Logik).
2. At.: Lehren der Atomistiker.
3. Ath.: Staatswesen der Athener.
4. B.: Bewegungsvermögen der Tiere.
5. E.: Entstehen und Vergehen.
6. Eu.: Eudemische Ethik.
7. F.: Fortbewegung der Tiere.
8. Fa.: Über die Farben.
9. Fr.: Fragmente (Berl. Akad. Ausg., Bd. II, S. 1463).
10. Gr.: Große Ethik.
11. H.: Hermeneutik (Über Sprache und Gedanken).
12. Hi.: Über das Himmelsgebäude.
13. Kat.: Kategorien (Lehre vom Begriff).
14. L.: Über die unteilbaren Linien.
15. M.: Meteorologie.
16. Mech.: Mechanische Probleme.
17. Mel.: Über Melissos (Xenophanes), Zenon und Gorgias.
18. Met.: Metaphysik.
19. Ni.: Nikomachische Ethik.
20. Ö.: Ökonomik.
21. P.: Parva Naturalia (= Kleine naturwissenschaftliche Schriften).
22. Pg.: Physiognomik.
23. Ph.: Physik.
24. Po.: Poetik.
25. Pr.: Probleme.
26. Rh.: Rhetorik.
27. Rh. Al.: Rhetorik an Alexander.
28. S.: Über die Seele.
29. Sp.: Über den Lebenshauch (De spiritu).
30. St.: Über den Staat.
31. T.: Tugenden und Laster.
32. Th.: Teile der Tiere.
33. To.: Topik (Lehre von den Schlüssen); Anhang, Buch IX: Über Trugschlüsse.

[1] Ganz ausgeschlossen wurde die Abhandlung des Nikolaos Damaskenos „Über die Pflanzen".

34. Tö.: Über die Töne.
35. W.: Wunderbare Nachrichten.
36. We.: Über die Welt (De cosmo).
37. Wi.: Über die Winde.
38. Z.: Zeugung und Entwicklung der Tiere.
39. Zo.: Tierkunde (Zoologie).

Von diesen gehören im wesentlichen an (denn eine strenge Einteilung zu geben, ist unmöglich):

Der Logik und reinen Philosophie: 1. 13. 17. 18. 33.
Der Psychologie und Naturphilosophie: 5. 21. 25. 28. 29. 36.
Der Ethik: 6. 10. 19. 31.
Der Ästhetik: 24.
Der Sprachwissenschaft: 11. 26. 27.
Der Mathematik: 14.
Der Physik und Chemie: 2. 8. 12. 15. 16. 23. 34. 35. 37.
Der Zoologie: 4. 7. 22. 32. 38. 39.
Der Politik und Nationalökonomie: 3. 20. 30.

Hierbei ist jedoch zu bemerken, daß manche der aristotelischen Titelworte ganz anderes besagen, als was man gegenwärtig unter ihnen zu verstehen pflegt: so z. B. bezweckt die „Zoologie" nicht sowohl die Beschreibung der Tiere, als die Erkenntnis der verschiedensten, innerhalb der gesamten Tierwelt waltenden Beziehungen; die „Physik" ist weniger Physik in jetzigem Sinne, als Naturphilosophie mit physikalischem Einschlage; die „Meteorologie" behandelt, außer ihrem heutigen Gebiete, alles mögliche zwischen Himmel und Erde Schwebende oder als schwebend Gedachte, sowie das aus ihm Entstehende oder als entstehend Angenommene, usf.

Im folgenden sollen nun zunächst die einschlägigen allgemeinen Grundsätze und Anschauungen des Aristoteles über Naturforschung dargelegt werden, und sodann seine besonderen Ansichten über die wichtigsten chemischen Probleme (im weitesten Sinne); ein zusammenfassender Rückblick, und eine Erörterung der Bedeutung und Nachwirkung der aristotelischen Lehren sind bestimmt, den Schluß dieser Abhandlung zu bilden.

I. Grundsätze der Naturforschung.

Zur wahren Einsicht führen Verwunderung und gründlicher Zweifel: ihr Auftauchen zeigt an, daß im Faden des Denkens Knoten vorhanden sind, und aus deren Lösung entspringt dann die richtige Erkenntnis.[1]

Zweck der Naturforschung ist, das richtig durch die Sinne Beobachtete zu erklären, übereinstimmend mit der Erfahrung, und ohne Rücksicht auf irgendwelche Voraussetzungen oder vorgefaßte Meinungen;[2] denn die Meinungen der Menschen wechseln häufig, auch gelangen längst abgetane wieder zu neuer Bedeutung, und dieser Vorgang wiederholt sich unaufhörlich.[3] Allerdings sind die Erscheinungen nur zu einem Teile erklärbar, zu einem anderen aber nicht; alle folgen jedoch natürlichen Gesetzen und stehen in gesetzmäßigem Zusammenhange.[4]

Ohne Erfahrung und Anschauung ist ein zureichender Einblick und Überblick unmöglich;[5] man gelangt ohne sie nur zu nichtssagenden und Scheinerklärungen,[6] die nicht mehr Wert haben als gewisse, formal ganz richtige Schlüsse, die auch ein Blindgeborener betreffs der Farben ziehen kann, ohne daß er sich aber bei solchen Worten auch etwas Entsprechendes vorzustellen vermöchte.[7]

Die Wissenschaft geht also aus der Erfahrung hervor,[8] und ihr Umfang ist bestimmt durch jenen der vorliegenden Beobachtungen und durch deren Genauigkeit;[9] geraten ihre Schlüsse mit der Erfahrung und den Tatsachen in Widerspruch, so beweist dieses, daß die Beobachtungen ungenügende waren.[10] Nicht selten fehlt es noch überhaupt an Beobachtungen;[11] wird man sie aber künftig machen, so ist ihnen mehr Glauben beizumessen als der Theorie, und dieser

[1] Met. III, 1. [2] Hi. III, 7. [3] M. I, (3), 4. [4] M. I, (1), 2. [5] E. II, 2. [6] Z. II, 132. [7] Ph. II, 1. [8] Met. I, 1. [9] M. I (3) 20; II, (5), 14 und (6), 10; IV, (I), 2. [10] Z. III, 75 und II, 27; Hi. IV, 2. [11] Z. II, 75; III, 101.

nur insoweit zu vertrauen, als sie zu den nämlichen Ergebnissen führt wie die Beobachtungen;[1] Tatsachen beweisen.[2]

Man wird demnach teils selbst zu untersuchen, teils andere Untersuchende zu befragen haben, und wenn sich hierbei eine Meinung ergibt, die von der bisher gehegten abweicht, so kann man zwar beide wertschätzen, folgen muß man aber der als zutreffend befundenen.[3]

In letztem Grunde beruht alles besondere Wissen auf sinnlicher Beobachtung, nämlich entweder auf Induktion, die aus dem Einzelnen, oder auf Deduktion, die aus dem Allgemeinen erfließt; zu letzterem aber könnte man, ohne vorheriges Erfassen des sinnlich wahrnehmbaren Einzelnen, gar nie gelangen.[4] Weil jedoch die Induktion nie ganz vollständig sein kann, und alle Schlüsse aus ihr nur insoweit zutreffen, als die Beobachtung reicht, so führt sie nie zu einem allgemeingültigen, apodiktischen Wissen;[5] die Quelle dieses Wissens, z. B. des die logischen und mathematischen Axiome betreffenden, bleibt also zu erforschen.[6]

Beim Ziehen der Schlüsse ist Vorsicht geboten. Schlüsse allgemeinen Charakters darf man nicht auf Einzelfälle gründen, also nicht etwa auf solche hin behaupten „Was Licht von sich gibt, muß feuriger Natur sein", — denn das Leuchten des Meerwassers beweist das Gegenteil.[7] Ferner darf man aus den Erfahrungen nicht Folgerungen ableiten, die das Gebiet, innerhalb dessen jene gemacht wurden, völlig überschreiten, wie z. B., wenn man über das Weltall aussagen will, auf Grund von Wahrnehmungen in dem uns zunächst umgebenden Raume, der doch dem Weltraume gegenüber so gut wie gar keiner ist.[8] Endlich wäre es töricht und lächerlich, über das Beobachtete, statt erst sein eigentliches, meist keineswegs zutage liegendes

[1] Z. III, 14. [2] M. I, (14), 25. [3] Met. XII, 8; M. IV, (1), 2. [4] Aβ, I, 18 und II, 19; Ni. IV, 3. [5] Aβ, I, 31. [6] ebd., und Ni. II, 6. [7] Z. V, 95; Fa. 1; M. II, (9), 18. [8] Met. IV, 5.

Wesen zu erforschen, ohne weiteres nach dem bloßen Augenschein abzuurteilen.[1]

In letzterer Hinsicht ist auch zu bedenken, daß zwar die Entwicklung der Organe und ihrer Funktionen stets gleichzeitig erfolgt, so daß es z. B. kein Auge ohne Sehen und kein Sehen ohne Auge gäbe,[2] daß aber dennoch zahlreiche Sinnestäuschungen möglich sind. Wer z. B. das eine Auge mit dem Finger aus seiner gewohnten Lage bringt, sieht alles zwiefach,[3] und wer einen kleinen Gegenstand mit gekreuzten (verschränkten) Fingern anfaßt und bewegt, der fühlt ihn auf das Bestimmteste doppelt, offenbar weil (entgegen dem gewöhnlichen und natürlichen Herkommen) das nämliche Objekt gleichzeitig mit den Außenseiten zweier Finger berührt wird. Derlei Täuschungen sind durch den Gesichtssinn korrigierbar, wären es aber nicht, falls es keinen solchen gäbe;[4] manche andere lassen sich aber überhaupt nicht beheben, so z. B. erscheint die Sonne einen Fuß breit, auch wenn man die überzeugende Gewißheit besitzt, daß sie weit größer ist als die Erde,[5] und das Flimmern der Sterne dauert fort, auch wenn man genau weiß, daß diese Bewegung keine objektive ist.[6]

Aber selbst mit der berichtigten Erfahrung ist noch nicht alles erschöpft, wenngleich aus ihr die ganze Wissenschaft hervorgeht: sinnliche Wahrnehmungen an sich ergeben noch keine Weisheit (Philosophie), denn sie stellen nur das Was fest, nicht das Warum, d. h. nur die Tatsachen, nicht aber deren inneren Zusammenhang.[7] Bestünden allein die sinnlichen Erscheinungen, so wäre jede Existenz aufgehoben, sobald es an beseelten Wesen fehlte, weil doch nur diese der Sinnes-Wahrnehmungen fähig sind,[8] ja zugleich mit ihnen fiele sogar die Möglichkeit der Zeit fort,[9] von der man sonst sagt, daß sie endlos sei, daß sie nie stille stehe, und daß in ihr alles geschehe.[10]

[1] Sp. 9. [2] Z. IV, 23. [3] Met. XI, 6; P. IV, 3. [4] Pr. XXXV, 10; P. IV, 2. [5] S. III, 3; P. IV, 2. [6] Hi. II, 8. [7] Met. I, 1. [8] Met. IV, 5. [9] Ph. IV, 4; über das Wesen der Zeit s. ebd. 10—14. [10] M. I, (14), 32.

Die Lehre des Protagoras: „Der Mensch ist das Maß aller Dinge", muß daher für einseitig gelten, und insoweit für völlig unrichtig, als sie besagen soll, daß das, was einem jeden scheint, sicher und fest so, und so allein, auch ist.[1] Es entspricht der Wahrheit, daß wir die Dinge nur infolge ihres Wirkens auf unsere Sinne, und nur diesem Wirken gemäß, überhaupt wahrnehmen, und ihnen daraufhin ihre Eigenschaften zuschreiben, denen deshalb, von der geringsten an bis zur Härte des Stahles, nur relativer Charakter zukommt;[2] ebenso entspricht es der Wahrheit, daß jeder die Dinge nur so wahrnimmt, wie sie ihm erscheinen, daher auch selbst das nämliche in verschiedener, von seinem körperlichen Zustande abhängiger Weise, so daß er z. B. mit gleicher Richtigkeit denselben Wein einmal süß nennt, ein anderes Mal jedoch nicht;[3] das aber, was alle solchen Wahrnehmungen erregte und erregen konnte, ist bei diesen sämtlichen Vorgängen unverändert geblieben, sein Sein ist nicht etwas bloß Relatives und Subjektives, wie sein Erscheinen.[4]

Die Frage „was dieses Seiende nun eigentlich ist?", erweist sich als identisch mit der Frage nach der Natur der Dinge, an die ihr ganzes Wesen, und bei organischen Gebilden auch noch besonders ihr Werden und Wachsen geknüpft ist;[5] sie läßt sich nicht weiter beantworten als dahin, daß die Natur der Dinge in ihrer Wirksamkeit besteht, d. h. in ihrer Fähigkeit, Wirkungen hervorzubringen oder aufzunehmen.[6] Zunächst freilich erscheint jedes Ding als bestimmt durch seinen Stoff und seine Form;[7] doch zeigt sich, daß wir nicht anzugeben vermögen, was ein Stoff ist, sondern nur wie er wirkt, also etwa vom Silber nicht was es ist, sondern nur, daß es sich ähnlich verhält wie Zinn (also wie ein Metall);[8] auch von der Form wissen wir nicht zu sagen was, sondern nur wie sie ist, und

[1] Met. XI, 6. [2] M. IV, (4), 9; (8), 3; (9), 25. [3] Met. IV, 5. [4] Met. IV, 6. [5] Met. VII, 10; VIII, 1; V, 4. [6] M. IV, (12), 2. 5 und 7. [7] Met. V, 4. [8] Met. VII, 4; VIII, 3.

können nur noch beifügen, daß nach ihrer Zerstörung (wie das namentlich bei organischen Gebilden klar hervortritt) allein die Elemente übrigbleiben, woraus erhellt, daß das die Form und Individualität Bedingende nicht wieder aus den Elementen bestehen und nicht wieder materiell sein kann, vielmehr für unerkennbar gelten muß.[1] Zudem sind aber in den Dingen Stoff und Form so untrennbar verbunden, daß jeder Versuch, das dem einen und der anderen Zugehörige abzusondern, fast durchaus vergeblich erscheint;[2] es ist Einheit von Stoff und Form vorhanden, und nicht bloße Zusammensetzung, deren Möglichkeit übrigens wiederum unerklärt bleiben müßte.

Das Sein, die Existenz, kann daher durchaus nicht auf Grund einer Definition gefolgert werden: was z. B. als „Monade" zu bezeichnen sei, und ob die so bezeichnete Monade auch wirklich bestehe, sind zwei völlig verschiedene Fragen.[3]

II. Allgemeine Anschauungen.

Die Materie kann nicht aus dem Nichts entstehen, und muß daher als schon vorhanden vorausgesetzt werden;[4] insbesondere vermag auch keinerlei Art der Bewegung Materie hervorzubringen,[5] um so mehr als auch die in der Natur vorhandene Bewegung weder zu entstehen noch zu vergehen vermag, sondern unsterblich ist.[6] Die einmal gegebene Materie läßt sich weder vermehren noch vermindern, Materie tritt weder neu ins Dasein noch verschwindet sie, sondern sie ist allein der Veränderung fähig.[7]

Veränderungen und Umwandlungen werden hervorgerufen, indem Ungleichartiges oder Gegensätzliches aufeinander einwirkt, und zwar nicht ohne Berührung.[8] Diese braucht jedoch keine unmittelbare zu sein, sondern es genügt auch Vermitt-

[1] Met. VII, 16 und 17; VIII, 3. [2] Met. V, 4; VII, 11. [3] Aβ. I, 2 und 10; IV, 7. [4] Ph. I, 4 und 8; Met. VII, 9; XII, 3. [5] E. II, 9. [6] Ph. VIII, 1; Met. XII, 6. [7] Hi. I, 10 und 11; III, 2. Met. XII, 3; M. I, (14), 25. [8] E. II, 6 und 7.

lung durch Zwischenteile, deren jeder nur den einen ihm zunächst liegenden in Bewegung setzt, etwa nach der Art der merkwürdigen und Verwunderung erregenden „automatischen“ Figuren und Kunstwerke, z. B. der als Weihgeschenke in den Tempeln stehenden Drehräder, oder der Apparate, die die Gaukler bei ihren Vorführungen benützen; die Bewegung kann aber auch gänzlich durch ein Medium übertragen werden, wie das bei Schall und Licht geschieht (s. unten).[1]

Jede Veränderung, sei sie quantitativ oder qualitativ, beruht in letzter Linie auf Bewegungen, die zur Vereinigung und Trennung, zur Verdünnung und Verdichtung u. dgl. führen; alle Körper sind fähig zur Aufnahme von Bewegungen, und nur wenn ihnen solche nicht zugeführt werden, befinden sie sich in Ruhe.[2] Ist ein Körper einmal in Bewegung gesetzt, so ist kein Grund dafür denkbar, daß er irgendwo stillestehen sollte, wenn er keinen Widerstand findet, wie das z. B. im Leeren (im Vakuum) der Fall wäre, sofern es ein solches gäbe;[3] aber auch das Ruhende widerstrebt, und verharrt an seinem Orte.[4]

Jeder Körper hat (wie schon Platon lehrte) im Weltgebäude seinen bestimmten „natürlichen“ Ort, der ihm „von Natur aus“ zukommt, den er nicht ohne zureichenden Grund verläßt, und nach dem er sich stets wieder zurückbewegt, wenn er nicht gewaltsam daran gehindert wird;[5] denn stets bewegt sich Gleiches zu Gleichem.[6] Maßgebend für die Lage dieses natürlichen Ortes ist die Schwere der Körper, der gemäß sie sich rings um den Mittelpunkt des Weltgebäudes ordnen.[7] Allerdings ist Schwere eigentlich eine relative Bezeichnung, ähnlich wie Geschwindigkeit, und so wie diese in gewissem Grade auch dem Langsamen, so kommt jene auch dem Leichten zu.[8] Aber gegenüber diesem relativ, d. h. mit anderem ver-

[1] Z. II, 19 und 76; Met. I, 2; Mech. 1; We. 6; B. 7. [2] Ph. V, 3; VIII, 7. [3] Ph. IV, 8. [4] Mech. 9 und 32. [5] Ph. IV, 1 und 4. [6] Hi. IV, 2–4. [7] M. I, (2), 1; (3), 14. [8] Met. X, 1.

glichen, Leichten und Schweren, besteht auch ein absolut, d. h. an sich, Leichtes und Schweres; ersteres bewegt sich, seiner Natur gemäß, nach oben, vom Mittelpunkte des Himmelsgebäudes weg, der äußersten Höhe des Weltalls zu, letzteres strebt im Gegenteile, seiner Natur gemäß, nach unten, zu diesem Mittelpunkte hin, ohne indessen weiter dringen zu können, als bis zu ihm; das Himmelsgebäude hat eben ein Oben und Unten, es ist nicht ringsum gleichartig, und Gegenfüßler an ihm sind undenkbar und unmöglich.[1]

Sein Zentrum, zu dem sich alles Erdartige, der großen Schwere wegen, hinbewegt, ist der natürliche Ort der Erdkugel, die an ihm unverrückbar und unbeweglich beharrt.[2] Über die Kugelgestalt der Erde herrscht kein Zweifel, und sie läßt vermuten, daß nur ein einziges zusammenhängendes Meer den Raum zwischen den Westküsten Europas und Afrikas und den Ostküsten Indiens erfüllt; hierauf deuten auch die Ähnlichkeiten mancher Erzeugnisse dieser beiden Länder, wie denn z. B. sowohl Westafrika als auch Indien Elephanten hervorbringen.[3] Die Astronomie lehrt, daß die Erde weitaus kleiner als die Sonne, und dieser weitaus näher ist als den Sternen,[4] ferner daß die Sterne nur scheinbar, nämlich von der Erde aus gesehen, klein, in Wirklichkeit aber, ihrer unermeßlichen Entfernung entsprechend, ungeheuer groß sind;[5] im Verhältnisse zur Ausdehnung des Weltgebäudes ist daher die Größe der Erde gänzlich verschwindend,[6] so gut wie keine,[7] ein Nichts,[8] und die Erde nur ein Stern unter Sternen.[9]

Zunächst auf der Erde befindet sich das Wasser, das sie in Gestalt einer Kugelschale bedeckt, wie dies der Kugelgestalt der Erde entspricht.[10] In weiteren konzentrischen Kugelschichten folgt sodann die Luft, und schließlich das Feuer,

[1] Hi. I, 3 und 6; IV, 2. Ph. III, 5; VIII, 4. [2] Ph. III, 5; Hi. II, 8 und 14; IV 2—4. [3] Hi. II, 4; Met. II, 5. [4] M. I, (8), 6. [5] M. I, (3), 2 und 5. [6] M. I, (14), 19. [7] Met. IV, 5. [8] M. I, (3), 7. [9] Hi. II, 13. [10] Hi. II, 4; Ph. IV, 5.

dessen natürlicher Ort, infolge seiner großen Leichtigkeit, der oberste Raum ist, der bis an das Himmelsgewölbe reicht.[1]

Wasser und Luft, die ihren natürlichen Ort zwischen der schweren Erde und dem leichten Feuer haben, also Mittelglieder sind, zeigen auch eine mittlere Beschaffenheit, d. h. sie bewegen sich vorzugsweise das eine nach unten, die andere nach oben, sind aber auch der entgegengesetzten Bewegung nicht ganz unfähig;[2] während nämlich die Erde keine Leichtigkeit und das Feuer keine Schwere hat,[3] so daß sich „die Erde niemals an das Aufsteigen, das Feuer niemals an das Herabsinken gewöhnt",[4] und beide zu solchen unnatürlichen Bewegungen nur gewaltsam gezwungen werden können,[5] besitzen Wasser und Luft in dieser Hinsicht relative Eigenschaften: Wasser ist leicht gegenüber Erde, aber schwer gegenüber Luft, Luft leicht im Vergleiche zu Wasser, aber schwer im Vergleiche zu Feuer.[6]

Alles, was sich oberhalb der Region des Mondes, also oberhalb des Himmelsgewölbes befindet, demnach die Gesamtheit der Gestirne und der ganze übrige Weltraum, ist erfüllt von Äther, und besteht aus ihm. Äther ist eine „göttliche", eine himmlische Substanz, durchaus und völlig verschieden von allen irdischen Stoffen, deren Gesetze daher für ihn keine Gültigkeit haben;[7] er ist immateriell, einfacher Natur, weder leicht noch schwer, unentstanden und unvergänglich, qualitativ unveränderlich, und in endloser einheitlicher Kreisbewegung begriffen;[8] diese ist nämlich die einfachste, gleichmäßigste, beharrlichste, ursprünglichste und vollkommenste,[9] und in ihr liegt Prinzip und Ursache aller, den gemeinen irdischen Stoffen zukommenden gerad- oder krummlinigen Bewegungen, und der durch diese veranlaßten Veränderungen der Materie.[10]

[1] Ph. IV, 5; V, 6. M. I, (2), 1; (3), 14. [2] Hi. IV, 3 und 5. [3] Hi. II, 2 und 4. [4] Gr. I, 6; Ni. II, 1. [5] Ph. IV, 8. [6] Hi. I, 3. [7] M. I, (3), 4. [8] Hi. I, 3; M. I, (2), 1 und 2. [9] Ph. VIII, 8 und 9; Hi. I, 2. [10] M. I, (2), 2.

III. Die Elemente.

Unter Elementen versteht man diejenigen Stoffe, in die die übrigen zerlegt werden können, die sich aber selbst nicht mehr in andere, der Art nach verschiedene zerlegen lassen; sie sind also die letzten, immanenten, nicht weiter in artfremde Substanzen überführbaren Grundbestandteile der Körper.[1]

Die Zahl der Elemente ist zweckmäßigerweise möglichst begrenzt, und jedenfalls nur so hoch anzunehmen, daß sie zur Erklärung der beobachteten Tatsachen ausreicht.[2] Die Voraussetzungen älterer Forscher, die das Dasein zahlloser Elemente behaupteten, sind ebenso unnötig und irreleitend wie die Lehren Platons, aus denen man das Vorhandensein einer zwar begrenzten, aber sehr großen Zahl von Grundstoffen folgern kann; gerade so wenig genügen aber auch die Theorien der Atomisten, die von einem einzigen und einheitlichen Substrate ausgehen wollen,[3] obwohl doch, damit überhaupt etwas geschehe, Veränderungen notwendig sind, die das Bestehen ausgleichbarer Gegensätze erfordern.[4] Nach diesen Theorien soll nämlich nur eine einzige Art von unendlich kleinen und unteilbaren Atomen in unendlicher Menge im Leeren vorhanden sein, und allein aus ihrer verschiedenen Anordnung sollen die zahlreichen qualitativ verschiedenen Körper hervorgehen,[5] ähnlich etwa, wie die wenigen nämlichen Buchstaben alle Komödien und Tragödien liefern.[6] Es ist aber widersinnig, die Existenz einer unendlichen Anzahl von Atomen anzunehmen, also eine vollendete Unendlichkeit; eine solche ist durchaus undenkbar, denn „das Unendliche besteht nicht, sondern wird",[7] d. h. man kann sich ihm zwar nach Belieben weiter annähern, nie aber es erreichen. Sodann ist zwar alles Kontinuierliche unbegrenzt teilbar, deshalb aber keineswegs auch aus unendlich kleinen und nicht weiter zerlegbaren Teilchen

[1] Hi. III, 3; Met. V, 3. [2] Hi. III, 4. [3] Hi. III, 6. [4] Ph. III, 5. [5] Hi. I, 7; Met. I, 4. [6] E. I, 2. [7] Ph. III, 7.

zusammengesetzt, weder die Linie aus Punkten, noch die Zeit aus Augenblicken, noch der Körper aus Atomen, — weil eben die Summierung von „Nicht-Größen" niemals eine „Größe" ergeben kann.[1] Ferner vermögen die Atomisten über die „verschiedene Anordnung" ihrer einheitlichen Atome nichts Weiteres auszusagen, also z. B. nicht begreiflich zu machen, wie, allein aus einer solchen, die bestimmte Substanz Gold hervorgehen soll.[2] Endlich gibt es auch in der Natur kein Leeres, und die Behauptung, daß der leere Raum die Vorbedingung für die Möglichkeit der Bewegung sei, ist gänzlich hinfällig, da auch im kontinuierlich erfüllten Raum stetiger Kreislauf und Wirbelbewegung denkbar bleiben;[3] auch müßte sich im leeren Raum jeder einmal in Bewegung gesetzte Körper endlos weiter bewegen, da kein Widerstand ihn behindert.[4] In jeder Hinsicht erweisen sich also die Lehren der Atomisten als inkonsequent und unzureichend.

Sind nun Elemente anzunehmen, so empfiehlt sich als die zweckmäßigste Zahl die Vierzahl, die schon die alten Naturphilosophen zugrunde legten, indem sie aus vier Elementen alle Einzeldinge hervorgehen ließen, entweder durch bloße Verdünnung und Verdichtung, oder durch Vereinigung und Trennung gewisser, schon in ihnen vorhandener, und mehr oder weniger überwiegender Gegensätze.[5] Unter diesen sind, wie die Genannten ebenfalls schon erkannten, die wichtigsten und zu Erklärungen brauchbarsten die Paare Wärme-Kälte und Trockenheit-Feuchte, denn sie umfassen die vier ersten und ursprünglichsten Qualitäten,[6] von denen Wärme und Kälte aktiven, Trockenheit und Feuchte passiven Charakter tragen,[7] — was ein Satz von größter und grundlegender Wichtigkeit ist. Zwischen diesen vier Qualitäten, die übrigens nur durchaus relativer Natur sind,[8] erweisen sich sechs Arten

[1] Ph. I, 2; VI, 1 und 9; E. I, 2; L.; At. [2] Hi. I, 7. [3] Ph. IV, 7—9. [4] Ph. IV, 8. [5] Ph. I, 4; III, 4; VIII, 7. [6] Ph. I, 5; E. II, 2. [7] M. IV, (4), 1; (11), 3. [8] Th. II, (2), 4—8.

der Paarung möglich, von denen aber im vorliegenden Falle zwei in Wegfall kommen, da die Gegensätze Wärme und Kälte, sowie Trockenheit und Feuchte, keiner Verbindung fähig sind; es verbleiben also vier Paarungen, von denen (Kälte + Trockenheit) die Erde ergibt, (Kälte + Feuchte) das Wasser, (Wärme + Feuchte), die Luft, und (Wärme + Trockenheit) das Feuer, wobei in der Erde die Trockenheit überwiegt, im Wasser die Kälte, in der Luft die Feuchte, und im Feuer die Wärme.[1]

Erde, und sodann Wasser, haben ihren natürlichen Ort im Mittelpunkte des Weltgebäudes, Luft und Feuer aber gegen dessen Grenzgebiet zu, Erde und Feuer sind also die beiden äußersten und an sich reinsten Elemente, Wasser und Luft hingegen die mittleren und gemischter beschaffenen; am meisten einander entgegengesetzt zeigen sich jedoch einerseits Feuer und Wasser, andererseits Luft und Erde, da sie je zwei konträre Qualitäten enthalten. Am deutlichsten tritt dies bei den Extremen des Feuers und Wassers zutage, dem Eis, das durch Erstarren eines Feucht-Kalten, und der Flamme, die durch heftigste, dem Sieden ähnliche Bewegung eines Trocken-Warmen entsteht; diese sind daher auch unfähig etwas Weiteres hervorzubringen.[2]

Alle Elemente können sich ineinander umwandeln, vermöge eines Kreisprozesses (Zyklus); offenbar verlaufen hierbei die Übergänge 1 $\rightleftarrows$ 2, 2 $\rightleftarrows$ 3, 3 $\rightleftarrows$ 4, 4 $\rightleftarrows$ 1 leicht und rasch, weil stets eine Qualität als Anknüpfungspunkt bestehen bleibt, dagegen 1 $\rightleftarrows$ 3 und 2 $\rightleftarrows$ 4 schwer und langsam, weil sie einen Wechsel beider Qualitäten erfordern;[3] im ganzen halten sich diese endlos fortdauernden, wechselseitigen

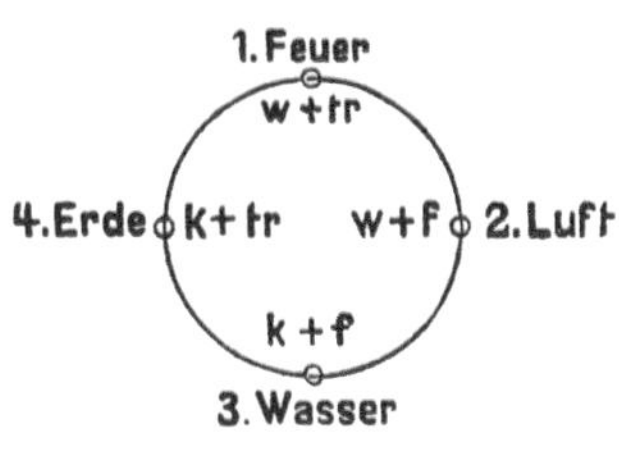

[1] E. II, 3; Hi. II, 3; M. IV, (1), 1. [2] E. II, 3; Z. II, 37; M. I, (3), 14. [3] E. II, 4, 5 und 10; Hi. II, 3; III, 7.

Umsetzungen das Gleichgewicht, so daß die Menge der einzelnen Elemente konstant bleibt.[1] Über die Art, in der sie erfolgen, ist zu sagen, daß die Elemente teils Verwandtes an sich ziehen und zu ihrer eigenen Beschaffenheit umgestalten, teils etwas von ihrem eigenen Stoffe abgeben, der sich dann einem anderen Elemente einfügt;[2] niemals verändert sich hierbei die Menge der Substanz, wohl aber oft ihr Volum, derart, daß z. B. bei der Entstehung von Luft aus Wasser die Gefäße zerspringen können.[3]

Die Möglichkeit dieser Übergänge deutet auf das Walten einer stofflichen Gemeinsamkeit, auf das Vorhandensein eines gemeinsamen Substrates, das als primäre Urmaterie (πρώτη ὕλη, materia prima) allem Bestehenden zugrunde liegt, ohne indessen an sich, als körperlicher, von den Qualitäten trennbarer Stoff zu existieren;[4] die Urmaterie bildet vielmehr nur, Platons Lehre entsprechend, die gemeinsame, noch form-, bestimmungs-, und qualitätslose Unterlage aller einzelnen bestimmten Stoffe, sie ist diesen gegenüber bloße Latenz, bloße „Möglichkeit", und gelangt zur Wirklichkeit und Bestimmtheit konkreter Substanzen erst durch die formenden Einflüsse der Qualitäten kalt, heiß, trocken, und feucht. Daß indessen die Annahme einer einzigen und einheitlichen Urmaterie auch gewisse Schwierigkeiten bietet, muß ausdrücklich hervorgehoben werden.[5]

Von ihrem natürlichen Orte entfernen sich Luft und Wasser ziemlich leicht, die absolut schwere Erde und das absolut leichte Feuer aber nur schwierig, und nicht ohne gewaltsamen Zwang;[6] keinesfalls verändert sich jedoch hierbei ihr Wesen, das allerorten dasselbe bleibt, und, falls es mehrere Weltalle geben könnte, auch in diesen das nämliche bliebe.

Bedingt ist das Wesen der Elemente, d. h. die Summe

[1] M. II, (3), 21. [2] Hi. I, 3. [3] Ph. I, 4; Hi. III, 7. [4] E. I, 6; Hi. IV, 5; Ph. II, 1; M. I, (3), 1. [5] Ph. I, 6. [6] Ph. II, 1; III, 5; E. II, 1.

ihrer Wirksamkeiten und Kräfte,[1] ausschließlich durch die Art der ihnen naturgemäßen und inhärierenden Bewegungen durch die sie in steter Tätigkeit erhalten werden, — ähnlich wie Himmel und Gestirne, die niemals stille stehen noch stehen werden, sondern sich in endlosem, keine Kraftanstrengung darstellendem Umlaufe befinden.[2] In dieser ewig gleichbleibenden, obersten Kreisbewegung liegt das erhaltende Moment hinsichtlich der räumlichen Bewegungen, die alle Wandlungen der Elemente veranlassen; das verändernde Moment liegt hingegen in der schiefgehenden Bewegung der Ekliptik, und bewirkte dieses nicht fortdauernde und stets erneute Störungen, so hätte, innerhalb unbegrenzt langer Zeiträume, längst schon alles Einheitliche sich an seinem natürlichen Orte gesammelt, das völlig Entgegengesetzte aber, z. B. Feuer und Wasser, sich vernichtet.[3]

Spezifische Formen, wie sie Platon annahm, kommen den Elementen nicht zu, und haben mit ihren Eigenschaften nichts zu tun;[4] dies beweist schon die Tatsache, daß zwar feste Körper stets abgegrenzt sind, nicht aber Flüssigkeiten, die gar keine eigene Gestalt besitzen, und sich jedem gegebenen Raum anschmiegen.[5] — Ob die Elemente spezifische Farben zeigen, ist schwer mit Sicherheit zu entscheiden, schon weil sehr kleine Beimengungen große Veränderungen verursachen; die reinste Erde sieht weiß, das reinste Feuer gelb aus; bloß scheinbar ist die blaue Farbe der Luft und die grüne des Wassers, denn erstere wird nur durch die große Verdünnung der Luft bedingt, und letztere tritt erst nach längerem Stehen und „Altern" des Wassers hervor.[6]

Alle übrigen Stoffe, die noch neben den Elementen existieren, und zwar auch die äußerlich einheitlich erscheinenden (z. B. der Wein),[7] sowie die pflanzlichen und tierischen,[8] sind

[1] Hi. I, 8, (7); Hi. III, 8. [2] Met. X, 8; Hi. I, 8. [3] E. II, 10 u. 11. [4] Hi. III, 8. [5] E. II, 2; Hi. III, 8; To. V, 2; M. II, (2), 3. [6] Fa. 1, 3 und 5. [7] Met. VIII, 1. [8] M. IV, (1), 5—18.

aus den Elementen zusammengesetzt, und daher von diesen selbst durchaus verschieden, „da die Kombination (a, b) weder mit a noch mit b identisch ist“;[1] daher kennt die Natur eines Stoffes nur jener, der weiß, welche Bestandteile er enthält, wie diese zusammengesetzt sind, und welche von ihnen etwa vorherrschen.[2] In dieser Hinsicht bestehen aber zahllose Möglichkeiten, denn alle zusammengesetzten Stoffe enthalten alle vier Elemente, wenngleich einzelne von diesen vorwiegen oder überwiegen können,[3] und dieser Satz gilt auch betreff der Pflanzen und Tiere, wie das schon die Regeln der Ernährung und Düngung bezeugen.[4]

Während aus bloßen Gemengen, z. B. Mahlgut aus Weizen und Gerste, Kleister aus Stärke und Wasser,[5] oder dgl., die verschiedenartigen kleinsten Teilchen leicht wieder abgeschieden werden können, ist die eigentliche „Vereinigung“ oder „Mischung“ (d. h. das, was die neuere Wissenschaft „chemische Verbindung“ nennt) so durchaus gleichartiger Beschaffenheit wie etwa das Wasser, von dem jedes Teilchen wiederum Wasser ist, und bliebe dies auch für das allesdurchdringende Auge eines Lynkeus. Wahre „Mischungen“ (d. h. Verbindungen) entstehen zwar auch aus Bestandteilen, die vorher getrennt waren, und können in sie auch wieder zerlegt werden; in der Verbindung sind aber diese Bestandteile nur mehr potentiell vorhanden, d. h. unter Umständen wieder abscheidbar, nicht aber aktuell, denn es ist aus ihnen ein anderes und neues geworden.[6] Bei der Verbindung der Elemente („Mischung der Elemente“) halten sich nämlich die Gegensätze entweder sofort das Gleichgewicht, oder sie bewirken teilweise Veränderungen, die bald nach der einen, bald nach der anderen Richtung so lange fortdauern, bis sich (unter dem Einflusse der formgebenden Kraft) ein neues Gleichgewicht einstellt;[7]

[1] Met. XII, 4; M. I, (2), 1; IV, (12), 2, 5 und 7. [2] Met. III, 3; M. IV, (4), 1. [3] Met. III, 5; E. II, 8. [4] E. II, 8. [5] M. IV, (4), 3. [6] E. I, 10. [7] E. II, 7.

durch die Ausgleichung der Gegensätze entsteht so die neue Verbindung als ein „Mittleres", und dies haben wohl schon die alten Naturphilosophen unter ihren „Mitteldingen" aus den einzelnen Elementen verstanden.[1] Alle solchen Umwandlungen vollziehen sich stetig und allmählich: das Werdende, indem es eine alte Eigenschaft verliert, besitzt noch etwas von ihr, zugleich aber auch schon etwas von der neuen, die es anzunehmen im Begriffe ist.[2] Am meisten zu Einwirkungen befähigt sind die flüssigen Körper, die sich am leichtesten vermischen.[3]

Bestimmte Einzelstoffe enthalten auch ganz bestimmte Mengen der einzelnen Bestandteile, so z. B. kommen in Knochen und Fleisch auf je zwei Teile Erde drei Teile Feuer;[4] dies ist indessen nicht so zu verstehen, als wären Erde in den Knochen oder im Holz, Feuer im Fleisch usf. schon fertig (aktuell) vorhanden, vielmehr können sie nur unter Umständen aus ihnen hervorgehen (z. B. beim Verbrennen).[5]

IV. Das Feuer.

Stoff des wirklichen, aktuellen Feuers ist alles das, was potentiell, d. h. dem Vermögen nach, zu Feuer werden kann,[6] demnach alles Brennbare. Brennbar aber sind alle Stoffe, die genug Poren besitzen, um das Feuer in sich aufzunehmen, und zugleich nicht zu viel Wasser enthalten;[7] denn während eine kleine Menge Wasser das Feuer fördert, ja ihm eine Art Nahrung bietet, bringt es eine größere zum Verlöschen;[8] außer durch eine solche Einwirkung seines Gegensatzes, des Wassers, kann jedoch das Feuer auch dadurch vergehen, daß es sich verzehrt, d. h. ausbrennt.[9]

Körper, die, wie z. B. Holz, viel Wasser enthalten und ganz von diesem durchtränkt sind, brennen ohne erst zu

[1] Ph. I, 4; Hi. I, 8 und III, 5; E. II, 1 und 5. [2] Met. IV, 5. [3] E. I, 10. [4] Met. XIV, 5; To. VI, 14. [5] Hi. III, 3. [6] Met. XIV, 4. [7] M. IV, (9), 30. [8] Gr. II, 11. [9] Hi. III, 6.

schmelzen, während wieder an Poren arme, z. B. viele Mineralien, zwar schmelzen, aber nicht brennen; am leichtesten, und zwar zum Teil nach vorherigem Schmelzen, verbrennen die an Wasser ärmeren Öle und Fette, ferner Wachs, Teer, Pech u. dgl., die hierbei viel Rauch geben, zuweilen Kohle und Asche hinterlassen, und zumeist, aber nicht immer, in helle Flammen ausbrechen.[1] Der Flamme, die in ewigem Wechsel während jeden Augenblickes neu wird, und in keinem die nämliche bleibt,[2] kommt der Begriff „Feuer" in höchstem Grade zu, obwohl andere Arten des Feuers sie an Feinheit weitaus übertreffen, vor allem die feinste unter allen, das Licht.[3]

Was die Quelle des Feuers anbelangt, so enthält jene Region des Himmelgebäudes, die an den höchstliegenden und in ewiger Kreisbewegung befindlichen Äther angrenzt, eine Fülle trockener, warmer, rauchartiger Dünste, die daher leicht weiterer Erhitzung und Entzündung anheimfallen; diese erfolgt durch Reibung,[4] vermöge jener Bewegung die vom Äther, und zwar besonders heftig und rasch von der Sphäre der Sonne, ausgeht,[5] und sie erst läßt dann weiterhin auch die Wärme auf der Erde entstehen. Die Sonne und die anderen Sterne sind also nicht an sich heiß, sondern erregen nur indirekt dasjenige, was wir, wenn es unsere Sinne affiziert, Wärme nennen.[6]

Durch Entzündung der erwähnten feurigen Dünste bilden sich die Kometen, die also insofern Trockenheit und Stürme ankündigen, als diese ihr Auftreten begünstigen.[7]

Solche heiße Dünste spielen auch eine wichtige Rolle bei der Entstehung der Gewitter: stoßen sie nämlich plötzlich mit kalten Dünsten zusammen, so erzeugt die hierbei gewaltsam herausgepreßte Luft, indem sie gegen die Wolken anprallt, zunächst den Donner, und wird sodann, durch den Rückstoß der sich wieder vereinigenden Wolken, unter ungeheurem

[1] M. IV, (9), 36—40; (10), 5 und 7. [2] M. II, (2), 9. [3] To. V, 5; VI, 7. [4] M. I, (3), 13; (4), 14. [5] M. I, (3), 20. [6] M. I, (3), 19. [7] M. I, (7), 8.

Drucke entzündet und als Blitz abwärts geschleudert, — also in einer Richtung, die der natürlichen des Feuers entgegengesetzt ist.[1] Daß sich diese zeitliche Abfolge bei der Wahrnehmung umkehrt, liegt daran, daß das Gesicht rascher funktioniert als das Gehör, wie man ja in der Ferne auch die Ruder eher hin und her gehen sieht, als man den Ruderschlag vernimmt; das Verhältnis ist aber im Wesen ganz dasselbe, das (im kleinen) beim Verbrennen von Reisig auf dem Opferaltar herrscht, wobei ein Knistern vorausgeht, und erst dann die Flamme ausbricht.[2] Indessen kann vielleicht auch das plötzliche Auslöschen des Blitzes in einer feuchten Wolke Donner bewirken.[3]

Sehr bemerkenswert ist es, daß Aristoteles an einer Stelle mit dem Feuer auch den Äther identifiziert,[4] den er sonst als ausschließlich himmlische, allein der obersten Region des Weltgebäudes eigene Substanz betrachtet, — aus welcher Auffassung in späterer Zeit jene hervorging, die im Äther ein seinem Wesen nach „höchstes", fünftes Element erblickte, eine „quinta essentia" oder Quintessenz (s. weiter unten).

An einer anderen Stelle bemerkt er ferner, das Feuer zeige sich eigentlich niemals in einer ihm spezifischen Gestalt, sondern bald als heißer Dunst, bald als brennende Luft, bald als glühende Asche, oder auch als Rauch, der alle diese vereinigt enthält;[5] hier dringt offenbar die Erkenntnis durch, daß das „Feuer" kein selbständiger Körper ist, sondern ein Zustand, in den unter Umständen alle Stoffe versetzt werden können.

V. Die Luft.

Die Luft ist in unbegrenzter Menge vorhanden, was jedoch, den anderen Elementen gegenüber, nicht in absolutem Sinne zu verstehen ist, denn eine unendliche Menge irgendeines

[1] M. I, (3), 14; (4), 10. [2] M. II, (9), 4—19; (6), 21; III, (1), 9 u. 12. [3] Aβ, II, 8 und 10. [4] Ph. IV, 5. [5] Z. III, 108; E. II, 4.

Elementes müßte jede noch so große der übrigen „vernichten", z. B. das heiße Feuer die feuchte Luft, oder das kalte Wasser;[1] wie weit, und in welcher Weise sich die Atmosphäre erstreckt, läßt sich indessen nicht mit Sicherheit angeben, um so mehr als es wenig wahrscheinlich ist, daß sie den ganz unermeßlichen Raum zwischen Erde und Himmelsgewölbe völlig einheitlich und gleichmäßig erfülle, sei es für sich, sei es zusammen mit dem Feuer der angrenzenden Region.[2]

Die Beschaffenheit der Luft ist nicht, wie man dies vorauszusetzen pflegt,[3] eine unveränderliche, denn die Erfahrung lehrt, daß es verschiedene Arten von Luft gibt, deren manche zum Einatmen nicht tauglich sind.[4] Aber auch die gewöhnliche Luft besteht aus einem Gemenge zweier Bestandteile: zunächst der Erdoberfläche überwiegt der dem Wasserdunste ähnliche und gleichartige, der anfangs feucht und warm ist, allmählich aber feucht und kalt wird, und so zur Entstehung von Wolken und Regen führt;[5] in der Höhe dagegen herrscht der trockene, heiße, dem Feuer verwandte vor,[6] der seinen Ursprung den analogen, dem Rauche grünen Holzes vergleichbaren Ausdünstungen der Erde verdankt. Wie kleine Wasserquellen allmählich zu Bächen und Flüssen, so vereinigen sich die spärlichen Mengen dieser Ausdünstungen zu Strömungen und Wirbelwinden;[7] einer Verdichtung, wie der der ersterwähnten zu Regen, sind sie unfähig, ja sie stören oder hindern jene sogar durch ihre eigenen heftigen Bewegungen.[8]

Meistens wird die Luft für unkörperlich angesehen,[9] doch ist diese Meinung entschieden unrichtig. Wie zum Teil bereits Anaxagoras wußte, wiegen mit Luft aufgeblasene Schläuche mehr als leere,[10] — weshalb es sehr merkwürdig ist, daß die aufgeblasenen auf Wasser schwimmen, die leeren aber darin

[1] Ph. III, 5. [2] M. I, (3), 2 und 8. [3] Pr. I, 13. [4] To. V, 5. [5] M. I, (3), 11 und 15; II, (4), 9; E. II, 3; Z. II, 30; V, 73. [6] M. I, (3), 15; II, (4), 9. [7] M. II, (4), 22 und 26; II, (4), 5 und 8; II, (6), 13. [8] M. II, (4), 7; I, (3), 17. [9] Ph. IV, 5. [10] Hi. IV, 4.

untergehen[1] —, auch lassen solche Schläuche ersehen, daß Luft, die nicht entweichen kann, Druck ausübt und erleidet, sowie große Lasten trägt;[2] daß der fertige Brotteig weniger wiegt als das angewandte Mehl und Wasser zusammen, erklärt sich ebenfalls aus einem Verluste an Gewicht, den die massenhaft entweichende Luft verursacht.[3] Luft leistet auch allen Bewegungen entsprechenden Widerstand, den zu überwinden die verschiedenen geflügelten Wesen stets auf das Zweckmäßigste gebaut sind;[4] sie widersteht ferner, wenn sie nicht zu entweichen vermag, dem Wasser, daher füllen sich Kessel, die man (den Boden nach oben gekehrt) genau senkrecht in das Meer hinabläßt, nicht mit Wasser an, und man benützt dies, um z. B. den nach Schwämmen Tauchenden frische Luft zuzuführen.[5] Verschließt man die untere Öffnung eines mit Wasser gefüllten Gefäßes so, daß Luft weder zu entweichen noch einzudringen vermag, so kann auch das Wasser nicht ausfließen; dies ist, von den bei Gericht üblichen (die Redezeit bemessenden) Wasseruhren her, jedermann bekannt.[6]

Daß Tongefäße, die man mit kochendem Wasser „ausgespült" hat (die also Dampf enthalten), und mit der Öffnung nach unten in kaltes Wasser eintaucht, dieses in sich hineinsaugen,[7] und daß die Schröpfköpfe der Ärzte nach vorherigem Erhitzen dem Körper fest anhaften,[8] führt Aristoteles zwar an, bringt diese Erscheinungen aber nicht in Zusammenhang mit dem Verhalten der Luft. Als sicher bezeichnet er es dagegen, daß jeder Körper, wie er beim Eintauchen in Wasser so viel Wasser verdrängt, als seiner Größe entspricht, dies auch beim Eintauchen in Luft tut, obwohl wir das sinnlich nicht mehr wahrzunehmen vermögen.[9]

Weitere Beweise für die Körperlichkeit der Luft bietet die Tatsache, daß ohne die Kraft eines Luftstromes nichts

[1] Pr. XXV, 13. [2] Ph. IV, 6; Hi. II, 13; Pr. XXV, 1. [3] Pr. XXXI, 18. [4] F. 10 und 15. [5] Pr. XXXII, 5. [6] Ph. IV, 6, Pr. II, 1; XVI, 8. [7] Z. II, 60. [8] Po. 22; Rh. III, 2. [9] Ph. IV, 8.

in die Ferne gespritzt werden kann; auch die Emission des Samens ist mit einem Luftstrome verbunden,[1] und daher kommt es wohl, daß weibliche Steinhühner schon durch den vom Männchen her streichenden Wind befruchtet werden,[2] und weibliche Rebhühner durch die bloße Witterung des Männchens.[3] — Daß die gewaltsame Bewegung, z. B. die der geworfenen Körper, noch fortdauert, wenn die Einwirkung des Bewegenden längst aufgehört hat, ist ebenfalls dem Einflusse der Luft zuzuschreiben, die dem Körper, der sie beiseite geschoben hat, sofort von hinten her wieder nachdrängt, und ihn hierdurch vorwärts stößt.[4]

Luft vermengt sich nicht mit Wasser, sondern erzeugt nur einen Schaum, der desto weißer aussieht je feinblasiger er ist,[5] und beim Zusammendrücken die Luft wieder entweichen läßt;[6] auch aus dem restlichen Wasser steigt die Luft allmählich von selbst wieder nach oben,[7] ohne (infolge ihrer großen Leichtigkeit) in Berührung mit dem Wasser feucht geworden zu sein.[8]

Feuer macht die Luft heißer und dichter.[9] Durch heftige Bewegung und Reibung wird die Luft ebenso erwärmt, wie das bei Hölzern, Metallen, Mineralien, und Geschossen der Fall ist (deren Blei dabei oft schmilzt), ja, die anhaltende Einwirkung der (selbst nicht feurigen) Gestirne und ihrer Sphären kann sogar Entzündung bewirken;[10] zu beachten ist, daß zwar der Akt des Erwärmens in einer Bewegung besteht, nicht aber die Wärme selbst.[11]

Luft ist unentbehrlich zum Atmen, daher müssen sie die Taucher mittels eigener Gerätschaften von außerhalb des Wassers her nachziehen.[12] Sie dient nicht zur Erhaltung der inneren Wärme, um so mehr als hierbei ihre Rückstände den

[1] Zo. VII, 6. [2] Zo. V, 5; VI, 2. [3] Z. III, 18. [4] Hi. III, 2; Ph. IV, 2 und 8; P. IV, 2; Mech. 31 und 35; Pr. XI, 5. [5] Z. II, 27. [6] Ph. IV, 7. [7] P. I, 5. [8] Pr. XXV, 3 und 10. [9] Z. V, 91. [10] Hi. II, 7. [11] Met. XII, 11. [12] Th. II, (16), 1; Pr. XXXII, 5.

Körper durch die Eingangswege auch wieder verlassen müßten, was niemals der Fall ist;[1] Zweck der Atmung ist vielmehr die Abkühlung des Blutes, besonders des frisch vom Herzen kommenden heißen Herzblutes.[2] Da das Wasser keine Luft enthält oder in sich festhält, so können die Wassertiere auch keine Luft atmen, und die unentbehrliche Abkühlung erfolgt bei ihnen durch das Wasser selbst;[3] die Fische z. B. ziehen dieses durch ihre Kiemen ein, und ersticken daher in einer zu kleinen Wassermenge ganz ebenso wie luftatmende Tiere in einem zu kleinen abgeschlossenen Luftraume.[4]

Luft ist ferner unentbehrlich zur Wahrnehmung des Schalles und des Lichtes. Der Schall entsteht nämlich durch eine Erschütterung und Bewegung der Luft, die vom Erregenden aus durch das Medium bis zum Ohre fortschreitet,[5] und zwar durch Stöße,[6] die zuletzt eine im Ohre befindliche Membran aufnimmt.[7] Die Stöße erfolgen einer nach dem anderen, aber in so großer Zahl und so rasch, daß das Gehör, wegen der Kürze der Zwischenzeiten, sie nicht einzeln auffassen kann, sondern einen einheitlichen Eindruck empfängt;[8] ihre Fortpflanzung erfolgt, indem die Luft die Erschütterungen, die von der Stimme, von Saiten- oder Blasinstrumenten ausgehen, durch Verdichtung und Verdünnung weitergibt und in Kugelflächen ausbreitet, wobei die Stärke allmählich entsprechend abnimmt. Hindert man die Ausbreitung, indem man dem Hörer eine Tonröhre, oder das Rohr einer Flöte oder Trompete an das Ohr legt und in diese hineinspricht, so scheinen ihm die Stimmen nahe zu sein, und verlieren nichts von ihrer Kraft und Klangfarbe. Die geradlinige Fortpflanzung des Schalles tritt deutlich beim Prüfen von langen Hölzern, Lanzenschäften u. dgl. hervor, die das Klopfen am einen Ende unverändert bis zum anderen übermitteln, es sei denn, daß Brüche

[1] P. VII, 6 und 7. [2] P. VII, 5; Sp. 2, 3 u. 5 sind unecht. [3] P. I, 5; VII, 2. [4] Zo. VIII, 2. [5] Z. V, 29, 34 und 85; S. 1, 7 und 8; Pr. XI, 6; M. II, (8), 37 und 38. [6] S. III, 12. [7] Pr. XXXII, 13. [8] Tö.

oder Risse vorliegen, die auch bei Saiten, Hörnern, Tongefäßen, Ambossen u. dgl., den Charakter des Tones beeinflussen und verändern.[1] Trifft der Schall eine feste Wand, so wird er von ihr im selben Winkel, unter dem er einfällt, zurückgeworfen, und so entsteht das Echo.[2] — Daß man nachts alles besser und deutlicher hört wie bei Tage, kommt daher, daß die Wärme der Sonne fehlt, durch die eine fortwährende „zitternde" Bewegung der Luft hervorgerufen wird; dies wußte bereits Anaxagoras.[3]

Auch das Sehen wäre unmöglich, würde nicht die, durch das Licht und die Farbe verursachte Bewegung, seitens eines Mediums bis zum Auge fortgepflanzt;[4] maßgebend für den Vorgang hierbei ist die Art, in der das Medium affiziert wird, in der also z. B. die Brechung des Lichtes mit einer Veränderung der Luft, und diese mit einer solchen ihrer Elastizität zusammenhängt.[5]

VI. Das Wasser.

Das Wasser hat, wie auch andere Flüssigkeiten, keine oder nur sehr spärliche Poren, und kann daher nicht oder kaum komprimiert werden.[6]

Es vermag, ebenso wie die Luft, die gewaltsame Bewegung geworfener Körper zu vermitteln und zu erhalten;[7] auch verdrängt jeder Körper, beim Einsenken in Wasser, so viel davon, als seiner Größe entspricht.[8] — Wie ersichtlich, hat Aristoteles noch keine ausreichende Vorstellung vom spezifischen Gewichte; daher wundert er sich (wie bereits angeführt) darüber, daß Schläuche, mit Luft angefüllt (wodurch sie schwerer werden), nunmehr auf dem Wasser schwimmen, während sie leer untergingen,[9] ferner darüber, daß ein genügend großer Block Holz in der Luft schwerer ist als ein Stück Blei, im Wasser aber schwimmt, während jenes zu Boden sinkt,[10]

[1] ebd. [2] Pr. XI, 23. [3] Pr. XI, 5 und 33. [4] S. II, 7 und 8. [5] S. III, 12. [6] M. IV, (9), 17 und 18. [7] P. IV, 2. [8] P. IV, 8. [9] Pr. XXXV, 13. [10] Hi. IV, 4.

daß flache Stückchen Eisen oder Blei sich auf der Oberfläche des Wassers erhalten,[1] und daß ein Schröpfkopf zwar Wasser aufzieht, nicht aber Sand.[2]

Reines Wasser läßt sich, von einer gewissen Grenze an, auch durch noch so vieles und heftiges Feuer weder heißer noch dichter machen, sondern beginnt zu verdampfen, und trocknet schließlich völlig ein.[3] Während der Boden von Gefäßen, die man leer erhitzt, alsbald durchbrennt, erhält er sich unbeschädigt, wenn man Wasser eingefüllt hat, offenbar, weil dieses die in den Boden übergehende Wärme sofort in sich aufnimmt und sozusagen löscht.[4] — Ob die, an einer Stelle erwähnten künstlichen Vorrichtungen zum Kochen[5] Wasserbäder waren (die man damals bereits kannte), bleibt zweifelhaft.

Beim Erwärmen des Wassers bildet sich anfangs ein warmer Dunst, dann entstehen Blasen dampfartiger Luft, die das Wasser schaumig machen und weiß erscheinen lassen,[6] und schließlich durchbricht der Dampf die Oberfläche, und entweicht;[7] wie die Größen des Volumens und Gewichtes überhaupt weder identisch sind, noch irgendwie voneinander abhängen,[8] so verhält es sich auch im vorliegenden Falle, und zwar nimmt der Dampf so viel mehr Raum ein als vorher das Wasser, daß nicht selten die Gefäße zersprengt werden.[9] Der Dunst und Dampf des Wassers ist in seinem Wesen der Luft gleichartig,[10] und wird, wenn er erkaltet, wieder zu Wasser.[11]

Dieser nämliche Vorgang vollzieht sich auch im großen: durch die Wärme der Sonne gebildet und gehoben, steigen die Wasserdünste empor gen Himmel, beim Erkalten wird die „Luft" zu Wolken und zu Wasser, das als Regen wieder zur Erde herabfallen muß, und dies wiederholt sich ewig wechselnd.[12]

[1] Hi. IV, 6. [2] Hi. IV, 5. [3] Z. II, 26; IV, 74. P. I, 4. M. IV, (3), 7 und (6), 4. [4] P. XXIV, 5. [5] M. IV, (3), 18. [6] Z. V, 72 und 73. [7] Pr. XXIV, 10. [8] Hi. IV, 2. [9] Ph. IV, 9; VII, 20; Hi. II, 7. [10] E. II, 3; Z. II, 30; M. I, (9), 3—7. [11] Ph. II, 8. [12] M. I, (9), 3—7; P. I, 5; Ph. II, 8; Th. II, (7), 4; M. I, (3), 11 und 15; II, 4, 7.

Die anfangs entstehenden kleinsten Wassertröpfchen schweben zunächst in der Luft, gleich Flimmern von Gold auf dem Wasser;[1] wie in den Tröpfchen des Ruder- oder Spritzwassers, so kann sich auch in ihnen das Licht brechen, und hierdurch bildet sich der Regenbogen; in der Regel erzeugt ihn das Sonnenlicht, doch kommen auch Mondregenbogen vor, freilich sehr selten, denn binnen fünfzig Jahren vermochte Aristoteles nur zwei zu beobachten.[2]

Setzt man Wasser der Abkühlung aus, am besten solches, das vorher in der Sonne stand oder erhitzt wurde[3] (offenbar weil dieses luftfrei ist), so wird es durch die Kälte allmählich verdichtet und in Eis verwandelt;[4] man kann es als zweifelhaft ansehen, ob das Eis, da es keinerlei Eigenschaft des Wassers mehr besitzt, mit Recht als gefrorenes „Wasser“ zu bezeichnen sei,[5] jedoch ist das Gefrieren keine allmähliche qualitative Veränderung, sondern erfolgt (außer bei sehr tiefen Gewässern) mit einem Male,[6] auch gibt das Eis beim Schmelzen wieder Wasser zurück.[7] So wie das Wasser selbst verhalten sich auch alle Stoffe, die vorwiegend aus Wasser bestehen, z. B. Molken, Harn, Eiter, Essig, manche Weine usf., sie gefrieren nämlich in der Kälte, und werden durch Wärme leicht und vollständig wieder verflüssigt; schwieriger und weniger glatt erfolgt beides bei solchen Substanzen, die auch feste erdige Teile enthalten, z. B. bei Milch, Honig, Most, Blut, Sperma, Gummistoffen, Harzen u. dgl.[8]

Auch diese Vorgänge finden ebenso im großen statt: Durch allmähliche Abkühlung gehen die aufgestiegenen Dünste in Wasser und sodann in Schnee über, dessen schaumige Masse der vielen beigemischten Luft ihre weiße schimmernde Farbe verdankt,[9] sie können aber, wie der Rauhreif beweist,

[1] M. I, (12), 3. [2] M. III, (3), 2 und (4), 12; III, (3), 17 und 19; III, (2), 9 und 10. [3] M. I, (12), 17; vgl. die ganz verwirrte Stelle, Pr. XXIV, 13. [4] Met. VIII, 2. [5] To. IV, 5. [6] Ph. VIII, 3; P. I, 6. [7] Th. II, (2), 8. [8] M. IV, (10), 9, 10, 15, 18; IV, (7), 7—11, 15, 17, 20. [9] Z. II, 28.

auch unmittelbar erstarren, ohne zuerst flüssiges Wasser zu ergeben.[1] Der gewöhnliche Reif bildet sich, ebenso wie der Tau, am reichlichsten bei heiterem Himmel und Windstille, aber nicht infolge der Kälte der Gestirne, — so lautet die übliche „absurde Behauptung", — sondern weil unter jenen Umständen die Wärme leichter von der Erde entweicht, was die Verdichtung der feuchten Dünste begünstigt.[2] Hagel tritt auf, wenn die Abkühlung der aufgestiegenen Dünste nicht allmählich erfolgt, sondern plötzlich.[3]

Das Regenwasser, dessen jährlich fallende Menge sich unschwer messen ließe,[4] saugen die Gebirge, riesigen Schwämmen gleich, in sich auf, reinigen und filtrieren es allmählich, und lassen es schließlich in Gestalt der Quellen zutage treten;[5] daher sind die Oberflächen wie die Tiefen der Erde fast allenthalben von Wasser erfüllt,[6] und wie Wasser beim Filtrieren durch Asche deren scharfen Geschmack annimmt, so zeigen auch viele Quellen Beschaffenheit und Geschmack der Erdschichten, die sie durchflossen und auslaugten, und die bald Salz und Alaun enthalten, bald Kalk und andere mehr oder minder „gebrannte" Erden, bald auch sauere Stoffe.[7] In Sizilien z. B., und auch anderwärts, gibt es Wässer von so saurem Geschmacke, daß man sie statt Essig den Nahrungsmitteln zusetzt,[8] (vermutlich stark kohlensäurehaltige „Sauerwasser"); das Wasser eines Baches bei Cumae in Süditalien bedeckt sich beim Stehen mit einer festen Kruste, die wie Stein erhärtet;[9] andere Wässer scheiden beim Erwärmen, namentlich wenn es unter Umrühren geschieht, einen großen Teil der gelösten Stoffe wieder ab, und werden dadurch zum Trinken geeigneter.[10] Die an derlei Substanzen reichen Wässer sind schwerer als die reinen süßen, die ersteren versinken

[1] M. I, (13), 9; II, (4), 17 und (6), 21; I, (10), 1. [2] Pr. XXV, 51. [3] s. unter [3] auf S. 94. [4] M. I, (13), 8. [5] M. I, (13), 12. [6] M. I, (3), 2. [7] P. I, 4; M. II, (1), 4; (3), 13 und 45—47. [8] M. II, (3), 45—47. [9] W. 95. [10] Pr. XXIII, 18 und 20.

daher in die Tiefen der Erde, während die letzteren aufsteigen und hervortreten; in Afrika z. B. findet man häufig an der Erdoberfläche gutes und trinkbares Wasser, in größerer Tiefe aber salziges und ungenießbares.[1]

Wasser, die in das heiße Innere der Erde versickerten, und dann wieder emporsteigen, bilden die heißen Quellen,[2] die viele Leute für heilig ansehen, weil sie glauben, ihre Hitze rühre daher, daß der Blitz (der ihnen gleichfalls für heilig gilt) in sie geschlagen habe, oder daß verbrennender heiliger Schwefel (θεῖον = Theion!) sie erwärme;[3] nun riechen zwar wirklich manche heiße Quellen, z. B. die nächst Magnesia in Kleinasien, ähnlich wie die Luft nach einem Blitzschlage oder nach dem Verbrennen von Schwefel, die wahre Ursache hiervon ist aber jedenfalls ein Gehalt des Erdreiches an entsprechenden, dem Alaun verwandten Stoffen, und nach solchen schmeckt ihr Wasser auch.[4]

Wie diese Beispiele beweisen, gibt es also sehr zahlreiche Arten Wasser, auch wenn man alle die ganz außer Betracht läßt, die zwar, wie Wein, Milch, Molken, Harn u. dgl., wesentlich aus Wasser bestehen, beim Eindampfen keinen oder nur wenigen Rückstand hinterlassen, und sich leicht mit Wasser vermischen, (nicht aber mit sonstigen Flüssigkeiten, z. B. mit Öl), — im übrigen jedoch andere, zum Teil sehr abweichende Eigenschaften zeigen.[5] Da nun das Wasser, nicht minder wie die Luft, von größtem Einflusse auf die Erhaltung der Gesundheit ist, so liegt es im öffentlichen Interesse, für die Güte des Wassers zu sorgen, erforderlichenfalls das Trink- vom Nutzwasser zu trennen, und die Benützung schlechter Wässer zu verhindern;[6] ungesund und schädlich ist auch das Schmelzwasser aus Schnee und Eis, vermutlich weil das Wasser erst gefriert, wenn seine leichtesten und zartesten Bestandteile

[1] Pr. XXIII, 20, 21 und 37. [2] M. II, (8), 9. [3] XXIV, 18 und 19. [4] Pr. XXIV, 17. [5] M. IV, (5), 6 und 7; (6), 13; Pr. I, 13. [6] St. VII, 10.

bereits entwichen sind.[1] — Bekannt ist es, daß die Ausdünstungen großer Wasserflächen auch das Klima der umgebenden Länder günstig beeinflussen: sie machen es wärmer und schützen die Pflanzen vor dem Erfrieren.[2]

Meerwasser ist stets wärmer als süßes Wasser, und reicher an Gelöstem, daher kühlt es auch viel langsamer ab.[3] Infolge seiner größeren Schwere und Dichte kann man leichter darin schwimmen, und beladene Schiffe sinken weniger tief ein;[4] diese Erscheinungen sind ganz analog dem Schwimmen von Eiern auf Salzsole, und dem merkwürdigen Verhalten des schweren Salzwassers in dem „Totes Meer" genannten Binnensee.[5] Am größten ist der Salzgehalt an der Meeresoberfläche, wohl weil von dieser aus das Wasser am reichlichsten verdunstet;[6] die in Lösung befindlichen Stoffe sind jedoch verschiedener Art, daher schmeckt das Seewasser auch nicht rein salzig, sondern zugleich bitter.[7] Die Frage nach dem Ursprunge des Salzgehaltes ist eine schwierige: vielleicht laugen die feuchten Dünste, wenn sie sich in Wolken und Wasser verwandeln, aus den trockenen Dünsten (ähnlich wie aus der Asche) das Salzige aus, und bringen es so, mit dem Regen, in das Meer;[8] da nun die Sonne die leichtesten Teilchen des Seewassers verdunstet und emporsteigen läßt, — aber nicht zu ihrer Ernährung, wie eine „lächerliche alte Idee" besagt —, so kann innerhalb langer Zeiten eine allmähliche Anreicherung an leicht löslichen Salzen eintreten.[9]

Wird das Meerwasser erhitzt oder verkocht, so bleiben die salzigen und erdigen Bestandteile zurück, die entweichenden Dämpfe aber geben, wenn sie sich niederschlagen, nicht wieder Meerwasser, sondern süßes, und hiervon kann man sich leicht überzeugen, wenn man die sich aus dem Dampfe verdichtenden Tropfen irgendwie sammelt; ganz ebenso ver-

[1] Fr. 206. [2] Pr. XXIII, 34. [3] Z. III, 107; Pr. XXIII, 7. [4] Pr. XXIII, 13; M. II, (3), 36 und 37. [5] M. II, (3), 38 und 39. [6] Pr. XXIII, 30. [7] Pr. XXIII, 35. [8] M. II, (3), 25. [9] M. II, (2), 5—6 u. 13; II, (3), 30 u. 32.

halten sich die Dämpfe aus Wein und anderen Flüssigkeiten, die ihren besonderen Geschmack nur kleinen Beimengungen verdanken.[1]

Dafür, daß das Meerwasser tatsächlich süßes Wasser in sich enthalte, führt Aristoteles noch einen besonderen „Beweis durch den Versuch" an, auf den hier des näheren einzugehen ist, weil er bisher sichtlich ganz und gar mißverstanden wurde. In der „Meteorologie" findet sich nämlich folgendes berichtet: Versenkt man ein wächsernes Gefäß, dessen Hals wasserdicht verschlossen ist, in das Meer, so enthält es nach vierundzwanzig Stunden eine gewisse Menge Wasser, das durch die wächsernen Wände hineinfiltriert ist, und dieses Wasser ist trinkbar, da die erdigen und salzigen Bestandteile „abgesiebt" wurden.[2] — Über diese Stelle haben sich Kommentatoren und Erklärer seit undenklichen Zeiten vergeblich den Kopf zerbrochen, auch blieben alle Bemühungen, den „Versuch" zu wiederholen, ohne jeden Erfolg, da dünnwandige Wachsgefäße stets sofort zusammengedrückt wurden, dickwandige aber keinen Tropfen Wasser durchließen.

Einer recht unklaren Parallelstelle[3] in den (nur teilweise echten) „Problemen" ist nichts Bestimmtes zu entnehmen, um so mehr als auffälliger und bisher anscheinend unbemerkt gebliebener Weise, in der Ausgabe der Berliner Akademie der griechische Text[4] gar nicht mit der gegebenen lateinischen Übersetzung[5] übereinstimmt, der vermutlich eine ganz andere Redaktion der Quellenschrift zugrunde liegt; doch ist auch in der lateinischen Übersetzung nur von einem „in das Meer versenkten Gefäße" die Rede, und mit keinem Worte von einem wächsernen. Weit wichtiger ist hingegen eine andere Parallelstelle in der „Tierkunde", die wieder von dem „dünnen wächsernen Hohlgefäße" spricht, das, „ins Meer versenkt, nach vierundzwanzig Stunden eine kleine Menge trinkbaren

[1] M. II, (3), 31; IV, (7), 6 u. 7. [2] M. II, (3), 35 u. 36. [3] Pr. II, 1.
[4] Bd. II, S. 866. [5] Bd. III, S. 419.

Wassers enthält".[1] In dem betreffenden Kapitel äußert nämlich Aristoteles die Vermutung, süßes Wasser gehe aus Meerwasser hervor, wenn dieses beim „Durchseihen" durch feste erdige Schichten sein Salz abgebe, und führt als Beleg auch an, daß alle Schaltiere von dem süßen Wasser leben, das beim Durchseihen des Seewassers durch ihre Schalen entsteht. Mit diesen Angaben muß der unmittelbar auf sie folgende „Versuch" in Zusammenhang stehen, und unmöglich kann daher Aristoteles ein Gefäß aus Wachs im Sinne gehabt haben, also aus einem, wie ihm wohl bekannt war, für Wasser undurchlässigen Material.

Jener Zusammenhang wird hergestellt und damit die Stelle verständlich gemacht und ihre Schwierigkeit behoben, wenn man, statt *ἀγγεῖον κήρινον* (Angeion kérinon) = Wachsgefäß, *ἀγγεῖον κέραμον* (Angeion kéramon) = Tongefäß liest: diesen Ausdruck gebraucht Aristoteles öfters,[2] auch spricht er wiederholt von unglasierten und roh gebrannten Tongefäßen,[3] durch die Wasser sickert,[4] und erwähnt, daß salziges Wasser durch die Filtration süß und trinkbar wird.[5] Bei dem „Versuch" soll also offenbar ein durchlässiges (unglasiertes) Tongefäß wohlverschlossen in das Meer gesenkt, und das allmählich eindringende Wasser (dessen Menge nur gering sein kann, schon weil die Luft nicht oder nur spärlich zu entweichen vermag) trinkbar befunden werden; ein annäherndes Ergebnis solcher Art scheint aber wohl möglich, wenn, unter sonst günstigen Versuchsbedingungen, ein geeigneter und passend gebrannter Ton zur Anwendung gelangt.[6]

Das Wasser ist auch unentbehrlich zur Entstehung der Geschmäcke, denn schmecken kann nur das, was entweder

[1] Zo. VIII, 2. [2] z. B. im Bd. II, S. 801 der Berl. Akadem. Ausgabe (im Bd. III, S. 389 übersetzt mit „vas figlinum"); s. auch den Bonitzschen Index, Bd. V, S. 382. [3] Z. II, 60. [4] Z. II, 89. [5] M. II, (2), 4. [6] Versuche hierüber anzustellen, hat Herr Prof. Dr. E. Erdmann in Halle freundlichst übernommen.

schon an sich feucht ist, oder leicht Feuchtigkeit aufnimmt (wie das leicht zerfließliche Salz), oder sich leicht auflöst (wie der Honig);[1] da der Geschmack zu den Gefühlen zählt, so ist auch für seine Übermittlung die Bewegung eines Mediums maßgebend,[2] wobei gleichsam das Scharfe sticht und das Stumpfe stößt.[3]

Beim Reifen und Nachreifen der Früchte entstehen, unter dem Einflusse natürlicher oder künstlicher Wärme, innerhalb der Fruchthüllen neue Geschmäcke verschiedenster Art, süße, bittere, fettige, herbe, saure, salzige, scharfe, beißende usf.; sie alle beruhen auf Veränderungen des Wassers (Saftes) durch gewisse „Geschmacks-Flüssigkeiten", die wiederum durch Wasser, das leichter als sie ist, aus dem Erdboden ausgezogen und den Pflanzen zugeführt werden.[4] Die Pflanzen schöpfen nämlich alle ihre Säfte, wie überhaupt ihre gesamte Nahrung, aus der Erde, wobei ihnen die Wurzeln als Mund dienen,[5] und bereiten aus den aufgenommenen Teilen ihre Stengel, Blätter, Blüten und Früchte; der Boden ist dieserhalb von größtem Einfluß auf die Entwicklung, und die Eigenschaften aus der Fremde eingeführter Samen verändern sich daher alsbald, der Nahrung entsprechend, die ihnen der neue Standort bietet.[6]

Schließlich sei noch bemerkt, daß Aristoteles an einer Stelle[7] im Wasser nicht, wie sonst, die Qualität der Kälte überwiegen läßt, sondern die der Feuchte.

VII. Die Erde.

Das Innere der Erde ist heiß und feurig[8] und enthält nicht selten von außen eingedrungene Luft, die sich unter Umständen durch Reibung und Stoß entzünden kann,[9] und, in unterirdische Hohlräume eingeschlossen, Erschütterungen und

[1] S. II, 9 und 10. [2] S. II, 7; III, 12. [3] S. II, 8. [4] P. I, 4. [5] Z. II, 66; S. II, 1. [6] Z. II, 53. [7] M. IV, (4), 4 und 5. [8] M. II, (8), 1. [9] M. II, (8), 20.

Erdbeben verursacht, ganz ebenso wie sie im menschlichen Körper Konvulsionen und Krämpfe der Eingeweide erregt, — sofern man Kleines mit Großem vergleichen darf.[1]

Wie die Erfahrungen in Gruben, Bergwerken usf. beweisen, sind im Inneren der Erde Ausdünstungen von zweierlei Art vorhanden: 1. Trockene und rauchartige Dünste; sie erhitzen und verbrennen die Materie, die sie vorfinden, und erzeugen so alle in Wasser unlöslichen Erden und Minerale, u. a. auch den Schwefel, das Sandarach (rotes Schwefelarsen), und dergleichen. 2. Feuchte und dampfartige Dünste; sie verdichten und koagulieren sich an geeigneten Stellen, und erzeugen so, namentlich wenn dies unter Druck geschieht, die Metalle.[2]

In letzter Linie sind also Erden, Mineralien, Erze und Metalle aus den Elementen, vornehmlich aus Erde und Wasser, in ganz bestimmter Weise gebildet, indem Wärme und Kälte gewisse Bewegungen hervorrufen, die, den Umständen entsprechend, rein naturgemäß, und nicht identisch mit jenen künstlichen sind, die man z. B. zwecks Absonderung von Metallen und zwecks Herstellung von Geräten einleitet;[3] dadurch, daß Wärme und Kälte auf die Elemente und auf die rauch- und dampfartigen Dünste einwirken, sie erhitzen und schmelzen, niederschlagen und verdichten, erhalten die entstehenden Stoffe ihre eigentümlichen Mischungen der vier Qualitäten und ihre durch diese Mischungen bedingten charakteristischen Eigenschaften aller Art.[4]

a) Nichtmetalle, Salze u. dgl.

Der Schwefel (θεῖον = Theion), der für sehr heilig gilt (θεῖον = göttlich),[5] zeigt mannigfaltige Farben, die je nach Richtung und Stärke der Belichtung in verschiedenster Weise hervortreten,[6] und sich beim Erhitzen und Schmelzen völlig verändern;[7] angezündet verbreitet er heftig riechende, er-

[1] M. II, (8), 17. [2] M. IV, ((10), 13. [3] M. IV, (10), 2 und 3; (12), 11. [4] M. IV, (8), 1—6. [5] Pr. XXIV, 19. [6] Fa. 2 und 3. [7] Fa. 3.

stickende, ja tödlich wirkende Dämpfe,[1] die in manchen Gegenden auch aus dem heißen, brennenden Erdboden hervorströmen.[2] Schwefel ist in vielen Aschen vorhanden, deren eigentümlicher Geruch besonders beim Übergießen mit Wasser bemerklich wird;[3] auch gewisse heiße Wasser, sowie manche Quellen und Sümpfe entwickeln diesen entsetzlichen Geruch (nach Schwefelwasserstoff!), so daß kein Tier in ihnen leben kann, und über sie hinfliegende Vögel oft tot aus der Luft fallen.[4]

Kohle scheidet sich beim Verbrennen von Holz ab, das dabei schwarz wird und schwarzen Rauch und Ruß gibt, der auch zum Schwarzfärben dient.[5] Bedeckt man glühende Kohlen, die sich sonst lange in diesem Zustande erhalten, mit einem dicht schließenden Deckel, so verlöschen sie sehr rasch;[6] der „Dampf" brennender Kohlen erregt Kopfschmerzen und ist oft tödlich.[7] Kohlen an sich sind aber unschädlich, ja es gibt Menschen, die sie, ebenso wie Erde, aus schlechter Gewohnheit verschlucken.[8] — Der Stein „Spinos" und seine Verwandten, die man aus den Bergwerken Thraziens, Lykiens und des Peloponneses fördert, und die sich von selbst entzünden und beim Besprengen mit Wasser in Brand geraten sollen,[9] sind nach einigen Erklärern als schwefelkieshaltige Kohlen anzusehen, nach anderen als bituminöse Alaunschiefer.

Sandarach (d. i. rotes Schwefelarsen), — wohl zu unterscheiden von dem, vermutlich wegen der ähnlichen Farbe, mit gleichem Namen bezeichneten Bienenbrot, das sonst Kerinthos heißt[10] —, tötet Pferde und andere Zugtiere, wenn man es ihnen, in Wasser gelöst und durchgeseiht, beibringt;[11] da in anderem Zusammenhange[12] richtig angegeben wird, daß Sandarach in Wasser unlöslich ist, so kommt hier wahrschein-

[1] P. I, 5; S. II, 9; Zo. IV, 8. [2] W. 127. [3] Pr. XXIV, 17—19. [4] Pr. XXIV, 18 und 19; W. 81 und 100. [5] Fa. 1 und 4. [6] P. VI, 5. [7] P. I, 5. [8] Ni. VII, 6. [9] W. 33, 41, 116, 127. [10] Zo. IX, 40. [11] Zo. VIII, 24. [12] M. III, (7), 2—6.

lich „gebranntes" Sandarach in Frage, das arsenige Säure enthält, deren erste Erwähnung in der Literatur dann an dieser Stelle vorläge.

Was unter dem *ἀρσενικόν* (Arsenikon), das zum Färben der Haare dient, zu verstehen sei, bleibt zweifelhaft; die lateinische Übersetzung der Berliner Akadem. Ausgabe gibt es mit Auripigmentum wieder; daß aber von diesem, d. h. vom gelben Schwefelarsen, die Rede sei, ist unwahrscheinlich, da die Substanz die Haare rötlich färben soll.[1]

Von den Erden, die sehr zahlreiche Arten bilden, sind die meisten unlöslich in Wasser, einige aber löslich in anderen Flüssigkeiten, z. B. die Eierschalen[2] (in Essig); auch von den ersteren dienen viele als Farben, z. B. Minium (ein vieldeutiges Wort, das auch noch in späterer Zeit alle nur möglichen roten Oxyde und Sulfide bezeichnet) und Oker.[3] Einige Erden werden zu Ziegeln, Rohren, glasierten und unglasierten Gefäßen, und dergleichen gebrannt, namentlich die Tonarten; beim Erwärmen gibt der Ton anfangs Wasser ab, sodann wird er fest und hart, völlig unlöslich, und so widerstandsfähig, daß er im Feuer nicht wieder schmilzt, und höchstens nur bei allergrößter Hitze etwas erweicht;[4] so verhalten sich alle Rohstoffe dieser Art, die ganz vorwiegend aus Erde bestehen und nur wenig Wasser enthalten.[5] Andere Erden schmelzen beim Erhitzen und geben dabei, wie der Bimsstein, eine kompakte, kalkige, weiße Masse,[6] oder, wie die Glaserde, ein festes, klares und helles Glas; trotz seiner großen Dichte ist dieses, wenn nicht völlig, so doch fast völlig durchsichtig, jedenfalls weil seine Poren und Gänge so regelmäßig angeordnet sind, daß die Lichtstrahlen, die stets nur in gerader Richtung fortschreiten, sie zu durchdringen vermögen.[7]

Erdarten besonderer Natur sind die Salze.[8] Weit ver-

[1] Pr. XXXIII, 2. [2] Z. II, 89—91. [3] Fa. 4; M. IV, (7), 2—6. [4] M. IV, (6), 7, 8, 12; IV, (10), 9 und 10; Z. II, 60. [5] M. IV, (6), 2—6; IV, (7), 1, 15, 17, 20. [6] M. IV, (6), 11 u. 12. [7] Pr. XI, 58 u. 59; Fa. 3. [8] P. I, 4.

breitet ist das Nitron (d. i. mehr oder weniger verunreinigtes kohlensaures Natrium), das, weil es neben viel Erde auch noch etwas Wasser enthält, schmelzbar und in Wasser leicht löslich ist;[1] sein Geschmack ist bitter und zusammenziehend,[2] besonderen Geruch besitzt es nicht,[3] oftmals aber besondere (rote) Farbe, wie z. B. das sog. „Schaumnitron"[4] (das als Schminke diente). Das Wasser eines Sees in Bithynien ist so reich an Nitron, daß es unmittelbar zum Reinigen der Leinenkleider dienen kann und sie bei längerer Einwirkung sogar zerfrißt;[5] daß das Wasser des Sees Paesa ähnliche Eigenschaften zeigt, zugleich aber auch trinkbar ist, kommt vielleicht daher, daß es zwar reichlich zum Reinigen geeignete Bestandteile enthält, aber keine bitteren.[6]

Dem Nitron ähnlich ist die Asche, die beim Verbrennen gewisser Rohre und Binsen zurückbleibt, sowie das Salz, das man erhält, wenn man die Asche mit Wasser auszieht und die Lösung einkocht,[7] (d. i. wesentlich kohlensaures Kalium). Alles Verbrannte hinterläßt Asche, die nach Schwefel (richtiger Schwefelwasserstoff) riecht und salzig ist;[8] wie gebrannter Kalk, Schlacke und Anderes, das großer Hitze ausgesetzt war, so hält auch die Asche potentielle Wärme in sich zurück,[9] die aktuell hervortritt, wenn man z. B. Wasser aufgießt; dieses wird beim Durchfließen warm[10] und entzieht ihr die salzigen und bitteren Bestandteile.[11] Asche und Aschenlauge sind an und für sich weiß; gelblich oder grau färben sie nur gewisse Reste des gelblichen Feuers oder des grauen Rauches.[12] — Einige geben an, ein mit Asche gefülltes Gefäß nehme noch ebensoviel Wasser in sich auf, als es faßt, wenn es leer ist;[13] diese Behauptung ist aber nicht zu billigen.[14] Die Asche hat

[1] M. IV, (9), 1; (10), 12 und 16—18. [2] Pr. I, 38. [3] P. I, 5. [4] Fa. 4. [5] W. 53. [6] Pr. XXIII, 40. [7] M. II, (3), 43. [8] M. II, (3), 24; Pr. XXIV, 18. [9] Th. II, (2), 7; III, (9), 3; M. II, (3), 39; IV, (11), 2 und 3. [10] M. IV, (11), 3. [11] Pr. XIV, 17. [12] Fa. 1. [13] Ph. IV, 6. [14] Ph. IV, 7.

nämlich viele Poren und Zwischenräume, und wenn das Wasser in diese eindringt, so wird sie dicklich und setzt sich ab; das nämliche geschieht, wie der Versuch beweist, auch im umgekehrten Falle, d. h. wenn man in ein Wasser enthaltendes Gefäß Asche einbringt; war das Gefäß aber schon ganz mit Wasser gefüllt, so nimmt es überhaupt nichts Weiteres mehr auf, vielmehr fließt beim Einschütten der Asche entsprechend viel Wasser über, und falls die Asche heiß war, so wird ein Teil Wasser zu Luft (Dampf).[1]

Kochsalz findet sich in manchen Gegenden als Steinsalz vor, dessen anfangs oft noch etwas feuchte Masse an der Sonne so völlig verhärtet, daß man aus ihr, wie aus parischem Marmor, Tierfiguren und Gebrauchsgegenstände herstellen kann;[2] sehr häufig treten salzhaltige Quellen auf, und einige von ihnen enthalten so viel Salz, daß sich dieses, wenn man die Sole einkocht und erkalten läßt, in den schönsten „Flocken" abscheidet.[3] Reich an Salz zeigt sich auch das Meerwasser, besonders in seinen obersten Schichten, doch sind zugleich noch andere, scharf und bitter schmeckende Stoffe vorhanden;[4] daher ist das Seesalz zerfließlich, von eigentümlichem Geruche, und von einem „öligen", in der Wärme ausschwitzenden Bestandteile durchdrungen, der auch verursachen soll (offenbar weil er „öliger" Natur ist!), daß Seewasser das Feuer schlechter löscht, als süßes.[5] Im Schweiß, in Tränen, und im gewöhnlichen Harn ist gleichfalls Salz vorhanden, das aber aus den Nahrungsmitteln herstammt, deren beste und süßeste Teile der Körper zu seiner Ernährung verbraucht, während er die hierzu überflüssigen abscheidet.[6]

Festes Salz, in das Feuer geworfen, zerknistert, weil es noch etwas Feuchtigkeit enthält, die sich in Dampf verwandelt.[7] Es löst sich leicht in Wasser, nicht aber in vielen anderen

[1] Pr. XXV, 8. [2] W. 134. [3] M. II, (3), 41; W. 138. [4] Pr. XXXIII, 30 und 35. [5] P. I, 5; Pr. XXIII, 9, 14 und 32. [6] Pr. II, 3; V, 37. [7] Pr. XI, 26 und 43.

Flüssigkeiten;[1] Bedingungen der Löslichkeit sind nämlich, daß der feste Stoff reichliche, eine völlige Durchdringung ermöglichende Poren enthält,[2] und daß die Poren nicht kleiner sind, als die kleinsten Tröpfchen der Flüssigkeit, da sie diese sonst nicht einzulassen vermögen;[3] es wird aber auch behauptet, daß Salz besser von salzhaltigem Wasser gelöst werde als von reinem, weil dessen Teilchen so klein seien, daß sie durch jene des Salzes wirkungslos hindurchgehen.[4] Beim Eindampfen der Lösungen bleibt das Salz schließlich völlig fest zurück, ohne aber zu schmelzen;[5] sehr auffällig erscheint es, daß Salzlösung, über Süßwein geschichtet, so ziemlich auf ihm schweben bleibt, während sie sich mit gewöhnlichem Wein sogleich vermischt, vermutlich weil dieser weniger Festes gelöst enthält und weniger dicht ist.[6]

Salz ist sehr förderlich für die Vermehrung und Mästung des Viehes,[7] wie das die Wage nachweist,[8] und Mäuse sollen sogar durch bloßes Lecken von Salz trächtig werden.[9] Wenn Mütter es in übergroßer Menge genießen, so fehlen den Neugeborenen die Nägel.[10]

Den Salzen ähnlich sind die *στυπτηρία* (Stypteria) und *μελαντηρία* (Melanteria) genannten Substanzen (vermutlich unreine Alaune und Vitriole), die scharf und schwefelartig schmecken und riechen, sich in Wasser auflösen und ihm dieselben Eigenschaften verleihen, und auch färbend wirken und zum Färben gebraucht werden.[11]

Einen sehr heftigen Geruch (nach Ammoniak, kohlensaurem Ammonium und dergl.) verbreiten die Fischbrühe, die Salzlake, und vor allem das verbrennende Hirschhorn, mittels dessen man die Insekten vertreibt;[12] manche schreiben dem Hirschhorn auch große Heilkräfte zu, besonders dem linken, das die Hirsche beim Abwerfen verbergen sollen.[13]

[1] M. IV, (6), 12. [2] M. IV, (9), 4. [3] M. IV, (8), 9; (9), 5. [4] Pr. XXIII, 22. [5] M. IV, (7), 10, 15, 17, 20; (10), 9 u. 10. [6] Pr. XIII, 25 und 26. [7] Zo. VI, 19; VIII, 10; W. 138. [8] Zo. VIII, 6. [9] Zo. VI, 37. [10] Zo. VII, 4. [11] Pr. XXIV, 18; Fa. 4; W. 127. [12] Zo. IV, 8. [13] Zo. IX, 5.

b) Metalle, Erze u. dgl.

Mit Ausnahme des Goldes, das völlig rein und daher im Feuer unveränderlich ist, enthalten alle Metalle, wie Silber, Kupfer, Eisen oder Blei, noch mehr oder weniger viel erdige Teile, und sind deshalb „verbrennbar"; sämtliche Metalle enthalten ferner Wasser in potentiellem Zustande, der aber aktuell hervortritt, wenn sie schmelzen, denn alles Schmelzbare ist von der Natur des Wassers.[1] Am leichtesten schmelzen darum jene Metalle, die (gleich Glas und manchen Mineralien) wenig Erde, aber relativ viel Wasser führen, z. B. Gold, Silber, Zinn und Blei, am schwersten dagegen solche, in deren Zusammensetzung noch viele Erde einging, z. B. Eisen.[2]

Daß die Metalle und ihre Erze in eigentlichem Sinne wachsen und nachwachsen sollen, ist nicht möglich, da allem Leblosen das „ernährende Prinzip" fehlt;[3] hingegen können sich, ihrer (weiter oben erwähnten) Entstehung gemäß, Metalle in neuen oder erneuten Mengen aus den entsprechenden Dünsten niederschlagen, und Erze aus passenden Erden durch Umbildung erzeugen.[4] Alle die Erde betreffenden Veränderungen geschehen ganz allmählich und innerhalb ungeheurer Zeiträume; Erscheinungen, wie die Bildung des Nildeltas, die Entstehung und Austrocknung von Meeren, die Ausbreitung von Wüsten, und dergl., sind nur auf solche Weise erklärbar.[5]

Sowohl die Metalle als auch ihre Erze zeigen, je nach der Stärke und Richtung des Lichtes, je nach der Einwirkung, die sie durch Hitze und Feuer erfuhren, und je nach der Behandlung, die ihnen mit verschiedenen Stoffen und auf verschiedene Weise zuteil wurde, auch sehr verschiedene und wechselnde Farben; ihre ursprüngliche Farbe wird oft schon durch die

[1] M. III, (7), 2—6; IV, (10), 2, 3, 13; IV, (12), 11; Met. V, 6 und 24; Th. II, (2), 8; Ph. II, 1; P. 1, V. [2] M. IV, (10), 12 und 15—18. [3] Gr. I, 4; die Stellen W. 42—44 und 47 sind unecht, s. Fr. 248. [4] Met. IX, 7. [5] M. I, (14), 7, 28, 32.

Natur selbst verändert, so daß man sie erst richtig kennen lernt, wenn die oberste Schicht entfernt oder abgerieben wird, deren Teilchen dann zuweilen nicht mehr gold- oder kupferfarbig erscheinen, sondern schwarz, vielleicht weil die Poren zerstört sind, in die das Färbende eindrang, so daß die Grundfarbe wieder sichtbar hervortritt.[1] Aber auch durch künstliche Einwirkung verändert sich die Farbe: verreibt man z. B. Molybdaina (eine bleihaltige Substanz?) mit Wasser oder Öl, so wird das dichte Schwarze zu einem lockeren Weißen, jedenfalls indem die beigemengte Luft, die auch das Volumen bedeutend vermehrt, ihre Weiße ebenso durchschimmern läßt, wie beim Schaum und Schnee.[2]

Eigentümlichen Geruch zeigen unter den Metallen das Eisen und Kupfer in deutlicher, das Silber und Erz (Kupfer-Legierung?) in undeutlicher Weise, während das Gold völlig geruchlos ist;[3] gegen unreine Ausdünstungen sind viele Metalle sehr empfindlich, so z. B. trüben sich metallene Spiegel, wenn eine Frau zur Zeit der Katamenien hineinsieht.[4]

Gold findet sich gediegen im Sande mancher Flüsse und zuweilen auch in großen Klumpen im Erdboden;[5] zu seiner Prüfung bedient man sich des Probiersteins.[6] Reines Gold ist gelb und rot, und steht daher in nächster Verwandtschaft zu dem ebenso gefärbten Feuer,[7] durch dessen Einwirkung es nicht verändert wird; die Kunst, es zu gewinnen und zu schmelzen lehrte der Phönizier Kadmos.[8] — Worauf die Angabe hindeutet, daß die an der Südküste des schwarzen Meeres wohnenden Chalyber aus Mäusen Gold gewinnen,[9] ist unbekannt.

Silber soll in Spanien gelegentlich eines Waldbrandes geschmolzen aus dem Boden geströmt, und anläßlich eines Erdbebens den Rissen und Spalten der Berge entquollen sein, in solchen Mengen, daß die Phönizier nicht nur ganze Schiffs-

[1] Fa. 2 und 3. [2] Z. II, 28. [3] P. I, 5. [4] P. IV, 2. [5] W. 45 und 46. [6] Z. VII, 12. [7] Met. X, 3. [8] Fr. 459. [9] W. 25.

ladungen davon holen, sondern selbst ihre Anker aus Silber verfertigen konnten.[1] Große Mengen Silber ergaben auch die im Jahre 483 entdeckten Minen von Laurion, aus denen der Staat der Athener anfangs jährlich hundert Talente Reingewinn zog.[2] Das Silber kam, wie ehedem das Eisen, erst in gewogenen, später aber auch in gestempelten (geprägten) Stücken, unter dem Namen „Geld" in Umlauf;[3] durch seinen fast unveränderlichen Wert ist das Geld zum gemeinsamen Maße aller Dinge geworden und gilt als Bürge für die Möglichkeit künftigen beliebigen Austausches, der so an die Stelle des ursprünglichen Tauschhandels treten konnte.[4] Hergestellt, geschmolzen und „zurechtgekocht" wird das Silber in den Silberhütten, und gelegentlich letzterer Operation „spratzt" es, weshalb die beim „Abschäumen" angestellten Arbeiter die umhergeschleuderten Abfälle sorgfältig sammeln und verwerten; die Erscheinung wird durch die große Dichte des geschmolzenen Metalles verursacht, das die Wärme nicht glatt durchläßt, sondern so lange in sich anhäuft, bis sie sich gewaltsam Bahn macht und dabei Teile der Schmelze mit sich reißt und gleichsam auswirft.[5]

In vieler Hinsicht verhält sich das Silber ganz wie das Zinn, und wenn auch die weiße Farbe ihm in höherem Grade zukommt, wie letzterem, so stimmen doch beide Metalle in ihren meisten Eigenschaften durchaus überein;[6] was aber so nahe verwandt ist wie Silber mit Zinn, oder Gold mit feuerfarbigem (scil. Metall), und sowohl der nämlichen Art wie der nämlichen Gattung angehört, ist auch gegenseitigen Überganges fähig.[7]

Q u e c k s i l b e r wird durch Kälte nicht fest, da es zwar neben Erde auch sehr viel Wasser enthält, dem es seinen flüssigen Zustand verdankt, aber auch viel Luft, die seine Verdichtung hindert;[8] D ä d a l u s benützte es, um, durch Ein-

[1] W. 37 u. 135. [2] Ath. 22. [3] St. I, 9; Gr. I, 34. [4] Ni. V, 8; St. I, 9. [5] Pr. XXIV, 9. [6] Met. VIII, 3; X, 3; P. I, 5. [7] Met. X, 3. [8] M. IV, (8), 11.

gießen in die Höhlung eines hölzernen Abbildes der Aphrodite, dieses beweglich erscheinen zu lassen.[1] — Zinnober erwähnt Aristoteles zwar als Konglomerat roten Staubes (*κιννaβάρινον*, Kinnabarinon),[2] bringt es aber mit dem Quecksilber nicht in Zusammenhang.

Kupfer, dessen Erz in Cypern „gebrannt" wird (*κεύεται*),[3] enthält nur wenig Wasser[4] und ist schmelzbar, dehnbar und weich, so daß es leicht Eindrücke aufnimmt;[5] man schreibt ihm große Heilwirkungen zu, und glaubt, daß, diesen zufolge, Wunden leichter heilen, wenn sie durch erzene, als wenn sie durch eiserne Waffen geschlagen wurden.[6] — Der Stein „Chrysokolla", der in Chalcedon gefunden wird, im nämlichen Preise wie Gold steht, und ein vortreffliches Mittel gegen Augenkrankheiten abgibt, ist wohl Malachit (ein Karbonat des Kupfers), der „Blaustein" wahrscheinlich ein blaufarbiges Kupfermineral, vielleicht aber auch Lasur.[7]

Eisen liefern in großer Menge die Eisenerze Elbas, wo ehedem auch Kupfer gefördert wurde, das in Etrurien zur Herstellung von Erzgefäßen diente;[8] ferner die Gruben der Chalyber, nächst Amisus an der Südküste des Schwarzen Meeres, bei denen sich aber eisenhaltige Geschiebe auch im Sande der Flüsse vorfinden sollen.[9] — Die Deutung des Pyrimachischen Steines, der in der Hitze Tropfen fallen läßt und sich verflüssigt,[10] auf Pyrit, ist mehr als zweifelhaft, die Angabe, Eisen werde bei vulkanischen Ausbrüchen in halbflüssigen Klumpen ausgeworfen, untergeschoben.[11]

Das Eisen ist, wegen seines hohen Gehaltes an Erde, schwer schmelzbar und erweicht erst bei großer Hitze;[12] es ist sehr fest und hart, doch wird erzählt, daß es in Cypern Mäuse gebe, die es anzunagen vermögen.[13] Die beste und

[1] S. I, 3. [2] M. III, (7), 2—6; Zo. II, 1 (unecht?). [3] Zo. V, 19. [4] M. IV, (8), 40. [5] M. IV, (9), 2, 13, 21. [6] Pr. I, 35 und 42. [7] W. 58. [8] W. 93. [9] W. 48. [10] M. IV, (6), 11. [11] We. 4. [12] M. IV, (7), 17 und 20; (10), 12 und 16—18; IV, (6), 9. [13] W. 25.

härteste der zahlreichen Eisenarten ist die der Chalyber, d. i. der Stahl (Chalybs); er wird aus dem Eisen gewonnen, indem man es wiederholt, teils für sich, teils zusammen mit gewissen Steinen, in den Öfen schmilzt, wobei sich eine große Menge Schlacke absondert und ein bedeutender Gewichtsverlust entsteht, der die Erzeugung sehr verteuert; der fertige Stahl ist von äußerster Härte, prächtig glänzend, und widersteht dem Rost, doch ist er nicht für alle Zwecke so verwendbar wie das weniger reine (gewöhnliche) Eisen,[1] dessen Beschaffenheit sich aus dem Charakter der Töne beurteilen läßt, die es beim Feilen, Hämmern und Schmieden auf dem Amboß von sich gibt.[2] Aus Eisen stellt man Waffen her, ferner grobe und feine Werkzeuge, z. B. Weberschiffchen; wenn diese erst automatisch weben werden, wird man keine Sklaven und Sklavenaufseher mehr brauchen.[3] Die Unentbehrlichkeit des Eisens veranlaßte einmal einen sizilischen Händler, alles Eisen sämtlicher Eisenhütten zusammenzukaufen, und er gewann daran, als Bedarf eintrat, unter nur mäßiger Erhöhung des Marktpreises 200 Prozent. Ähnlich verfuhr schon der weise Thales, dem man einst seine Armut als Beweis der Nutzlosigkeit der Philosophie vorhielt: da er, nach den Stellungen der Gestirne, günstige Witterung und eine reiche Ölernte voraussah, pachtete er in Milet und Chios alle Ölpressen, verdiente als deren alleiniger Inhaber, sobald man sie zur Erntezeit dringend gebrauchte, vieles Geld, und zeigte so den Freunden, daß auch Philosophen reich werden können, wenn sie nur wollen, daß aber Reichtum nicht das Ziel ist, nach dem sie streben.[4]

Das Blei schmilzt und erstarrt sehr leicht, und wenn man es geschmolzen in Wasser eingießt, so springt es zum Teil wieder heraus;[5] seiner großen Schwere wegen macht man aus ihm Geschosse, sowie Gegengewichte für Ziehbrunnen.[6]

[1] M. IV, (6), 9 und 10; (9), 25; W. 48. [2] Tö. [3] St. I, 4. [4] St. I, 11. [5] M. IV, (8), 10; W. 61. [6] Hi. II, 7; Mech. 29.

Auch bereitet man aus Blei das Bleiweiß, das in allen seinen Teilchen das reinste Weiß als natürliche Farbe zeigt.[1]

Zinn kommt aus den keltischen Ländern; es schmilzt noch weit leichter und rascher als Blei, zerfließt schon im (siedenden) Wasser, und zerfällt bei großer Kälte und starkem Frost.[2] Es läßt sich gießen, und auf einer der vom Eridanus (Po) angeschwemmten Inseln im innersten Winkel der Adria (wo einer der uralten, aus keltischem Gebiete kommenden Handelswege das Meer erreichte), sollen zwei Bildsäulen stehen, die eine aus Zinn, die andere aus Erz.[3] Als Erfinder des Zurechtmischens und Gießens des Erzes, d. i. der Bronze, gilt ein Skythe namens Lydos.[4] Der Vorgang bei dieser Mischung (χαλκοῦ κράσις, Krasis) besteht darin, daß die ausgeprägte und beständige Natur des Kupfers der ungefestigten und für Einwirkungen sehr empfänglichen des Zinnes völlig Herr wird, so daß das Zinn, als wäre es ein bloßer stoffloser Zustand des Kupfers, im Erze verschwindet, dem es dabei eine (goldige) Färbung erteilt;[5] tatsächlich ist das Zinn, nach seiner Vermischung mit dem Kupfer, als solches nicht mehr wahrnehmbar, aus den weichen Metallen ist aber ein hartes, von großem Glanze und von ganz anderer Farbe entstanden,[6] und das Färbende hat also hier das, was es färbte, durchaus ververändert,[7] während sonst Unterschiede in den Farben oft nur oberflächliche, für das Wesen der Sache bedeutungslose sind.[8]

Das Erz der Mossynöken, das außerordentlich glänzend und leuchtend ist, wird nicht aus Kupfer und Zinn bereitet, sondern man verschmilzt mit dem Kupfer eine in jenem Lande vorkommende Erdart, und der Erfinder dieser Mischung (κράμα = Krama; κράσις = Krasis) hielt sein Verfahren geheim.[9] Das Produkt ist offenbar Messing und die Erdart ein zinkhaltiges Mineral, wohl die auch in Chalcedon vor-

[1] Mel. 4; Zo. VII, 3. [2] W. 50. [3] W. 81. [4] Fr. 506. [5] E. I, 10. [6] Z. II, 127; Fa. 4. [7] Fa. 4. [8] Met. X, 9. [9] W. 62.

handene „phrygische Asche“, die zugleich als vortreffliches Augenheilmittel gerühmt wird (unreines Zinkoxyd).[1] Aus Messing dürften auch die Trinkschalen des Königs Darius bestanden haben: ihr (angeblich indisches) „Erz“ war glänzend, leuchtend und unverrostbar wie Gold, und von diesem nicht durch seine Farbe zu unterscheiden, sondern nur durch seinen Geruch.[2] — Ob das Orichalcum, aus dem man in Chalcedon Statuen anfertigte,[3] Messing war, bleibt dahingestellt; Elektron ist keinesfalls, wie einige Erklärer wollen, Messing, sondern eine Gold-Silber-Legierung, doch ist die Stelle, die es anführt, untergeschoben.[4]

Zinn und Silber sind, als der gleichen Gattung und Art angehörig, und als in ihren meisten Eigenschaften identisch und in anderen nur gradweise verschieden, wechselseitigen Überganges ineinander fähig.[5] Übrigens sieht manches wie Silber oder Gold aus, was nur aus Zinn und Lithargyrina (silberfarbige Legierung?) besteht, oder bloß mit Hilfe von „Gallenfarbe“ (χολοβαφίνα) gelb gefärbt ist; wer es wirklich für Silber oder Gold hält, gleicht dem Manne, dem ein Trugschluß als Wahrheit erscheint.[6]

VIII. Organische Stoffe.

Brennbare Öle entquellen in großen Mengen dem Boden Persiens,[7] in kleineren auch dem Siziliens,[8] woselbst sie oft deutlich nach Zedernharz riechen; dicke, dunkle und zähe Öle, nebst Erdpech und Asphalt, strömen in Mazedonien, Thrazien und Illyrien aus dem heißen, oft sogar brennenden, nach Schwefel und Bitumen riechenden Erdboden, und verbreiten widerwärtige, erstickende und tödliche Dünste.[9]

Das gewöhnliche Öl stammt von den Ölbäumen, die für heilig gelten, weshalb auch bei den Panathenäen die Sieger in den gymnastischen Spielen und Pferderennen Tonkrüge

[1] W. 58. [2] W. 49. [3] W. 58. [4] We. 6. [5] Met. X, 3. [6] To. IX, 1. [7] W. 35. [8] W. 113. [9] W. 116 und 127; P. I, 5; S. II, 9.

mit Öl aus dem heiligen Haine als Preis empfangen.[1] Das Öl enthält Wasser und viel Luft und läßt sich deshalb nicht eindicken;[2] seine Teilchen halten durch ihre Zähflüssigkeit, indem sie wie Ketten und Ringe aneinander hängen, die Luft fest,[3] und diese bewirkt, daß das Öl, durch die Luft emporgetragen, auf dem Wasser schwimmt, in der Kälte zwar dick wird, aber nicht gefriert, und beim Schütteln mit Wasser einen weißen Schaum gibt.[4] Daß das Öl auch schon beim Stehen oft weiß, dick und schaumig wird, rührt daher, daß die Wärme einen Teil des Wassers aussondert und in Luft verwandelt.[5] Im Sonnenlicht stehend wird das Öl, unter Abscheidung überschüssiger Feuchtigkeit und dunkler erdartiger Bestandteile, gebleicht;[6] angezündet verbrennt es, und entwickelt dabei dichten schwarzen Rauch und schwarzen, färbenden Ruß,[7] der völlig jenem des sehr entzündlichen und wegen seines großen Luftgehaltes ebenfalls nicht eindickbaren Teeres gleicht.[8] — Ähnlich dem Olivenöl ist das (auch aus den Früchten gepreßte) Öl der balearischen Terebinthe und der Zeder.[9]

Den Ölen verwandt sind die Fette: sie enthalten sämtlich viel Luft und Feuer, weshalb sie nicht verfaulen,[10] und bleiben entweder auch beim Erkalten flüssig, wie z. B. jene der Fischlebern,[11] oder werden dabei fest, wie z. B. der Talg, was auf einen Gehalt an Erde deutet;[12] einige sind aber auch gemischter Natur, z. B. das Bärenfett, das in der Kälte gesteht, zur Zeit des Winterschlafes der Bären aber unter Volumzunahme aus den Gefäßen quellen soll.[13] Alle Fette speichern,. ähnlich wie gebrannter Kalk und Asche, Wärme in sich auf, und sind daher leicht brennbar;[14] beim Verbrennen oder schon beim Schmelzen, entwickeln sie ekelhafte Dämpfe,

[1] Ath. 60. [2] M. VI, (5), 24; IV, (8), 11; (9), 35; (10), 5 und 7. [3] M. IV, (9), 28. [4] M. IV, (7), 2—5 und 9; (10), 8, Z. II, 28—30. [5] Z. II, 28. [6] Pr. XXXV, 11; XXXVIII, 1. [7] M. IV, (9), 38, Fa. 1 u. 4. [8] Th. II, (2), 7; M. IV, (8), 11; Fa. 1 und 4. [9] W. 88, s. Dioskurides I, 50; Zo. VII, 3 (unecht?). [10] P. V, 5; Zo. III, 19. [11] Zo. III, 17. [12] Th. II, (5), 1. [13] W. 67. [14] Th. III, (9), 3; II, (2), 7.

die ungesund, namentlich aber für Schwangere sehr schädlich sind,[1] und erzeugen eine große Menge schwarzen Rußes.[2]

Den Fetten gleicht das Wachs, das die Bienen als Wabenwachs den Blumen, als sog. Stopfwachs den Ausschwitzungen der Bäume entnehmen;[3] es wird, wie Öl, an der Sonne gebleicht,[4] und ist leicht schmelzbar und brennbar.[5]

Süßstoffe entstehen, indem die Pflanzensäfte unter Einwirkung der Wärme zu einem gewissen Grade der Gare gelangen,[6] der ihnen, neben den Fetten, den angenehmsten Geschmack, die leichteste Verdaulichkeit, und die größte Nährkraft verleiht.[7] Reich an Süßstoffen sind u. a. Rosinen, Feigen, Trauben und daher Most und Süßwein, die öldicke Manna, die gleichsam einen Honig ohne Waben darstellt, und vor allem der Honig selbst:[8] dieser tropft aus der Luft, besonders beim Aufgange gewisser Gestirne und wenn sich ein Regenbogen niedersenkt, und die Bienen sammeln ihn nur. Die beste Sorte ist der Thymianhonig, die übrigen sind äußerst verschieden an Aroma, Süße und Konsistenz, so daß einige dauernd dünnflüssig bleiben, andere nach kurzem Stehen fest werden, was vermutlich auf einem größeren Gehalt an Erde beruht.[9] Honigarten, die giftig sind, kommen ebenfalls vor.[10]

Durch Gärung der süßen Säfte, hauptsächlich des Mostes, aber auch des Honigs, entstehen Wein und Honigwein (Met), welchen letzteren die Taulantier in Illyrien vortrefflich zu bereiten wissen;[11] der Vorgang vollzieht sich durch eine Art Digestion (Garkochung, Reifung) unter Einfluß der Wärme,[12] ist aber schwierig zu erklären. Fest steht, daß der Most von süßer Beschaffenheit und an sich weder „weinig" noch berauschend ist;[13] der Wein aber zeigt diese Eigenschaften, und kann daher nicht (nach Empedokles) bloß

[1] Zo. VIII, 24. [2] Fa. 1. [3] Zo. V, 22. [4] Pr. XXXVIII, 1. [5] M. IV, (9), 38. [6] Z. III, 14. [7] Pr. XXXI, 13. [8] Zo. VIII, 7; W. 17 und 19; Zo. V, 22. [9] M. IV, (10), 8. [10] W. 18. [11] W. 22. [12] M. IV, (2), 5. [13] Pr. XXII, 23; M. IV, (9), 35.

„gegorenes Wasser“ sein,[1] wenn er auch der nämlichen Gattung wie das Wasser angehört, ja sogar eine Art Wasser vorstellt.[2] Jedenfalls ist der Wein eine einheitliche, nicht weiter zerlegbare Substanz von warmer und süßer Natur [3] und enthält stets Wasser und Luft,[4] zuweilen aber auch Erde, die das Festwerden beim Gefrieren, und die Entstehung eines festen Rückstandes beim Einkochen bewirkt, und manchen Sorten die dunkelrote Farbe verleiht.[5] In das Feuer gegossen, verursacht der Wein eine Flamme, doch hat er an sich keine Ausdünstung;[6] verdichtet sich der Weindunst irgendwie, so entsteht hierbei, wie in so manchen ähnlichen Fällen, nicht wieder das Ursprüngliche, nämlich Wein, sondern Wasser.[7] Was beim Trinken des Weines den Kopf einnimmt, ist der starke Geruch der zum Gehirn aufsteigenden Dünste,[8] die besonders reichlich der dunkelrote, dichte und warme, stark schäumende Wein liefert,[9] sowie der sehr gealterte, weil bei diesem allmählich viel Wasser abdunstet und daher seine „Stärke“ in unverdünnterer Lösung zurückgebieben ist.[10]

Setzt man reinem Weine Wasser zu, so hat zunächst seine Natur das Übergewicht, und in ihr beharrend assimiliert er sich jene des Wassers; fügt man aber steigende Mengen von Wasser bei, so wird dieses allmählich zum überwiegenden Bestandteile und macht den Wein immer wässeriger, und zuletzt, indem es seine Form gänzlich aufhebt, völlig zu Wasser; ein Tropfen Wein vermischt sich nicht mit zehntausend Kannen Wasser, sondern geht, unter völligem Verlust seiner Form, in die Form (in das Wesen) des Wassers über,[11] geradeso, wie eine Spur Süßigkeit, die man in einer großen Masse Flüssigkeit gelöst hat, in der Mischung verschwunden ist.[12]

[1] To. IV, 5. [2] Ph. 1, 2; M. IV, (9), 35. [3] Met. V, 6; Pr. III, 8. [4] M. IV, (5), 24. [5] M. IV, (10), 5, 7, 8, 15, 18; Pr. XXXV, 11. [6] M. IV, (9), 35; auch in Pr. III, 35 taucht nirgendwo der Gedanke an einen flüchtigen Bestandteil auf. [7] M. II, (3), 31; Pr. XIII, 6. [8] Pr. XIII, 13. [9] P. III, 3; Pr. XXX, 1. [10] Fr. 211. [11] E. 1, 6 und 10. [12] St. II, 4.

Beim Stehen in der Wärme wird der Wein sauer, indem die Hefe unter Trübung emporsteigt und das Umschlagen zu Essig bewirkt;[1] zugleich scheidet sich ein Bodensatz ab, aus dem Würmer entstehen, die, dem Essig entstammend, ihn auch stets wieder aufsuchen.[2] Obgleich nun der Essig aus dem Wein hervorgeht, so ist er doch weder in ihm, noch auch im Wasser, schon potentiell enthalten gewesen, und läßt sich daher auch nicht wieder in Wein zurückverwandeln; Essig kann nur derartig wieder zu Wein werden, wie aus einem Toten ein Lebendiger wird, d. h. durch völlige Auflösung seiner Bestandteile in die Materia prima und völlige Neugestaltung dieser letzteren.[3]

Wie beim süßen Most, so bewirkt auch beim süßen Brotteige (*μάζα* = Maza, Massa) die dem zugesetzten Gärungsstoffe eigene Wärme, daß der Teig sauer wird, sein Volumen stark vergrößert, indem sich feste Teile in Flüssigkeiten und diese in Luft verwandeln,[4] sein Gewicht aber bedeutend vermindert, da die Luft entweicht;[5] diese Vorgänge sind auch von mannigfaltigem Farbenwechsel begleitet, sowie von vielfachen anderen Nebenerscheinungen.[6]

Farbstoffe sehr verschiedener Art finden sich in Wurzeln, Stengeln, Rinden, Blättern, Blüten und Samen der Landpflanzen,[7] aber auch in manchen Seegewächsen, unter denen z. B. der Tang einen schön roten (*ἄνθος*) liefert;[8] ferner enthalten auch tierische Substanzen Farbstoffe, u. a. die Galle, die Sepia, d. i. eine an Erde reiche Ausscheidung der Tintenfische, und der Saft der Purpurschnecken.[9] Diese Schnecken führen in einem besonderen Organe, das „Blume" (*ἄνθος*) genannt wird, bald mehr bald weniger eines Saftes, der anfangs, wenn man ihn ausdrückt, fast farblos ist, alsbald aber die Hände rötet (*ἀνθίζει*), und beim Einkochen in den Kesseln glänzend hell- bis dunkelrot, zuweilen fast schwarz

[1] Z. III, 37. [2] Zo. V, 19. [3] Met. VIII, 5. [4] Z. III, 54. [5] Pr. XXXI, 18. [6] Pr. XXXI, 1—26. [7] Fa. 4. [8] Zo. VI, 13 (unecht?). [9] Fa. 4; Th. IV, (5), 5.

wird.[1] Wegen der großen Kostbarkeit des Purpurs suchen die Purpurkrämer ihre Kunden beim Abwiegen zu übervorteilen, indem sie den Aufhängepunkt der Wage verschieben, oder heimlich kleine Stückchen Holz oder Blei an sie befestigen.[2] — Nicht immer sind die beim Färben entstehenden Nuancen die der ursprünglichen Farbstoffe, und Zusätze, wie Asche, Kalk, Nitron, Meerwasser, Atrament (unreiner Vitriol oder Alaun?) u. dgl., wirken hierbei verändernd (als Beizen?); auch lassen z. B. bei Vließen wohl die Poren der Haut manche Farbstoffe ein, nicht aber die der Haare.[3]

Scharfe Säuren enthalten die Rinden und Früchte vieler Gewächse, z. B. die der Eiche und Myrte;[4] der saure Geschmack vieler Fruchtsäfte verliert sich (wie bereits weiter oben erwähnt) während des Reifens, und geht in einen süßen, öligen, oder sonstwie anders gearteten über.

Zahlreiche Pflanzenstoffe entstehen überhaupt erst im Laufe der Entwicklung und des Reifens der Gewächse, und zwar innerhalb ihrer sämtlichen Teile; die sicherste Beobachtung gestatten freilich die Früchte, weil sie, dem andauernden Einfluß der Wärme ausgesetzt, ganz sichtlich ihre luftartigen Bestandteile in wässerige und schließlich in erdige umwandeln, und hierbei, unter gleichzeitiger entsprechender Veränderung der Farben, bedeutend an Festigkeit und an Gewicht zunehmen.[5] Zu den Stoffen dieser Art gehören: die heftig beißenden und Tränen erregenden der Zwiebel, der Brunnenkresse und des Origanums;[6] die stark harntreibenden des Pfeffers und einiger anderer Samen und Blätter;[7] die den Darm an verschiedenen Stellen reizenden, und daher mehr oder weniger abführenden des Veratrums und Elateriums, der Scammonia und Thapsia;[8] die wohlriechenden des Zimts (der aus gewissen Vogelnestern stammt, die von den Eingeborenen

[1] Zo. V, 15; Fa. 5. [2] Mech. 2. [3] Fa. 4. [4] Pr. XXII, 11; W. 86. [5] M. IV, (3), 4; Fa. 5. [6] Pr. XX, 22; Zo. IV, 8. [7] Pr. I, 43; XX, 16. [8] Pr. I, 41—43.

ferner Länder mit Pfeilen von den Bäumen herabgeschossen werden);[1] die einschläfernden der Mohnfrüchte.[2] Steigen die Dünste von Mohnsaft, Alraunen, Lolch u. dgl., in größerer Menge zum Hirn auf, so wirken sie schädlich und giftig;[3] ähnlich wie sie verhalten sich jene des Plomos (Saponin-haltige Pflanze?), mit denen man die Fische betäubt, um sie zu fangen.[4] Diese Gifte sind völlig analog den tierischen, z. B. denen der Schlangen, Sterneidechsen, Vampire usf.;[5] mit Viperngift bestreichen die Skythen ihre Pfeile, doch soll Eichenrinde als Gegenmittel die Gefahr der Wunden abwenden.[6] Nicht giftig ist der Zitterrochen, er betäubt vielmehr andere Fische und auch Menschen mittels eines besonderen Organes, das im (oder am) Maule liegt.[7]

Aus manchen Pflanzen fließen Säfte aus, die sich an der Luft allmählich verdicken, und unter Verlust ihrer gesamten Wärme und alles ihres Wassers so vollständig erstarren, daß die Massen sich nicht oder kaum mehr schmelzen lassen. Dies sind die Harze, zu denen z. B. Zedernharz, Styrax, Weihrauch, Myrrhe, Gummi und (wie die eingeschlossenen kleinen Tiere zeigen) auch Bernstein gehören.[8] Man erzählt, daß die vom Eridanus (Po) angeschwemmten Inseln der nördlichen Adria eine Art Pappeln tragen, denen Bernstein, der auch Elektron heißt, als Harz oder Gummi entträufelt, und daß ihn die Einwohner, wenn er erhärtet ist, einsammeln und nach Griechenland verkaufen.[9] Alle Harze sind brennbar, und manche, wie der Styrax, geben hierbei einen scharfen Rauch, dessen man sich zum Vertreiben der Insekten bedient.[10]

IX. Die Lebewesen.

Die Natur schreitet so allmählich und in so stetigem und ununterbrochenem Zusammenhange von den unbeseelten Dingen

[1] Zo. IX, 13 (unecht?). [2] Fa. 5; P. III, 3. [3] P. III, 3. [4] Zo. VIII, 20. [5] W. 148 und 149. [6] W. 141 und 86. [7] Zo. IX, 37 (unecht?) [8] M. IV, (10), 10—12 und 16—18; Zo. IV, 8; W. 113. [9] W. 81. [10] Zo. IV, 8.

zu den Lebewesen fort, d. i. zu den Pflanzen und Tieren, daß an keiner Stelle dieses Weges feste Grenzen bestehen, auch nicht zwischen den Reichen der Tier- und Pflanzenwelt,[1] — denn die Behauptung, nur bei den Pflanzen fehle es durchaus an einer Trennung der Geschlechter,[2] trifft nicht zu, wie das ein Blick auf zahlreiche Vertreter der niederen Tierwelt beweist. In Wahrheit besteht zwischen Pflanzen und Tieren ein völlig kontinuierlicher, sehr allmählicher Übergang, und einzelne Zwischenglieder, wie die Seescheiden, die Meernesseln, die Schwämme usf., könnte man mit gleich triftigen Gründen als Pflanzen wie als Tiere bezeichnen.[3]

Alle Lebewesen bestehen aus Elementen, die sich nicht an ihrem natürlichen Orte befinden und dies macht ihre Vergänglichkeit, ihr Altern und ihren Tod begreiflich.[4] Keines von ihnen geht allein aus dem Wasser hervor, oder ist nur aus Wasserteilchen zusammengesetzt, jedoch enthalten allerdings z. B. die Wassertiere vorwiegend Wasser, viele Landtiere dagegen Erde, andere Landtiere und alle beflügelten Wesen zudem viel Luft und Feuer, und von entsprechenden Substanzen ernähren sie sich auch;[5] nicht anders wie gute Verfassungen der Staaten, hängen auch gute Beschaffenheiten der Körper vor allem von einer richtigen „Mischung der Elemente" ab,[6] und der passenden natürlichen Konstitution eines Menschen entspricht auch äußerlich seine „angeborene Farbe".[7] Doch darf man nicht glauben, daß die Kenntnis der Stoffe, aus denen sich die Körper der Lebewesen aufbauen, schon zur Erklärung ihres Daseins und ihrer Eigenschaften genügt;[8] weder die vorhandenen Elemente, noch die Arten ihrer Zusammenfügung bedingen allein die Natur der Pflanzen und Tiere, oder machen allein deren Sein verständlich, vielmehr liegt auch hier, und zwar in erhöhtem Maße, das eigentliche

[1] Zo. VIII, 1. [2] Z. I, 100 u. 102; II, 71. [3] Th. IV, (5), 14 u. 16. [4] Hi. II, 6. [5] E. II, 9; P. VII, 13; Zo. VIII, 1. [6] St. V, 8; S. I, 4 u. 5; Ni. VII, 15. [7] Kat. 8. [8] Th. I, (1), 7 und 10; II, (1), 2 und 4.

Wesen in der Wirksamkeit, d. h. in der Fähigkeit, Wirkungen hervorzubringen oder aufzunehmen.[1]

Viele Pflanzen und Tiere entstehen nicht aus Samen oder durch Zeugung, sondern gelegentlich der Verwesung und Fäulnis erdiger, pflanzlicher, oder tierischer Stoffe. Bei solchem Anlasse erhebt sich z. B. ein eigentümlicher, Wasser und Erde enthaltender Dunst, der in der Kälte zu Reif gefrieren würde, bei genügender Wärme aber den sog. Schimmel ergibt, der infolge seines großen Luftgehaltes rein weiß ist und sich wie Reif an die Oberfläche des Schimmelnden ansetzt;[2] in analoger Weise bildet sich, bei der Zersetzung von Säften gewisser Bäume, die Mistel.[3]

Was die Tierwelt anbelangt, so entstehen u. a. nach vielfältigen Beobachtungen: allerlei Insekten aus Moder, Mist und Schlamm;[4] Flöhe, Wanzen, Läuse, Eintagsfliegen, Stechfliegen, Mücken, und Kanthariden aus tierischem Unrat und Schmutz aller Art;[5] Fischläuse aus Seeschlamm;[6] Motten aus Wolle;[7] Würmer aus dem Inhalte der Eingeweide,[8] aus dem Bodensatze des Essigs,[9] und angeblich auch aus schmelzendem Schnee, den sie nicht verlassen dürfen ohne sofort zu sterben, ganz wie dies bei den aus den Funken der cyprischen Kupferschmelzöfen hervorgehenden Mücken der Fall ist, sobald sie aus dem Feuer herausfliegen;[10] verschiedene Muscheln und Schnecken aus verschiedenen Arten fauligen Schlammes, in dem sie oft noch unfertig gegliedert aufgefunden werden;[11] Einsiedlerkrebse aus feuchter Erde;[12] Frösche aus Wasser und geronnenem Schleim;[13] Aale aus faulem Tang;[14] verschiedene Fische aus Schlamm, Lehm und Sand;[15] vielleicht auch höhere Tiere und Menschen aus Erde, diese aber jedenfalls zunächst in Gestalt von Würmern.[16]

[1] M. IV, (12), 2, 5, 7. [2] Z. V, 60. [3] Z. I, 2. [4] Zo. V, 1 und 19; Z. I, 2 und III, 79. [5] Zo. V, 19 und 31; Pr. I, 16; Z. I, 30, 46, 104. [6] Z. V, 31. [7] Zo. V, 32. [8] M. IV, (3), 25. [9] Zo. V, 19. [10] Zo. V, 19 (unecht?). [11] Z. I, 104; Zo. V, 15. [12] Zo. V, 15. [13] Pr. I, 13 u. 23. [14] Zo. VI, 15 und 16. [15] Zo. V, 11; W. 74. [16] Z. III, 117.

Den Anstoß zu allen Vorgängen solcher Art, die sich bei höherer Temperatur, unter einer Art Gärung und Schaumbildung vollziehen, geben Wärme und Luft;[1] die Luft bringt dabei das Lebensprinzip mit sich (s. hierüber weiter unten), und so wie die Eigenwärme des Körpers aus der aufgenommenen Nahrung das Material für den Embryo, so bereitet die Sonnenwärme aus Luft, Wasser und Erde das Material für die erste Anlage von Pflanze und Tier,[2] und verarbeitet es in gleicher Art weiter in der sie (oder auch die künstliche Wärme) Eier in der Erde oder im Mist ausbrütet.[3] Es handelt sich hierbei um ein „Garwerden", um ein Ausscheiden des Unbrauchbaren und ein Sammeln, Vereinigen, und Verbinden des Geeigneten, also um ein Sichten der kleinsten Teilchen jener in Zersetzung oder Verwesung begriffenen Substanzen; daher ist es leicht begreiflich, daß schon kleine Unterschiede in deren Beschaffenheiten und Mengen, sowie geringfügige Abänderungen der äußeren Bedingungen, große und staunenswerte Differenzen zutage treten lassen.[4]

Die tierische Wärme, die sich am auffälligsten im Samen bemerklich macht, ist keine Art der Feuers, sondern ein luftartiger Geist *πνεῦμα* (Pneuma), eine ätherische Substanz, deren natürliche Kraft jener der Sonne und der übrigen Gestirne analog, also auch lebenerregend wirkt.[5] Unter den Tieren sind jene die vollkommensten, d. i. lebendige Junge Gebärende und Luft Atmende, die die meiste natürliche Wärme besitzen, als deren Maßstab bei ihnen die Wärme der von Blut erfüllten Lunge gelten kann;[6] entsprechend der größeren Vollkommenheit ist daher auch das Männchen wärmer als das Weibchen, die rechte Seite wärmer als die linke, und der jugendliche Körper wärmer als der gealterte, dem eben „das heiße Blut der Jugend" mangelt.[7] Obwohl der ganze Körper

[1] Zo. V, 19 u. VI, 15; Z. III, 112 u. 121. [2] Z. III, 114 u. 116. [3] Zo. VI, 2. [4] Z. III, 107—112 u. IV, 35; Zo. V, 1; M. IV, (I), 5—18 u. (11), 4. [5] Z. II, 3 u. 37. [6] Z. II, 8. [7] Z. IV, 18, 19 u. 99; Th. III, (7), 5; Rh. II, 12.

eine gewisse Wärme besitzt, die er selbst den Exkrementen mitteilt,[1] so ist doch der Grad dieser Wärme keineswegs allerorten der nämliche: die größte Wärme kommt stets dem Herzen zu, was auch seine primäre Entstehung bei der Bildung des Embryos nicht anders erwarten läßt,[2] die geringste aber dem Gehirn, das feucht und kalt ist, außerdem aber auch erdige Teile enthält, weshalb es beim Kochen gerinnt, und dabei trocken und hart wird, wie abgekochte Hülsenfrucht.[3] Am deutlichsten zeigen sich diese Unterschiede beim Menschen, da er unter allen Tieren das größte, kälteste und feuchteste Gehirn besitzt.[4]

Sämtliche Bestandteile des Körpers entstehen durch Umwandlung der zugeführten Nahrungsmittel.[5] Während diese erfolgt, steigen die Dünste vieler Stoffe zum Gehirn auf und werden durch dessen Kälte abgekühlt und verflüssigt, ganz ebenso wie sich die Wasserdünste der Erde in höheren und kalten Regionen zu Regen verdichten;[6] unbrauchbare und schädliche Bestandteile fließen dabei aus dem Gehirn in Form von Schleim nach dem Rachen und der Nase ab, wo sie die sog. Flüsse und Katarrhe verursachen,[7] die brauchbaren und gesunden hingegen strömen dem Herzen zu, und ergeben das nährende Blut.[8] Dieses, das in normalem Zustande warm und süßlich ist,[9] nimmt die umgewandelten Nahrungsstoffe in sich auf, führt sie fort, und verteilt sie durch die Adern wie durch Kanäle.[10] Die Adern durchziehen den ganzen Körper und hängen alle zusammen; wenn sich hierin Störungen zeigen, z. B. farbige Einreibungen an den Augen (in die Augen?) nicht auch den Speichel färben, oder die Arome der Umschläge, die man bei Frauenkrankheiten verordnet, nicht in der Atemluft bemerklich werden, so deutet dies auf krankhafte Zustände hin.[11]

[1] M. II, (3), 29. [2] Z. II, 95. [3] Z. II, 95 u. V, 42; Th. II, (7), 2 u. 6. [4] P. I, 5; Th. II, (7), 6. [5] Z. I, 69. [6] Th. II, (7), 4. [7] P. III, 3; Pr. II, 17. [8] P. III, 3. [9] Zo. III, 19. [10] Z. I, 69; II, 89—91. [11] Z. II, 123.

Für die einzelnen Teile des Körpers und für bestimmte seiner Substanzen, z. B. das Fett, die Galle usf., gibt es vermutlich auch bestimmte Nährstoffe, die ihnen entweder direkt zugrunde liegen, oder, durch weiteren Abbau und Aufbau ihrer Bestandteile, indirekt in sie überzugehen vermögen;[1] diese sickern nun aus dem Blute durch die Wandungen der Adern hindurch, ganz wie Wasser durch poröse Tongefäße, gelangen so in erforderlicher Art und Menge an den richtigen Ort, und werden dort bald ohne weiteres verbraucht, bald durch Wärme oder Kälte erst entsprechend verändert: das Erdige z. B. wird „verhärtet" zu Nägeln, Hörnern, Hufen, Schnäbeln oder Eierschalen, „gebacken" (wie Ton) zu harten, unverbrennlichen Knochen, umgearbeitet zu Haaren, an denen, wenn sie frisch ausgezogen sind, leichte Körperchen beim Berühren hängen bleiben usf.[2] Wird dem Blut, das ebenso wie die Lymphe, aus der es durch „Garwerden" hervorgehen kann,[3] und wie das Sperma, das Mark, und der Harn,[4] eine gewisse natürliche Wärme hat, diese entzogen, so macht sich sofort sein Erdartiges in Form festen Faserstoffes bemerklich und es tritt Gerinnung ein, der weiterhin Fäulnis und Zersetzung folgen.[5]

Das Fett entsteht aus dem Blut[6] und zwar hauptsächlich bei reichlicher Zufuhr mehligen und süßen Futters, das sich leicht in Fett umwandelt;[7] Bildung und Ablagerung von Fett sind aber auch vom ganzen Ernährungszustande abhängig,[8] und beeinflussen ihrerseits wieder die körperlichen Funktionen, so z. B. beeinträchtigt übermäßige Stärke der Frauen ihre Fruchtbarkeit.[9]

Die Milch geht aus dem Blute durch ein „Garwerden" hervor, in Mengen, die mit der Körpergröße und der Gesundheit der Individuen außerordentlich wechseln, und durch die

[1] Met. VIII, 4. [2] Z. II, 89—91; Zo. III, 11. [3] Zo. III, 19. [4] M. IV, (11), 4. [5] Th. II, (4), 1 und 2; III, (5), 5; M. IV, (10), 5 u. 18; (7), 13. [6] Zo. III, 19; Th. II, (5), 1. [7] Zo. VIII, 7 und 21; Z. I, 65. [8] Z. I, 65 und III, 122; Zo. III, 17. [9] Z. I, 77; II, 221.

Art der Nahrung, namentlich aber durch Genuß gewisser Pflanzen und Kräuter, in hohem Grade gesteigert werden können.[1] Sie ist bei verschiedenen Tieren von ungleicher Konzentration, und enthält mehr oder weniger an Käsestoff von wechselnder Festigkeit und Schwere, an Molken und an Fett, das sich als ölige Substanz abscheidet;[2] ihre erdartigen Bestandteile bewirken, daß sie in der Kälte leicht gefriert und beim Erwärmen leicht gerinnt.[3] Die Gerinnung erfolgt aber auch auf Zusatz des Labes, eines an Erdartigem reichen Stoffes, den viele Tiere enthalten, namentlich die Hasen, wenn sie Labkraut gefressen haben;[4] bedeutende Mengen Lab führt auch der aus den Feigenstämmen abtropfende Saft, daher fängt man ihn in Wolle auf, spült die Fäden mit einer kleinen Menge Milch ab, und setzt die Flüssigkeit der gesamten restlichen Milch zu.[5]

Damit das Blut Fett und Milch bilden könne, muß es gesund und süß bleiben, und hierzu ist die Ausscheidung der zu hitzigen und bitteren Bestandteile erforderlich; diese vollzieht die Leber, und ihr Exkret ist die Galle, die bei verschiedenen Tieren auch verschiedene Bitterkeit und Farbe zeigt.[6]

Andere unbrauchbare Stoffe beseitigt die Harnblase, die, wenn man sie Leichen entnimmt, nicht einmal mehr für Flüssigkeiten durchlässig ist, bei Lebenden aber auch jenen trockenen erdigen Bestandteilen den Ausgang gestattet, durch deren Zurückbleiben bei gewissen Krankheiten harte Steine und muschelartige Stücke entstehen.[7] Der Ausscheidung der mit einer Harnblase versehenen Tiere entspricht bei den übrigen, z. B. bei den Vögeln und Amphibien, die Absonderung einer erdigen, salzartigen Masse (d. i. der Harnsäure) in den Exkrementen.[8]

[1] Z. IV, 118; Zo. III, 21. [2] Zo. III, 20; IV, 20. [3] Z. II, 26; Zo. III, 20; M. IV, (10), 5, 7, 15, 18. [4] Th. III, (15), 1; M. IV, (7), 11. [5] Zo. III, 20 u. 21. [6] Th. IV, 1—5; Zo. II, 1—5; Zo. III, 2 scheint unecht. [7] Zo. III, 15. [8] Th. IV, 1; (5), 5.

Weitere Stoffe, die sich aus den Körpersäften verschiedener Tiere bilden, sind das Eiweiß der Eier, das beim Erwärmen gerinnt,[1] der Leim, jene schlüpfrige feuchte Masse, die man aus Rinderhäuten u. dgl. darstellt,[2] und die Seide, die den Kokons eines auf der Insel Kos lebenden Schmetterlings entstammt.[3]

Die merkwürdigste und wichtigste Ausscheidung aus dem Blute ist der Samen, dessen charakteristischer Bestandteil der warme, lebenerregende, ätherische Luftgeist, das Pneuma, bildet, der aber auch Wässeriges und Erdiges enthält, und so vor Augen stellt, wie Erde nicht nur zu einem Erz umgestaltet werden kann, sondern auch zu einem Menschen;[4] je starkknochiger ein Tier, desto erdartiger muß der Samen sein, daß aber jener des Elefanten zu einer bernsteinähnlichen Masse erhärte, ist eine von Ktesias verbreitete Fabel.[5] Bei der Befruchtung ist das Weibchen der passive, empfangende Teil, und bietet in den Katamenien nur den Stoff dar, während das Männchen den aktiven und wirksamen Teil darstellt, und den Anstoß zur Entwicklung gibt;[6] die Art der Einwirkung des männlichen Prinzipes auf das weibliche bei der Befruchtung gleicht jener des gerinnen-machenden Labes auf die Milch.[7] Durch den Samen gelangen angeborene, aber auch erworbene Eigenschaften zur Vererbung, und zwar auch solche früherer Vorfahren, wobei indes nicht selten einzelne Generationen übersprungen werden;[8] diese Erscheinung läßt sich allein durch das Vorhandensein potentieller Anlagen erklären, die erst bei einem späteren Geschlechte wieder aktuell hervortreten.[9]

Die Erfahrung, daß auch geistige Eigenschaften vererbt werden, bestätigt die wichtige Tatsache, daß „Körper" und „Geist" durchaus und auf das Innigste zusammenhängen, nicht weil sie miteinander kombiniert sind, — eine solche Kom-

[1] Z. III, 40; Zo. VI, 2. [2] Zo. III, 11. [3] Zo. V, 19. [4] Z. II, 37; Met. IX, 7. [5] Z. II, 39; Zo. II, 22. [6] Z. I, 96; II, 61 und 69. [7] Z. I, 88; IV, 72. [8] Z. I, 35—37; Zo. VII, 6. [9] Z. IV, 53.

bination bliebe auch selbst wieder unerklärlich —, sondern weil sie eine Einheit bilden, in dem Sinne, daß der Leib als das Werkzeug (Organon) der Seele funktioniert. Daß gewisse Tiere, auch wenn man sie zerschneidet, in jedem Teile weiterleben (gleich Stecklingen von Pflanzen), daß körperliche und geistige Zustände sich in weitgehender Art gegenseitig beeinflussen, daß man Geisteskrankheiten durch Heilmittel zu bekämpfen und zu bessern vermag, die doch nur auf den Körper einwirken, — diese und ähnliche Betrachtungen zeigen, in wie innigem Verbande Seelisches und Leibliches stehen.[1] Verschieden erscheinen sie überhaupt nur je nach dem Standpunkte des Zuschauers: den Zorn z. B. wird der nur auf das Äußerliche Sehende, der „Physikus", als ein Aufbrausen des heißen Herzblutes erklären, hingegen der das Innere Betrachtende, der Psychiker, als Begierde nach Rache oder Wiedervergeltung;[2] für die bloße äußere Anschauung ergäbe sich auch die Röte der Gesundheit als identisch mit jener der Scham.[3]

Als Werkzeuge, Organe, funktionieren auch die Sinnesorgane, namentlich Auge und Ohr, die dem Gehirne sehr nahe stehen, ja, wie das feuchte, wässerige und daher durchsichtige Auge, unmittelbar aus ihm hervorgehen;[4] sie nehmen die Bewegungen der Luft auf, und ermöglichen so das Sehen und Hören, aber das, was man sieht und hört (d. h. nicht die übermittelten Bewegungen, sondern Bilder und Töne), bewirken sie nicht.[5]

Schlußbetrachtung.[6]

1

Wie die Weltmonarchie nach dem Hinscheiden Alexanders des Großen, so zerfiel das Reich des Wissens nach dem Tode des Aristoteles; Philosophie und Naturkunde, die

[1] S. I, 4 und 5; II, 2; Pg. I, 4. [2] S. II, 1. [3] Kat. 8. [4] S. III, 1 und 13; P. I, 2. [5] S. III, 13. [6] Betreff der ungeheueren Literatur über Aristoteles muß auf die letzte Auflage des Ueberweg-Heinzeschen

seine Hand noch einmal als gleichwertige Hauptzweige erfaßt und vereinigt gehalten hatte, strebten nunmehr auseinander, sie verloren zudem ihre eigene innere Einheit, und begannen sich in eine große Anzahl besonderer Fachwissenschaften aufzulösen.

Die philosophischen Leistungen des Aristoteles müssen an dieser Stelle außer Betrachtung bleiben, und sind nur insofern in Erinnerung zu bringen, als es die Höhe seines Gesamtstandpunktes war, die Aristoteles befähigte, auch das Wesentliche der für die Naturforschung gültigen Grundsätze und allgemeinen Anschauungen mit erstaunlicher Sicherheit zu erfassen und in unübertrefflicher Klarheit darzulegen.

Diese Prinzipien aber in folgerichtiger Weise auch auf die Naturwissenschaft anzuwenden, ist ihm versagt geblieben, der eindringlichen Schärfe der Erkenntnis war auf diesem Gebiete kein gleich intensives Vermögen der Durchführung zugesellt, und der große Denker bezahlte so seinem Zeitalter und der menschlichen Unvollkommenheit den Tribut, der keinem Forscher gänzlich erspart bleibt.

Man darf behaupten, daß es keine einzige der ewig wahren, als Ergebnis tiefster und reifster Einsicht anzusehenden aristotelischen Grundlehren gibt, gegen die nicht ihr Autor selbst in wiederholter und oft kaum begreiflicher Weise verstoßen hätte. Unwiderleglich fest stehen seine Sätze, daß man an die Wissenschaft (also auch an die Naturwissenschaft) ohne vorgefaßte Meinungen heranzutreten habe, daß allein Beobachtungen und Erfahrungen, jetzige wie künftige, zur richtigen Erkenntnis führen, daß auf Einzelfälle, auf bloßen Augenschein, und auf weitgehende Extrapolation gegründete

Grundrisses verwiesen werden; von neueren Werken seien nur noch angeführt: De Boer, „Geschichte der Philosophie des Islams" (Stuttg. 1901); W. Herz, „Gesammelte Abhandlungen" (Stuttg. 1905); Gilbert, „Die meteorologischen Theorien des griechischen Altertumes" (Leipzig 1907); Wohlwill, „Galilei" (Hamburg 1909), und der soeben ausgegebene 3. Band von Gomperz' „Griechischen Denkern" (Leipzig 1909).

Schlüsse unzulässig seien oder nur wertlose Scheinerklärungen ergäben, daß Stoff und Form eine untrennbare Einheit bilden, daß das Wesen der Dinge in ihrer Wirksamkeit zu suchen sei, daß keine Definition auch das Sein des Definierten verbürge, daß allen Erscheinungen ein Unerklärbares („Metaphysisches") zugrunde liege, usf. Aber in welchem überraschenden Gegensatze zu diesen allgemeinen Lehren des Aristoteles stehen seine speziellen Ausführungen auf dem Gebiete der Einzelwissenschaften, und ganz besonders auf dem der Physik und Chemie! Es sei in dieser Beziehung nur auf einige der wichtigsten Punkte aus dem Umkreise jener Ansichten verwiesen, deren zusammenfassende Darstellung in den vorstehenden neun Abschnitten versucht wurde.

Die Unzerstörbarkeit der Materie hat Aristoteles richtig erkannt, die der Energie geahnt, jedoch (ähnlich wie noch Descartes) für eine solche der Bewegungsgröße gehalten; auch begegnen wir zutreffenden Vorstellungen der Tatsachen, daß alle Schwere nur relativ ist, und daß stets Energie aufgewendet werden muß, um einen bewegten Körper zur Ruhe oder einen ruhenden in Bewegung zu bringen. Die Lehre vom Weltgebäude verwertet jedoch diese Einsichten in keiner Weise und bleibt daher unvereinbar mit den Gesetzen der Erhaltung der Bewegungsgröße und der Trägheit; ganz willkürlich sind ihre Theorien über die natürlichen Orte, über das Oben und Unten im Weltall und die Unmöglichkeit der Antipoden, über die absolute Schwere und Leichtigkeit, und über die zentrale und weltbeherrschende Stellung der Erde, die doch zugleich nur ein „Punkt im Raum" und ein „Stern unter Sternen" sein soll; auch ihre Annahme vom Äther, als einem den ganzen Himmelsraum erfüllenden, von den irdischen Elementen durchaus verschiedenen, und mit ihnen ganz unvergleichbaren Stoffe, steht in völligem Widerspruche mit der Erkenntnis, daß die Materie überall ein und dieselbe ist, „und wenn es mehrere Weltalle gäbe, auch in diesen".

Durchaus zutreffend ist die (von vielen erst Boyle zugeschriebene) Definition der Elemente, die Erkenntnis, daß jedes Geschehen, also auch das chemische, das Vorhandensein unausgeglichener Gegensätze erfordere, sowie die Bestreitung der Atomistik (in ihrer alten und ursprünglichen Form), die Anlaß zur Aufstellung höchst wichtiger Sätze gibt, u. a. jenes von der Unmöglichkeit einer vollendeten Unendlichkeit, und jenes von der unbegrenzten Teilbarkeit stetiger Größen, aus der jedoch nicht deren Zusammensetzung aus unendlich kleinen Teilchen folgt; mangelhaft begründet ist die Theorie der kontinuierlichen Raumerfüllung, und haltlos die Ablehnung der Möglichkeit eines leeren Raumes (Vakuums). Richtigem Einsehen entspringt das Verlangen, man solle die Zahl der Elemente nicht größer annehmen, als sie zur Erklärung der Tatsachen unbedingt nötig sei; ganz willkürlich ist aber wieder die Aufstellung von gerade vier Elementen, ihre Identifizierung mit denen der alten Naturphilosophen (Erde, Wasser, Luft, Feuer), und die Ableitung der ihnen in absolutem Sinne zugeschriebenen Haupteigenschaften aus jenen Naturen der vier, teils aktiven, teils passiven Qualitäten, die doch selbst als nur relative erkannt wurden. Die Schwierigkeit, die die Annahme einer einheitlichen Urmaterie (Materia prima) bedingt, wird zwar erwähnt, aber nicht weiter berücksichtigt, daher bleibt die fruchtbare Vorstellung der im Kreisprozesse erfolgenden Umwandlungen jeder Weiterentwicklung unfähig, und die Beziehung zwischen Materia prima, Elementen, und Einzelkörpern durchaus unklar. Völlig dunkel erscheint auch das so überaus bedeutungsvolle Verhältnis zwischen Stoff und Form; die richtige Erkenntnis ihrer Einheit ist fast nur in der Theorie vorhanden, praktisch aber herrscht beinahe ausnahmslos der unverhüllteste Dualismus, wobei zumeist die Form als das Wesentliche, Verursachende, Zwecksetzende und Zielstrebige vorherrscht, zuweilen aber auch der Stoff. Obwohl dieser nämlich in der Regel als rein passiv, als ausschließlich empfangend und erleidend bezeichnet wird, so schreiben ihm doch einzelne Stellen auch wieder ganz positive Eigenschaften zu, u. a. das stete Verlangen, nach seinem natürlichen Orte zurückzukehren, sowie die Fähigkeit, den Zwecken der Natur mit kleinerem oder größerem Erfolge Widerstand zu leisten; die Spuren dieses letzteren treten dann oft in Gestalt von Mißbildungen und Mißgeburten zutage, von denen es freilich auch wieder heißt, „sie seien nicht wider die Natur, sondern nur wider den gewöhnlichen Verlauf der Dinge“.[1]

Von großer Bedeutung ist die Scheidung zwischen „Mischung“ und „Verbindung“ (in modernem Sinne genommen), die richtige Erkenntnis vom Wesen der chemischen Verbindung, die sogar als Gleichgewichtszustand aufgefaßt wird, die Bemerkung, daß die flüssigen Stoffe am leichtesten aufeinander einwirken, — hierher stammt zweifellos der Satz „corpora non agunt nisi fluida“ (die Körper reagieren nur in flüssigem Zustande) —, endlich die, freilich noch sehr undeutliche Vorstellung, daß Verbindungen stets bestimmte Mengen ihrer Bestandteile enthalten; alle näheren Angaben in dieser Richtung sind aber wiederum unzureichend und willkürlich.

Was die Erklärungen über die einzelnen Elemente betrifft, so fällt es zunächst auf, in wie oberflächlicher Weise zuweilen über gewisse Widersprüche tiefgreifender Natur hinweggegangen wird: denn soll z. B. im Wasser nicht die Kälte, sondern die Feuchtigkeit vorherrschen, das Feuer kein eigentliches Element sein, und der Äther mit dem Feuer zusammenfallen, so entstehen in der ganzen Architektonik des aristotelischen Systems die gefärhrlichsten Risse; aber kein Wort weist auf diese hin, und ebensowenig wird der geringste Versuch gemacht, derlei bedenklichen Ausführungen gegenüber die Einheitlichkeit des Lehrgebäudes als gewahrt zu erweisen.

Hinsichtlich des Feuers bleibt es bemerkenswert, daß die Sonne und die Gestirne nicht selbst heiß sein, sondern die

[1] Z. IV, 63.

Wärme der oberen Regionen nur indirekt, vermöge der Reibung ihrer Sphären, erzeugen sollen, und zwar durch Entzündung der rauchartigen Dünste, denen bei der Entstehung der Gewitter und der Kometen ebenfalls eine sehr wichtige Rolle zugeteilt wird.

Auch die Luft enthält, neben den feuchten Dünsten ihrer unteren Schichten, noch heiße rauchartige, die hauptsächlich die oberen Regionen erfüllen; Aristoteles glaubt, daß sie durch Reibung entzündet werden können, und stellt dabei den merkwürdigen, an Robert Mayer gemahnenden Satz auf, daß zwar der Akt der Erwärmung auf Bewegung beruhe, nicht aber die Wärme selbst. Den „feuchten Dünsten" der unteren Schichten, und der blauen (durch die große Verdünnung bedingten) Farbe der oberen zum Trotz, soll übrigens die Luft in Berührung mit Wasser nicht feucht werden, und in heißem Zustande dichter sein als in kaltem. Mit Nachdruck wird darauf hingewiesen, daß die Luft, entgegen dem Augenschein, substantieller Natur sei, daß alle Körper, ihrer „Größe" entsprechend, wie Wasser so auch Luft verdrängen, daß die Luft Gewicht besitze (wie der Versuch mit dem Abwägen des Brotteiges vor und nach der Gärung lehrt), und daß sie unter geeigneten Umständen Druck erleide und ausübe; auf letztere Eigenschaft gründet sich u. a. die absonderliche aristotelische Theorie des Wurfes, die (trotz aller von Philoponos bis auf Galilei erhobenen Angriffe) im wesentlichen bis in das 17. Jahrhundert hinein herrschend blieb, sowie die ebenso merkwürdige Lehre von der Emission des Samens, der zweifellos die Idee der „Aura seminalis" entstammt, jenes „Samenhauches", der bei Aristoteles Rebhühner und Steinhühner befruchtet, bei späteren Autoren (z. B. Plinius) aber auch Kühe und Stuten.[1]

Die Beobachtung, daß manche Arten der Luft zum Atmen untauglich sind, führt zu keiner weiteren Folgerung, und der

[1] S. auch Lucian, „Das Opfer", cap. 6, und „Toxaris", Kap. 38.

Zusammenhang zwischen Atmung und Wärmeproduktion wird bestritten: soll doch der Zweck der Atmung allein die Abkühlung des heißen Herzblutes sein, weshalb die im Wasser lebenden Tiere, denen Luft nicht zur Verfügung steht, diese Kühlung durch Einziehen von Wasser bewirken müssen.

Sehr bedeutsam ist die Erkenntnis von der Vermittlung des Sehens und Hörens durch die „Luft", als durch ein Medium, das Licht und Schall vermöge eines Bewegungsvorganges fortpflanzt; die Erwähnung der, wenn auch sehr unvollkommenen Hör- oder Sprachrohre dürfte die älteste in der Literatur nachweisbare sein; richtig ist auch die Erklärung des Echos, sowie auch die der deutlicheren Schallwahrnehmung während der Nacht, — die noch Alexander von Humboldt als eine von ihm neuentdeckte vorträgt.

Die Schilderung, die Aristoteles vom Verhalten des Wassers beim Erhitzen und Kochen gibt, ist sichtlich von der Bemühung getragen, dasjenige zu unterscheiden, was wir heute als Dampf und als Gas bezeichnen, — ohne daß er jedoch dieses, auch an mehreren anderen Stellen angestrebte Ziel irgendwie zu erreichen vermöchte. Zutreffend beobachtet ist die gewaltige Veränderung des Volumens bei der Verdampfung, sowie bei Rückbildung von Wasser beim Verdichten des Dampfes; Kenntnis von der eigentlichen Destillation, die man ihm hat zuschreiben wollen, besitzt aber Aristoteles in keiner Weise (s. auch weiter unten). — Richtig ist die anschauliche, noch in Goethes „Gesang der Geister über dem Wasser" deutlich wiederklingende Beschreibung vom Kreislaufe des Wassers, von der Tau- und Reifbildung im Zusammenhange mit der stärkeren Wärmeausstrahlung der Erde während klarer und windstiller Nächte, und von der Entstehung der kalten und heißen Quellen; die Einflüsse der Niederschlagsmengen finden hierbei gebührende Würdigung und führen zum Gedanken des Regenmessers.

Durchaus willkürlich behandelt ist die, allerdings sehr

schwierige Frage nach dem Ursprunge des Salzgehaltes im Meerwasser, und was bei diesem Anlasse abermals über die „heißen Dünste“, sowie über deren angebliche Auslaugung vorgebracht wird, ist nicht nur an sich unhaltbar, sondern widerspricht auch völlig der an vielen Stellen hervorgehobenen Tatsache der besonderen Reinheit des Regenwassers; erfreulich bleibt nur die Bestimmtheit, mit der (hier wie anderwärts) weitgehende geologische Veränderungen auf allmähliche, während unbegrenzt langer Zeiträume stattfindende Vorgänge zurückgeführt werden.

Die Lehre von der Bedeutung des Wassers für die Übermittlung der Geschmäcke gelöster Substanzen, „wobei gleichsam das Spitze sticht und das Stumpfe stößt“, ist für alle Folgezeiten maßgebend geblieben, sie beherrscht noch im 17. und zu Beginn des 18. Jahrhunderts die sog. „Spitzen- und Häkchentheorie“ des Descartes und Lémery.

Für die Vorgänge, die innerhalb der Erde zur Entstehung der Mineralien und besonders der Metalle Anlaß geben, spielen wiederum die feuchten dampfartigen und die trockenen rauchartigen Dünste (*ἀναθυμίασις ἀτμιδώδης* und *καπνώδης*) eine maßgebende und äußerst wichtige Rolle. Es ist bemerkenswert, daß aus letzteren, indem sie sich selbst entzünden und andere Stoffe in Brand setzen, Substanzen hervorgehen sollen, denen noch immer die nämliche Eigenschaft der Brennbarkeit verblieben ist, wie z. B. Schwefel und Kohle; die Erwähnung der schädlichen, ja tödlichen Wirkungen der „Dämpfe brennender Kohlen“ ist der älteste Hinweis auf die Gefahren des Kohlenoxydgases, und findet sich durch die Bemerkung ergänzt, daß glühende Kohlen unter einem dicht schließenden Deckel alsbald erlöschen, — ohne daß aber der Abschluß von der Luft als bedingende Ursache erkannt wird.

Die Voraussetzung von der Bildung der Metalle durch Verdichtung der feuchten dampfartigen Dünste zwischen Felsen und Gesteinen hat späterhin zur Folgerung geführt, daß sie zu wachsen und nachzuwachsen vermögen (wenngleich ein eigentliches organisches Wachstum nach Aristoteles nicht angenommen werden kann), und daß sie, mit Ausnahme des Goldes, noch mehr oder weniger Erde, sämtlich aber Wasser enthielten; freilich soll dieses nur potentiell (dem Vermögen nach) in ihnen vorhanden sein, aktuell aber erst beim Schmelzen hervortreten, das ohne Wassergehalt unmöglich wäre. Von sonderer Bedeutsamkeit sind die Hinweise auf die nahe Verwandtschaft ähnlich gefärbter Metalle, wie des Goldes und „feuerfarbiger" Legierungen, sowie des Silbers und Zinnes, die, als zur gleichen Gattung gehörig, in vielen Eigenschaften übereinstimmend, und in anderen nur dem Grade nach verschieden, wechselseitigen Überganges ineinander fähig sind; höchst wichtig ist namentlich die Erklärung der Umwandlung des Kupfers in Bronze durch das Zinn, das hierbei, „unter Auflösung seiner Form" völlig verschwinden, und keine andere Spur seines Daseins hinterlassen soll, als die Veränderung der Farbe und Härte, des Glanzes und der Festigkeit.

Es ist beachtenswert, daß Aristoteles in ganz analoger Weise, unter Betonung der Veränderung der Farben, sowie der Aufnahme oder Abgabe einzelner Elemente, auch die Umwandlung der Früchte beim Reifen, sowie die des Brotteiges (*μάζα* = maza) beim Backen erklärt, und daß er eine völlige „Auflösung der Form" nicht nur für das Zinn annimmt, das das Kupfer in die Bronze überführt, sondern auch für das Körnchen Süßigkeit, das von einer großen Menge Flüssigkeit aufgenommen wurde, oder auch für den Tropfen Wein, der sich mit zehntausend Kannen Wasser vermischt.

Daß Aristoteles Kenntnis von einem brennbaren Bestandteile des Weines gehabt habe (wie u. a. Berthelot angab), ist ganz irrtümlich, er erwähnt nämlich nur, daß Wein, in brennendes Feuer gegossen, eine Flamme entstehen lasse, und diese Beobachtung dürfte ebenso alt sein wie die Sitte, die glimmenden Opferfeuer mit Wein zu netzen; aus den oben angeführten Bemerkungen über den Wein geht vielmehr klar hervor, daß ihn Aristoteles für einen einheitlichen Stoff hielt und keine Ahnung vom Vorhandensein einer flüchtigen, durch Verdampfung oder gar durch Destillation abzusondernden Substanz besaß, wie das insbesondere auch noch seine Bemerkung über das Verhältnis des Weins zum Essig beweist. Die Entstehung der Flamme beim Besprengen des Altars erklärt sich übrigens auf die nämliche Weise wie die Brennbarkeit des Erdöles, Öles oder Fettes: durch einen reichlichen Gehalt an Feuer, über den ja auch die „heiße" und „feurige" Natur des Weines keinen Zweifel aufkommen läßt.

Was die Lebewesen anbelangt, so zeugen eine Anzahl Bemerkungen allgemeinen Charakters von hoher Einsicht. Zu diesen gehören die Lehren vom allmählichen, stetigen und ununterbrochenen Fortschreiten der Natur innerhalb aller ihrer Reiche, — hier liegt zweifellos der Ursprung des Satzes „Natura non facit saltus" (die Natur macht keine Sprünge) —, von der Unmöglichkeit, das Wesen der Pflanzen und Tiere auf Grund ihrer bloßen Zusammensetzung (d. h. ohne Annahme eines „Metaphysischen") zu begreifen, von der Zugehörigkeit des Menschen zum Tierreiche, sowie vom untrennbaren Zusammenhange zwischen Tier- und Pflanzenreich. Im scharfen Gegensatze zu solchen Überlegungen stehen hinwiederum Behauptungen wie die, daß es bei den Pflanzen keine Trennung der Geschlechter gebe, — berichtet doch schon Herodot von männlichen und weiblichen Palmen[1] —, daß man die wichtigsten Lebenserscheinungen auf das Vorhandensein der Elemente an widernatürlichem Orte zurückführen könne, daß Konstitution, Charakter, und entsprechende „angeborene Farbe" des Menschen so beschaffen seien „wie sich in ihm die Elemente mischen", und daß durch Urzeugung Pflanzen und Tiere aller Art, ja selbst Menschen entstünden, diese allerdings primär im Stadium der Würmer. Leben und Lebenswärme werden einem

[1] lib. I, cap. 193.

luftartigen Geiste, dem Pneuma, zugeschrieben, doch bleibt die Wärme, je nach Alter, Geschlecht, und Körperstelle, ungleich verteilt; die rechte Seite soll die heißere sein, nichtsdestoweniger gilt aber das links liegende Herz für den zentralen Sitz der größten Wärme, ferner ist das gesamte Gehirn durchaus kalt, so daß, wie die irdischen Dünste zu Wolken und Regen, die zu ihm aufsteigenden körperlichen sich zu brauchbaren Säften und zu unbrauchbarem Schleim verdichten, welcher letztere, abfließend, die Katarrhe erregt. (Dieser Anschauung, die bis in das 17. Jahrhundert hinein die herrschende blieb, entstammt der noch jetzt übliche französische Ausdruck „rhume de cerveau" für Stockschnupfen). Zutreffend geschildert ist die höchst wichtige Rolle des Blutes, die Bedeutung der Ernährung, die Entstehung, Sekretion und Ablagerung von Milch, Galle, Fett, Harnsäure usf., — wobei namentlich die richtige Erkenntnis der Harnsäureausscheidung bei Vögeln und Reptilien hervorzuheben bleibt. Überraschend ist die Anschauung der Befruchtung nach Analogie der Labwirkung, demnach als eines enzymatischen Vorganges, wenngleich hierbei die Bedeutung des heißen, vom lebenerweckenden Pneuma erfüllten Samens, zu ungunsten jenes des „kalten" weiblichen Substrates einseitig überschätzt wird; denn wie vermöchte dieses, wenn völlig passiv und ausschließlich „empfangend", zu der so meisterhaft dargelegten Vererbung beizutragen, die auch die Eigenschaften der Mutter und ihrer Vorfahren umfaßt, und oft ganze Generationen überspringt, denen also die fraglichen Anlagen nur als „latente" zukommen konnten?

Von ungewöhnlichem Tiefsinne zeugen endlich die, an die Vererbung geistiger Eigenschaften geknüpften Betrachtungen über das Verhältnis zwischen Seelischem und Leiblichem, über den Körper als „Werkzeug" (Organon) des Geistes, — sie sind die Quellen der Ausdrücke „Organismen", „organische Wesen" —, über den Doppelstandpunkt bei der Beurteilung der physischen und psychischen Kausalität (mit dem klassischen Beispiel der Zornes- und Schamröte), und über den Unterschied zwischen den Bewegungen, durch die Schall und Licht übermittelt werden, und den Empfindungen, die sie auslösen, also den Tönen und Farben.

2

Die Einwirkung der aristotelischen Anschauungen und Lehren, der allgemeinen wie besonderen, auf die Entwicklung und Ausbildung der Chemie als Wissenschaft, erweist sich, allem Dargelegten zufolge, für jeden auch nur mit den Grundzügen der Geschichte dieser Disziplin Vertrauten als eine so augenscheinliche und so maßgebende, daß sie einer weiteren Erläuterung nicht mehr bedarf.[1] Dagegen bleibt ein sehr wichtiger Punkt noch insoweit zu erörtern, als dies im Rahmen der vorliegenden Arbeit möglich ist: des Aristoteles Einfluß auf die Alchemie.

Vorauszuschicken ist, daß, allen späteren Behauptungen entgegen, Aristoteles selbst keinerlei alchemistische Vorstellungen kennt, ja, daß selbst Andeutungen über den Zusammenhang zwischen Gestirnen, Göttern und Metallen, wie sie bei Platon zu finden sind,[2] bei ihm fehlen; wo wir derlei Angaben begegnen, z. B. denen über die Namen der Sterne und der Götter in der Schrift „Über die Welt" (De cosmo),[3] sind sie, wie dieses ganze Werk, untergeschoben und unecht. Wohl nennt Aristoteles die Gestirne göttliche Körper und läßt die Sphären der Planeten von jenen Untergöttern durch den Raum führen, die bei Platon „Sirenen" waren und in

[1] Einiges Zugehörige findet sich in Lorscheids Schrift: „Aristoteles' Einfluß auf die Entwicklung der Chemie" (Münster 1872), die aber nur aus zweiter Hand schöpft, weshalb sie der nötigen Gründlichkeit ermangelt und nicht in die Tiefe geht. [2] S. meine eingangs genannte Abhandlung; neuerdings neigt man dazu, auch die „Epinomis" wieder für ein echtes Werk Platons zu halten. [3] cap. 2 und 6.

späterer Zeit zu „Schutzengeln“ werden; wohl lehrt er, daß die Bewegung der Planeten durch deren Wesenheit bedingt, und daher verwickelt und wechselnd sei, während die Gestirne der Fixsternsphäre stets unwandelbar die nämlichen blieben, weshalb die Erforschung der Wahrheit von ihnen auszugehen habe, als von der unerschütterlichen Grundlage des Unveränderlichen; aber alle Beziehungen, die zwischen Sternen, Menschen, und irdischen Einzeldingen bestehen sollen, erklärt er ausdrücklich für Sagen und mythologische Fabeln.[1]

Für die Entwicklung der Alchemie sind, wie schon 1856 Prantl, der um die Herausgabe aristotelischer Schriften und um die Geschichte der Geisteswissenschaften so hochverdiente Forscher, mit völliger Klarheit erkannte,[2] drei Quellen von größter Bedeutung: sie fließen aus den Schriften des Platon, des Aristoteles, sowie der peripatetischen und stoischen Philosophen, und werden, nicht ohne spezifisch ägyptische und orientalische Zuflüsse aufzunehmen,[3] seitens der Schule Alexandrias zu einem großen Ganzen vereinigt; nur von einem großen Ganzen kann man sprechen, nicht von einem einheitlichen, um so mehr, als neupythagoräische und neuplatonische Anschauungen in stets wachsendem Umfange die Oberhand gewinnen, verändernd und umgestaltend wirken. Maßgebend bleiben daher: was Platon angeht die mystischen und schwärmerischen Lehren, was Aristoteles betrifft die spekulativen und deduzierenden, und was die späteren Philosophen anbelangt jene eklektischen und synkretistischen, denen sich der alexandrinische Geist auf allen Gebieten mit ausnehmendem Behagen anpaßte, und die seinem Charakter ganz besonders angemessen erschienen.

[1] Met. XII, 8. [2] S. „Deutsche Vierteljahrsschrift“ (Stuttg. 1856, S. 135), woselbst die wichtige Arbeit, deren Studium empfohlen sei, ohne Nennung des Autors abgedruckt ist; dieser selbst verweist jedoch auf sie in einem seiner Kommentare zu Aristoteles. [3] Auf diese soll hier nicht eingegangen werden.

Soweit Platon in Frage kommt, muß an dieser Stelle auf meine schon eingangs erwähnte, ausführliche Abhandlung „Chemisches und Physikalisches aus Platon“ verwiesen werden. Von Einzelheiten seien nur in Erinnerung gebracht:[1] seine Lehre von den vier Elementen und der Materia prima, nach der die Urmaterie das gemeinsame Substrat aller Elemente ist, die Möglichkeit allgemeiner gegenseitiger Wandelbarkeit (Transmutation) besteht, und die Elemente, — begriffen in ewigem Kreislaufe, der Verwandtes zusammen zu führen sucht —, nach Art einer eigentlichen „Vereinigung“ oder „Vermählung“ zu neuen Stoffen zusammentreten; die Ansichten über Verwandlung und Umbildung der Stoffe durch Trennen und Vereinigen der „Dreiecke“, die ihre geometrische Grundgestaltung bedingen (von diesem Trennen und Vereinigen, *σπάω* = spao und *ἀγείρω* = ageiro, leitet sich die spätere Bezeichnung „Spagiriker“ für die Chemiker ab); das allmähliche Hervorgehen von Gold und Silber aus unedlen Metallen (und umgekehrt) in der Natur, (deren Wirken entweder direkt, oder indirekt, d. h. auf dem Umwege über die Materia prima, nachzuahmen sein möchte); die obherrschende Stellung des Goldes, das als reinste, dem Feuer und Rost widerstehende Substanz, auch zum Symbol des Edelsten und Sittlichen wird, und sogar, reichlichem Silber gesellt, den Himmel schmückt, in den die Seelen nach ihrem Erdenleben gelangen sollen; die Theorie von der Parallelität des Geschehens im Makro- und Mikrokosmos, der gemäß auch für den menschlichen Körper und Geist das „Trennen und Vereinigen“ von nicht minderer Bedeutung ist als für die Außendinge (weshalb denn der „philosophische Stein“ der späteren Zeit auch die Erscheinungen der Krankheit und des Alterns zu beheben vermag, die nach Platon allein durch unrichtige Verteilungen und Umsetzungen der Elemente entstehen).[2]

[1] S., ebenso wie in allem Folgenden, auch Prantl, a. a. O. [2] Gerade in diesem Punkte erst viel spätere, indische oder gar chinesische Einflüsse

Unter den Lehren des Aristoteles erweisen sich einige als von ganz besonderem Belang. Die Identifizierung der Paare warm-trocken, warm-feucht, kalt-trocken und kalt-feucht, mit dem absolut leichten Feuer, der relativ leichten Luft, dem realtiv schweren Wasser, und der absolut schweren Erde, läßt die Elemente auf das Klarste als die, nach Gegensatzpaaren qualifizierte Urmaterie erscheinen, und bringt die Möglichkeit der Stoffverwandlung durch Zufügen oder Wegnehmen einer Qualität mit großer Deutlichkeit zum Ausdrucke. Die Einzeldinge sind nicht aus den Elementen zusammengefügt „wie Häuser aus Steinen und Balken", vielmehr müssen die sich vereinigenden Elemente, indem sie einen Teil der ihnen in „freiem" Zustande zukommenden Eigenschaften aufgeben, in den Dienst der höheren, zwecksetzenden, begrifflichen Form treten. Derlei Gestaltungen und Umwandlungen erfolgen unter Einfluß des weltbeherrschenden Kreislaufes, dessen oberste Ursache die Bewegung des Himmels ist; diese, die auch das Prinzip des Lebens und der Seele darstellt, geht vom immateriellen Äther aus, der kein fünftes Element, sondern von den vier irdischen materiellen Elementen seinem ganzen Wesen nach völlig verschieden ist. Die fertigen Einzeldinge sind nicht nur fähig, sich zu vermischen, sondern auch sich (chemisch) zu verbinden, und erfahren hierbei qualitative Veränderungen, bleiben aber potentiell bestehen, und können daher aus der Verbindung auch wieder abgeschieden werden; ist aber eine Substanz von allzu schwachem und ungefestigtem Charakter, so vermag zwar immerhin, wie die Entstehung des „Erzes" (der Bronze) zeigt, schon ein kleiner Zusatz von ihr sehr weitgehende Veränderungen der Farben und der sonstigen äußeren Eigenschaften hervorzurufen, ihre eigene Form kann aber bei solchem Anlasse völlig aufgelöst werden und ver-

anzunehmen, ist daher gänzlich ungerechtfertigt; zudem sind alle indischen und chinesischen alchemistischen Schriften, die der Periode arabischen Einflusses vorausgehen sollen, grober Fälschung und Interpolation verdächtig.

schwinden, — wie denn das Zinn sozusagen zu einem bloßen „stofflosen Zustande", d. h. zu einer Qualität des Kupfers wird.

Aus dem Kreise der Nach-Aristoteliker kommen hauptsächlich die Stoiker in Betracht (die älteren vom 3., die jüngeren vom 2. vorchristlichen Jahrhundert an), um so mehr als sie sich in stets steigendem Maße der gesamten Schuldisziplin bemächtigten, wodurch ihre Ansichten außerordentliche Autorität gewannen. Nach stoischer Anschauung,[1] in der zumeist eine kritiklose Vermischung platonischer und aristotelischer Lehren, — und zwar keineswegs stets der wirklich wertvollen, — zutage tritt, besitzen alle Dinge gleichzeitig materiellen und logischen Charakter. Der erstere wird durch ihre Realität beglaubigt, und da solche allein dem Körperlichen zukommt, so sind körperlicher Natur nicht nur alle Substanzen, sondern auch alle Eigenschaften, so daß man die Qualitäten als Concreta zu betrachten hat; die Lehre von der Undurchdringlichkeit muß fallen, und es ist anzunehmen, daß verschiedene Stoffe sich gegenseitig vollkommen durchdringen und ihrer Gänze nach miteinander verschmelzen können.[2] Gleichwertig mit diesem stofflichen Prinzipe, der Materie oder Hyle, ist das logische, der (in letzter Linie auf Heraklit zurückzuführende) Logos, der in allem Seienden als vernünftiger Gedanke waltet, sich in der „Form" der Dinge äußert (die zugleich ihr Zweck und Begriff ist), und ihrem Wesen als „immanente Zweckmäßigkeit" zugrunde liegt. Der Logos wird auch „Pneuma" (Geist, Spiritus) genannt, und als warmer, Leben-erzeugender und -erhaltender, also „Lebenskraft" in sich führender Lufthauch gedacht, der alles im Weltall, vom größten bis zum kleinsten Körper, völlig

[1] S. die wichtige Schrift Heinzes „Die Lehre vom Logos in der griechischen Philosophie" (Oldenburg 1872); die Hauptwerke der Stoiker sind leider nur fragmentarisch erhalten. [2] Diese Lehre erneuerte noch im 19. Jahrhunderte Herbart.

durchdringt, wobei er eine bestimmte gleichbleibende Spannung erzeugt, jenen *τόνος* (tonus, tenor), dem auch die Schule der „pneumatischen Ärzte" eine so ungewöhnlich wichtige Rolle zuschrieb. Endlich erfolgt noch die Gleichsetzung des Logos mit dem „Äther" des Aristoteles: in der, dem Kreise später Peripatiker und Stoiker entstammenden pseudo-aristotelischen Schrift „Von der Welt" (De cosmo), deren großer und andauernder Einfluß kaum hoch genug einzuschätzen ist, tritt bereits der immaterielle und „göttliche" Äther des Aristoteles in der gröblich materialisierten Gestalt eines fünften Elementes auf (*πέμπτη οὐσία* = quinta essentia, Quintessenz), dem bewegende und erschaffende, Leben- und Seelen-erzeugende Kraft innewohnt, und das nicht mehr lokal wie bei Aristoteles, sondern seinem inneren Wesen nach die „höchste Stelle" einnimmt.

Da Feuer und Luft, die leichten und feinen Elemente, von großer, Wasser und Erde aber, die schweren und dichten, von geringer Spannkraft sind, so durchdringen Feuer und Luft, als das warme und aktive Prinzip (Pneuma), Wasser und Erde, als das kalte und passive (Hyle), und erfüllen, gliedern und formen so alle Einzeldinge. Die oben erwähnte Verquickung des Pneumas der Peripatetiker mit dem Logos der Stoiker erfordert jedoch eine Vermittlung zwischen dem passiven und qualitätslosen Stoff und dem mit der „treibenden Kraft" des Zweckbegriffes gestaltenden Logos; zugeteilt wurde diese, in Anknüpfung an die Rolle, die der Samen (Sperma) bei Aristoteles spielt, einem spezifisch stoischen Begriffe von großer Tragweite, dem *λόγος σπερματικὸς* (Logos spermatikos) oder *σπέρμα λογικὸν* (Sperma logikon), d. i. „Begrifflicher Samen" oder „Samenbegriff". Die Logoi spermatikoi sind die allgemeinsten, allem Seienden zugrunde liegenden, vernunftgemäßen Keime der Entfaltung, das bildende, individualisierende, der Materie die (platonischen) Ideen einpflanzende Prinzip, das eigentliche Wesen der Naturkräfte, das alle Dinge im Innersten zusammenhält,[1] als ihre Quintessenz, ihr Lebensgeist (Spiritus vitae), ihre Seele; dafür, wie durch Einwirkung des Logos auf die Materie ein bestimmter neuer Stoff, ein Individuum selbständiger Art, hervorgeht, wird als Schulbeispiel die Umwandlung des Kupfers in Bronze durch das Zinn nach Aristoteles angeführt.[2] Unter Bezugnahme auf den menschlichen Logos, d. i. Vernunft und Sprache, die einst die Götter den Menschen durch ihren geflügelten Boten Hermes (Merkur) vom Himmel herabsandten, wird schließlich erst dieser Logos, dann aber der Logos überhaupt, mit Hermes (Merkur) identifiziert („Hermes logios und psychopompos").

Die Neu-Pythagoräer (etwa von 100 v. Chr. an) setzten ebenfalls zwei Prinzipien voraus, die passive Hyle und den aktiven Logos, und ließen die Logoi, als Qualitäten der Dinge, zusammenfallen mit den „Formen" des Aristoteles, den „Ideen" des Platon, und den „Zahlen" des Pythagoras. Ebenso lehrte die Alexandrinische Schule, und ihr Hauptvertreter Philon von Alexandria (gest. um 50 n. Chr.), deren Bemühungen auf Vereinigung alttestamentarisch-theologischer und griechisch-philosophischer Anschauungen gerichtet waren, die Übereinstimmung der platonischen Ideen mit der Logoslehre, und sahen den Logos zugleich als Äther und *πνεῦμα θεῖον* (= pneuma theion, göttliches Pneuma) an; da sie es als der Gottheit unwürdig befanden, sich selbst mit der gemeinen Materie zu befassen, so übertrugen sie die Weltenbildung der „gestaltenden Kraft" der Logoi, die sie für wesensgleich teils mit dem platonischen Demiurgen, teils mit den heidnischen Dämonen, teils mit den jüdischen Engeln erklärten, und deren Aufgabe es war, die

[1] Daher gibt noch Faust als Zweck seines Studiums der Magie an: „Daß ich erkenne, was die Welt Im Innersten zusammenhält, Schau alle Wirkenskraft und Samen, Und tu' nicht mehr mit Worten kramen" (Goethes „Faust", Vers 382ff.). [2] Heinze, a. a. O., S. 118.

Materie zunächst in grobe und feine, und weiterhin erstere in Wasser und Erde, letztere in Luft und Feuer zu teilen. Für die Neuplatoniker endlich, deren Blütezeit (etwa von 300 n. Chr. an bis zum Erlöschen griechischen Geistes) mit jener der alexandrinischen Alchemie zusammenfiel, bestanden die Körper aus der Hyle als Materia prima und dem Logos als Inbegriff der Qualitäten, die als Logoi spermatikoi individualisierend wirken, und als „zeugende Formen" oder „Samen" sowohl die leblosen Einzeldinge als auch die Pflanzen und Tiere gestalten; der intelligente Logos, aber auch der allgemeine, sämtliche Dinge des Weltgebäudes hervorbringende und durchdringende, wird Hermes (Merkur) genannt.

Die vorstehenden Darlegungen, so knapp sie gefaßt werden mußten, dürften mit Klarheit ersehen lassen, wie die Alchemie, als ein echtes Kind griechischen Geistes, aus der griechischen Philosophie hervorging, und daß daher ihrem Hauptgebilde, dem mystischen „Stein der Weisen", mit Recht der Namen „philosophischer Stein" erteilt wurde, der erst in späterer Zeit nicht mehr auf die „reinen" Philosophen Bezug hatte, sondern auf die „philosophi per ignem", „die mit Hilfe des Feuers Forschenden", d. s. die Chemiker.

Von den wesentlichen Begriffen der Alchemie führen ihren Ursprung auf Platon zurück: die Materia prima; die allgemeine Wandelbarkeit sämtlicher Dinge; die wechselseitige Umwandlung (Transmutation) edler und gemeiner Metalle in der Natur; ihre Nachahmung, entweder auf die nämliche Weise, durch allmähliches Wachsen und Reifen, oder unter Benützung der Materia prima als Durchgangsstufe, wobei neue Stoffe durch Vereinigung und Vermählung aus den alten hervorgehen; die Symbolisierung des Goldes als Reinsten, Edelsten, Himmlischen, die dazu führt, dem „Stein der Weisen" auch psychische und religiöse Wirkungen zuzuschreiben, und in ihm, der Parallelität des mikro- und makrokosmischen Geschehens halber, zugleich das Allheilmittel gegen Krankheit und Alter zu suchen; der Zusammenhang der Metalle mit den Planeten.

Dem Aristoteles entlehnte man u. a. folgende Lehren: die Bedingtheit der Umwandlung (Transmutation) durch Hinzubringen neuer Qualitäten; die, der Kraft des Samens analoge Wirksamkeit kleiner Zusätze, als der Träger solcher Qualitäten, wobei sie, nach Art der „Vermählung", neue Körper hervorbringen (s. das Beispiel des Zinns); das äußere Sichtbarwerden der bewirkten Umwandlungen durch Veränderung der Farben, ähnlich wie beim Reifen der Früchte und beim Backen des Brotteiges,[1] — woraus die ungeheure Wichtigkeit der „Tinktion" und „Tinktur" erfließt, weil man umgekehrt aus dem Eintritt der gewünschten Färbung auf den der entsprechenden inneren Umwandlung schloß; die Andeutung der Verwandtschaft und Umwandlungsfähigkeit, z. B. zwischen Zinn und Silber, gelber Legierung und Gold, durch die gemeinsame Farbe.

Den Theorien der Stoiker wurden hauptsächlich nachstehende Sätze entnommen: die materielle Beschaffenheit der Qualitäten, der gemäß das Zubringen von zur Transmutation erforderlichen neuen Qualitäten durch Beifügung eines neuen Stoffes bewirkt werden kann, der den alten völlig durchdringt; die Erklärung solcher Umwandlungen (wie der des Kupfers durch Zinn) aus der individualisierenden Wirkung der Logoi spermatikoi; die Gleichstellung des Logos mit dem Äther, dem Pneuma, und dem Luftgeist (spiritus), die dazu Anlaß gab, den „Stein der Weisen" aus Äther, Luft, Sternschnuppensubstanz u. dgl., aber auch aus den Produkten der tierischen Lebenskraft (besonders den „heißen" Exkreten) zu bereiten, und das Wesen oder die Quintessenz der Dinge als „Geister" zu bezeichnen (die noch in unserem Weingeist, Holzgeist, Salmiakgeist u. a. m. fortleben); die Identifizierung des Logos mit Hermes.

[1] Hierher rührt vermutlich die Bezeichnung des von den Alchemisten benützten Materiales als *μάζα* (= maza, Brotteig); noch Paracelsus sagt „Der Brotbäck ist ein Alchymist".

Da man in späterer Zeit, bei der Darstellung von Arzneien, das Zumischen eines weiteren Bestandteiles als „Projektion" zu bezeichnen pflegte,[1] so ist es sehr wahrscheinlich, daß dieser Ausdruck auch auf das Einwerfen oder Einstreuen der chemischen Zusätze, z. B. des Zinns zum Kupfer, Anwendung fand, und daß daher tatsächlich, den Vermutungen Kopps und Gildemeisters entsprechend, dem „Streupulver", ξηρίον = Xerion, der arabische Name al-Ixir, d. i. Elixier, entsprang; erst weiterhin wurde dieser auf jenes Streupulver angewandt, das unedles Metall in Gold verwandelt, also auf den „Stein der Weisen", der zugleich Gesundheit und langes Leben verleiht.

Durch die Neupythagoräer, Alexandriner, und Neuplatoniker wurden im wesentlichen noch folgende Gesichtspunkte vertieft: die Entstehung edler Metalle aus unedlen durch Addition neuer Qualitäten, also auf dem nämlichen Wege, der in der Logik zur Bildung neuer und höherer Begriffe führte; die Bindung dieser Qualitäten an „Samen", unter Bezugnahme auf die angeblich uralten Mysterien der Orphiker, deren „ovum philosophicum" (philosophisches Ei) als Weltenei die Samen aller Dinge enthält; die Zusammensetzung des philosophischen Steines durch Vermählung des reinsten noch unberührten Stoffes (Materia prima, himmlische Hyle, Jungfernerde, Jungfernmilch, ...) mit dem aktivsten Prinzip des Logos, der gemäß der Stein der Weisen auch selbst als Keim, Embryo, Homunculus und Hermaphrodit betrachtet wird; die Gleichstellung der Logoi spermatikoi mit den Qualitäten, Samen, und Seelen, die dazu führt, von der „Seele" und dem „Samen" des Goldes, Silbers, Schwefels, Quecksilbers zu sprechen, unter denen die Quintessenz dieser Dinge verstanden wird, das philosophische Gold und Silber, „unser Gold und Silber", im Gegensatz zu dem gemeinen, natürlich

[1] So auch noch bei Avicenna (Ibn-Sina) und anderen früharabischen Ärzten.

vorkommenden; die Identifizierung des Logos mit dem Äther, dem πνεῦμα θεῖον (göttlichen Pneuma), und mit dessen Träger Hermes; die bei der Weltbildung erfolgende Scheidung der Materie in grobe und feine, und weiterhin in die Paare (Wasser + Erde) und (Feuer + Luft), die aber schließlich auch wieder als Repräsentanten des eigentlichen kalten und passiven Stoffes, sowie des heißen aktiven Pneumas gelten.

Dieser letzteren Anschauung scheint eine höchst eigentümliche durch ihre bis tief in die Neuzeit hinein währende Fortwirkung sehr wichtige Theorie entsprungen zu sein, nämlich die vom Bestehen aller Stoffe, und daher auch der Metalle, aus Schwefel und Quecksilber; bisher hielt man sie meist für eine arabische, vermochte aber ihre Quelle (für die die angeblichen Werke des Geber, als Fälschungen des späteren Mittelalters, nicht gelten können) nirgends nachzuweisen. In den frühesten einschlägigen Schriften der Araber, z. B. in der großen Enzyklopädie der sog. „Lauteren Brüder" (richtiger: Treuen Brüder), die im 10. Jahrhunderte abgefaßt ist, aber durchweg auf weitaus ältere Vorlagen zurückgeht, tritt jedoch diese Lehre, in stetem Verbande mit anderen rein griechischer Herkunft, schon in völlig bestimmter, durchaus dogmatischer Gestalt auf; sie wird, ohne jeden Anspruch auf Neuheit, als etwas so Selbstverständliches und zweifellos Feststehendes vorgetragen, daß sie offenbar desselben Ursprunges wie alles übrige sein muß, nämlich griechisch-alexandrinischen. Die Frage, woher ihre Autorität bei den hellenistischen Chemikern stammt, — unter denen z. B. schon Pibêchios (4. Jahrhundert) behauptet „alle Gegenstände enthalten Quecksilber", — läßt sich aber nunmehr, den weiter oben gegebenen Ausführungen nach, mit ziemlicher Wahrscheinlichkeit wie folgt beantworten: die Entstehung der Einzeldinge beruht auf Durchdringung von Hyle und Logos, und diese gelten als gleichwertig mit den groben und feinen Teilen der Materie, also mit den Paaren (Wasser + Erde) und (Luft +

Feuer), durch deren Vereinigung die Elemente, die nach Aristoteles alle vier in jedem Körper vorhanden sein müssen, wieder zusammengeführt werden; die Kombination (Wasser + Erde) ist aber, nach Aristoteles, im Quecksilber verwirklicht, als dessen Hauptbestandteile die in jedem unedlen Metalle vorhandene Erde, sowie das viele, seinen flüssigen Zustand bedingende Wasser anzusehen sind; für die zweite Kombination (Luft + Feuer), die dem πνεῦμα θεῖον (pneuma theion) entspricht, ergibt sich aus dem Doppelsinne des Wortes theion (= göttlich, aber auch = Schwefel) als passendster Träger der, nach Aristoteles schon von altersher für „heilig" angesehene Schwefel, dessen Eigenschaften, nämlich „heiße" und „feurige" Natur, sowie Flüchtigkeit, einer solchen Vorstellung durchaus angemessen erscheinen. Demgemäß vereinigen sich, wie auch die „Lauteren Brüder" noch lehren, die Elemente zunächst zum Schwefel und Quecksilber, und erst diese bilden dann, unter Verbindung nach den verschiedensten Mengen-, Reinheits- und „Reife"-Verhältnissen, wie alle anderen Stoffe so die Metalle; die Voraussetzung einer derartigen Entstehungsweise führte auch zu dem bedeutsamen, mit den Ansichten Platons übereinstimmenden Schlusse, daß sich Verbrennung und Rosten (also die raschen und langsamen Vorgänge der Oxydation) unter Ausscheidung eines Bestandteiles, und daher unter Gewichtsverlust vollziehen.

Tiefgreifende Veränderung dieser Anschauungen bewirkte noch eine Entdeckung, die zu den weittragendsten auf dem Gesamtgebiete der Chemie gehört,[1] die der Destillation des Quecksilbers, die allem Anschein nach im 4. Jahrhunderte n. Chr. gemacht wurde; war es auch schon seit langem bekannt, daß das Quecksilber im Feuer „verfliegt", so mußte doch die, mit allen hergebrachten Begriffen gänzlich unvereinbare Möglichkeit, es in ein Pneuma, einen heißen, Spannung besitzenden Luftgeist zu verwandeln, und aus diesem sichtbar wieder ab-

[1] S. meine Abhandlung über Platon.

zuscheiden, das äußerste Erstaunen hervorrufen! Ein Stoff von solchen Eigenschaften konnte unmöglich länger der kalten und trägen Hyle zugeordnet werden; es erfolgte ein vollständiger Stellungswechsel, — den vermutlich die Erinnerung förderte, daß Quecksilber nach Aristoteles auch viele Luft enthält, die sein Festwerden hindert —, man reihte das Quecksilber fortan dem Kreise des Pneumas ein, identifizierte es als flüchtigen, alles durchdringenden „Geist", mit dem Träger des Pneumas, und benannte es nach ihm Hermes oder Merkur.[1] Im Zusammenhange hiermit vollzog sich eine weitere sehr bemerkenswerte Wandlung: die uralte Zuordnung der Metalle zu den Planeten, die vermutlich aus babylonischer Quelle stammt, und von der die antike Welt durch spät-chaldäische Vermittlung die erste Kunde empfangen hatte, erlitt eine Abänderung, das Quecksilber wurde nunmehr dem Merkur beigesellt, das Zinn vom Merkur auf den Jupiter übertragen, das Elektron aber (d. i. eine auch in der Natur vorkommende, damals schon längst außer Gebrauch geratene Gold-Silber-Legierung) für immer aus der Reihe der planetarischen Metalle gestrichen.[2]

Die alten und neuen, so durchaus entgegengesetzten Ansichten über die Natur des Quecksilbers durch eine irgendwie annehmbare Theorie zu vereinigen, hat der sinkende Geist des Zeitalters nicht mehr versucht, oder doch nicht vermocht; sie blieben fortan, bis in die Neuzeit hinein, nebeneinander bestehen, als einer der unzähligen großen Widersprüche, mit denen das synkretistische Bemühen der Alexandriner Religion,

[1] Das Buch „Causa causarum", das im Mittelalter dem Aristoteles zugeschrieben wurde, in der Tat aber syrischen Ursprunges ist (10. bis 12. Jahrh.), lehrt u. a., jedenfalls nach viel älteren, zumeist recht unklaren Überlieferungen, Quecksilber enthalte Wasser und Luft, Schwefel aber Erde und Feuer. [2] Die schon 1884 durch den hervorragenden Orientalisten G. Hoffmann als besonders wichtig bezeichnete Frage nach Ort und Zeit dieser Umstellung des Quecksilbers dürfte durch das Vorstehende annähernd beantwortet sein.

Medizin, Astronomie, Chemie, und alle anderen, dem hellenistischen Boden in neuer oder erneuerter Form entkeimenden Wissenschaften erfüllte, — und genau wie jene unzähligen anderen Widersprüche so wurde auch dieser hingenommen, kaum mehr bemerkt, jedenfalls nicht weiter erörtert, und kraft der „Autorität der Schule" kritiklos von einer Generation auf die andere vererbt.

3

Der Einfluß der aristotelischen Lehren auf die Entwicklung der Chemie war, wie die im vorstehenden angeführten Tatsachen beweisen, ein ebenso tiefgehender wie nachhaltiger, gereichte ihr aber keineswegs stets zum Vorteile, und wurde daher schon oft und wiederholt als ein, die Wissenschaft geradezu schädigender und hemmender, mit den schärfsten Worten verurteilt. Der historisch geschulte Sinn wird indessen in solche „vernichtende Kritik" nicht ohne weiteres einzustimmen, vielmehr richtiger die Frage aufzuwerfen haben, welchen Ursachen der beispiellose Erfolg jener Lehren zuzuschreiben ist, — und zwar trotz ihrer Schwächen und Fehler?

Was die letzteren betrifft, so ist schon weiter oben hervorgehoben worden, daß Aristoteles zwar im Vollbesitze der richtigen Grundsätze der Naturforschung war, sie aber nicht folgerichtig anzuwenden wußte, und in zahlreichen Fällen schwer gegen sie verstieß. Vor allem tritt Aristoteles, — soweit die Mängel der Überlieferung ein Urteil gestatten —, keineswegs „ohne vorgefaßte Meinungen" an die Dinge heran; er berücksichtigte, mit kaum zu entschuldigender Vorliebe, die „hergebrachten Ansichten Früherer", die „allgemeine Meinung", sowie den „Sprachgebrauch"; er erörtert zwar die Geschichte aller Hauptprobleme, geht aber dabei über bedeutsame Leistungen seiner Vorgänger in einer Weise hinweg, die ihn häufig als übermäßig konservativ, zuweilen sogar rückständig erscheinen läßt; er trägt manches unzusammenhängend und mit Übergehung wichtiger Momente vor, anderes unsicher und schwankend, wie denn seine Polemik gegen Platon, dessen Sphäre er sich niemals gänzlich zu entziehen vermochte, zwar scharf, aber keineswegs klar und konsequent ist; unleugbare Widersprüche schlichtet er nicht selten, und anscheinend mit völliger Sicherheit, auf dem Wege advokatorischer, ja fast rabulistischer Dialektik, oder umgeht sie mit Hilfe voreiliger, auf allgemeinen Ähnlichkeiten und Analogien fußender Annahmen, wobei der Deduktion und der Konstruktion aus reinen Begriffen der Vorrang vor der Induktion und der Herleitung aus den Tatsachen bleibt. Alledem zufolge ist Aristoteles keinesfalls ein Naturforscher im heutigen Sinne und gewiß kein Experimentator, sondern nur ein Beobachter, der es aber häufig sowohl mit den Beobachtungen als auch mit deren Deutungen nicht kritisch genug nimmt. Doch ist zuzugeben, daß einige seiner Ansichten, u. a. die Verwandlung von Wasser in Luft und Luft in Wasser, das völlige Verschwinden eines Tropfens Weins in zehntausend Kannen Wasser, das Stattfinden der Urzeugung usf., auf damals (und noch weit später!) wirklich wohlberechtigten Beobachtungen zu beruhen schienen, und daß andere, wie z. B. die Lehren von den Elementen, von der verschiedenen Temperatur der Körperteile, und von der Stellung der Erde im Weltmittelpunkte, seitens der hervorragendsten medizinischen und astronomischen Fachmänner durchaus geteilt wurden: die geozentrische Theorie verteidigte z. B. nicht nur Eudoxos aus Knidos im 4., sondern auch noch der große Hipparchos im 2. Jahrhundert v. Chr., und zwar, nach A. von Humboldt, insofern mit Recht, als sie, solange die rein geometrische Betrachtung der Himmelsbewegungen alleinherrschend blieb, für deren Erklärung die mannigfachsten Vorteile bot.

Als sich, auf diesem Gebiete, wie auf allen anderen, im Laufe der Zeiten ein ungeheures neues Tatsachenmaterial angesammelt hatte, da wäre es freilich geboten gewesen, dem

Ausspruche des Aristoteles folgend, „den künftig zu machenden Beobachtungen mehr Glauben beizumessen als der Theorie“; gegen diese Hauptregel sündigten aber die Nachfolger des Aristoteles weit schlimmer und schwerer als er selbst, denn sie verkannten nicht nur die neuen Wahrheiten, sondern leugneten und unterdrückten sie bewußt, unter dem Vorgeben, sie widersprächen ihrem allein-seligmachenden Weltbilde. Was die Kirche, — die Aristoteles erst verwarf, dann auf den Schild erhob, und zum „praecursor Christi in rebus naturalibus“ stempelte (zum Vorläufer Christi in Sachen der Naturforschung) —, was die aus- und unterlegenden Scholastiker, und was die ihnen getreulich anhängenden Dunkelmänner als „aristotelisches Lehrgebäude“ proklamierten, hatte zuletzt mit den echten Anschauungen des Aristoteles kaum mehr etwas gemein; es war allenfalls (und auch das nur zum Teil) ein durch Dogmatismus und Intoleranz verkrüppeltes Gebilde ausgewählter, auch bei Aristoteles vorkommender, und auf seine Autorität hin als Stütze gewisser Tendenzen wohlverwendbarer Irrtümer, gegen die angekämpft und die schließlich überwunden zu haben, zu den Großtaten neuzeitlichen Geistes gehört.

Was hat aber der aristotelischen Lehre, selbst in solcher äußerster Entstellung und Verzerrung, ihre ungeheure, fast unverbrüchliche Lebenskraft verliehen?

Es ist gewiß richtig, daß sie, die in vielen Punkten den hergebrachten Auffassungen der „allgemeinen Meinung“ entgegenkam, seitens letzterer auch wieder als wesensverwandt und leichtfaßlich anerkannt und begrüßt wurde; in dieser Hinsicht sei nur daran erinnert, wieviele Betrachtungen und Schlagworte des Aristoteles, — vielleicht schon zu seiner Zeit sprichwörtliche —, noch heute zu den alltäglichen Bestandteilen unseres Sprachschatzes zählen: „Die Natur tut nichts vergeblich, nichts wider die Natur und alles auf das Einfachste und Beste“;[1] „Der Mensch ist ein Zoon politikon

[1] Hi. I, 4; Fa. 2, 8, 11.

(ein soziales Wesen), und mehr als jedes andere ein Herdentier";[1] „Bei den Fischen fressen die Großen die Kleinen, und es herrscht der Kampf zwischen den Stärkeren und Schwächeren";[2] „Von zwei Speisen in gleicher Entfernung gleichstark angezogen, wird der Hungernde unbeweglich verbleiben müssen", — das Vorbild zum Esel des Buridan;[3] „Die größten Vorzüge bietet der Mittelweg";[4] „Die Kunst (τέχνη = techne) ahmt der Natur nach",[5] — daher der Ausdruck Technik; „Die Gewohnheit wird zur zweiten Natur";[6] „Ein Keil treibt den anderen";[7] „Man kennt sich nicht, ehe man zusammen einen Scheffel Salz gegessen hat";[8] „Das Auge des Herrn macht die Pferde gedeihen";[9] „Man streitet um den Schatten des Esels";[10] „Tatsachen beweisen";[11] „Er spricht wie der Blinde von der Farbe";[12] „Wenn man Großes mit Kleinem vergleichen darf";[13] „Das heiße Blut der Jugend";[14] „Die angeborene Farbe" (z. B. der Entschließung);[15] „So mischten sich in ihm die Elemente";[16] „Der Mensch ein Mikrokosmos";[17] der „springende Punkt" (punctum saliens, d. i. die Anlage des Herzens im Hühner-Embryo)[18]; „Der Leib ist das Organ der Seele",[19] — daher die Ausdrücke Organismus, Organisches, Organisiertes; „Politische Ökonomie",[20] ursprünglich im Sinne von Ökonomie der πόλις (Stadt) = Kommunalwirtschaft, usf. usf.

Des weiteren trifft es sicherlich zu, daß Aristoteles eine kaum glaubliche Fülle positiver Kenntnisse (auch naturwissenschaftlicher, besonders zoologischer und biologischer) in sich vereinigte, und aus ihnen, neben vielem heute als un-

[1] St. I, 2; Zo. I, 1. [2] Zo. VIII, 2; IX, 2. [3] Hi. II, 13. Wie schon Schopenhauer bemerkte („Werke", Leipzig 1877; IV, 58) kommt der sog. Esel des Buridan in den uns erhaltenen Schriften dieses Scholastikers gar nicht vor; dagegen findet sich das dem Aristoteles entlehnte Bild bei Dante („Paradies", Ges. IV, Vers 1). S. u. a. auch Lucian, „Ikaromenippus", cap. 25, und noch Voltaire, „Pucelle", cap. 12, Vers 16! [4] Ni. II, 9; St. III, 16; Eu. III, 3 u. III, 7. [5] Ph. II, 2. [6] Ni. VII, 11. [7] St. V, 11. [8] Ni. VIII, 4. [9] Ö. 6. [10] Fr. 582. [11] M. I, (14), 25. [12] Ph. II, 1. [13] M. II, (8), 17. [14] Rh. II, 12. [15] nach Kat. 8. [16] nach S. I, 4 u. 5; Ni. VII, 15. [17] Ph. VIII, 2. [18] Zo. VI, 19. [19] S. I, 4 u. 5; II, 2. [20] Ö. II.

richtig Erkanntem, auch auf fast allen Gebieten eine große Anzahl wertvoller, von äußerstem Scharfsinne zeugender, und seinem Zeitalter weit voraneilender Wahrheiten ableitete.

Endlich ist es auch fraglos, daß seine Berücksichtigung der Geschichte der Wissenschaften ihn zum Vater der vergleichenden Methode und der Entwicklungsgeschichte machte, sowie daß er der Schöpfer der wissenschaftlichen Terminologie ist, — speziell auf dem Gebiete der Logik und Zoologie, die als Wissenschaften erst ihm ihr Dasein verdanken —, aber auch auf dem der Mathematik und Physik, besonders durch die von ihm erdachte und vielfach angewandte Bezeichnung allgemeiner (mathematischer, physischer, logischer) Größen oder Begriffe durch die Buchstaben des Alphabetes.

Zu diesen, ohnehin schon außerordentlichen Vorzügen einer Lehre, die sich dem Fassungsvermögen philosophisch Gebildeter wie Ungebildeter als gleich angemessen erwies, überreich an neuen Tatsachen und Folgerungen war, und dabei durchaus auf Allseitigkeit der Erkenntnis (Universalität) ausging, gesellte sich aber noch ein letzter und entscheidender: Aristoteles war einer der größten und fruchtbarsten Systembildner, die jemals aufgetreten sind, und was er der Menschheit zu sagen hatte, das bot er ihr dar in Gestalt einer logisch durchgearbeiteten, konsequent aufgebauten Enzyklopädie, eines folgerichtigen und geschlossenen Ganzen. Ein System schätzt aber, wie die Geschichte, und namentlich die Geschichte der Wissenschaften zeigt, und wie die Erfolge eines Hippokrates, Galenos, Ptolemäus, Avicenna, Thomas d'Aquino, Paracelsus, Stahl, Descartes, Linné, Cuvier, Hegel, Lyell, Darwin, und vieler anderer Größen lehren, die Menschheit über alles; das Moment der geistigen Trägheit überwindet bei ihr sämtliche übrigen, und ist ein System erst einmal durchgedrungen, so findet sie sich mit den ärgsten Mängeln ab, nimmt die schlimmsten Widersprüche unbesehen hin, verschließt sich wissentlich der aufdämmernden richtigeren Erkenntnis, ja bekämpft sie sogar durch die Tat, — solange nur noch die Hoffnung besteht, das System erhalten, im gewohnten Gleise bleiben, Umlernen und Nachdenken vermeiden, kurz geistige Anstrengung sparen zu können.

Die Vereinigung des Gelehrten, Beobachters, und Denkers mit dem Klassifikator, Organisator, und Systematiker war es daher, die Aristoteles zur gewaltigsten geistigen Macht fast zweier Jahrtausende erhob, und zur einzigen, die gleichzeitig und in gleichem Maße die Gesamtkultur Europas und des arabischen Weltreiches beherrschte. Wer im Osten und wer im Westen kurzweg vom „Philosophen" sprach, der meinte hiermit den Aristoteles; er blieb „der Mann von höchstem, fast göttlichem Genie", als den ihn Cicero,[1] „der Meister derer, die da wissen", als den ihn Dante[2] gepriesen hatte, und zwanzig Jahrhunderte mußten vergehen, ehe in Leibniz seinesgleichen erstand.

[1] „De divinatione", lib. I, cap. 25. [2] „Hölle", Ges. IV, Vers 131.

5

DIE „ENTSALZUNG DES MEERWASSERS" BEI ARISTOTELES[1]

Wie ich in meiner ausführlichen Abhandlung „Chemisches und Alchemisches aus Aristoteles"[2] des Näheren darlegte, erwähnt Aristoteles in seiner „Meteorologie", daß die beim Erhitzen oder Verkochen des Meerwassers entweichenden Dämpfe, sobald sie sich niederschlagen, nicht wieder Meerwasser ergeben, sondern süßes, wie das der Geschmack der sich anhängenden verdichteten Tropfen zeige; zur Bestätigung der Behauptung, daß das Meerwasser solches süßes Wasser in sich enthalte, führt er noch einen besonderen „Beweis durch den Versuch" an:[3] Versenke man nämlich ein wächsernes Gefäß, dessen Hals wasserdicht verschlossen sei, in das Meer, so enthalte es nach 24 Stunden eine gewisse Menge Wasser, das durch die wächsernen Wände hineinfiltriere, und dieses Wasser befinde man trinkbar, weil die erdigen und salzigen Bestandteile aus ihm „abgesiebt" wurden.

Die angeführte Stelle aus der „Meteorologie" hat den Herausgebern und den Kommentatoren philologischer und physikalischer Richtung seit jeher große Schwierigkeiten bereitet, und bis in die neueste Zeit hinein blieb man auf die mannigfaltigste Weise bemüht, sie bei Aristoteles (oder den

[1] „Chemiker-Zeitung" 1911, S. 629. [2] „Archiv für die Geschichte der Naturwissenschaften", Leipzig 1910, Bd. 2, 233—300. [3] ebd., S. 257ff.

von ihm benützten Vorgängern) sprachlich und sachlich aufzuklären, sowie den angedeuteten Versuch zu wiederholen, — auch letzteres ohne Erfolg, da dünnwandige Wachsgefäße einem größeren Drucke nicht widerstehen, dickwandige aber Wasser überhaupt nicht durchlassen.

Die Werke des Aristoteles selbst enthalten noch eine Parallelstelle in den „Büchern der Probleme", doch gelten diese für größtenteils unecht, der griechische Text ist unklar und stimmt mit der alten lateinischen Übersetzung nicht überein, und diese redet auch nur allgemein von einem in das Meer zu versenkenden Gefäße, nicht von einem aus Wachs angefertigten. Weitaus wichtiger ist jedoch eine zweite Stelle, die in der „Tierkunde" vorkommt, und abermals des „dünnen wächsernen Hohlgefäßes" gedenkt, das, in das Meer versenkt, „nach vierundzwanzig Stunden eine kleine Menge trinkbaren Wassers enthält". Im selben Kapitel spricht nämlich Aristoteles zunächst die Ansicht aus, süßes Wasser gehe aus Meerwasser hervor, wenn dieses beim „Durchseihen" durch feste erdige Schichten sein Salz abgebe, und alle Schaltiere lebten von dem süßen Wasser, das sich bei solchem „Durchseihen" des Seewassers durch ihre Schalen bilde; man wird daher mit Recht voraussetzen dürfen, daß der „Versuch", dessen Beschreibung diesen Sätzen alsbald nachfolgt, mit ihnen in sachgemäßem Zusammenhange stehen müsse, und daß Aristoteles keinesfalls ein Gefäß aus Wachs, also aus einem für Wasser undurchlässigen Materiale, im Sinne gehabt haben könne.

Alle Schwierigkeiten und Widersprüche werden nun behoben, wenn man an der fraglichen Stelle, meinem Vorschlage gemäß, statt *ἀγγεῖον κήρινον* (angeion kerinon) = Wachsgefäß, *ἀγγεῖον κέραμον* (angeion keramon) = Tongefäß liest. Die Vorschrift lautet dann dahin, man möge ein durchlässiges (also unglasiertes) Tongefäß, dessen Hals dicht verschlossen ist, in das Meer versenken; das allmählich eindringende Wasser, dessen Menge nur klein sein kann, schon weil die Luft nicht oder nur spärlich zu entweichen vermag, soll trinkbar befunden werden.

Da nun, vorausgesetzt, daß es gelang, die günstigsten Umstände und die passendsten Tonsorten ausfindig zu machen, ein solches Ergebnis keineswegs unmöglich erschien, so lag es nahe, die Richtigkeit der Konjektur durch die Vornahme von Versuchen zu prüfen, und Herr Prof. Dr. Ernst Erdmann hatte die Güte, meiner Anregung folgend, solche in seinem Laboratorium in Halle anzustellen.

Zur Benützung gelangten zunächst weiße Tonzellen, wie sie zu galvanischen und elektrolytischen Zwecken üblich sind, sowie sogenannte italienische Krüge, das sind die im Sommer zum Kühlen des Wassers dienenden, braunen, leicht gebrannten Krüge aus porösem Ton, die übrigens massenhaft auch in Deutschland hergestellt und nach Italien ausgeführt werden, von wo sie dann als „italienische Ware" zu uns zurückkommen. Die zweckmäßig verschlossenen Zellen wurden in einen Autoklaven gebracht, der Wasser von 3 % Kochsalzgehalt (dem Wasser des Mittelmeeres entsprechend) enthielt, und in diesem einem Drucke von $^1/_2$—$3^1/_2$ Atmosphären ausgesetzt, den man mittels flüssiger Kohlensäure oder flüssigen Sauerstoffes erzeugte; die hohen Drucke erwiesen sich als ganz unnötig, denn schon bei $^1/_2$ Atmosphäre waren binnen $4^1/_2$ Stunden bis 70 ccm Wasser in die Zellen gedrückt, — aber dieses Wasser war stets genau ebenso salzig wie das außerhalb befindliche, und eine Absorption oder Adsorption (an deren Eintritt ich ursprünglich gedacht hatte) war auf keine Weise zu erzielen. Die italienischen Krüge (von rund 1280 ccm Fassungsraum) versenkte man in ein drei Meter hohes Blechgefäß voll Salzwasser, und es zeigte sich, daß, den Kompressionsverhältnissen entsprechend, erhebliche Mengen Wasser, in 24 Stunden bis 295 ccm, in sie hineingedrückt wurden; aber auch dieses Wasser besaß den nämlichen Salzgehalt wie das äußere, und es trat, mindestens bei der benützten Tonsorte, kein Anzeichen irgendwelcher Absorption zutage. Schon sollten weitere Versuche in dieser Richtung, da alle Abänderungen fruchtlos blieben, eingestellt werden, als zufällig eines Tages, statt eines neuen Gefäßes wie bisher, ein älteres zur Anwendung kam, das man nach dem Gebrauche gründlich ausgespült, gewaschen, und dann an der Luft getrocknet hatte: diesmal nun schmeckte das eingedrungene Wasser ganz erheblich milder, und die Analyse ergab auch nur 1,5 % Salzgehalt. Als Ursache dieser auffälligen Erscheinung erwies sich ein unerwartet hohes Aufsaugungsvermögen des Tones für Flüssigkeiten; ein neuer, in völlig trockenem Zustande 602 g schwerer $1^1/_4$ Liter-Krug, den man einige Zeit in reines Wasser setzte, dann ausgoß und sorgfältig abtrocknete, so daß er beim Stehen dauernd trocken blieb und sich auch ganz trocken anfühlte, wog nicht weniger als 695 g, er hatte also in seinen Wandungen 93 g Wasser aufgespeichert, d. i. rund 15,5 % des anfänglichen Gewichtes. Versenkte man ihn in d i e s e m Zustande in das große, mit dreiprozentigem Salzwasser gefüllte Blechgefäß, so wurden binnen 45 Minuten 50 ccm Wasser in seinen Hohlraum gedrückt, und dieses Wasser war v ö l l i g s ü ß, ganz rein (spez. Gewicht = 1,0015), und so salzfrei, daß es mit Silbernitrat nur eine kaum merkliche Trübung zeigte; es war eben das vorher seitens der Wandungen aufgesaugte reine Wasser, das nun, dem äußeren Drucke folgend, zuerst in das Innere des Kruges drang.

A r i s t o t e l e s oder sein Vorgänger hat also offenbar den „Versuch" nicht mit einem n e u e n Tongefäße angestellt, sondern mit einem schon g e b r a u c h t e n, gereinigten, das anscheinend trocken war, in der Tat aber in seinen Wandungen süßes Wasser enthielt; je nach der Dicke und Porosität des Gefäßes, und je nach der Höhe des Druckes beim Einsenken in das Meer, mußte dann nach Ablauf einer bestimmten Zeitdauer, — die nach den angestellten Proben sehr wohl zwischen 1 Stunde und 24 Stunden variieren kann —, tatsächlich eine gewisse Menge trinkbaren Wassers im Inneren des Gefäßes zu finden sein, und so entstand der Anschein einer „Entsalzung des Meerwassers" infolge „Abseihens" seiner salzigen Teilchen durch die Tonwand.

Es liegt demnach eine Art „klassisches Zauberkunststück" vor, wie sich Herr Prof. Dr. Erdmann mit Recht ausdrückt. So einfach und selbstverständlich der Tatbestand erscheint, wenn er erst einmal enträtselt ist, so war doch, um ihn aufzudecken, langwierige Versuchsarbeit und scharfe Beobachtungsgabe erforderlich; jedenfalls darf es zur Befriedigung gereichen, eine „Vexierfrage", die Gelehrte der verschiedensten Fächer über zwei Jahrtausende lang beschäftigte, nunmehr der richtigen Lösung zugeführt zu sehen, — denn die Behauptung, daß eine solche vorliegt, wird, allem Dargelegten zufolge, wohl als gerechtfertigt erscheinen.

6

DIE „ENTSALZUNG DES MEERWASSERS"; NACHTRAG[1]

Vor einigen Monaten veröffentlichte ich unter dem Titel „Die Entsalzung des Meerwassers bei Aristoteles" in der „Chemiker-Zeitung"[2] einen kurzen Aufsatz, in dem ich, anknüpfend an meine ausführliche Abhandlung „Chemisches und Alchemisches aus Aristoteles", die Wahrscheinlichkeit erörterte, daß es sich bei dem, im Laufe der Zeiten so viel besprochenen Entsalzungsversuche des Stagiriten, nicht um ein Wachsgefäß, ἀγγεῖον κήρινον (angeion kérinon), handle, sondern um ein Tongefäß, ἀγγεῖον κεράμινον (angeion keráminon); wie und unter welchen Umständen, mittels eines solchen, dem Anscheine nach wirklich aus salzigem Wasser süßes gewonnen werden könne, wurde an der Hand von Versuchen berichtet, die Prof. Dr. E. Erdmann, meiner Anregung folgend, in seinem Laboratorium in Halle angestellt hatte.

Von den beiden naheliegenden Veränderungen der bisherigen Lesart κήρινον in κέραμον oder κεράμινον gab ich zunächst der ersteren den Vorzug, weil hiernach beide Worte dieselbe Anzahl von Buchstaben aufweisen. Herr Geh.-Rat Prof. Dr. G. Wissowa in Halle machte mich aber durch eine freundliche Mitteilung, für die ich ihm auch hier gerne nochmals besten Dank sage, darauf aufmerksam, daß der Geist der griechischen Sprache an Stelle der appositionellen Form ἀγγεῖον κέραμον (ein Gefäß, ein Tongefäß) jedenfalls die

[1] „Chemiker-Zeitung" 1911, S. 1189. [2] ebd., S. 629.

adjektivische *ἀγγεῖον κεράμιον* oder *κεράμινον* (ein tönernes Gefäß) erfordere; demgemäß ist also meine Angabe zu berichtigen. Aus *κεράμινον* kann übrigens offenbar noch leichter als aus *κέραμον* das übliche *κήρινον* hervorgehen.

Auch der weltberühmte philologische Altmeister der Berliner Universität, Herr Geh.-Rat Prof. Dr. H. Diels, dem ich meine kleine Arbeit zur Kenntnis gebracht hatte, erwies mir die Ehre, mir über den in Frage stehenden Gegenstand einen Brief zu schreiben, und mich auf einen seiner kürzeren Aufsätze aufmerksam zu machen, der unter dem Titel „Ein falsches Experiment" schon 1905 in dem Fachblatte „Hermes", Zeitschrift für klassische Philologie (Bd. 40, S. 310), erschienen war. Diese Abhandlung, die nicht gekannt zu haben ich außerordentlich bedauere, behandelt das Problem der aristotelischen Wachsflasche, und erörtert in eingehender und erschöpfender Weise seine Herkunft und seine Überlieferung. Ihr Inhalt läßt sich etwa in nachstehenden Leitsätzen (die eingeklammerten Worte rühren von mir her) kurz zusammenfassen:

Olympiodor gedenkt in seinem (im 5. nachchristlichen Jahrhunderte niedergeschriebenen) Kommentar zur „Meteorologie" des Aristoteles des *ἀγγεῖον κήρινον*, des Wachsgefäßes, das, wohlverschlossen ins Meer versenkt und nach gewisser Zeit herausgezogen, laut Angabe des Aristoteles das allein durchgesickerte süße Wasser enthält, „abgesiebt" vom Salze, das außerhalb zurückblieb. — Zwar ist es nach Diels richtig, daß Aristoteles diese Angabe in der „Meteorologie" und auch in der „Tiergeschichte" vorbringt, und an letzterer Stelle hinzufügt: „Einige hatten Gelegenheit, das zu erproben", aber mit gleicher Sicherheit steht auch fest, daß das Experiment unmöglich ist; Aristoteles hat es also wohl, wie so viele andere, die er erwähnt, nicht selbst angestellt, sondern einer älteren Quelle entnommen, die er Grund hatte, für zuverlässig anzusehen.

Einen Fingerzeig zu deren Ermittelung liefern die „Physikalischen Fragen“ des Plutarch (48—125 n. Chr.), deren Echtheit man mit Unrecht angezweifelt hat; eine Stelle dieser Schrift sucht das Verhalten der Strandpflanzen gegenüber den Salzen des Meerwassers zu erklären, und indem der Autor daran erinnert, daß man beim Graben in der Nähe der Seeküste nicht selten auf Adern trinkbaren Wassers stoße, fährt er fort: „Viele gewinnen auch Süßwasser aus dem Meere, indem sie es in Wachsflaschen, *κηρίνοις ἀγγείοις*, emporheben: es wird dabei durchgeseiht, während das Bittere und Erdige sich abscheidet; die Fortleitung durch Ton macht das durch ihn filtrierte Meerwasser durchaus trinkbar, da er das Erdige in sich zurückhält und nicht durchläßt.“ Das nämliche pflanzenphysiologische Problem behandelt auch Theophrast (der Schüler und Nachfolger des Aristoteles, 376—288 v. Chr.), jedoch in anderer Weise, und hauptsächlich anschließend an Demokrit (440—350 v. Chr.?), dessen Werke uns nicht erhalten sind.

Nun stammt die Lehre, daß Süßwasser nichts anderes sei, als durch Erde filtriertes Seewasser, aus einer alten, volkstümlichen, schon bei Thales (624—548 v. Chr.?) vorkommenden Theorie, der gemäß auch die Flüsse sämtlich auf solche Weise aus dem salzigen Okeanos hervorgehen; diese Theorie aber, deren Aristoteles ausdrücklich Erwähnung tut, findet sich auch bei Demokrit vor, der „als ein Mann, der beinahe über alles nachgedacht hat“, dem Aristoteles als unbedingt erste Autorität bezüglich der Physik galt. Da nun auch Aelian, wo er in seiner „Tiergeschichte“ (verfaßt um 125 n. Chr.) von der Wachsflasche des Aristoteles spricht, im Zusammenhange hiermit den Theophrast und Demokrit anführt, und Plutarch gelegentlich der Erörterung derselben Fragen die nämlichen Autoren zitiert, so unterliegt die demokritische Herkunft der ganzen Anschauungsweise wohl keinem weiteren Zweifel; die dem Aristoteles zugeschriebenen sog. „Bücher der Probleme“ enthalten in Wirklichkeit zumeist Auszüge aus den kleineren Schriften des Theophrast, und so erklärt sich auch hier wieder das Vorkommen einer Stelle über die Entsalzung des Meerwassers aus dem Zusammenhange mit den demokritischen Problemen; vermittelt hat deren Kenntnis dem Plutarch und Aelian in erster Linie wohl Theophrast, in zweiter eine nicht mehr sicher festzustellende, vermutlich medizinische Quelle: nur aus dritter Hand empfangen, tauchen sie daher bei den späteren Autoren auf.

Zu diesen ist auch der eingangs erwähnte Olympiodor zu zählen, und da die von ihm berichtete „überraschende Diffusionserscheinung" unmöglich, ja „haarsträubend" erscheint, bemerkt Diels: „... so bereue ich nicht, für den Apparat der Olympiodor-Ausgabe die bescheidene Vermutung *κεράμινον* statt *κήρινον* beigesteuert zu haben; denn ich erinnerte mich an die Rolle, welche poröse Tongefäße bei der Endosmose spielen, und wußte, daß auch die Alten (u. a. Aristoteles selbst, sowie sein Kommentator Philoponos, der im 6. Jahrh. n. Chr. lebte) auf das merkwürdige Verhalten des ungebrannten oder vielmehr schwach gebrannten Tones aufmerksam geworden waren." —

Die Tatsache, daß die von mir empfohlene veränderte Lesart *κεράμινον* statt *κήρινον*, tönern statt wächsern, schon vor 6 Jahren seitens Diels vorgeschlagen wurde, erfüllte mich begreiflicherweise zunächst mit größter Befriedigung; alsbald trat aber die Enttäuschung ein, als ich weiterhin las, daß diese Konjektur falsch sei und zu nichts helfe, erstens weil eine Diosmose das Vorhandensein zweier verschiedener Flüssigkeiten zu beiden Seiten der Wand erfordere, zweitens weil Aristoteles sie selbst widerlege, indem er in der „Tiergeschichte" das nämliche Experiment mit der Wachsflasche zu dem nämlichen Zwecke ausdrücklich nochmals vorbringe.

Ist nun diese Ansicht Diels' berechtigt? Mit aller Bescheidenheit, deren sich der Laie zu befleißigen hat, wenn er es unternimmt, einem ersten Meister des Faches zu widersprechen, muß ich mir gestatten, dies zu bezweifeln: fest steht zunächst, auch nach Diels, daß der Versuch mit der Wachsflasche unmöglich ist, daß also das von Aristoteles angeführte Ergebnis, das für völlig aus der Luft gegriffen zu halten kein Anlaß vorliegt, nur unter Benutzung eines Gefäßes aus anderem Material erhalten worden sein kann. Wie ich in meiner Arbeit hervorhob, „läßt Aristoteles im betreffenden Kapitel der ‚Tierkunde‘ zunächst das süße Wasser aus dem Meerwasser vermöge des ‚Durchseihens‘ durch feste erdige Schichten hervorgehen, und die Schaltiere von dem, beim Durchseihen des Seewassers durch ihre Schalen entstehenden süßen Wasser leben, und man darf daher mit Recht voraussetzen, daß der ‚Versuch‘, dessen Beschreibung jenen Angaben nachfolgt, mit ihnen in sachgemäßem Zusammenhange stehen müsse“. Da es sich nun bei diesen um eine wirkliche oder vermeintliche Filtration durch tonige Schichten oder Schalen handelt, so ergibt sich in zwangloser Weise der Ton als das gesuchte andere Material. Auch alle die von Diels ausfindig gemachten Quellen, von Plutarch an bis zurück zu Thales, nehmen einstimmig immer nur Bezug auf die Filtration des Seewassers durch Erde und speziell durch Ton; die wunderbare Leistung der Wachsflaschen, die sich mit der Zeit derart vervollkommnet hat, daß nach Plutarch gar schon „Viele das Süßwasser so aus dem Meere emporheben“, wird zwar von jedem der Autoren erwähnt, aber die beigefügten Erklärungen beziehen sich nie auch nur mit einem Worte auf Wachs, sondern stets auf Ton, und können als wirkliche Analogien nur gelten, wenn man das Adjektiv „wächsern“ durch „tönern“ ersetzt: dann treffen sie, ohne daß man sonst eine Silbe zu ändern braucht, tatsächlich zu.

Meiner Ansicht nach ist also der Sachverhalt wie folgt anzusehen: das Experiment (das auch meine Arbeit als von Aristoteles „oder den von ihm benutzten Vorgängern“ herrührend bezeichnete), ist, wie aus dem Nachweise von Diels hervorgeht, aller Wahrscheinlichkeit nach durch Demokritos angestellt worden, aber mit einem tönernen Gefäß, in der von mir berichteten Weise, und mit dem angegebenen positiven Erfolge. Das *ἀγγεῖον κεράμινον* des Demokrit hat ein Abschreiber in ein *ἀγγεῖον κήρινον* verwandelt, und nachdem so das Tongefäß zu einem Wachsgefäß geworden war, begann es als solches, von jener ersten Quelle ausgehend, seine Wanderschaft durch die spätere Literatur: ein Autor überlieferte es dem anderen, ohne den auf eine hohe Autorität zurückgehenden Versuch zu wiederholen, und ohne sich daran zu stoßen, daß die (vielleicht schon von Anfang an beigefügten) erklärenden, aber auf Ton bezüglichen Analogieschlüsse auf Wachs gar nicht zutreffen. Aus einer Handschrift, die die Lesart *κήρινον* bot, schöpfte auch Aristoteles, und infolgedessen ist es nicht auffällig, daß er in seinen Werken, so oft sich ein Anlaß ergibt, diesen Gegenstand zu berühren, alle Male von einem Wachsgefäße spricht.

Was endlich Diels' Bedenken bezüglich der Diosmose betrifft, so ist zu berücksichtigen, daß eine solche, den von mir berichteten Versuchen gemäß, nicht in Frage kommt, da bei diesen das Wasser einfach infolge des hydrostatischen Druckes in die Tongefäße eintrat.

Die Schwierigkeiten, die Diels seiner Konjektur *κεράμινον* früher entgegenstehen sah, dürften demnach jetzt als behoben gelten, und da die Lesart *κήρινον* auf alle Fälle unzulässig bleibt, weil sie Unmögliches voraussetzt, so scheinen physikalische wie philologische Gründe in gleicher Weise für die Richtigkeit der von mir geäußerten Vermutung zu sprechen.

7

DIE SPEZIFISCHE GEWICHTSBESTIMMUNG BEI ARCHIMEDES[1]

Unter obigem Titel besprach vor einiger Zeit[2] Herr Privatdozent Dr. Franz Strunz einen 1897 erschienen einschlägigen Aufsatz des holländischen Forschers van Deventer, in dem dieser zeigt, daß es sich gelegentlich der von Vitruv überlieferten Untersuchung nicht um eine Krone des Königs Hiero gehandelt habe, sondern um einen Kranz, dessen Prüfung ohne Beschädigung des Kunstwerkes erfolgen mußte, was daher keinesfalls ausschließt, daß man zu jener Zeit nicht schon andere, vielleicht auf einer Art von Zementation und auf Anwendung des Probiersteines beruhende Methoden kannte.

Es sei gestattet, darauf hinzuweisen, daß die richtige Darstellung des Sachverhaltes, wie sie van Deventer gibt, auch der deutschen Literatur keineswegs fremd ist und sich z. B. in Hellers „Geschichte der Physik" (Stuttgart 1882, Bd. 1, S. 87), in Gerland-Traumüllers „Geschichte der physikalischen Experimentierkunst" (Leipzig 1899, S. 28), und in La Cour-Appels „Die Physik auf Grundlage ihrer geschichtlichen Entwicklung" (Braunschweig 1905, Bd. 1, S. 202) vorfindet. Es enthält ferner die Wiener „Numismatische Zeitschrift" von 1884 (Bd. 16), eine Arbeit des um die antike Metallurgie so vielfach verdienten Prof. K. B. Hofmann,

[1] „Chemiker-Zeitung" 1907, S. 616. [2] ebd., S. 487.

„Beiträge zur Geschichte der antiken Legierungen“, deren dritter Absatz „Über die Bestimmung der Zusammensetzung des Elektrums aus seinem spezifischen Gewicht“ überschrieben ist. Hofmann erörtert zunächst den Bericht des Vitruv über den, ohne Schädigung des Weihekranzes zu erbringenden Nachweis der Verfälschung, und wendet sich dann zu dem Lehrgedichte „De ponderibus et mensuris“, das nach einigen Forschern um 50, nach anderen erst gegen 500 n. Chr. (angeblich von Rhamnius oder Remmius Flavinus?) verfaßt sein soll, und zwei, nach allem Anscheine auf Archimedes zurückgehende Bestimmungsmethoden schildert: die erste beruht auf der Differenz der Gewichtsverluste, die gleiche Gewichte verschiedener Metalle beim Eintauchen in Wasser erleiden, die zweite auf der Verschiedenheit der Gewichte, die gleich große, aber aus verschiedenen Metallen bestehende Körper zeigen (wobei die Edelmetalle auch durch Wachs oder einen anderen passenden Stoff schon bekannten Volumgewichtes ersetzt werden können). Es ist beachtenswert, daß die Methoden des Archimedes nicht nur den Nachweis einer Verfälschung ermöglichen, sondern auch deren Betrag quantitativ zu bestimmen gestatten: Archimedes konnte nicht nur zeigen, daß dem zur Herstellung des Weihekranzes bestimmten Golde Silber beigemischt worden war, sondern auch angeben, wieviel, und auf seinem Prinzipe fußend, analysierte Hofmann eine große Anzahl kostbarer antiker Münzen aus Elektrum (Gold-Silber-Legierung), die gleichfalls nicht beschädigt werden durften, und ermittelte so deren bis dahin unbekannt gebliebene Zusammensetzung. Ganz unabhängig von ihm kam zu gleicher Zeit Hultsch, der berühmte Verfasser des grundlegenden Werkes „Metrologicorum scriptorum reliquiae“ (1. Ausgabe Leipzig 1866), auf den nämlichen Gedanken, und veröffentlichte 1884 in der „Berliner Zeitschrift für Numismatik“ (Bd. 11, S. 161) ebenfalls eine Reihe von Analysen seltener Münzen nach dem Archimedischen Prinzipe;

diese Analysen von Hofmann und Hultsch waren, trotz des so nahe liegenden Gedankens, merkwürdigerweise die ersten solcher Art.

Es ist von früheren Forschern immer noch bezweifelt worden, daß Archimedes klare Vorstellungen über das spezifische Gewicht besaß, diese Bedenken müssen aber völlig verstummen gegenüber den Auszügen arabischer Schriftsteller aus Archimedischen Werken, die in jüngster Zeit (1906) Prof. Dr. E. Wiedemann (Erlangen) in Nr. 6 bis 8 seiner hochwichtigen „Beiträge zur Geschichte der Naturwissenschaften" bekannt gemacht hat: diesen gemäß fehlt bei Archimedes nur das Wort „spezifisches Gewicht", keineswegs aber die zutreffende Kenntnis und Anwendung des Begriffes. Die von verschiedenen Schriftstellern des 11. und 12. Jahrhunderts überlieferten Methoden des Archimedes und seiner Schule, wie sie u. a. Albiruni, Al Châzini, Abu Mansûr al Nairîzî, und Omar al Chajjâmî (der berühmte Dichter und Mathematiker) in mehreren Abhandlungen wiedergeben und zum Teil auch graphisch darstellen, betreffen die „Bestimmung der quantitativen Zusammensetzung von gemischten Körpern" und die „Bestimmung des Gehaltes von Legierungen zweier Metalle an diesen"; sie schreiben vor, entweder das Verhältnis der Gewichte gleicher Volumina zu ermitteln, oder das Verhältnis der Gewichte der Körper in Luft und Wasser, oder die Gewichtsverluste in Wasser, und führen trotz der oft sehr verwickelten Berechnungen sämtlich zum richtigen Ergebnisse.

8

ZUR GESCHICHTE DES SACCHAROMETERS UND DER SENKSPINDEL[1]

In der Literatur begegnet man zumeist der Angabe, — und auch ich habe diese in meiner „Chemie der Zuckerarten“ wiedergegeben[2] —, das erste „Gewichts- oder Prozent-Saccharometer“, bei 14^0 R = $17,5^0$ C die Anzahl Kilogramm Zucker in 100 kg Lösung anzeigend, sei 1835 von Balling konstruiert und 1839 beschrieben worden; ein bei 15^0 C die Anzahl Kilogramm Zucker in 100 Litern Lösung anzeigendes Instrument erdachte, angeblich unabhängig von Balling, 1841 Vandevelde in Gent, und berechnete auch eine Tafel für die Temperaturkorrektionen bis 84^0 C. Aber schon 1812, vielleicht bereits 1804, fertigte Hermbstaedt wahre Prozentsaccharometer an, die er empirisch graduierte, indem er z. B. bestimmte, wie tief sie in einer, aus 5 Teilen Zucker und 95 Teilen Wasser bestehenden Lösung, bei 14^0 R, einsanken, usf.

Volum-Saccharometer standen jedoch, und zwar schon unter diesem Namen (der also keineswegs der neueren Zeit angehört), bereits seit dem Ende des 18. Jahrhunderts in englischen Bierbrauereien in Anwendung. Im „Versuch eines Handbuches der Erfindungen“, das 1801 bei F. Haas in Wien und Prag erschien, berichtet der Verfasser, H. C. Busch,

[1] „Chemiker-Zeitung“ 1912, S. 385. [2] 3. Aufl., Braunschweig 1904, S. 1359.

hierüber folgendes:[1] „Saccharometer ist ein hydrostatisches Werkzeug, das mit der Salzspindel viel Ähnlichkeit hat, aber weit zusammengesetzter ist. Es dient dazu, die Schwere der Würze, den Gehalt und die Stärke des Bieres zu untersuchen, und wird als eine Art von Senkwage angewandt. Der Erfinder dieses Werkzeuges ist Johann Richardson in England, der es 1784 bekannt machte; s. „Allgemeine Literatur-Zeitung", Jena 1788, Nr. 281b, und Halles „Fortgesetzte Magie", 1789, Bd. 2, S. 216."

Was die hier erwähnte „Salzspindel" betrifft, so bedarf deren Geschichte noch selbst der Aufklärung. Nach Beckmanns „Beiträgen zur Geschichte der Erfindungen" beschreibt sie zuerst J. Thölde (der Herausgeber der angeblich von Basilius Valentinus verfaßten Schriften) in seiner 1603 zu Leipzig, nach anderen zu Eisleben erschienenen „Haligraphia", jedoch nur oberflächlich und sichtlich nicht als neu;[2] angeblich sollen auch Spindeln zur Bestimmung der „Salzprozente" schon in dem um 1600 verfaßten „Mundus Mathematicus" von Des Chales erwähnt sein, sowie in den „Mathematischen und Philosophischen Erquickstunden" von Schwenter (1585 bis 1636), welches letztere Werk in Nürnberg 1636, erst nach des Verfassers Tode, erschienen ist.[3] Die Salinen in Lothringen und Burgund, die nach Angaben Le Grand d' Aussys bereits im 16. Jahrhundert in eifrigem Betriebe standen,[4] benutzten, wie Lavoisier 1777 berichtet,[5] schon seit alter Zeit eine Spindel (pèse-liqueur), deren Grade je einem Prozente Salz entsprachen, was Lavoisier so zweckmäßig fand, daß er analoge Instrumente auch in die Salpeterfabrikation einführte. Wie weit aber diese „alte Zeit" zurückreicht, läßt sich

[1] Bd. VI, S. 1. [2] „Beiträge" (Leipzig 1799, Bd. 4, S. 249); s. meine „Geschichte des Zuckers" (Leipzig 1890, S. 140). [3] Beide Bücher habe ich selbst nicht gesehen; ebensowenig Thöldes oder Thöldens „Haligraphia". [4] Vgl. meine „Geschichte des Zuckers", S. 228; s. auch Palissys „Discours" von 1580, sowie Baccius „De Thermis" (Venedig 1571, S. 283.) [5] „Oeuvres", Paris 1892; Bd. 5, S. 427.

aus Lavoisiers Ausführungen um so weniger feststellen, als diese in geschichtlicher Hinsicht oft unzuverlässig sind. So z. B. erzählt er 1786 auch,[1] Dutrône habe die Konzentration kochender Zuckerlösungen neuerdings mit Hilfe des Thermometers festzustellen gelehrt (durch Bestimmung des Siedepunktes), während er vorher gezeigt hatte, wie die Menge des gelösten Zuckers durch eine Spindel zu ermitteln sei, nämlich aus den Graden, die man an diesem „pèse-liqueur" beim Eintauchen ablesen könne. Tatsächlich hatte aber zuerst Guyton de Morveau einem befreundeten Zuckerraffineur zu Dijon im Burgundischen, der ihn um ein Hilfsmittel zur besseren Kontrolle der durch seine Kocher so oft verdorbenen Sude befragte, die Anwendung einer Spindel empfohlen; sie war aus Silberblech gefertigt, zeigte (sehr zweckmäßigerweise) die Prozente des noch in der Lösung vorhandenen Wassers (also 100 — Zuckerprozente), — und derlei Spindeln waren 1780 schon nach Domingo gesandt worden, wo sie 1787 bereits in allgemeinem Gebrauche standen.[2] Neu war die Anwendung von Spindeln aber auch 1780 längst nicht mehr,[3] hatte doch schon 1768 Baumé ihre Skala nach jener abgeänderten Weise einzuteilen vorgeschlagen, die die Erinnerung an seinen Namen noch heutigen Tages wach erhält.

Die „Spindel aus Silberblech" erinnert lebhaft an die ältesten Nachrichten, die uns betreff der Geschichte dieses Instrumentes überhaupt vorliegen. Zu diesen zählt ein Brief des Bischofs Synesios von Kyrene (370—413) an seine Lehrerin Hypatia, die schöne und hochgelehrte Tochter des Theon von Alexandria, deren greuliche Ermordung durch den, vom fanatischen und unwissenden Patriarchen Kyrillos aufgehetzten städtischen Pöbel, ihr, wäre sie Christin gewesen,

[1] „Oeuvres", Paris 1868; Bd. 4, S. 478. [2] s. meinen Aufsatz „Die Zuckerindustrie um 1830" in der „Zeitschrift des Vereins der Deutschen Zuckerindustrie", 1899, Bd. 49, S. 579. [3] Eine Anzahl Belege s. bei Beckmann, a. a. O.

zweifellos die Himmelskrone der Märtyrerin eingetragen hätte. Synesios bittet sie in jenem Briefe, ihm (da er krank war, wohl zu medizinischen Zwecken) ein „Hydroskopion" (wörtlich „Wasseranzeiger") anfertigen zu lassen und zu senden; er beschreibt es als ein zylindrisches Röhrchen, mit wagerechten Teilstrichen versehen, die angeben, wie tief es in der Flüssigkeit einsinkt, und am unteren Ende, des aufrechten Schwimmens wegen, mit einem kleinen Gewichte beschwert, dem „Baryllion" (von βαρύς = schwer).[1] Aus ungefähr der nämlichen Zeit, dem 4. bis 5. Jahrhundert, stammt nach Hultsch das „Carmen de ponderibus et mensuris" (Gedicht von den Gewichten und Maaßen), dessen Autor die Herstellung einer Spindel aus Silber- oder Kupferblech, sowie die Art und die Vorteile ihrer Anwendung, in so klarer und deutlicher Weise beschreibt, daß man ihr auch heute kaum etwas hinzuzusetzen hätte.[2]

Diese Umstände sind insofern sehr bemerkenswert, als z. B. noch der weltberühmte Arzt Galenos (131 bis etwa 200) die richtige Konzentration einer Salzsole nur nach dem Schwimmen oder Untersinken eines Eies zu beurteilen weiß; auch die „Geoponika", eine Sammlung griechischer landwirtschaftlicher Schriften, die vermutlich um 350 n. Chr. verfaßt, uns aber nur in äußerst entstellter und bis in das 8. Jahrhundert hinein vielfach umgearbeiteter Form erhalten ist,[3] bemessen die zulässige Verdünnung eines Weines bloß danach, daß er Heuschrecken, Zikaden, oder Holzbirnen noch zu tragen vermag. Der Begriff des spezifischen Gewichtes blieb eben den Autoren der ersten Jahrhunderte unserer Zeitrechnung anfänglich noch unbekannt, und auch später ungeläufig, so daß nach Ibel[4] das „Carmen de ponderibus et mensuris"

[1] Der Text des Briefes steht u. a. abgedruckt in dem ausgezeichneten Aufsatze von K. B. Hofmann, „Kenntnisse der klassischen Völker von den physikalischen Eigenschaften des Wassers" (Ber. d. Akad., Wien 1909, Bd. 163, S. 18 und 60ff.); s. auch „Geschichte des Zuckers", S. 140. [2] Die betreffenden Verse stehen bei Hofmann ebenfalls abgedruckt. [3] s. „Geschichte des Zuckers", S. 72. [4] „Die Wage im Altertum u. Mittelalter" (Erlangen 1908).

seiner die erste Erwähnung tut, indem es die Worte gebraucht „aequa gravia in specie", d. h. „spezifisch (seiner Spezies, seiner Natur nach) gleich schwer." Nach Hofmann[1] behandelt indessen schon eine Schrift, die sich unter die Werke des Galenos aufgenommen findet, aber nicht von diesem herrührt, sondern von einem Pseudo-Galenos (des 3. oder 4. Jahrhunderts?), die Gewichtsverhältnisse verschiedener Flüssigkeiten „auf ein gleich großes Volumen Wasser bezogen"; sie gelangt dabei zu Zahlen, aus denen sich sehr zutreffende spezifische Gewichte berechnen lassen (für Wein und Essig etwa 1, für Öl 0,923, für Honig 1,35—1,50), und sagt ausdrücklich „Wasser ist nach seiner Natur, φύσει, schwerer als Öl". Da nun „φύσις" mit „spezies" zu übersetzen ist, so dürfte der römische Autor aus einer älteren griechischen Quelle geschöpft haben, — wie dies in wissenschaftlichen Dingen fast ausnahmslos der Fall zu sein pflegt.[2]

Berthelot ist der Meinung, daß die Kenntnis des „Hydroskopions" im Mittelalter vollständig verloren gegangen sei.[3] In der Tat erwähnen seiner weder jene arabischen Schriftsteller, deren einschlägige Kenntnisse die neueren hervorragenden Arbeiten E. Wiedemanns und seines Schülers Ibel klargelegt haben, noch die byzantinischen, aus deren Werken (etwa im 10. Jahrhundert) der sog. Heraklius, sowie die Verfasser der „Mappae clavicula" und eines Traktates im Manuskripte Nr. 12292 der Pariser Staatsbibliothek schöpften, — während alle diese Autoren sich mit der hydrostatischen Wage und ihren Anwendungen, und die arabischen auch mit dem Pyknometer, durchaus vertraut zeigen. Es bleibt jedoch zu berücksichtigen, daß die mittelalterliche Literatur noch bei weitem nicht genügend durchgearbeitet ist, und daß sich nachweislich so manche Verfahren und Apparate, über

[1] Hofmann, a. a. O., S. 18 und 60ff. [2] Auch aus den Angaben des griechischen Arztes Oribasios (326—403) berechnet sich für das spezifische Gewicht des Honigs die Zahl 1,50 (Hofmann). [3] „La chimie au moyen âge" (Paris 1893), Bd. 2, S. 176.

die sie gar nichts besagt, dennoch vermöge unmittelbarer Überlieferung (als Zunftgeheimnisse u. dgl.) in der Praxis erhalten haben. Was die Spindel betrifft, so sei in dieser Hinsicht auf eine in meiner „Geschichte des Zuckers" angeführte Notiz verwiesen,[1] der gemäß die arabischen Zuckerfabrikanten Ägyptens, im 9. und 10. Jahrhundert etwa, es schon verstanden hätten, Wert und Güte ihrer Zuckersäfte mittels eigener Instrumente zu prüfen; die Notiz, deren Herkunft und Richtigkeit festzustellen ich nicht in der Lage war, sagt nicht, daß jene Instrumente Spindeln gewesen seien; in der Annahme, daß man solche im Ägypten des 9. Jahrhunderts noch ebensowohl wie in dem des 4. oder 5. gekannt habe, liegt indessen nichts Unwahrscheinliches, denn gerade an Form und Anwendungsart chemischer und physikalischer Apparate hat die Tradition über ein Jahrtausend lang mit außerordentlicher Zähigkeit festgehalten.

Es ist daher sehr wohl denkbar, — wenngleich ohne weitere Nachforschungen nicht mit Bestimmtheit zu behaupten —, daß der Gebrauch der Spindel seit dem Altertum nicht wieder in völlige Vergessenheit geriet, sich vielmehr, mindestens an gewissen Orten, in der Praxis solcher Gewerbe erhielt, denen er besonderen Nutzen gewähren konnte; zu diesen ist in erster Linie die Salzsiederei zu zählen, und da sie eine höchst reichhaltige und sehr weit zurückreichende Literatur besitzt, vermögen die Fachkenner vielleicht nähere Angaben zu machen.

Erwähnt sei noch,[2] daß R. Constantin, der 1566 zu Lyon den Brief des Synesios und das „Carmen de ponderibus" herausgab, die Deutungen früherer Forscher, die das Hydroskopion für eine Wasseruhr gehalten hatten, sogleich als irrtümlich erkannte, und das Instrument für eine Spindel erklärte, deren Einrichtung und Gebrauch er ganz richtig erörtert. Woher hätte er aber diese Kenntnisse besessen, wäre die praktische Benutzung der Spindel damals nicht schon längst üblich, und auch ihm geläufig gewesen?

[1] a. a. O., S. 140. [2] s. Beckmann, a. a. O., S. 261 und 267.

9

ZUR GESCHICHTE DES SACCHAROMETERS USW.

ERSTER NACHTRAG[1]

Gelegentlich der Veröffentlichung meiner kleinen Abhandlung „Zur Geschichte des Saccharometers und der Senkspindel“[2] hatten die Herren Geh.-Rat Prof. Dr. S. Günther in München und E. Wiedemann in Erlangen die Freundlichkeit, mir wertvolle Hinweise zukommen zu lassen: der erstere, indem er mir den zitierten Absatz aus Schwenters „Erquickstunden“ von 1636 im Originaldruck zur Einsicht sandte, der letztere, indem er mich auf ein Kapitel in Al-Khazinis „Wage der Weisheit“ aufmerksam machte, und mir den heutzutage unauffindbar gewordenen Sonderabdruck der Khanikoffschen Veröffentlichung von 1856 zur Verfügung stellte (arabischer Text mit englischer Übersetzung und Kommentar, abgedruckt im „Journal of the american oriental society“ 1859, Bd. 6, S. 1). Beiden Herren gestatte ich mir auch an dieser Stelle meinen aufrichtigsten Dank auszusprechen.

Im 9. Teil der „Erquickstunden“ führt Schwenter auf S. 386 als „30. Aufgab“ an: „Ein Instrument zu machen, damit zu erfahren, wieviel jedes gesaltzenes Wasser Saltz enthalte?“ Als Lösung empfiehlt er, „nach Mitteilung eines vornehmen kaiserlichen Befehlshabers“, ein Klötzlein aus rundem Holze anzufertigen, einen Fuß lang, am unteren Ende mit ein wenig Blei daran (oder „darein“?), so daß es in Wasser auf-

[1] „Chemiker-Zeitung“ 1912, S. 629. [2] ebd., S. 385.

recht schwimmt. Man nehme nun „ein Geschirr voll Wassers", löse darin ein Loth Salz auf, lasse das Klötzlein darin schwimmen, mache an der Stelle, bis zu der es einsinkt, ein Strichlein, „dazu schreibt man Eins"; dann löse man dazu noch ein zweites Loth Salz, findet so das Strichlein Zwei, und fährt in gleicher Weise fort. „So Dir nun ein Saltzwasser vorkommt, und Du erfahren wolltest, wieviel es Saltz hielte, so wirffe das Instrument darein, siehe, wieweit es sich in das Wasser sencke, so wirst Du die Zahl des Inhalts darauf finden, welches wohl in Acht zu nehmen." — Es handelt sich also bei Schwenter um eine Salzspindel von größter Ursprünglichkeit, und ganz unvollkommen ist auch sein Verfahren zur empirischen Ermittelung einer Skala, da er nicht einmal sagt (oder dieses auch gar nicht verstanden hat), daß das „Geschirr" eine bestimmte Einheit Wasser enthalten muß, z. B. 100 Loth, wenn die Spindel nachher Gewichtsprozente angeben soll.

Al-Khazini, ein arabisch schreibender Gelehrter persischer Herkunft, bekannt als Naturforscher von vielseitigen theoretischen und praktischen Interessen, u. a. auch als Autor geschätzter Werke über physikalische und astronomische Instrumente, verfaßte die „Wage der Weisheit" laut eigener Angabe im Jahre 1121/1122; sie behandelt die praktische Bestimmung des spezifischen Gewichtes fester und flüssiger Stoffe mittels Wage, Pyknometer, und Aräometer, sowie die Theorie dieser Instrumente, unter hauptsächlicher Anlehnung an Euklid (um 350 v. Chr.), Archimedes (gest. 212 v. Chr.), Menelaos (um 100 n. Chr.), Pappos (um 300 n. Chr.), und mehrere syrische und arabische Gelehrte des 9. und 10. Jahrhunderts, namentlich an den hochberühmten Abu-r-Raikan, d. i. Albiruni (um 1000 n. Chr.).[1]

Auf Seite 40 beginnt der Abschnitt „Über die Einrichtung des Instrumentes zum Prüfen von Flüssigkeiten auf Leichtigkeit und Schwere, sowie die Anwendung dieses Instrumentes,

[1] S. über ihn meine „Abhandlungen und Vorträge", Leipzig 1906, S. 97.

nach Pappos, dem griechischen Philosophen". Nachdem der Verf. bemerkt hat, daß die Senkspindel ebenso bequem, wie für praktische und medizinische Zwecke wichtig, und ein Präzisionsinstrument so gut wie ein astronomisches sei,[1] beschreibt er zunächst ihre Anfertigung: sie ist ein aus dünnem Kupferblech bestehender Hohlzylinder von der Länge einer Spanne und dem Durchmesser etwa zweier Finger, an den sorgfältigst abgedrehten Enden abgeschlossen durch zwei dünne, ganz flache Kappen, deren untere innen ein konisches Stückchen Zinn so befestigt trägt, „daß vermöge seines Gewichtes die ganze Spindel beim Einsenken in eine Flüssigkeit völlig aufrecht schwimmt." Als „Einheits"-(Normal-)Flüssigkeit nimmt man das Wasser eines bestimmten Flusses an, z. B. des Euphrat oder Jaihûn (= Amû); die Stelle, bis zu der die Spindel in diesem einsinkt, soll, von oben gerechnet, ein Sechstel der Gesamtlänge betragen; sie heißt, weil die Spindel in (spezifisch) leichtere Flüssigkeiten weniger tief, in (spezifisch) schwerere aber tiefer einsinkt, „der Äquator des Gleichgewichtes",[2] und wird durch einen eingeritzten Kreis kenntlich gemacht. Will man später von einem anderen Wasser als „Einheit" ausgehen, so muß man natürlich die Spindel erst entsprechend einstellen, was durch vorsichtiges Abändern des kleinen Zinngewichtes geschieht. Das Sechstel oberhalb des Äquators teilt man, nach Vorschrift Albirunis, in zwei, die übrige Spindel, also die fünf Sechstel unterhalb des Äquators, in zehn gleiche Teile, und jeden dieser zwölf Hauptteile wieder in zehn kleinere gleiche Grade, die sämtlich durch Kreise bezeichnet werden; von diesen Graden befinden sich also 20 oberhalb und 100 unterhalb des Äquators, und zwar liegt die Stelle des Hundertpunktes auf dem Äquator (so daß die Spindel im Einheitswasser 100° anzeigt), während nach oben, vom Äquator aus gerechnet, die Grade 110—120 eingezeichnet sind, und nach unten die Grade 100—1.

[1] S. 87. [2] Vgl. S. 117.

Will man nun das spezifische Gewicht einer Flüssigkeit bestimmen, so läßt man die Spindel derart einsinken, daß sie frei und genau senkrecht in ihr schwebt, und liest an der Skala die Zahl der Grade ab; um auf Grund dieser Zahl das spezifische Gewicht zu finden, bedient man sich entweder einer von Albiruni berechneten Tabelle[1], oder einer zweiten, neben der ersten angebrachten Skala, die unmittelbar die gesuchten Werte ersehen läßt. Sinkt z. B. die Spindel, die im Normalwasser 100^0 zeigte, in einer dichteren Lösung nur bis 88^0 ein, so muß sich offenbar 88 zu 100 so verhalten, wie das spezifische Gewicht des Wassers, d. i. 1, zum gesuchten der Lösung, also $88:100 = 1:x$, woraus sich (nach heutiger Weise in Dezimalen berechnet) ergibt $x = 1{,}13636\ldots$, oder für 100 Volum-Teile der Lösung das Gewicht 113,63636. In Albirunis Tafel findet man für 88^0 die Zahl $113 + {}^{38}/_{60}$ angegeben, d. i. in Dezimalen 113,63333, es ist demnach, gegenüber der genauen theoretischen Zahl, nur die Differenz 0,00303, also der fünfte Teil von $^1/_{60}$, vorhanden, die praktisch ohne jeden Belang ist; durch Zuhilfenahme der $^1/_{60}$-Teile vermochte also Albiruni, auch ohne Benutzung der zu seiner Zeit noch unbekannten Dezimalbrüche, seine Tafel kurz, übersichtlich, und sehr genau zu gestalten. Sie enthält übrigens nur die Zahlen, die den Graden 50—110 der Spindel entsprechen, also spezifischen Gewichten von 0,902—2,000, die, abgesehen vom Quecksilber, „in sämtlichen vorkommenden Fällen mehr als genügen", da den spezifischen Gewichten für die leichtesten und schwersten aller Flüssigkeiten, d. i. 0,915 für Olivenöl und 1,406 für Honig, die Grade 108—109 und 71—72 der Spindel entsprechen. Folgende Tabelle enthält in der ersten Spalte die (in Dezimalen umgerechneten) Werte für die spezifischen Gewichte verschiedener Flüssigkeiten nach Albiruni und Al-Khazini, und in der zweiten die zugehörigen neueren Bestimmungen:[2]

[1] Vgl. S. 117. [2] S. 84.

Süßes Wasser, kalt	1,000	1,000
„ „ heiß (siedend) . .	0,958	0,9597
Meerwasser	1,041	1,028—1,040
Gesättigte Kochsalzlösung . . .	1,134	1,205
Harn des Menschen, kalt . . .	1,025	1,011
„ „ „ heiß . . .	1,018	1,004
Blut „ „	1,033	1,053
Kuhmilch	1,110	1,020—1,041
Wein	1,022	0,992—1,038
Weinessig	1,027	1,013—1,080
Honig	1,406	1,450
Olivenöl	0,915	0,918—0,919
Sesamöl	0,920	0,919
Quecksilber	13,560	13,557

Wie man sieht, sind diese Ermittelungen von erstaunlicher Schärfe, so z. B. ist der Wert für Quecksilber genauer als der von Galilei bei zwei Versuchen zu 13,357 und 13,760 gefundene! Auch war es Al-Khazini und Albiruni bekannt, daß die hauptsächlichen Fehlerquellen bei der Bestimmung spezifischer Gewichte die anhaftenden Luftblasen und die wechselnden Temperaturen sind,[1] daß daher auch kaltes und heißes Wasser oder kalter und warmer Harn erheblich verschiedene Werte ergeben; deshalb dürfe man nicht nach Belieben das wärmere und dünnere Wasser des Sommers, oder das kältere und dichtere des Winters als Einheit benutzen, sondern müsse für solches von richtiger und gleichbleibender Wärme sorgen, könne aber umgekehrt den Wechsel der Wassertemperatur im Sommer und Winter mittels der Spindel in zutreffender Weise erkennen.[2]

Ist das Wesentliche der dargelegten Angaben und Erläuterungen der Inhaltsüberschrift Al-Khazinis gemäß wirklich dem Pappos zuzuschreiben, so wird hierdurch die Kenntnis des Aräometers und seiner Anwendung bis in das dritte Jahrhundert n. Chr. hinaufgerückt, und die Wahrscheinlichkeit seiner Erfindung durch griechische Gelehrte auf ägyptischem Boden bestätigt, denn Pappos wohnte und wirkte zu Alexandria und starb daselbst um 300 n. Chr., wie Cantor

[1] S. 70, 101; 71, 74. [2] S. 99.

in den „Vorlesungen über Geschichte der Mathematik" bewies.[1] Den gewichtigen Gründen, die Cantor gegen die früher angenommene Lebenszeit um 400 n. Chr. geltend macht, schließt sich nun noch der an, daß Synesios (gest. 413), in dem an Hypatia wegen Anfertigung eines „Hydroskopions" gerichteten Briefe, von dem kleinen Apparat keineswegs als von etwas völlig Neuem spricht, sondern ihr den Gegenstand, den sie besorgen soll, als einen schon wohlbekannten kurz und sachgemäß beschreibt; dieses ist leicht verständlich, wenn der Auftrag eine der schon vor ungefähr hundert Jahren erfundenen Senkspindeln betraf, wäre aber auffällig, falls es sich um ein soeben erst seitens eines Gelehrten ausgedachtes Instrument handelte. Vermutlich bedurfte der kranke Synesios die Spindel zur Beurteilung des Trinkwassers, oder vielleicht zur Prüfung des Harnes; allerdings erwähnen die mir bekannten Geschichten der Medizin keine so frühe Anwendung eines Hydroskopions (= Wasserbeschauers) zu solchem Zwecke, und auch die einschlägigen, zum Teil sehr ausführlichen Abhandlungen spätgriechischer und byzantinischer Autoren in Idelers Sammlung „Physici et medici graeci minores"[2] geben in dieser Richtung keinen Anhaltspunkt, — soweit ich die für Nichtphilologen meist äußerst schwierigen Texte zu verstehen vermag.

Zum Schlusse sei noch darauf aufmerksam gemacht, daß Al-Khazinis Werk einen neuen und sehr bedeutsamen Beweis für meine Behauptung liefert, der Alkohol sei gar keine arabische Entdeckung, sondern eine relativ späte abendländische; denn wäre er, wie man immer noch allgemein behauptet, den Arabern schon seit dem 9. Jahrhundert bekannt gewesen, so schiene es undenkbar, daß hervorragende Fachgelehrte von umfassendstem Wissen noch 1120 als spezifisch leichteste aller überhaupt vorkommenden Flüssigkeiten das Olivenöl bezeichnet hätten, dem das spezifische Gewicht 0,915 zukommt, während das des Alkohols rund 0,8 beträgt.

[1] Leipzig 1907, Bd. 1, S. 441. [2] Berlin 1841; zwei Bände.

10

ZUR GESCHICHTE DES SACCHAROMETERS USW.

ZWEITER NACHTRAG[1]

Wie ich vor einiger Zeit[2] aus den 1636 erschienen „Erquickstunden" Schwenters nachwies, stand in den Salzsiedereien, deren, namentlich vor der Zerrüttung der wirtschaftlichen Verhältnisse durch den 30jährigen Krieg, im Deutschen Reiche recht viele betrieben wurden, eine Senkspindel von allerdings noch großer Unvollkommenheit bereits in anscheinend regelmäßigem Gebrauche.

Einen weiteren Beleg für diese Behauptung fand ich seither in einem Werke vor, das unter dem Titel: „Des Augsburger Patriziers Ph. Hainhofer Reisen nach Innsbruck und Dresden",[3] auch die Fahrt schildert, die der Genannte im Jahre 1628 unternahm, um bei dem in Tirol weilenden Erzherzog Leopold von Österreich einen zum Geschenk für den Großherzog von Toskana bestimmten Prunkschrank abzuliefern, ein Prachtstück aus Augsburgs Kunstwerkstätten, völlig gleichend dem der nämlichen Stadt und derselben Zeit entstammenden weltberühmten „Pommerschen Kunstschranke", der noch jetzt im kunstgewerblichen Museum in Berlin zu sehen ist. Der Erzherzog nahm Hainhofer auf das freundlichste auf, und ließ ihm u. a. die neuerbaute Fahrstraße nach Hall, sowie die dortigen Salzwerke zeigen; Hainhofer besuchte diese am 29. April 1628, und schreibt in seinem Tage-

[1] Chemiker-Zeitung 1912, S. 1201. [2] ebd., S. 629. [3] ed. Doering, Wien 1901, S. 89.

buche das folgende: „Zu Hall aber erstlich beschawet die Saltz-Pfannen, deren 4 sein, und seudet man alle Wochen in zwo Pfannen, in jeder 1598 Fuder Saltz, wochentlich 2 Pfannen; die Jenige, so man aine Wochen gebrauchet hat, lasset man die andere Wochen ruhen. Der Saltzberg ist auff ain Meil wegs von der Pfannen, in welchem dreyhundert Personen: bey der Pfannen aber 180 Personen, under denen 24 Schmide sein, täglich arbaiten. Zur Probation des sauren und süessen Wassers hat man ain Waag, die siehet gleich wie ain metalliner Zapfen, den wirfft man in das Wasser: so es sauer ist, so schwimmt die Waag über sich, so das Wasser aber sües ist, so felt sie gen Boden."

Daß die „Waag" nicht nur zur Erkennung des „sauren", d. h. salzhaltigen Wassers diente, – wozu sie wohl kaum nötig war –, sondern vor allem zur Ermittlung der Menge des in Lösung befindlichen Salzes, hat Hainhofer entweder gar nicht bemerkt, oder nicht richtig verstanden.

II

ZUR GESCHICHTE DES WASSERBADES[1]

Dürftig und unzureichend wie über die gesamten Anfänge der Chemie, sind unsere Kenntnisse auch über Alter, Herkunft, und Namen eines ihrer wichtigsten und merkwürdigsten Apparate, des Wasserbades, das in den mittelalterlichen alchemistischen Schriften „Balneum Mariae", im Deutschen „Marienbad", im Französischen „Bain-Marie" heißt, und analoge Benennungen auch in den übrigen romanischen Sprachen trägt.

Die älteren historischen Werke, z. B. Kopps „Geschichte der Chemie" und „Beiträge zur Geschichte der Chemie" sowie Hoefers „Histoire de la Chimie", berichten, daß sich das Wasserbad und das Sand- oder Aschenbad zuerst, und zwar ohne Bezeichnung durch einen besonderen Terminus technicus, im 8. oder 9. Jahrhunderte bei dem Araber Geber erwähnt fänden;[2] diese Angabe bedarf aber keiner weiteren Erörterung, da, wie schon Kopp vermutete, Steinschneider bewies, und Berthelot bestätigte, die früher dem Geber zugeschriebenen und nur in lateinischer Übersetzung bekannten Werke in Wahrheit erst Kompilationen des ausgehenden 13. Jahrhundertes sind.

Aus einem, dem 4. bis 6. Jahrhunderte entstammenden

[1] „Beiträge aus der Geschichte der Chemie" (Wien und Leipzig 1908, S. 143). [2] Kopp, „Gesch. d. Chemie" (Braunschweig 1843), I, 54 und II, 22; „Beitr. z. Gesch. d. Chemie" (ebd. 1869), 405.

„Wörterverzeichnis der heiligen Kunst“ (τῆς ἱερᾶς τέχνης, d. i. der Chemie) führt Hoefer[1] auch den Ausdruck „Thermospodion“ an; er behauptet, Thermospodion bedeute „eine Art Wasserbad“, gibt aber zu, daß der alexandrinische Chemiker Zosimos (der um 300 n. Chr. schrieb) darunter ein von der Chemikerin Maria gebrauchtes Aschenbad verstehe,[2] und meint daher schließlich, das Aschenbad heiße nach dieser Chemikerin „Bain-Marie“.[3] Daß nun ein Thermospodion, wie schon dieser Namen besagt, nichts weiter als ein Aschenbad ist, geht klar aus dem Kochbuche des Apicius Coelius (um 222 n. Chr.) hervor, denn in diesem Werke, das durchaus die griechische und speziell die alexandrinische Herkunft verrät, schreiben die Rezepte wiederholt vor: „pone in cinere calido“ und „pone supra cinerem calidum“,[4] oder „pone in thermospodio“ und „pone supra thermospodium“,[5] ja einmal werden beide Ausdrücke auch im nämlichen Kapitel als identisch gebraucht.[6] Mit dem „Balneum Mariae“ steht aber das Thermospodion in keinerlei Zusammenhang, denn, wie schon Cardanus anführt[7] und Kopp ausdrücklich bestätigt,[8] „geht ersterer Namen stets nur auf das Wasserbad“. Wann jedoch dieses zuerst „Balneum Mariae“ benannt wurde, darüber gesteht Kopp nichts zu wissen, denn während z. B. an einer Stelle des Albertus Magnus (1193—1280) nur „vas aquae bullientis“ zu lesen ist,[9] erscheint in jenen Schriften des 13. Jahrhundertes, als deren Verfasser man früher den Raimund Lull und Arnold von Villanova ausgab, die Bezeichnung „Balneum Mariae“ als eine schon wohlbekannte und keiner Erklärung bedürftigere; weil aber neben „Balneum Mariae“ auch „Balneum maris“ gesagt wird, läßt Kopp mit gewohnter Vorsicht

[1] „Hist. de la Chimie“ (Paris 1866), I, 258. [2] ebd. I, 270. [3] ebd. I, 285; diese Etymologie findet sich u. a. schon im „Glossarium“ des Du Cange von 1688. [4] ebd. Schuch (Heidelb. 1874), 69, 72, 74, 90. [5] ebd. 71, 73, 74, 89. [6] ebd. 74. [7] „De subtilitate“ (Lyon 1554), 625. [8] „Beitr.“ 402ff. [9] „Beitr.“ 238.

die Frage, ob überhaupt eine Beziehung zwischen den Namen „Maria“ und „Balneum Mariae“ bestehe, unentschieden.[1]

Zunächst ist es nun von großer Wichtigkeit, festzustellen, daß das Wasserbad, wie eine Anzahl bisher anscheinend ganz unbeachtet gebliebener Angaben beweist, seit weitaus längerer Zeit bekannt ist, als sämtliche Historiker der Chemie annehmen. Dioskurides (um 75 n. Chr.) erwähnt in seiner „Materia medica“, daß man das Aus- und Umschmelzen von Fett, Knochenmark, Harz u. dgl., nicht nur auf freiem Feuer oder in der Sonnenhitze vornehmen könne, sondern auch in einem Topfe oder in einer durch Deckel geschlossenen Büchse, die man in ein Gefäß mit heißem Wasser einstelle; den betreffenden Apparat nennt er *δίπλωμα*.[2] Eine analoge Bemerkung über das Kochen von Meerzwiebeln in einem Topfe, den man in ein anderes Gefäß einsetzt, macht Plinius (gest. 79 n. Chr.).[3] Daß jedoch diese Vorschriften nur Altbekanntes betreffen, zeigt ein Bericht bei Theophrast, dem Schüler und Nachfolger des Aristoteles (372—285 v. Chr.); in der nur fragmentarisch erhaltenen Schrift „Über die Gerüche“[4] sagt dieser Autor hinsichtlich des Ausziehens von wohlriechenden Bestandteilen und Aromen aus Blüten u. dgl. durch Öl: „Es geschieht bei allen diesen, indem man das Gefäß in Wasser stellt, so daß keine Berührung mit dem Feuer selbst erfolgt, denn die Wärme soll gelinde wirken, die Flamme aber würde vielen Verlust herbeiführen und einen Geruch nach Angebranntem verursachen.“ Endlich ist auch im Korpus der von Hippo-

[1] „Beitr.“ 405. Lull z. B. hat im „Testamentum“ (Köln 1566, 178ff.) mehrmals Balneum Mariae, der vielbelesene Rulandus im „Lexicon Alchimiae“ (Frankfurt 1512) Balneum Maris (155, 188), Balneum Mariae, d. i. Marienbad (163, 203), Balneum maris vel Mariae, (98, 99), Balneum maris, d. i. Marienbad (222). Der sog. Isaak Hollandus (angeblich gegen 1400, tatsächlich nach Paracelsus) spricht vom „Wasserbad Mariae“ („Sammlung Chymischer Schriften“, Wien 1746, 79). [2] „Mat. med.“ 2, 86 und 95; 3, 87. S. meine „Abhandlungen und Vorträge zur Geschichte der Naturwissenschaften“ (Leipzig 1906), 72. [3] „Hist. Nat.“ 20, 39. [4] cap. V, Absatz 22.

krates (460—377? v. Chr.) verfaßten, oder ihm zugeschriebenen Werke von der Zubereitung einer Tisane aus Linsen die Rede, und es wird hierbei anbefohlen, „den Topf, der die Linsen enthält, in einen größeren mit Wasser gefüllten einzusetzen, und so die Abkochung vorzunehmen".[1] Aus diesen Anführungen, die durch systematisches Nachsuchen wohl noch zu vermehren wären, geht jedenfalls hervor, daß das Wasserbad schon im 5. Jahrhunderte v. Chr. ein gebräuchlicher, und keinen Anspruch auf Neuheit mehr erhebender Apparat war. Vermutlich diente es, ebenso wie das Thermospodion, ursprünglich kulinarischen Zwecken; für diese Herkunft zeugt namentlich auch eine, von K. B. Hofmann[2] schon 1885 hervorgehobene Stelle in der Schrift „Über die Landwirtschaft" des Cato (234—149 v. Chr.), denn bei Bereitung einer „Erneum" genannten Speise heißt es daselbst:[3] „Bringe es in einen irdenen Topf, stelle ihn in einen Topf voll warmen Wassers, und koche es so auf dem Feuer." Die in der antiken Kochkunst so häufige Verwendung von Öl leitete anscheinend vom Wasserbade auch zum Ölbade über; Galenos (131—200? n. Chr.) erwähnt letzteres als etwas ganz Bekanntes.[4]

Aus der Küche, und zwar aus der seit jeher verfeinerten orientalischen, ging das Wasserbad in die pharmazeutischen und kosmetischen Werkstätten des Orients und Ägyptens über, und schließlich in die chemischen. Es fehlt nicht an allgemeinen Spuren dieser Deszendenz: nach Plutarch (50 bis 120 n. Chr.) mischen in den ägyptischen Tempeln „Köche" die Räuchermittel, Arome, und Arzneien „unter Vorlesung heiliger Schriften" (d. i. wohl von Zaubersprüchen);[5] ein griechischer, noch vor 300 n. Chr. in Ägypten abgefaßter chemisch-technischer Traktat sagt ausdrücklich „die Küchenkunst ist für uns (d. h. für die Chemiker) bei vielen Anlässen höchst

[1] „Von den Krankheiten", lib. 3. [2] „Berg- und Hüttenmännische Zeitung" 1885, Nr. 28. [3] „De re rustica", cap. 81. [4] „De sanitate tuenda", lib. 4, cap. 8. [5] „Über Isis und Osiris", cap. 81.

nützlich";[1] ja noch mittelalterliche Alchemisten versichern „die Bereitung des Steines der Weisen sei für den wirklich Kundigen kaum mehr als opus mulierum, ... Küchenarbeit".[2]

Was speziell das Wasserbad betrifft, so ist die älteste der in Ägypten in griechischer Sprache verfaßten chemischen Schriften, die seiner gedenkt, jene der Kleopatra, einer vor Zosimos (also vor 300 n. Chr.) lebenden Chemikerin;[3] ihr Traktat über die Goldmacherei („Chrysopoieia") hat sich in einem, im 10. oder 11. Jahrhunderte geschriebenen Kodex der St. Markus-Bibliothek zu Venedig erhalten und ist auch mit zahlreichen erklärenden Zeichnungen versehen, — deren Gleichalterigkeit jedoch, wie in allen analogen Fällen, nicht stets ohne weiteres angenommen werden darf.[4] Nach Berthelot zeigt eine der Figuren[5] zweifellos ein Wasserbad, das ein Destillationsgefäß enthält und selbst auf einem Dreifuß über einem Ofen steht; in einer zweiten[6] trägt das Wasserbad eine halbkugelige Schale, deren Inschrift *πόντος* (Meer) lautet, und in die sich aus einem anderen Apparate, den aber Berthelot nicht erklären zu können gesteht, ein Destillat ergießen soll. Diese Deutung dürfte jedoch irrtümlich sein, denn der fragliche Apparat hat den Typus der „Artabe", eines auf den ägyptischen Monumenten häufig vorkommenden Hohlmaßes für Getreide und Flüssigkeiten,[7] und enthält daher vermutlich die im Wasserbade einzudampfende Lösung.

Aus dem nämlichen Zeitalter stammt eine dem Demokritos, richtiger Pseudo-Demokritos, zugeschriebene Abhandlung, in der es heißt: „Setze die Substanz in eine mit Wasser gefüllte Tonschale, .. in ein mit gesiebter Asche gefülltes Aschenbad, und erhitze langsam zum Sieden, ... wobei

[1] Berthelot, „Collection des anciens alchimistes grecs" (Paris 1888); III, 321. [2] Schmieder, „Geschichte der Alchemie" (Halle 1832), 48ff. [3] Berthelot, „Coll." I, 137 und 142; „Introduction à l'étude de la Chimie des Anciens et du Moyen-âge" (Paris 1889), 137. [4] s. Kopp, „Beitr." I, 176, 226, 228. [5] „Introd." 133. [6] ebd. 141; „Coll." I, 142. [7] s. Brugsch, „Die Ägyptologie" (Leipzig 1897), 379.

Verdampfung erfolgt ohne Anbrennen;"[1] auch zur Darstellung einiger Präparate wird ebenda das Wasserbad und das Aschenbad empfohlen.[2] Indessen ist diese Abhandlung nur in syrischer Übersetzung bekannt, die wahrscheinlich ein Nestorianer des 8. oder 9. Jahrhundertes angefertigt hat, so daß sich nicht beurteilen läßt, inwieweit die Einzelnheiten ihres Inhaltes auf alte Quellen zurückgehen. Die begleitenden Figuren finden sich aber auch bei Synesios (im 4. Jahrhunderte n. Chr.) wieder, und gingen noch zu Beginn des 8. Jahrhundertes in das sog, „Buch des Krates" über, eine der ältesten arabischen Übersetzungen griechischer chemischer Werke;[3] was aber Synesios unter dem Namen λέβης, auf einem Dreifuße stehend, abbildet,[4] ist entschieden nicht, wie Berthelot meint,[5] ein „Bain-Marie", vielmehr steht der λέβης, d. i. der Kessel,[6] auf einem Aschenbade, entsprechend der an anderer Stelle wiedergegebenen Vorschrift des Synesios: „Stelle das Produkt auf ein Aschenbad, das nicht durch starkes Feuer erhitzt wird, sondern nur vorsichtig".[7]

Die „Alchemistin Maria", die einige Historiker in das 1., andere in das 4. bis 5. nachchristliche Jahrhundert versetzten, während noch andere sie für eine rein sagenhafte Gestalt erklärten, findet sich in den Listen der „ökumenischen Alchemisten", d. h. der älteren griechischen von höchster Autorität, regelmäßig genannt, und wird auch in dem maßgebenden arabischen Autorenverzeichnisse, dem um 850 verfaßten „Fihrist", aufgeführt.[8] An ihrer Existenz ist daher nicht wohl zu zweifeln, fraglich bleibt jedoch, ob ihre sog. Schriften und die Zitate aus diesen echt, und ob die sehr spärlichen Nachrichten über ihr Leben zutreffend sind;[9] jedenfalls müßte sich letzteres aber

[1] Berthelot, „La Chimie au moyen-âge" (Paris 1893); I, 43. [2] ebd. I, 60 u. 71. [3] ebd. I, 108ff. [4] Hoefer I, 280; Berthelot, „Coll." I, 164. [5] „Introd." 164; „Coll." I, 164. [6] auch nach „Coll." I, 166 ist λέβης = chaudière. [7] „Coll." III, 65. [8] Berthelot, „Les origines de l'Alchimie" (Paris 1885), 128 und 131. [9] Hoefer I, 282; Kopp, „Beitr." 402ff.; Berthelot, „Introd." 171.

spätestens im 3. Jahrhunderte abgespielt haben, da Zosimos, der um 300 n. Chr. schrieb, Kleopatra und Maria mehrfach zusammen erwähnt. Berthelot äußert zu wiederholten Malen die Ansicht, daß ein im Kodex der Marciana abgebildeter „Ofen der Alchemistin Maria" als „prototype de notre bain-Marie" anzusehen sei;[1] die Zeichnung dieses Ofens läßt aber, — worauf schon die Inschrift *καμίνιον* (Kamin) hinweist —, deutlich ein Sand- oder Aschenbad erkennen, und solche waren zu jener Zeit tatsächlich schon seit langem gekannt und gebraucht,[2] und werden auch im Leydener Papyrus Nr. 10 erwähnt, der im 3. Jahrhunderte n. Chr. auf Grund weit älterer Unterlagen niedergeschrieben ist.[3] Aus den Abbildungen im chemischen Manuskripte Nr. 2327 der Pariser Bibliothek, die unmittelbar auf geheizten Platten stehende Flaschen und Kolben darstellen,[4] sowie aus den zugehörigen Erklärungen,[5] ergibt sich gleichfalls, daß die Apparate der Maria auf freiem Feuer erhitzt wurden und hauptsächlich zur Behandlung von Metallen mit Schwefel-, Arsen-, und Quecksilberverbindungen dienten. Endlich sagt auch Zosimos gelegentlich seiner Besprechung der Apparate der Kleopatra und Maria, daß jene bei der Destillation benützt wurden, diese aber Öfen, Sandbäder u. dgl., „und nicht zur Destillation der Flüssigkeit bestimmt" waren;[6] er zitiert „Maria sagt, ... stelle es auf das Aschenbad",[7] und ordnet demgemäß auch selbst an: „Man erhitzt nur allmählich, zunächst auf dem Aschenbade."[8]

Muß es nun, allem oben Angeführten zufolge, als zweifellos gelten, einerseits, daß das Wasserbad schon viele Jahrhunderte vor Maria im Gebrauche stand, und andererseits, daß die Apparate dieser Chemikerin gar keine Wasserbäder waren, so erhebt sich die Frage, wie denn das Wasserbad zum Namen „Balneum Mariae" gekommen sei? Die Antwort kann vorerst

[1] „Orig." 171; „Introd." 147; „Coll." I, 147. [2] „Coll." I, 151 u. 161. [3] „Introd." 147 u. 167. [4] ebd. 161. [5] ebd. 142 u. 143; „Coll." I, 146. [6] „Introd." 192. [7] „Coll." III, 148. [8] ebd. III, 149.

nur im Gewande einer Hypothese erteilt werden, die auf ihre Wahrscheinlichkeit zu prüfen den Fachgelehrten der entsprechenden Disziplinen anheimgestellt sei.

Wie schon die antiken Schriftsteller wußten, nahm man im alten Ägypten die Zubereitung von Räuchermitteln, Wohlgerüchen, Heiltränken, Arzneien usf., ursprünglich in den Tempeln vor, und diese wurden daher später auch die ersten Stätten chemischer Forschung, — wovon noch die Überreste der von Mariette sowie von Dümichen in Edfu aufgedeckten Tempel-Laboratorien Zeugnis ablegen.[1] Die betreffenden Rezepte waren Zunftgeheimnisse, ihre Verwertungen Geheimkünste des ägyptischen Priestertums;[2] aus dessen Gewohnheiten und Anschauungen erklären sich auch die mystischen Formeln und apokalyptischen Wendungen in der Sprache der ältesten chemischen Aufzeichnungen, ferner die Traditionen von der Übermittlung des chemischen Wissens durch Gespräche (eines göttlichen Vaters mit seinem Kinde, der Isis mit ihrem Sohne Horus) und von der Auffindung der „heiligen" chemischen Bücher (in Tempeln, Stelen usf.), sowie endlich die Anwendungen gewisser Symbole zur Bezeichnung pharmazeutischer und chemischer Gegenstände.

Aus den „Listen" im Kodex der Marciana und im Pariser Manuskripte 2327 ist zu ersehen, daß die chemischen Schriftsteller der ägyptisch-hellenistischen Periode für Wasser das Symbol ≋≋ gebrauchten, und zwar wird ≋≋ und ≈≈ an zwei Stellen mit Meerwasser (*ϑαλάσσια ὕδατα*), an einer mit Wasser (*ὕδωϱ*) übersetzt, während sich außerdem noch ⦚ für Regenwasser (*ὄμβϱια*), $\frac{\delta}{\upsilon}$ = *ὕδωϱ* für Wasser, und ⩟ = *ποταμός* für Flußwasser vorfindet.[3] Das Zeichen ≋≋ ist

[1] Woenig, „Die Pflanzen im alten Ägypten" (Leipzig 1897), 372ff. [2] „Orig." 31, 44, 235; „Introd." 200, 286. Dies erwähnt bereits Galenos, „Zusammensetzung der Arzneien" IV, 1. [3] „Introd." 108, 113, 114, 120, wo Faksimiles der „Listen" wiedergegeben sind.

aber das uralte hieroglyphische Symbol des Wassers;[1] als gleichwertig mit ihm kommt das Zeichen)–(vor, d. i. nach Lepsius[2] „ein Wasserbassin", auch meldet schon Horapollo, der um 400 n. Chr. sein grundlegendes Werk „Hieroglyphica" schrieb, daß als Sinnbild der steigenden Nilflut drei Wassergefäße dienten, denen als Determinativ des „Neu"-Wassers ein junger Vogel beigesetzt wurde und daß die Aussprache dieses Symboles „Nun" lautete,[3] — woraus sich der Namen Nun-t erklärt, den die Göttin des Elementarwassers führte.[4]

Bringerin der Nilflut war den alten Ägyptern Isis; daher trägt sie als solche den Beinamen „Das Wasser", „Die gute Nilflut", „Nilotis",[5] und tritt u. a. in Gestalt eines weiblichen Nilpferdes in einem Sternbilde auf, und in Gestalt einer nilpferdköpfigen Göttin als Patronin des Sommermonates Epiphi, der als Wasserbringender das Zeichen ≋ in seinem Symbole enthält.[6] Schon im alten Reiche verehrte man aber Isis auch als Heilgöttin und Erfinderin vieler Arzneimittel, was z. B. der medizinische „Papyrus Ebers" beweist (niedergeschrieben etwa 1550 v. Chr., auf Grund teilweise weit älterer Vorlagen), der gleich im Eingange die Isis anruft, und bei einigen Rezepten beifügt „von Isis selbst bereitet".[7] Hingegen gehört erst einer weitaus späteren Periode Isis als Meeresgöttin, Herrin der See, und Mondgöttin an, denn sowohl das Meerwasser wie der Mond sind im Ägyptischen männlich, und können daher nicht durch eine Göttin dargestellt werden;[8] was also Diodor,[9] Plinius,[10] Plutarch,[11] u. A. in dieser Hinsicht berichten, be-

[1] Brugsch, a. a. O.; Abbildungen S. 27, 87, 188, 280, und im Sternbilde des Wassermannes 346; s. Hoefer I, 259; „Orig." 112. [2] „Über die Götter der vier Elemente bei den Ägyptern" (Berlin 1856), 184. [3] Horapollo I, cap. 21, ed. Leemans (Amst. 1835), 28 und 228ff.; Abbildung Tafel III, Fig 40a und b, Brugsch 27. [4] Lepsius 186. [5] Roscher, „Ausführl. Lexikon d. griech. u. röm. Mythologie" (Leipzig 1890/97); II, 456 (17). [6] Brugsch 317 und 335; 343; 361. [7] Brugsch 409; Woenig 364ff. [8] Lepsius 183, 216; vom Meerwasser erzählt dies schon Seneca, „Quaest. Nat." III, 14. [9] lib. I, cap. 11. [10] lib. V, cap. 56. [11] „Über Isis und Osiris", cap. 34, 38, 52.

zieht sich erst auf das hellenistische Zeitalter, in dessen Verlauf eine kaum glaubliche Vermengung und Verschmelzung der seit jeher zahllosen lokalen Kultformen der Isis mit jenen asiatischer und griechischer Göttinnen eintrat,[1] so daß schließlich Isis als identisch mit Mylitta, Astarte, Kybele, mit der Dea Syria, der Göttin von Pessinus, der Mater magna, mit Hera, Athene, Demeter, Hekate, Ceres, Proserpina, Dictynna, Persephone, Artemis und Selene (mit der Mondsichel in ihren Bildern), Thetis, und Aphrodite galt, usf.[2] Namentlich wichtig erscheint die Gleichsetzung der Isis mit der meerentstiegenen Kypris,[3] denn durch sie wurde die *Νειλῶτις* (Nilotis) zur *Πελαγία* (Pelagia) oder Marina,[4] zur Herrin des Meeres, Schützerin der Seefahrer, und Seeherrscherin,[5] als welche man sie an sämtlichen Küsten des Mittelmeeres allgemein feierte, und auch auf Münzen verewigte, die die Inschrift „Isis Pelagia", und als Kennzeichen ein ausgespanntes Segel tragen.[6]

Erwägt man nun, daß seit jeher Isis in den Tempellaboratorien als Heilgöttin und Arzneibereiterin verehrt wurde, daß sie aber schon in älterer Zeit als Nun-t auch Göttin des Elementarwassers, und später als Pelagia oder Marina Herrin des Meeres war; erwägt man weiter, daß Apulejus (um 180 n. Chr.) bei der Schilderung der Isismysterien im 11. Buche seiner „Metamorphosen" unter den sechs Hauptattributen der Isis ein Wassergefäß (Amphora) aufzählt (jedenfalls dasselbe, aus dem er die Neophyten mit Weihwasser besprengen sah), und daß Juvenal vornehme Frömmlerinnen Gefäße mit echtem Nilwasser zum Besprengen des Isistempels nach Rom

[1] Brugsch 440ff. [2] Plutarch, a. a. O.; Apulejus, „Metamorphosen", lib. XI; Roscher 359ff.; Burckhardt, „Die Zeit Konstantin d. Großen" (Leipzig 1898), 184ff.; Reitzenstein, „Poimandres" (Leipzig 1904), 257, 262, 270. [3] Roscher 494; aus ihr erklärt sich Horaz III, 26 (Reitzenstein 179). [4] Reitzenstein 179, 183; Roscher 474ff. [5] Burckhardt 189. [6] Dies erwähnt schon Schweigger in seiner phantastischen „Einleitung in die Mythologie" (Halle 1836), 308. Über Pelagia und Euploia als Beinamen der Aphrodite bzw. Isis, s. Roscher 481 und 390 (4), bzw. 485 und 482 (48); über die Münzen ebd. 485.

heimbringen läßt;[1] bedenkt man ferner, daß „Nun" auch die drei *Wassergefäße* der Nilflut bezeichnete, und daß das „Wasserbassin" 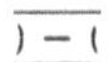 für das Symbol  des Wassers eintritt, welches letztere in den Schriften der alexandrinischen Chemiker nachweislich noch im alten Sinne benutzt wird; erinnert man sich endlich der merkwürdigen Inschrift πόντος (Meer) auf der Schale jenes Wasserbades, das im Kodex der Marciana abgebildet ist, sowie der Tatsache, daß Reinigungs- und Einweihungsbäder beim Isiskult eine wichtige Rolle spielten,[2] daß man Bäder und Thermen mit der Isis geweihten Statuen und Inschriften versah, und daß gewisse Feiern, z. B. die der Isis-Kybele, mit dem Baden des Götterbildes (oft durch eigene Priesterinnen, *Θαλάσσιαι*) ihren Abschluß fanden:[3] so darf die Vermutung als gerechtfertigt gelten, daß in der Geheimsprache der hellenistischen Periode das (als solches längst bekannte und angewandte) Wasserbad *mit der zur Pelagia gewordenen Wassergöttin in Verbindung gebracht, und als „Bad der Isis" bezeichnet wurde.*

Daß dies zunächst eine Hypothese ist, sei ausdrücklich hervorgehoben. Ob sie durch Belegstellen erhärtet werden kann, vermöchte nur eine planmäßige Durchforschung zu lehren, der die in innigem Zusammenhange stehenden theologischen, magischen, und chemischen Schriften der hellenistischen Literatur, sowie deren früheste syrische und arabische Übersetzungen zu unterwerfen wären, — nicht zu vergessen des Gebietes der sogenannten Zauberpapyri, das sich immer mehr zu einem der wichtigsten und umfangreichsten der hellenistischen Disziplin herausbildet; vergleichende Forschungen in angedeutetem Sinne haben aber erst seit kürzester Frist überhaupt begonnen.[4]

[1] „Satiren" VI, 529. [2] *Dieterich*, „Eine Mithras-Liturgie" (Leipzig 1903), 164. [3] *Roscher* 524, 529, 530, 1655. [4] Abbildungen, Denkmale, erhaltene Überreste oder Inschriften könnten möglicherweise ebenfalls in Betracht kommen.

Die Fortwirkung gnostischer, ophitischer, und verwandter Traditionen, deren Einfluß gerade in Ägypten von Anfang an ein besonders tiefgehender gewesen war,[1] brachte daselbst im Laufe des 4. Jahrhundertes eine höchst bedeutsame Bewegung in immer mächtigeren Fluß: die Hinübernahme mannigfacher uralter Mysterien und Geheimdienste in die Lehren der christlichen Kirche.[2] Von ausschlaggebender Wichtigkeit erwies sich aber in dieser Hinsicht die Umbildung des schon zu Beginn der Kaiserzeit über das ganze römische Reich verbreiteten Isis-Kultes[3] in den Marien-Kult; es läßt sich unter anderem Schritt für Schritt verfolgen, wie aus Isis und ihrem Sohne Horus, deren Bild seit jeher in zahllosen Darstellungen ein Gegenstand volkstümlicher Verehrung war, die Jungfrau Isis (*πάρθενος* Isis) mit dem Knaben Jesus, und schließlich die Jungfrau Maria mit dem Jesuskinde hervorging,[4] wie Maria allmählich in das Erbe der Isis und der übrigen mit ihr identifizierten Gottheiten eintrat,[5] wie ihr deren Tempel, Feste und Attribute zufielen (z. B. der Halbmond[6]) usf., und wie hierdurch sie, der bis dahin kein Feiertag, geschweige denn eine Kirche geweiht war,[7] gegen Ende des 4. Jahrhundertes zu ihrer weltbeherrschenden Stellung aufstieg. Insbesondere wurde Maria auch die Nachfolgerin

[1] Hase, „Kirchengeschichte" (Leipzig 1900), 65ff. [2] Burckhardt 207ff. [3] Reitzenstein, 43, 44, 134ff.; Roscher 428ff. [4] Boll, „Sphaera" (Leipzig 1903), 208ff.; 417, 428ff.; 513; Roscher 504. [5] Lucius, „Die Anfänge des Heiligenkultus in der christlichen Kirche", ed. Anrich (Tüb. 1904), 269, 466, 521ff. [6] Pfleiderer, „Die Attribute der Heiligen" (Ulm 1898), 117; es sei nur an das erste Blatt von Dürers „Marienleben", und vor allem an das weltberühmte Bild des Murillo erinnert, s. Justi, „Murillo" (Leipzig 1892), 52. (Eine herrliche Kopie besitzt die Schacksche Galerie in München.) Daß diese symbolische Darstellung später zunächst aus „Offenbarung Johannis" cap. 12 (Halbmond zu Füßen einer göttlichen Erscheinung), geschöpft sein kann, ist richtig; dort entstammt aber die Vision jedenfalls schon dem Kreise der oben erwähnten Anschauungen. [7] Lucius 420ff.; Harnack, „Dogmengeschichte" (Tüb. 1905), 251.

der Pelagia als Schützerin der Seefahrer,[1] (von denen sie noch heute in allen italienischen Hafenstädten verehrt und mit Votivgaben bedacht wird),[2] sowie als Göttin des Wassers und Herrin des Meeres, „Regina Maris".[3] In dieser Epoche, die mit jener des größten Aufschwunges der alexandrinischen Chemie zusammenfiel, dürfte auch die Umtaufe des „Bades der Isis" in „Bad der Maria" stattgefunden haben. Für Übergänge solcher Art fehlt es keineswegs an Analogien: der mit dem Silberglanze des Mondes leuchtende Lapis specularis (Spiegelstein), der Isis-Selene zu Ehren Selenit (Mondstein) genannt, wurde zum Speculum Mariae, Glace de Marie (Marienglas), irrtümlich übersetzt: Fraueneis;[4] das heilige Opfer- und Arzneikraut (*ἱερὰ βοτάνη*) Verbena officinalis, das „Träne der Isis" oder (nach deren Synonymen) Träne der Hera, Aphrodite, Artemis, Demeter, Persephone hieß,[5] und unter diesen Namen zum Teil bis ins Mittelalter, ja bis in die Neuzeit fortlebte,[6] wandelte sich zum Marienkraut,[7] das in den österreichischen Alpen noch heute an die Altäre der heiligen Jungfrau gesteckt wird und die Kinder sowie das Vieh vor Krankheiten schützt, wenn es, — wie schon ein um 1250 verfaßtes altdeutsches Arzneibuch wußte[8] —, am Marientage „geweiht" worden ist.[9]

Die Angabe Kopps, daß die ältesten mittelalterlichen

[1] Lucius 461. [2] Andree, „Korresp.-Blatt d. deutschen Gesellschaft f. Anthropologie" (1905), 113. [3] Lucius 522; Roscher 428 (61). [4] Im Kodex der Marciana *σεληνίδιον*, und mit der Mondsichel bezeichnet („Orig." 116); Rulandus im „Lexicon Alchimiae" (Frankfurt 1512) nennt ihn Mondstein, lapis lunae, glacies Mariae, d. i. unserer lieben Frauen Eis (289, 291, 274, 248). [5] Langkavel, „Botanik der späteren Griechen" (Berlin 1866), 60; über die Träne, die Isis um Osiris weinte, s. Roscher 456 (31). [6] Woenig 398; Reling und Bohnhorst, „Unsere Pflanzen und ihre deutschen Volksnamen" (Gotha 1898), 187. [7] „Mariae herba", s. bei Langkavel 179. [8] „Zwei Deutsche Arzneibücher", ed. Pfeiffer (Wien 1863), 43. [9] Isis war u. a. eine besondere Beschützerin der Kinder (Roscher 501); auch wurde sie in Gestalt einer Kuh verehrt (Verbindung mit Jo), weshalb ihr die Rinder geheiligt waren.

Schriften des 13. Jahrhundertes, in denen sich das Wort „Balneum Mariae" vorfindet, solche sind, deren Autoren unzweifelhaft aus spanisch-arabischen Quellen schöpften, führt zum Schlusse, daß dieser Terminus technicus, gleich so vielen anderen der Chemie, durch arabische Vermittlung aus Ägypten nach dem Westen gelangt sei; die Voraussetzung jedoch, daß Araber sich des Ausdruckes „Bad der Maria" bedient und ihn verbreitet hätten, könnte im ersten Augenblicke als eine ganz und gar ungereimte, ja völlig unzulässige erscheinen.

Hiergegen ist nun daran zu erinnern, daß Mohammed sowohl Moses wie Jesus „den Messias" als wahre und echte Gottesgesandte anerkennt, — freilich nur als Vorläufer seiner selbst, als des rechten und einzigen Propheten —, und daher Jesus und seinem Geschlechte nicht nur nicht feindselig, sondern verehrend gegenübersteht: heißt doch die 19. Sure des Korans „Maria", und bespricht in ausführlicher Weise die Person der Mutter Jesu und ihre Genealogie. Bei diesem Anlasse begeht Mohammed, dessen Bildung bekanntlich eine sehr mäßige, und dessen (auf Kaufmannsreisen nach Syrien usf. erworbene) Kenntnisse vom Juden- und Christentume nur äußerst dürftige waren, einen Irrtum, dessen Bedeutung für die Geschichte der Chemie noch kein Historiker dieser Wissenschaft bemerkt zu haben scheint: er glaubt nämlich, daß die heilige Maria die nämliche Persönlichkeit ist wie Maria oder Mirjam die Schwester Mosis, bezeichent Amran, den Vater des Moses, auch als den ihrigen (Sure 3), und nennt daher Jesus bald „den Sohn der Maria" (Sure 4 und 5), bald „den Sohn der Mirjam" (Sure 2).[1]

Die Quelle des erwähnten Irrtumes ist in den so einflußreichen, in Ägypten und Vorderasien noch jahrhundertelang

[1] Übersetzung des Korans von Ullmann (Bielefeld 1872), 9, 29, 38, 74, 79, 87, 253. Nach Ullmann, S. 253, war diese Verwechslung seit jeher einer der größten Steine des Anstoßes für die Ausleger; s. auch A. Müllers Einleitung und Erklärungen zu Fr. Rückerts Koran-Übersetzung (Frankfurt 1888; 6 und 440).

nachwirkenden Lehren der Gnostiker zu suchen;[1] diese, und noch weit mehr ihre späteren Nachfolger, sehen in Moses einen Meister aller nur erdenklichen zauberischen und Geheimkünste,[2] schreiben die nämlichen theologischen, magischen, medizinischen, und chemischen Kenntnisse wie ihm auch seiner Schwester Mirjam zu, lassen diese sodann, derartigen Voraussetzungen entsprechend, an Stelle der Isis eintreten, und identifizieren sie schließlich mit deren Nachfolgerin und Erbin, der heiligen Maria, zugleich aber auch mit der Chemikerin Maria, die nun auch als „Jüdin Maria" bezeichnet wird.[3] Angesichts dieser Verkettungen dürfte der Gebrauch der Bezeichnung „Bad der Maria" seitens arabischer Chemiker nicht mehr als unwahrscheinlich von der Hand zu weisen sein; auch lehren gerade diese absonderlichen Verquickungen die verschiedenen Beziehungen verstehen, denen gemäß verschiedene Kreise den Namen „Balneum Mariae" auffaßten und deuteten, und lassen zugleich die Umstände erkennen, durch die eine halbvergessene Persönlichkeit wie jene Chemikerin zu neuen Ehren gelangte, und später in ganz ungerechtfertigte Verbindung mit dem Wasserbade kam; daß endlich den Schriftstellern des Abendlandes jene gnostischen Kombinationen nicht vor dem 13. Jahrhunderte, also erst zusammen mit der Bezeichnung „Balneum Mariae" bekannt werden,[4] spricht ebenfalls zugunsten des dargelegten Zusammenhanges.

Folgendes wären also die Leitsätze zur Beurteilung der Geschichte von Alter, Herkunft, und Namen des Wasserbades:

1. Die der Chemikerin Maria zugeschriebenen Traktate

[1] Reitzenstein 136. [2] Reitzenstein 136; Kopp, „Beitr." 396.

[3] Reitzenstein 183, 187, 136; Kopp, „Beitr." 402ff.; Kopp, „Die Alchemie" (Heidelberg 1886), I, 207 und II, 370. Daher gibt Maria an Stelle der Isis deren Sohn Horus chemische Lehren („Beitr." 406; Hoefer I, 283); es handelt sich um die Stellvertretung, nicht, wie Hoefer glaubte (a. a. O.), um eine Unterschiebung der Maria seitens irgendeines christlichen Autors.

[4] Kopp, „Alch." I, 207.

enthalten, soweit sie als bekannt und echt gelten dürfen, nichts über das Wasserbad.

2. Die Anwendung des Wasserbades zu kulinarischen, kosmetischen, und pharmazeutischen Zwecken war aber schon im 5. vorchristlichen Jahrhunderte keineswegs mehr etwas Neues.

3. Die hellenistische Zeit bringt das Wasserbad mit der zur Wassergöttin gewordenen Isis in Verbindung, und die chemische Geheimsprache benennt es „Bad der Isis".

4. Indem an Stelle der Isis die heilige Maria eintritt, wird das „Bad der Isis" zum „Bad der Maria".

5. Die arabischen Chemiker, — da für sie die heilige Maria mit Maria oder Mirjam, der Schwester Mosis, sowie mit der Chemikerin Maria verschmilzt —, nehmen diese Bezeichnung auf, und bringen sie nach dem Westen.

6. Dort wird sie aus spanisch-arabischen Quellen bekannt, und mit „Balneum Mariae", Bain-Marie, Marienbad, übersetzt. („Balneum maris" geht entweder unmittelbar auf Isis als Meeresgöttin, Pelagia, Marina, zurück, oder hängt mit der bei Kleopatra vorkommenden Benennung πόντος = Meer zusammen, die übrigens später auch umgedeutet worden sein kann.)

12

EIN VORLÄUFER DES PAPINSCHEN DAMPFTOPFES[1]

Der 1681 von Papin beschriebene und nach ihm benannte Topf oder „Digestor" bezweckt bekanntlich das Erhitzen von Substanzen mit Flüssigkeiten in luftdicht verschlossenen Gefäßen auf höheren als atmosphärischen Druck, und gestattet, sie der Wirkung gespannter Dämpfe auszusetzen.

Auch dieser, anscheinend völlig neuartige, und von Papin gewiß selbständig erdachte Apparat hat indes seine Vorgeschichte, und zwar findet sich eine zugehörige Bemerkung bei Philumenos, einem griechischen Arzte, dessen Lebenszeit nach neueren Forschungen Wellmanns etwa in die Mitte des 3. Jahrhundertes unserer Zeitrechnung fällt.[2] Von seinen, gegen 250 n. Chr. verfaßten Schriften gab der berühmte Medico-Historiker Puschmann 1886 eine Anzahl, anscheinend allein in einer alten lateinischen Übersetzung erhaltener Fragmente heraus,[3] deren eines die Ruhrkrankheit behandelt, und insbesondere auch die bei dieser zu beobachtende Diät. Daselbst heißt es bei Bereitung einer geeigneten Brühe oder

[1] „Chemiker-Zeitung" 1909, S. 1097. [2] Puschmanns „Handbuch der Geschichte der Medizin" (Jena 1902; Bd. 1, S. 339); neuestens glaubt jedoch Wellmann die Lebenszeit des Philumenos bis etwa 180 n. Chr. hinaufrücken zu sollen (s. Mitteilungen zur Geschichte der Medizin und der Naturwissenschaften 1909, Bd. 8, S. 433). [3] „Nachträge zu Alexander Trallianus" (Berlin 1886). — In jüngster Zeit erschien noch eine Schrift „De venenatis animalibus eorumque remediis", ed. Wellmann (Leipzig 1908).

Tisane (ptisana) aus Gerstenschleim:[1] „... man bringt ihn nebst Regenwasser in einen neuen Topf, setzt den Topf, nachdem man ihn verschlossen und verschmiert hat (clausam ollam illiniri), abends in einen Ofen, der mit glühenden Kohlen gefüllt ist, und läßt ihn, von diesen umgeben, dort die ganze Nacht über stehen; durch den Dampf geht nämlich der Schleim in Lösung, und macht die Brühe dick und kleisterartig". An späterer Stelle[2] wird noch, hinsichtlich der Zulässigkeit zarten Fleisches, bemerkt: „Manche kochen in der Tisane auch Kalbsfüße (ungulas vitulinas) die ganze Nacht hindurch, bis sie sich lösen, wodurch der Schleimsaft steif wird und gelatiniert" (spissus fit et glutinosus).

Dieser kurzen Schilderung, die Philumenos zweifellos einem älteren Autor entlehnte, — denn er selbst wird als „bloßer Elektiker und Kompilator" bezeichnet —, ist zu entnehmen, daß ein Verfahren des Kochens unter Druck in einem Topf mit gut passendem und dampfdicht aufgekittetem Deckel, spätestens schon im 3. Jahrhunderte unserer Zeitrechnung praktisch angewandt, und jedenfalls auch allgemeiner bekannt war, da es Philumenos nicht mit dem Anspruche auf Neuheit beschreibt. Merkwürdig bleibt, daß es auch schon zur Darstellung einer Gelatine diente, denn, neben der Bereitung einer Quintessenz aus Fleisch und aus Knochen, zählte gerade die eines (angeblich sehr nahrhaften, und die wertvollsten Bestandteile des Fleisches enthaltenden) Gelees zu den Hauptaufgaben, die Papin mit Hilfe seines Dampftopfes gelöst zu haben glaubte;[3] ein sehr wesentlicher Teil des Papinschen Digestors, der sich als dauernd wichtige Errungenschaft auf die Nachwelt vererbt hat, fehlt allerdings bei Philumenos: das Sicherheitsventil.

[1] a. a. O., S. 42. [2] a. a. O., S. 46. [3] Siehe meine „Abhandlungen und Vorträge zur Geschichte der Naturwissenschaften" (Leipzig 1906, S. 344).

Dritte Abteilung

13

ZUR GESCHICHTE DES ALKOHOLS UND SEINES NAMENS[1]

1.

Obgleich der Alkohol in wissenschaftlicher, technischer, und volkswirtschaftlicher Hinsicht eine Rolle von ungewöhnlicher Bedeutung spielt, zeigen sich dennoch weite Kreise so gut wie unbekannt mit seiner Geschichte. Diese, soweit sie die ersten Anfänge betrifft, in ihren Umrissen vorzuführen und in einigen belangreichen Punkten zu berichtigen, ist Zweck des heutigen kurzen Vortrages, während eine eingehende mit Quellenangaben auszustattende Darstellung einer späteren Zeit vorbehalten bleiben mag.

Im Gegensatz zu älteren, völlig unhaltbaren Annahmen, die leider durch die Schrift: „Zur Geschichte der pharmazeutisch-chemischen Destilliergeräte", von H. Schelenz neuerdings weite Verbreitung fanden, ist zunächst festzustellen, daß das klassische Altertum weder eigentliche Vorrichtungen zur Destillation, noch den Alkohol kannte. Wenn u. a. Aristoteles oder Theophrast vom Aufleuchten der Opferfeuer beim Eingießen von Wein sprechen, so geben sie hiermit nur einer uralten Beobachtung Ausdruck, ohne jedoch

[1] Auf vielseitigen Wunsch schrieb ich diesen Vortrag, an der Hand meiner Notizen, zunächst so nieder, wie ich ihn am 31./5. 1912 gelegentlich der Hauptversammlung des „Vereins Deutscher Chemiker" in Freiburg hielt. („Zeitschrift für angewandte Chemie" 1912, S. 2061; vgl. auch S. 1179 u. 1680).

im geringsten zu ahnen, daß dabei einer besonderer Bestandteil des Weines in Frage komme, und das Nämliche gilt auch für die von Plinius übermittelte Wahrnehmung, daß der Falerner, ein sehr starker italischer Wein, unter Umständen angezündet werden könne. Die Behauptung, daß bei Aristoteles von einer methodischen Destillation des Meerwassers die Rede sei, ist ebenfalls ganz irrtümlich, wie am besten daraus erhellt, daß nicht einmal sein Kommentator Alexander von Aphrodisias, der im 3. nachchristlichen Jahrhundert, also etwa ein halbes Jahrtausend nach ihm lebte, über diesen Punkt bessere Kenntnisse besitzt wie der Meister selbst. Was endlich Plinius und Dioskurides an einigen Stellen ihrer Werke über eine Art von Destillation oder vielmehr Sublimation berichten, z. B. über die des Quecksilbers, das sich als ein Schweiß, Dunst oder Rauch (*αἰθάλη*, sudor) an dem Ambix genannten Deckel der benutzten Vorrichtung ansetzt, läßt nur ersehen, daß zwar bescheidene Anfänge praktischer Verfahren vorhanden waren, von irgendwelchen vollkommeneren Apparaten aber gar nicht die Rede sein kann.

Die griechischen Alchemisten, die während der ersten Jahrhunderte unserer Zeitrechnung hauptsächlich zu Alexandria lebten und schrieben, kannten zwar bereits eine wirkliche Destillation, die übrigens von der Sublimation noch nicht scharf getrennt wurde, und befanden sich auch im Besitze bedeutend verbesserter Gerätschaften, deren Abbildungen durch die historischen Werke von Kopp und Berthelot bekannt geworden sind, aber diese Geräte waren, hauptsächlich wegen der vollständig ungenügenden, zuweilen sogar fast ganz mangelnden Kühlvorrichtungen, unbrauchbar zur Behandlung niedrig siedender Flüssigkeiten; bis in die letzte Zeit der griechischen Alchemie, also bis in das 6. und 7. Jahrhundert hinein, macht sich in dieser Hinsicht kaum ein merklicher Fortschritt bemerkbar, so daß z. B. einer der letzten hellenistischen Autoren, Stephanos von Alexandria, nicht wesentlich besser unterrichtet erscheint als seine etwa fünfhundert Jahre älteren Vorgänger. Wenn sehr oft ganz anderes angenommen worden ist, so rührt das hauptsächlich mit daher, daß sich bei den griechischen Alchemisten ein Ausdruck vorfindet, den ihre späteren lateinisch schreibenden Fachgenossen mit „aqua vitae" wiedergaben, und den man fälschlicherweise mit „Weingeist" übersetzen zu dürfen glaubte; dies ist jedoch ganz unberechtigterweise geschehen, denn jenes „aqua vitae", wörtlich „Wasser des Lebens", ist nichts anderes als das uralte zauberkräftige „Lebenswasser", das, nach den Überlieferungen ägyptischer Mythologen, schon die Göttin Isis erfand, die es bereitet haben soll, um mit ihm die vom Gotte Seth oder Typhon zerstückelte Leiche ihres Gatten Osiris zu begießen, und diesen so zu neuem Leben zu erwecken. Derlei Lebenswasser, (*ἀθανασίας φάρμακον*, Mittel der Unsterblichkeit), — von dem, auf Grund späterer hellenistischer Quellen, auch der griechische Historiker Diodor berichtet, ferner der weltberühmte Arzt Galenos, sowie auch der sog. „Brief Alexanders des Großen an Aristoteles", dessen syrisches Original vor längerem wieder aufgefunden wurde —, hat also offenbar nicht das Geringste mit unserem heutigen Weingeiste zu schaffen, und jede weitere Ausführung hierüber erübrigt sich.

Dafür, daß auch noch die spätesten Zeiten des Altertums nichts vom Alkohol wußten, ließen sich zahlreiche Stellen der Literatur anführen, doch genüge es, auf zwei recht charakteristische hinzuweisen: Der heilige Basilius, der um 350 n. Chr. in einer seiner Schriften die Verkommenheit der Zeitgenossen tadelte, eifert in ihr auch sehr eingehend gegen die Trunkenheit, weiß sie aber auf nichts anderes zurückzuführen als auf den Weindunst, die *αἰθάλη* des Weines, die den Trinkern zu Kopfe steige, — demnach auf eine seit den ältesten Zeiten allgemeine und geläufige Umschreibung. Auch Macrobius, der um 400 n. Chr. lebte, stellt eine höchst ausführliche Untersuchung darüber an, weshalb wohl der Wein trunken mache, der Most aber nicht; nachdem er, seiner Gewohnheit gemäß, die Meinungen aller möglichen Schriftsteller untersucht und besprochen hat, gelangt aber auch er zu keinem anderen Ergebnisse, als dem soeben aus der Abhandlung des heiligen Basilius angeführten.

Auch dem syrischen und arabischen Zeitalter ist, entgegen den Ansichten von Kopp, Hoefer, und Berthelot, die Darstellung des Weingeistes unbekannt; aus den, auch mit Abbildungen ausgestatteten, ältesten syrischen Manuskripten des 8. bis 11. Jahrhundertes ist zu ersehen, daß man zwar zu jener Zeit vervollkommnete Apparate des griechischen Typus besaß, die das Destillieren von Wasser, von allerlei wohlriechenden Wässern und Essenzen, u. a. auch von Rosenwasser, gestatteten, daß diese aber noch keineswegs ermöglichten, auch die Dämpfe einer so niedrig siedenden Flüssigkeit wie Alkohol überzutreiben und niederzuschlagen. Nicht selten ist in diesen Werken die Rede vom „Schwitzen" der reagierenden Körper, und eine Umsetzung gilt für vollendet, wenn das Schwitzen des Gefäßes aufhört und sich nichts mehr an dem auf oder über ihm liegenden Deckel ansetzt; wie auch dieser Hinweis ersichtlich macht, fehlt es also immer noch an einer ausreichenden Kühlvorrichtung. — Die arabischen Schriften der sog. „Treuen Brüder", die aus dem 9. oder 10. Jahrhundert stammen, aber auf sehr viel ältere Quellen zurückgehen, erwähnen ebenfalls nur die Destillation des Wassers, Rosenwassers, Essigs usf., nicht aber die des Weines. Die erste persische Pharmakopöe des Abu Mansur, die ungefähr 950 niedergeschrieben ist und durchaus auf den Überlieferungen des 9. bis 10. Jahrhunderts beruht, kennt die Destillation des Weines nicht; die des Wassers, das als destilliertes Wasser zu pharmazeutischen Zwecken empfohlen wird, gilt ihr noch als sehr neu, und neu erscheint ihr auch die Kunst, das Meerwasser zu destillieren, so daß die durch Stürme auf die hohe See Verschlagenen fortan nicht mehr zu verdursten brauchen.

In sehr bestimmter Weise wird betreffs des hochberühmten arabischen Arztes Râzi versichert, er habe im 9. Jahrhundert die Darstellung des Alkohols gekannt und sei sogar der erste gewesen, der ihn als Arzneimittel innerlich zu verwenden wagte; alle solchen Angaben sind jedoch, soweit seine echten Schriften in Frage kommen, ganz unzutreffend, denn diese enthalten kein Wort, das derartigen Voraussetzungen als Unterlage dienen kann. Allerdings erwähnt Râzi die durch Gärung aus Zucker, Honig, Reis u. dgl. hergestellten „vina falsa" = „nachgeahmten Weine", wobei noch zu beachten bleibt, daß das von ihm gebrauchte Wort „fermentari" gar nicht immer eine wirkliche Gärung bedeutet, sondern oft nur ein Erwärmen oder Digerieren; von einem flüchtigen Bestandteile dieser Gärungsprodukte spricht er jedoch nirgends, und was man in den lateinischen Übersetzungen seiner Werke als Bezeichnung eines solchen aufgefaßt hat, ist vermutlich wiederum nur der Ausdruck „Aqua vitae". Dieser ist aber bei Râzi in der Regel gleichbedeutend mit „Elixier" oder „Stein der Weisen", und das geht auf die alte, als platonisch angesehene Lehre zurück, daß die unedlen Metalle sich von den edlen in gleichem Sinne unterscheiden, wie die kranken Körper von den gesunden, nämlich durch den Überfluß oder Mangel einzelner der vier Elemente, daher denn z. B. dieselbe Substanz, die den Siechen gesund macht, auch fähig sein wird, das unedle Metall in ein edles zu verwandeln: sie hat dann, ebenso als „Lebenswasser" dem Kranken, wie als „Elixir" dem unedlen Metalle, das nötige fehlende Element wieder zugeführt.

Ebensowenig wie bei Râzi findet sich auch bei Avicenna (Ibn Sina), dem berühmtesten und einflußreichsten der arabischen medizinischen Autoren, an der Wende des 10. Jahrhunderts, irgendeine Kenntnis des Weingeistes; alle einschlägigen Angaben sind entweder wiederum auf Irrtümer der erwähnten Art zurückzuführen, oder auf Benutzung einer der zahlreichen gefälschten Schriften, die gerade diesem Verfasser in späterer Zeit mit größter Kühnheit untergeschoben wurden.

Was die Folgezeit anbelangt, so ist es natürlich unmöglich, auf jeden der einzelnen muslimischen Autoren in gleichem Sinne einzugehen wie auf die eben genannten, besonders wichtigen Verfasser. Es sei daher nur hervorgehoben, daß auch in den nächsten Jahrhunderten Kenntnis des Alkohols bei keinem chemischen oder physikalischen Autor nachzuweisen ist, bei keinem Verfasser einer Pharmakopöe, und auch bei keinem Arzt, auch nicht bei dem berühmten spanisch-arabischen Abul-Kasim, der um 1107 starb; denn entgegen dem häufig über ihn Angeführten benutzte dieser nur Apparate zur Darstellung des Rosenwassers u. dgl., die den alten griechischen noch ganz ähnlich sind, und obwohl er, unter Anlehnung an eine Stelle des Aristoteles, die Redensart gebraucht: „ebenso kann, wer es will, auch Wein destillieren", so berichtet er doch mit keinem Worte, daß er dies wirklich ausgeführt habe, und sagt namentlich auch nichts über die Eigenschaften eines solchen Destillates. Keine Erwähnung des Alkohols findet sich auch in den ausführlichen Schriften der arabischen Reisenden und Geographen, von Ibn-Haukal bis Ibn-Batuta; in den zahlreichen Zusammenstellungen über die zumeist in natura zu leistenden steuerlichen Abgaben, die doch z. B. des Rosenwassers in Persien schon sehr früh gedenken; in den eingehenden Berichten über die gleichfalls vorwiegend in natura erfolgende Zuteilung von Lebens- und Genußmitteln aller Art an höfische Angestellte und Beamte; endlich auch nicht in den Werken der arabischen oder persischen Dichter, obwohl deren Divane, wie bekannt, oft fast ausschließlich dem Preise des Weines, sowie der außerordentlich zutreffenden Schilderung der Folgen seines übermäßigen Genusses gewidmet sind. Selbst in solchen Schriften fehlt jede Hindeutung auf Alkohol, die ausführlich gerade über den Wein, seine Herstellung und Verwendung handeln, so z. B. in dem großen „Buche der Landwirtschaft" des spanischen Arabers Ibn-al-Awam, um 1150, in der berühmten „Enzyklopädie der Heil- und Nahrungsmittel" des Ibn-Beithar gegen 1250, sowie in den späteren vielbändigen Enzyklopädien des Dimeschki, Kazwini, und anderer Autoren des. 13. Jahrhunderts. Ausdrücklich sagt dagegen — und dieser Hinweis ist sehr wichtig — Al-Khazini in jenem Abschnitte seiner 1120 verfaßten Schrift: „Die Wage der Weisheit", der sich mit der Bestimmung der spezifischen Gewichte beschäftigt, daß die spezifisch leichteste aller überhaupt bekannten Flüssigkeiten das Olivenöl sei; von dem spezifisch erheblich leichteren Alkohol wußte er also nichts.

Nach allem Angeführten darf man es wohl, entgegen sämtlichen bisherigen Annahmen, für feststehend erachten, daß der arabischen Wissenschaft der Weingeist nicht bekannt war, und daß der Alkohol als „arabische Erfindung" zu streichen ist.

2

Diesem negativen Ergebnis gegenüber erhebt sich nun die positive Frage: Wann und wo wurde der Alkohol in Wirklichkeit zuerst dargestellt? Sie ist dahin zu beantworten, daß die Entdeckung des Weingeistes aller Wahrscheinlichkeit nach in Italien geschah, das sich schon im frühen Mittelalter unter den übrigen Küstenländern des westlichen Mittelmeeres durch reichlichen Weinbau und große Weinproduktion auszeichnete, und auch bereits seit dem 11. Jahrhundert Wohnsitz zahlreicher, vielfach dem geistlichen Stande angehöriger Alchemisten war. Neue Erfindungen besonderer Art, die diese bei ihren praktischen Arbeiten machten, ohne weiteres zu veröffentlichen, war zu jenen Zeiten unter Umständen außerordentlich gefährlich, denn je merkwürdiger und auffälliger die Ergebnisse der Forschungen ausfielen, desto leichter mochte man in den Verdacht geraten, die Hilfe des Teufels in Anspruch genommen zu haben und ein Häretiker oder Ketzer zu sein, was nicht nur das Werk, sondern auch den Autor zum Scheiterhaufen führen konnte; die Chemiker brachten daher ihre wichtigsten Funde der Mitwelt nicht selten nur in versteckter Form zur Kenntnis, in Gestalt sog. Kryptogramme, deren aus jenen Jahrhunderten verschiedene bekannt sind, u. a. das sehr berühmte für Schießpulver, das sich in den Schriften des Roger Bacon erhalten hat.

Auch die Destillation scheint seitens jener italienischen Alchemisten erheblich verbessert worden zu sein, namentlich ist wohl ihnen die Benutzung eines Destilliergefäßes aus einem einzigen Stücke zu verdanken, für dessen romanische Benennung, „Retorte", ein griechisches Vorbild nicht besteht; die Umgestaltung des Helmes, sowie die Möglichkeit, das die Dämpfe abführende Rohr erheblich zu verlängern, dürfte hierbei zu einer verbesserten Kühlung geführt haben, die, wie schon wiederholt erwähnt, als Vorbedingung für die Kondensation leichtflüchtiger Dämpfe und für das Auffangen der so entstehenden niedrig siedenden Flüssigkeiten anzusehen ist.

Das erste Werk, das, dem Boden italienischer Gelehrsamkeit entsprungen, für die Geschichte des Alkohols in Betracht kommt, führt den Titel „Mappae Clavicula" und ist, wesentlich byzantinischen kunstgewerblichen Traditionen folgend, im 9. oder 10. Jahrhundert durch einen bisher nicht ermittelten Autor abgefaßt. Die älteste erhaltene Handschrift, Eigentum der Bibliothek zu Schlettstadt im Elsaß, ist nach dem Urteile der Sachverständigen im 10. Jahrhundert niedergeschrieben, und enthält noch keine Andeutung über den Weingeist. Wir kennen aber noch ein zweites, in England befindliches Manuskript, das dem 12. Jahrhundert angehört, und in diesem findet sich, in Gestalt eines der erwähnten Kryptogramme, das zuerst Berthelot richtig erkannt und entziffert hat, die erste Erwähnung des Alkohols, der also sichtlich zu jener Zeit noch etwas ganz Neues, Geheimzuhaltendes war. Die Vorschrift lautet dahin, man solle einen Teil alten, sehr starken Wein mit drei Teilen Salz in den hierzu gebräuchlichen Apparaten zum Sieden erhitzen, wodurch man ein Wasser erhalte, das sich zur Flamme entzündet, ohne seine Unterlage zu verbrennen; offenbar handelt es sich also um einen noch recht wasserhaltigen und schwachen Weingeist. Da diese Beschreibung im Manuskripte aus dem 10. Jahrhunderte noch fehlt, in dem aus dem 12. sich aber eingeschaltet findet, so wird man mit Recht folgern dürfen, daß die Erfindung in der Zwischenzeit, also im 11. Jahrhundert etwa, gemacht worden sei.

Weiteres über den Weingeist berichtet das berühmte „Feuerbuch" des sog. Marcus Graecus, mit dem sich schon seit längerer Zeit viele Historiker beschäftigt haben, weil es auch die älteste Vorschrift zur Herstellung des Schießpulvers enthält. Dieses Werk rührt aller Wahrscheinlichkeit nach ursprünglich wirklich von einem Griechen namens Marcus her, und beschreibt, wie schon der Titel „Liber ignium ad comburendos hostes" ersehen läßt, in seiner ersten Gestalt die Herstellung der zum Teil schon dem Altertum bekannten, und im 7. Jahrhundert sehr vervollkommneten Brandsätze zum Verbrennen, nicht zum Erschießen, der Feinde. Das Rezept zur Bereitung des Schießpulvers ist ihm jedenfalls erst in viel jüngerer Zeit eingefügt worden, wie es denn überhaupt in seiner jetzt vorliegenden Gestalt frühestens gegen 1250 niedergeschrieben sein kann. Das älteste, in München vorhandene Manuskript enthält im Texte selbst nichts über Alkohol, beschreibt jedoch in einem später angehängten Nachtrag die Darstellung des Weingeistes mit folgenden Worten: Alter Wein wird aus einer Retorte (cucurbita) mit einem Helm (alembic) auf schwachem Feuer destilliert, und was hierbei übergeht, ist das „brennbare Wasser" „aqua ardens", — ein Ausdruck, der übrigens auch für das destillierte Terpentinöl gebraucht wird; es verbrennt auf Leinen, ohne dieses zu entzünden, und (angeblich) auch auf dem Finger, ohne diesen zu verletzen. Auch hier kann also nur ein noch schwacher, viel Wasser enthaltender Weingeist in Frage kommen. — Ein jüngeres, in einem Sammelbande zu Paris befindliches Manuskript, das erst gegen 1300 niedergeschrieben ist, enthält noch den Rat, man möge dem Wein vor der Destillation Salz, Schwefel, oder Weinstein zusetzen; vermutlich nahm man an, daß die „Feuchtigkeit" des Wassers seine Entzündlichkeit verhindere, und versuchte deshalb, ihm durch Zugabe von Chemikalien, die im Rufe besonderer „Trockenheit" standen, solche gleichfalls mitzuteilen. Bemerkenswert ist, daß die auf Destillation (aber nicht des Weines) bezüglichen Abbildungen in diesen Pariser Manuskripten völlige Unvollkommenheit der Kühlvorrichtungen erkennen lassen, so daß deren neu erfundene Verbesserung wohl auch damals noch den Zeichnern gar nicht bekannt war; vielleicht haben diese aber auch nur alte Vorlagen kopiert.

Im 13. Jahrhundert, schon etwa gegen 1250, beginnt der Weingeist in seiner Eigenschaft als Heilmittel und Allheilmittel aufzutreten, und zwar, soviel bekannt ist, zuerst bei den Ärzten Vitalis de Furno und Thaddäus von Florenz; dieser Umstand weist gleichfalls auf die Entdeckung des Alkohols in Italien hin.

Albert der Große, der vielseitige Gelehrte und Schriftsteller (1193—1280) führt in seinen Werken, deren nähere Abfassungszeit aber nicht feststeht, den Weingeist an; er sagt, daß, wenn man Wein ebenso wie Rosenwasser „sublimiert" (nicht destilliert), eine leichte, obenauf schwimmende, entzündliche Flüssigkeit erhalten wird, ein „liquor inflammabilis supernatans".

Möglicherweise hat noch vor ihm Arnaldus von Villanova (1235—1312?) in einer seiner zahlreichen Abhandlungen den Alkohol erwähnt, und er wäre dann der erste dem Namen nach bekannte Autor, der über ihn als etwas schon Wohlbekanntes berichtet. Arnaldus führt an, daß bei der Destillation des Weines dessen subtilster Teil als „aqua ardens" entweicht, als brennbares Wasser, das von einigen auch „Aqua vitae" genannt werde, weil es als ausgezeichnetes Heilmittel die Gesundheit fördere und das Leben verlängere, und von anderen „Aqua permanens", unveränderliches Wasser. Dieses Beiwort gebraucht schon Plinius, um das Quecksilber als eine stets flüssig bleibende, unter keiner Bedingung fest werdende Masse zu kennzeichnen; hieraus wieder erklärt sich vermutlich der für Weingeist schon frühzeitig auftauchende Name „Mercurius vegetabilis", pflanzliches Quecksilber. Arnaldus betont auch, daß man den Weingeist in goldenen oder gläsernen Gefäßen aufbewahren müsse, weil er die Eigenschaft habe, Gerüche und Geschmäcke aller Art anzuziehen, und sich hierdurch in nachteiliger Weise zu verändern.

Was die Schriften des Raimund Lull (gest. 1314?) anbetrifft, so sind die chemischen zweifellos sämtlich erst später von seinen katalonischen und provenzalischen Schülern untergeschoben. In ihnen erst wird mitgeteilt, daß man das Gefäß, in dem der kondensierte Weingeist aufgefangen wird, den Rezipienten, in kaltes Wasser legen soll, ferner auch, daß man den Weingeist durch wiederholtes vorsichtiges Destillieren, durch sog. fraktionierte Destillation, sowie durch Zusatz von kalziniertem Weinsteinsalz, d. i. Pottasche, erheblich verstärken und schließlich ganz rein gewinnen kann, in welchem Zustande er vollständig verbrennt, ohne Wasser oder einen sonstigen Überrest zurückzulassen.

Im Laufe des 14. Jahrhunderts, hauptsächlich wohl im Anschluß an die große Pestepidemie von 1348, „schwarzer Tod" genannt, breitete sich die Kenntnis und die Anwendung des noch sehr seltenen und kostspieligen Weingeistes ziemlich rasch in alle Länder aus, zunächst aus medizinischen Gründen; doch scheint um diese Zeit auch die Kunst erfunden zu sein, Alkohol aus Getreide herzustellen, wodurch er dann weit leichter erhältlich und viel billiger wurde, und allmählich auch den Zwecken des bloßen Genusses dienen konnte. In dieser Hinsicht ist es erwähnenswert, daß gegen oder nach Ende des 14. Jahrhunderts der in Süddeutschland und Österreich noch jetzt recht verbreitete Zuname „Weinbrenner" zuerst auftauchen soll.

Was den anscheinend die arabische Herkunft beweisenden Namen Alkohol für den Weingeist betrifft, so ist zu bemerken, daß er wirklich zwar durch arabische Übermittlung nach Europa kam, ursprünglich jedoch eine völlig andere Bedeutung besaß. Kohol ist nämlich ein entweder arabisches oder von den Arabern schon frühzeitig der Sprache eines Nachbarvolkes entlehntes Wort, das ein außerordentlich feines Pulver bezeichnete, u. a. auch die schon in den ältesten Zeiten gebräuchliche Schminke aus Schwefelantimon oder Schwefelblei, die, wie der berühmte medizinische „Papyrus Ebers" zeigt, in Ägypten bereits im 15. Jahrhundert v. Chr. zu therapeutischen und kosmetischen Zwecken längst allgemein gebräuchlich war. Das Wort „Kohol", sowie seine mit dem arabischen Artikel „al" versehene Form „Alkohol", bezeichnete ursprünglich also nichts weiter wie irgendein sehr feines, fast unfühlbares Pulver, und hat sich in solchem Sinne in der Chemie und Pharmazie bis gegen 1800 noch vielfach erhalten: es sei in dieser Hinsicht nur an das Ferrum alcoholisatum erinnert, d. i. ein höchst feines Eisenpulver. Die Übertragung des Wortes Alkohol im Sinne eines feinsten, edelsten Bestandteiles, einer Quintessenz, auf den Weingeist, geschah jedoch in völlig willkürlicher Weise erst zu Anfang des 16. Jahrhunderts durch Theophrastus Paracelsus. Nur sehr langsam und allmählich fand sie Annahme, in der Wissenschaft eigentlich erst seit Aufstellung der berühmten neuen Nomenklatur durch Lavoisier und seine Zeitgenossen.

Kurz sei noch darauf hingewiesen, daß auch die Behauptung, der Alkohol sei eine südasiatische Erfindung, jeder Begründung entbehrt. In Indien ist, wie die Destillation überhaupt, so auch die des Weines keine einheimische Errungenschaft; man kannte zwar seit alters her gegorene berauschende Getränke, ahnte aber nicht, daß sie einen charakteristischen Bestandteil enthielten, den man abzuscheiden vermöge. Dies bestätigen die eingehenden Berichte der ältesten chinesischen Pilger, wie Fahian, Hiuen, und Itsing, sowie die der zahlreichen arabischen Reisenden bis auf Ibn-Batuta im 14. Jahrhundert. Auch in China bereitete man zwar schon in undenklicher Vergangenheit berauschende Getränke, aber von Alkohol wußte man noch in recht später Zeit nicht das Geringste; Marco Polo z. B. gibt im 13. Jahrhundert die eingehendsten Berichte über die Besteuerung der gegorenen Flüssigkeiten und den ungeheuren Ertrag dieser Steuer, spricht aber mit keinem Worte über Destillation.

Der heutzutage durch ganz Asien, von den Milch-destillierenden Kalmücken des hohen Nordens bis zu den Malaien Singapores verbreitete Ausdruck Arrak entstammt dem Arabischen, und zwar heißt „Al Rak" oder „Al Arak" wörtlich „der Schweiß" oder „das Geschwitzte". Der Sinn von Al Rak ist genau der nämliche wie der von „sudor" und „αἰθάλη" bei den griechischen und römischen Autoren, Arrak bedeutet daher ursprünglich alles Geschwitzte, so z. B. in der vorhin erwähnten persischen Pharmakopöe des Abu Mansur auch das destillierte Wasser. Die Bezeichnung ist also zweifellos zunächst aus dem Griechischen zu den Syriern, Persern und Arabern übergegangen, und erst weiterhin und sehr allmählich durch diese bis zu den fernsten asiatischen Völkern verbreitet worden, deren Kultur sie auf höchst verwickelten und oft nur ganz indirekten Wegen beeinflußten; zuletzt blieb der Name dann am Weingeist, als dem Geschwitzten par excellence, in ähnlicher Weise hängen, wie etwa der gleich allgemeine Ausdruck „Sublimat" gerade am Quecksilberchlorid.

14

EINIGE BEMERKUNGEN ZUR GESCHICHTE DER DESTILLATION UND DES ALKOHOLS[1]

Nichts ist für den historischer Studien Beflissenen bedrückender, als zu sehen, wie mühevolle Berichtigungen alter und eingewurzelter Irrtümer völlig unberücksichtigt bleiben, und wie diese Irrtümer selbst immer wieder von neuem vorgebracht und verbreitet werden, und zwar mit einer Bestimmtheit, als wäre eine Widerlegung noch niemals erfolgt; am betrübendsten ist dies aber, wenn es seitens anderer geschichtlicher Forscher geschieht, aus deren Schriften der große Leserkreis die Belehrung schöpfen soll, die er sich auf unmittelbarem Wege nicht zu verschaffen vermag, da es ihm hierzu an Zeit und Gelegenheit, an Kenntnis, und an Kritik gebricht. Nur aus solchem Grunde möchte ich auf einige Behauptungen eingehen, die sich in der Schrift: „Zur Geschichte der pharmazeutisch-chemischen Destilliergeräte" von H. Schelenz (Berlin 1911) vorfinden; daß ich hierbei allein die Sache im Auge habe, brauche ich denen, die meine Tätigkeit seit Jahrzehnten kennen, wohl nicht erst zu versichern.

[1] „Zeitschrift f. angewandte Chemie" 1912, S. 1680; am 31. Mai 1912 hielt ich auf der Hauptversammlung des „Vereins Deutscher Chemiker" zu Freiburg einen Vortrag über die Geschichte des Alkohols und seines Namens (s. die nämliche Zeitschrift, S. 1179); an diesen und an die durch ihn angeregten Fragen schließen sich die vorliegenden Bemerkungen an.

Zunächst sei hervorgehoben, daß die Angabe auf S. 16, Aristoteles habe die Destillation „in unserem Sinne", die Darstellung des Alkohols, und die hierzu nötigen Destilliergeräte genannt, durchaus unrichtig und sachlich ganz unhaltbar ist. In Wirklichkeit kennt weder Aristoteles, noch das gesamte Altertum eine eigentliche Destillation und wahre Destilliergeräte, auch findet sich bei Aristoteles über eine Gewinnung des Alkohols durch Destillation von Wein nicht die geringste Andeutung. Betreffs aller hierhergehöriger Einzelheiten muß ich bitten, meinen ausführlichen Aufsatz: „Chemisches und Alchemisches aus Aristoteles" zu vergleichen;[1] auf seinen Inhalt habe ich H. Schelenz, als er seine Behauptung vor zwei Jahren aufstellte,[2] bereits hingewiesen,[3] leider jedoch ohne Erfolg. Wirkliche Destillationsapparate, die aber (hauptsächlich wegen der mangelhaften Kühlung) nur zur Gewinnung hochsiedenderer Flüssigkeiten brauchbar waren, besaßen nachweislich erst die hellenistischen Chemiker Ägyptens in den ersten nachchristlichen Jahrhunderten; umsonst würde man daher die Auffindung von „Beschreibungen oder Nachbildungen" erwarten, die uns lehren sollen, wie der Apparat aussah, in dem Aristoteles die Destillation von Meerwasser und Wein beobachtete oder „hätte beobachten können" (S. 18), und in dem damals vielleicht „schon Rosenwasser destilliert wurde" (ebd.). Auch die Angabe, diese letztere Kunst sei zuerst in Persien erfunden und seitens der Alten „sicherlich" in größerem Maßstabe betrieben worden (S. 68, 27), ist völlig irrtümlich, denn erstens können die angeführten jährlichen Tribute von Rosenwasser an die Kalifen auch undestilliertes Rosenwasser betreffen (z. B. die 30000 Flaschen für Mamun), zweitens fallen sie erst in das 9. und 10. Jahrhundert, also in eine Zeit, die allerdings eine eigentliche und verbesserte (aber z. B. zur Darstellung des Alkohols noch

[1] Archiv für die Geschichte der Naturwissenschaften, Bd. 2, S, 233—300 (1910). [2] „Zeitschr. f. ang. Chemie", Bd. 23, S. 1979 (1910). [3] ebd., S. 2206.

nicht ausreichende) Destillation schon kannte, und drittens ist, entgegen dem auf S. 143 und 144 Gesagten, nichts sicherer, als daß die Kenntnisse der griechischen Chemiker den a. a. O. genannten Völkern, und speziell den Persern, gerade durch syrischen und arabischen Einfluß zugetragen wurden. Dementsprechend gibt es auch für die Erfindung der Destillation in Persien keinen einzigen Beleg, und ebenso verhält es sich betreffs des „Wunderlandes Cham", d. h. des alten Ägyptens, Assyriens, Indiens, und Chinas (S. 20). In letzteren Länder kennt man zwar seit alters her gegorene und berauschende Getränke, aber noch im späteren Mittelalter keine destillierten und daher auch keinen Alkohol; daß die Destillation in China oder Indien erfunden worden sei (S. 39), ist daher eine ganz irrige Annahme, um so mehr, als die in weit vorgerückterer Zeit daselbst benutzten Apparate noch „wesentlich", ja „ganz und gar", den Typus der griechischen zeigen (S. 39ff.; vgl. auch S. 130 und 137ff.); nicht minder wie die herrschend gewordenen chemischen Theorien (Rolle des Schwefels und Quecksilbers, usf.) verraten eben auch die Geräte syrische (nestorianische) oder arabische Vermittlung. Was das auch in Asien weitverbreitete Wort „Arrak" betrifft (S. 130), so kommt es von „al-rak" = das Geschwitzte (= αἰθάλη, sudor) und bedeutet bei den syrischen, persischen und arabischen Autoren ursprünglich wirklich alles „Übergeschwitzte", z. B. auch das destillierte Wasser; erst im Laufe sehr viel späterer Zeiten verblieb der Name einem der wichtigsten Präparate dieser Art, etwa ähnlich wie „Sublimat" dem Quecksilberchlorid.

Auch die „frühe Bekanntschaft des Altertums mit dem griechischen Feuer, d. h. einem Terpentindestillat", ist keineswegs ein Beweis für die „Vornahme von Destillationen im großen" (S. 20), denn griechisches Feuer war kein Terpentindestillat, sondern vermutlich eine Mischung aus gebranntem Kalk mit Erdölen, sowie mit Lösungen von Harz, Teer u. dgl.

in diesen, ferner ist sein Gebrauch nicht im Altertum nachweisbar (am wenigsten im frühen!), sondern erst im 7. nachchristlichen Jahrhundert.[1]

Auf S. 25 taucht das Gespenst des Geber, als eines arabischen Chemikers des ausgehenden 8. Jahrhunderts auf; seine Schriften sind aber doch nicht nur „allerdings in ihrer Echtheit angezweifelt", sondern mit aller Bestimmtheit als im 13. Jahrhundert untergeschoben erwiesen. Weder hat daher Geber um 800 Essigsäure, Salpetersäure, und Schwefelsäure durch Destillation dargestellt, noch aus Weißwein Alkohol, „hier zuerst Lebenswasser genannt"; was auch arabische Alchemisten so bezeichnen und deren lateinische Übersetzer mit „aqua vitae" wiedergeben, hat überhaupt gar nichts mit Weingeist zu tun, sondern ist das mythische „Wasser des Lebens, *ἀθανασίας φάρμακον*" der hellenistischen Chemiker, das bei diesen wieder aus ägyptischen Quellen stammt, in denen es als eine Erfindung der Göttin Isis ausgegeben wird.

Daß der arabische Chemiker und Arzt Râzi (Rhazes) um 900 n. Chr. Alkohol „zweifellos kannte und in schon fast vollendeten Geräten darstellen konnte" (S. 29), ist ebenfalls eine ganz irrige Voraussetzung, denn keine seiner echten Schriften verrät eine Spur derartiger Kenntnisse. Von dem spanisch-arabischen Arzte Abulkasim (um 1000 n. Chr.) heißt es S. 34: „Er destillierte Wein", aber auch diese Behauptung wird durch seine Werke nicht bestätigt; dem Arnold von Villanova (2. Hälfte des 13. Jahrhunderts) ist allerdings der Weingeist schon wohlbekannt,[2] und er bezeichnet ihn u. a. auch als „aqua vitae" (S. 35), aber unbewiesen und bei ihm ganz unbegreiflich bleibt, daß er sein Weindestillat „zuerst Alkohol benannte, nach dem arabischen Wort Kochl für fein-

[1] Siehe meine „Abhandlungen und Vorträge" Leipzig 1906), S. 131.

[2] Die Verstärkung des Weingeistes mittels Alkalis (das wasserentziehend wirkt) und durch die fraktionierte Destillation (vgl. S. 69) beschreibt Lull, dessen chemische Werke aber sämtlich erst um und nach 1300 untergeschoben sind.

verteiltes Antimon“ (richtiger: Schwefelantimon), vielmehr rührt diese ganz willkürliche Übertragung erst von Paracelsus her, mit dessen Gewohnheiten sie in vollkommenem Einklange steht. Bei diesem Anlasse sei erwähnt, daß meines Wissens auch die spätere Umdeutung von „Clissus“ (S. 119) dem Paracelsus zuzuschreiben ist, während frühere Autoren das Wort nur im althergebrachten Sinne = Dunst oder Rauch gebrauchen, so daß also hier kein „nirgends vorher erklärter Name“ vorliegt. — Daß demnach weder spanisch-arabische, noch gar orientalische Erfinder die Kunst der Alkoholdestillation schon vor 1171 nach Irland gebracht haben können (S. 96), leuchtet ohne weiteres ein: die Nachricht, sie sei dort 1171 sehr bekannt, ja wohl „bodenständig“ gewesen und im großen betrieben worden, beruht sicherlich nur auf irrtümlichen Deutungen eines späteren Chronisten, läßt sich aber zunächst nicht weiter prüfen, da ihre Quelle auf S. 96 nicht angegeben ist; schon die Bemerkung, der Alkohol sei „Wasser des Lebens“ (keltisch = Whisky) genannt und aus Gerste gewonnen worden, deutet aber, nach allem, was man bisher weiß, auf auswärtige und ganz bedeutend spätere Herkunft.

Weitere Irrtümer entspringen dem Umstande, daß Schelenz bei Abfassung der Geschichte der Destillation offenbar nicht oder doch nicht ausreichend auf die ältesten Originalquellen zurückging, nämlich auf die Werke der griechischen Chemiker, sowie der unmittelbar aus diesen schöpfenden syrischen und arabischen, und daher vieles, was schon in diesen zu finden ist, für Errungenschaften neuerer Zeiten ansieht. Da ich mich mit jenen Autoren über Chemie und Alchemie (für welche Kunst aber der S. 146 zitierte Ausdruck *ἁγία τέχνη* niemals vorkommt) seit Jahren beschäftigt habe und demnächst an die Niederschrift einer ausführlichen Abhandlung: „Entwicklung und Ausbreitung der Alchemie“, gehen zu können hoffe, so beschränke ich mich, wie weiter oben so auch hier, vorerst darauf, ohne Anführung der einzelnen

Belegstellen nur die Tatsachen zu erwähnen. Den hellenistischen Chemikern schon wohlbekannt war u. a.: 1. Die Digestion im Dünger (S. 91). 2. Die Sublimation (und die von ihr durch lange Zeit nicht scharf getrennte Destillation) unter Benutzung des einseitig geschlossenen „blinden" Rohres aus Ton, Glas usf. (S. 32), — daher arabisch „al atal" oder „al utal", zusammengezogen „Aludel", d. i. „das Rohr". 3. Die Sublimation aus einem Gefäße in ein mit ihm festverbundenes zweites, darüber befindliches, sowie die Destillation (hier im alten ursprünglichen Sinne de-stillare = herab-tropfen) in ein ebensolches darunter gesetztes: „Gefäß über Gefäß", bei den Persern und Arabern „but-ber-but", woraus spätere Alchemisten den Ausdruck „botus barbatus" bildeten, der also nicht (S. 51) mit βότρυς oder dergl. zusammenhängt, sondern gemäß der Andeutung auf S. 29 zu erklären ist. 4. Der Gebrauch schlangenförmiger Kühlrohre, der daher nicht erst im 15. oder 16. Jahrhunderte aufkam (S. 51, 57, 64). 5. Die Anwendung von allerlei verschieden gestalteten Gefäßen und Kolben, u. a. genannt: φιάλη (daher Fiolen, Filiolen, Violen, S. 52); „Ei der Philosophen", d. i. der Chemiker (daher Ovum philosophicum, S. 53); μετρετής oder μετρητής (von μέτρον = das Maß), in latinisierter Form Quelle des französischen matras, das also keinesfalls aus dem Keltischen stammt, und auch frei von „phantastisch geschlechtlichen Beziehungen" ist, S. 51 ff.); σικύα = Gurke oder Kürbis (Cucurbita), ursprünglich den Schröpfkopf bezeichnend und unter diesem Namen z. B. noch im 5. Jahrhundert bei Caelius Aurelianus oft angeführt (daher ist die „Gurke" nicht, nach S. 30, erst in jüngerer arabischer Zeit „das erstemal zu finden, als die später als Kunstausdruck gängige Cucurbita", vielmehr weist der S. 28 und 31 angezogene „Vergleich mit einem Schröpfkopf" auf die richtige Quelle), usf. 6. Das „Beschlagen" der Gefäße mit Ton, die Anfertigung tönerner Ein- und Unterlagen (S. 31), sowie das Dichten, Verbinden oder Lutieren mit dem „Ton der Philosophen" (S. 54, 67, 117), und das Verschließen mit genau passenden, eingedrehten Stöpseln. 7. Der „hermetische Verschluß", den also Libavius (um 1600) tatsächlich „älteren Vorbildern" entlehnte (S. 55). 8. Der *δίβικος* und *τρίβικος*, welche Namen keineswegs erst in späterer Zeit „mißverständlich und falsch gebildet sind" (S. 24), sondern ganz richtig, dem Wortlaute und den Abbildungen gemäß, Destillationsapparate bezeichnen, die zwei (*δι*-) oder drei (*τρι*-) Rezipienten besitzen (*βίκος*, *βήκος*, *βύκος* = Gefäß, Behälter, Flasche). 9. Der Dauerbrandofen, das Vorbild des sog. „faulen Heinz" (S. 67), arabisch Athanor, d. i. al tannor oder al tannus = der Ofen, dessen Name also, wie S. 33ff. zutreffend gesagt ist, nichts mit *θάνατος* = Tod zu tun hat, und im Griechischen *αὐθέψα* lautet = der Selbstkochende. 10. Die „Kerotakis" (unerklärt auf S. 34), d. i. ursprünglich eine Art Palette zum Vermengen der zu erhitzenden Chemikalien, ganz gleich jener, auf der die Maler ihre Wachsfarben anzumischen pflegten (*κηρός* = Wachs).[1]

Nicht bekannt waren den griechischen und arabischen Chemikern wohl die aus einem Stücke angefertigten Destilliergeräte, die Retorten (S. 32): wie schon der romanische Name andeutet, scheinen sie eine Erfindung des Abendlandes zu sein.

Den Zusammenhang zwischen der Bezeichnung des Rückstandes vom Sublimieren oder Destillieren als „Caput mortuum" und dem Haupte des toten Osiris (dessen Leichnam der Sage nach durch Seth in zahlreiche Teile zerstückelt, durch Isis aber wieder zusammengesetzt und zu einem neuen Leben erweckt wurde), wies ich vor mehreren Jahren nach,

[1] Wenn es S. 34 heißt: „genannt in des Arabers Geber Prozeß, wie er in (wessen?) Theatr. Chym. beschrieben steht", so ist hierzu zu bemerken, daß „Theatrum Chymicum" eine große sechsbändige Sammlung alchemistischer Schriften betitelt ist, die in erster Auflage 1613—1622, in zweiter 1659, bei Eberhard Zetzner in Straßburg erschien; die Vorrede zur ersten Auflage ist von 1602 datiert und von Lazarus Zetzner als Herausgeber gezeichnet. Mein Exemplar hat etwa 5000 Seiten Oktav.

und hatte mich hierbei der Bestätigung seitens eines der hervorragendsten Ägyptologen zu erfreuen.[1] Daß aber, nach S. 29ff., Caput „sicher" vom arabischen „chabat" = Schlacke abzuleiten sei, „aus dem die nach Spanien wandernden Nordeuropäer das ihnen geläufige Caput heraushörten", daß der hiernach ganz unerklärliche Zusatz „mortuum" nur wegen des „schaurig-mystischen Anklanges" gewählt wurde, und daß endlich „das allgemeine Wort zur Verwendung für ein Sondercaput kam, den Colcothar (was wohl ganz willkürlich gebildet ist), den Rückstand bei der Destillation des Nordhäuser Vitriols", — alles dieses sind völlig unhaltbare Annahmen: die ganze Anschauungsweise ist nämlich nicht erst arabisch, sondern bereits hellenistisch (worauf schon die Hindeutung S. 119 hätte weisen müssen!), ja zum Teil altägyptisch, sie stammt also aus einer Zeit, die ein halbes Jahrtausend und mehr vor jener liegt, in der von arabischen Einflüssen die Rede sein konnte; bei den hellenistischen Schriftstellern, chemischen und anderen, ist sie ganz allgemein verbreitet und nach vielen Richtungen von weitgehendstem Einflusse, den neuerdings namentlich auch die religionsgeschichtliche Forschung erkannt und klargelegt hat. Es kommt demnach weder ein andauerndes Mißverständnis in Frage, noch eine allegorische Zusammenstellung; ferner ist auch das Wort Colcothar durchaus keine willkürliche Bildung, sondern geht auf das syrische und arabische Chalkotarin zurück, das selbst wieder vom griechischen χαλκῖτις (Chalkitis) herzuleiten ist.

Was es mit dem Schwefel und Quecksilber als Bestandteilen sämtlicher Körper und insbesondere der Metalle für eine Bewandtnis hat, aus welchen Quellen diese, vom rein chemischen Standpunkte so unbegreiflich widersinnige Theorie geflossen ist, desgleichen woher in letzter Linie die Analogien zwischen dem Stattfinden chemischer Reaktionen und der „Vermählung", der Vereinigung von „Mann und Weib", dem

[1] Chemiker-Zeitung 1906, S. 323 und S. 925.

„Fötus" usf. rühren, — alles das habe ich (und zum Teil meines Wissens zum ersten Male) in meinem obenerwähnten Aufsatze: „Chemisches und Alchemisches aus Aristoteles", dargelegt: jene Lehren sind weder späten alchemistischen, noch „spagyrischen" Ursprunges (S. 58; vgl. auch S. 23), sondern griechischen. Der nämlichen Herkunft ist auch das Schlagwort „Opus mulierum" = „Weiberwerk", das nicht erst dem 16. Jahrhunderte entstammt (S. 9), vielmehr als „Weiber- und Kinderwerk" andeuten sollte, wie leicht die Transmutation jedem fällt, der sie erst richtig auszuführen erlernt hat; zur „Küchenkunst" steht jedoch dieser Ausdruck in keinerlei Beziehung, auch ist die Annahme unbegründet, die „Arbeiten" des Apicius Coelius „hätten jedenfalls auch pharmazeutischen oder phytochemischen Wert" (S. 9), denn sie beschränken sich auf das um 220 n. Chr. verfaßte „Kochbuch", eine Sammlung zum Teil recht verwickelter und oft schwierig zu deutender Rezepte zur Bereitung verschiedener Speisen.

Arsenige Säure war dem Altertum nicht nur „vermutlich", sondern sicherlich und wohl schon sehr frühzeitig bekannt, aber auch mit dem metallischen Arsen und seiner Sublimation, die keineswegs erst der mythische Geber lehrte (S. 114), zeigen sich die hellenistischen Chemiker durchaus vertraut; von ihnen rührt auch schon die Vergleichung der Sublimate mit „Blüten" oder „Blumen" her (*ἄνθος*, flos), die demnach sehr viel älter ist, als man gemäß S. 107 leicht mutmaßen könnte. Darauf, daß auch die Sublimation des Salmiaks, sowie die Kenntnis dieses Körpers griechischen Ursprunges ist und nicht arabischen (S. 26), wies ich schon vor längerer Zeit hin.[1] Nicht bekannt waren jedoch Griechen und Arabern die Mineralsäuren, deren Darstellung erst gegen 1300 im Abendlande entdeckt wurde, vielmehr galt dem ganzen Altertume als schärfste und stärkste Säure der Essig; die Erzählung, Hannibal habe sich seinen Weg durch die Alpen gebahnt, indem er die Felsen in Essig

[1] Chemiker-Zeitung 1909, S. 117 und S. 186.

auflöste (s. S. 20 und 76), ist jedoch, wie ich bereits vor vielen Jahren anmerkte,[1] nur auf das Vorurteil gegründet, daß beim Begießen der vorher durch Feuer stark erhitzten Gesteine mit Essig, „der eine so besonders kalte Natur besitzt", dieses Zusammenprallen der größten Gegensätze auch eine ganz ungewöhnliche und außerordentliche Wirkung hervorbringen müsse.

Schließlich sei noch erwähnt, daß Birkenteer nicht erst im 14. Jahrhunderte bereitet wurde (S. 59), sondern, wie S. 125 richtig angeführt steht, schon von den alten Galliern; daß der Name „Äther", der um 1740 aufkommt (S. 77), als „etor" und „eter" schon bei mittelalterlichen Alchemisten die feinsten und flüchtigsten Bestandteile von Flüssigkeiten bezeichnet, daher z. B. auch bei Cardanus (1559) und Libavius (1595) den reinsten Weingeist; daß das englische „Demijohn" schwerlich mit einer „Dame Jeanne", nur „nach ganz äußerer Ähnlichkeit", zusammenhängt (S. 51), sondern wohl mit „Damasjan", einer orientalischen Bezeichnung für große Krüge und Flaschen, die z. B. noch zur Zeit von Niebuhrs arabischen Reisen (um 1770) als sehr gebräuchlich angeführt wird; endlich, daß der Gasometer nicht „zuerst 1802 von Pepys in Anwendung gezogen wurde" (S. 126), sondern, daß Apparat und Name von Lavoisier herrühren.

[1] 1898; vgl. meine „Abhandlungen und Vorträge", S. 127.

15

DAS ALTER DER ERDÖL-FEUERUNG[1]

Seitens eines Petroleum-Industriellen wurde mir kürzlich die Frage vorgelegt, wann wohl das Erdöl zuerst zu Feuerungszwecken verwandt worden sei?

Die früheste einschlägige Nachricht, deren ich mich entsinne, findet sich in einer Beschreibung Konstantinopels, die der Curopalates (etwa = Palastverwalter) Georgios Codinos um 1400 verfaßt haben soll, und zwar unter sorgfältiger Benützung der alten und ältesten Quellenschriften. Wie in diesen erwähnt wird,[2] spielten bei den Byzantinern seit jeher Thermen und Volksbäder (Demosia) die nämliche wichtige Rolle, die ihnen im Leben der Römer zukam, d. h. sie waren nicht nur für die Körperpflege und die öffentliche Gesundheit von hoher Bedeutung, sondern boten auch die beste Gelegenheit zu zwanglosen Zusammenkünften und Unterhaltungen, und dienten als Mittelpunkte des gesellschaftlichen Verkehres der gebildeten und vornehmen Klassen; demgemäß waren viele von ihnen glänzend ausgestattet und mit herrlichem Statuenschmucke versehen, auch wurden sie auf Staatskosten betrieben und unterhalten, und erfreuten sich geregelter Zuleitung frischen Wassers durch eigene (bleierne) Rohrleitungen.

Zu den prächtigsten Thermen zählten nun, nach Codinos,

[1] „Chemiker-Zeitung“ 1912, S. 537. [2] Unger, „Quellen der byzantinischen Kunstgeschichte“ (Wien 1878, S. 275ff.).

jene beiden, die der Kaiser Septimius Severus (193 bis 211 n. Chr.) errichtete, als er (jedenfalls während der Kämpfe mit seinem anfänglichen Gegenkaiser Pescennius Niger) in Byzanz weilte. Die eine, die der an einer Gliederkrankheit leidende Herrscher wohl selbst benützte, lag innerhalb der Stadt nahe dem kaiserlichen Palaste, und hieß anfangs „Severion", später jedoch „Zeuxippos", — was der alte Name des Platzes war, den ein Heiligtum des Zeus Hippios und die Statue eines die Sonnenrosse anschirrenden Apollon geziert haben soll. Die andere, in der Folgezeit „Kaminia" geheißene, erhob sich außerhalb der Altstadt, und war ein herrlich großes und bewunderungswürdig ausgestattetes Gebäude von so ungewöhnlicher Ausdehnung, daß täglich zweitausend Personen daselbst baden konnten. Man heizte aber diese Bäder mittels „medischen Feuers", das in gläsernen (oder tönernen) lampenartigen Gefäßen verbrannt wurde, so daß Wasser und Luft rasch die rechte Hitze annahmen; gelegentlich eines Aufstandes zerstörte der Pöbel auch diese Thermen.

Das „medische Feuer" ist das, dem Boden der kaspischen Meeresküsten massenhaft entquellende natürliche Erdöl, das unter diesem Namen[1] den Griechen schon in früher Zeit als Gegenstand göttlicher Verehrung bei Medern und Persern, und als Ersatz für das Brennöl der Lampen bekannt war; im 2. Jahrhunderte n. Chr. wurde es offenbar schon regelmäßig nach dem Westen versandt, woselbst es nicht nur zu Beleuchtungs-, sondern auch zu Feuerungszwecken eine vermutlich nicht mehr vereinzelte Anwendung fand. Daß die Produktionsländer in dieser Hinsicht schon mit dem Beispiele vorausgegangen waren, ist zwar sehr wahrscheinlich, jedoch zurzeit, — soweit meine Kenntnisse reichen —, nicht mit Sicherheit beweisbar.

[1] s. meine „Abhandlungen und Vorträge zur Geschichte der Naturwissenschaften" (Leipzig 1906, S. 127).

16

ZUR GESCHICHTE DER VERLÖTUNG VON BLEIROHREN[1]

Vor kurzem befragte mich ein in der Schwefelsäureindustrie tätiger Chemiker, ob die von ihm in irgendeinem Fachblatte gelesene Behauptung zutreffe, „daß die unmittelbare Lötung des Bleies, allein mittels metallischen Bleies, bereits im Mittelalter bekannt gewesen sei?"

Diese Angabe ist tatsächlich richtig, und geht wohl auf das „Speculum Naturale" des Vincentius Bellovacensis (Vincent de Beauvais) zurück, des im Jahre 1264 verstorbenen, gelehrten Vorlesers König Ludwigs IX. von Frankreich. Im 8. Buche des 1. Teiles heißt es daselbst in dem Absatze, der über das Zinn (stannum) handelt: „Wenn Zinn längere Zeit mit Feuchtigkeit in Berührung ist, so wird es zerstört (putrescit). Deshalb hat der menschliche Scharfsinn in neuerer Zeit die Verbesserung ausgedacht die unterirdisch liegenden bleiernen Wasserleitungsröhren nicht mehr mit Zinn zu löten (consolidari), sondern mit heißem geschmolzenem Blei: denn die mit Zinn zustande gebrachten Lötstellen waren niemals dauerhaft (durare non poterant in longinquum), das Blei ist aber unter der Erde für alle Zeit beständig (semper durat)."

Da Vincentius Bellovacensis sein Werk fast ausschließlich aus den Schriften älterer Zeitgenossen und Vorgänger zusammengetragen hat, z. B. aus jenen des Platearius, Jacobus

[1] „Chemiker-Zeitung" 1912, S. 437.

de Vitriaco, Thomas de Cantimprato, Bartholomäus Anglicus, so scheint es nicht ausgeschlossen, daß auch die Bleilötung, trotz des Zusatzes „in neuerer Zeit", auf eine nicht unbeträchtlich ältere, ja in letzter Linie vielleicht auf eine antike Tradition zurückzuführen wäre; in dieser Hinsicht bleiben daher weitere Nachforschungen wünschenswert.

Bemerkt sei, daß die Stelle aus Vincentius Bellovacensis u. a. auch von Berthelot angeführt wurde,[1] und zwar unter der Bezeichnung „Soudure autogène du plomb", die aber im eigentlichen Sinne des Wortes nicht zutreffend erscheint.

[1] „Introduction à l'étude de la chimie . . ." (Paris 1889, S. 283).

Vierte Abteilung

17

WANN UND WOFÜR ERSCHEINT ZUERST DIE BEZEICHNUNG AMMONIAK?[1]

Die obige Frage, die Herr Ingenieur J. Treumann in der Chemiker-Zeitung[2] aufwirft, indem er an eine Stelle des sog. „Hortus Sanitatis" von 1555 anknüpft, läßt für den Chemiker ohne weiteres ersehen, daß es sich in jenem Zitat um zwei ganz verschiedene Dinge gleichen Namens handelt, nämlich um das Harz und um das Salz Ammoniacum.

Das „Gummi Armoniacum oder Ammoniacum" des „Hortus Sanitatis" ist nicht das „Gummi eines Baumes", sondern das Harz einer (allerdings oft hoch aufschießenden) Doldenpflanze aus der Klasse der Umbelliferen, die u. a. in der Gegend der Oase des Ammon-Tempels seit jeher in üppiger Weise gedeiht; nicht auf das griechische ἄμμος = Sand (der Wüste), sondern auf den Namen des ägyptischen Gottes Ammon ist, — wenn auch indirekt —, jener des Harzes zurückzuführen, das als „Ammonisches", τὸ ἀμμονιακὸν, schon in den dem Hippokrates zugeschriebenen Werken (5. Jahrhundert v. Chr.) vorkommt, und durch die Schriften der späteren Ärzte, des Plinius, Dioskurides, Scribonius Largus, Alexander von Tralles, Priscianus, und Anderer,

[1] „Chemiker-Zeitung" 1909, S. 117. [2] ebd., S. 49.

in die mittelalterliche und neuere europäische, sowie in die syrisch-arabische Medizin überging.[1]

Das „Ammonische Salz", *ἅλς ἀμμωνιακός*, dessen schon Herodot gedenkt, ist ursprünglich das kristallisierte Steinsalz der Oase des Ammon, und nichts anderes als gewöhnliches Salz verstehen darunter sämtliche folgende Autoren des Altertums, — u. a. auch, was sehr bezeichnend ist, Apicius Caelius (3. Jahrhundert n. Chr.) in seinem Kochbuche —, sowie die späteren griechischen und die frühen syrischen und arabischen Ärzte und Chemiker, z. B. noch Synesios im 4., und Aetios im 6. nachchristlichen Jahrhunderte.[2]

Von der Substanz, die wir heute „Salmiak" nennen, also vom Chlorammonium, zeigt wohl schon Plinius eine unbestimmte Kenntnis, wo er berichtet, daß unreines ägyptisches Nitron (d. i. rohe natürliche Soda) zuweilen nach Fischbrühe rieche, beim Versetzen mit Kalk einen heftigen Geruch von sich gebe, und in verschlossenen Töpfen erhitzt werden müsse, weil es sonst verfliege.[3] Näher bekannt dürfte man aber in Ägypten auch mit dem Salmiak erst zur Zeit der Entdeckung und Ausbildung der Sublimation und Destillation geworden sein, also etwa vom 2. oder 3. Jahrhunderte n. Chr. an, und da man in dem holzarmen Lande seit jeher mit getrocknetem Miste (namentlich mit Kamelmist) zu heizen pflegte, so konnte man, besonders wo dies (wie in den öffentlichen Bädern) in geschlossenen Kaminen mit Abzügen geschah, schon damals den sublimierten Salmiak ebensowohl beobachten und gewinnen, wie dies nachweislich noch tief bis in das 18. Jahrhundert hinein erfolgte. Zugunsten dieser Hypothese spricht es, daß der arabische Polyhistor Al-Gahiz (gest. 869) unter

[1] Flückiger, „Pharmakognosie des Pflanzenreiches" (Berlin 1891, S. 73); Flückiger und Hanbury, „Pharmacographia" (London 1879, S. 324); Wittstein, „Handbuch der Pharmakognosie" (Breslau 1882, S. 24). [2] Kopp, „Geschichte der Chemie", Braunschweig 1843; Bd. III, S. 237 ff. [3] s. meine „Abhandlungen und Vorträge zur Geschichte der Naturwissenschaften" (Leipzig 1906, S. 14).

den Dingen, deren Kenntnis die Araber von den Griechen, d. h. in diesem Falle von den hellenistischen Chemikern Ägyptens, überkamen, auch den Salmiak aufzählt,[1] und zwar als etwas schon Wohlbekanntes.

Der Name, den er ihm erteilt, lautet „Nuschadir"; dieses Wort ist kein arabisches, sondern entstammt der persischen Sprache, in der Nuschdaru „Leben-gebendes" bedeutet,[2] und verweist vielleicht auf die, noch späten Zeiten geläufige Benutzung des Salmiaks und seines Dampfes als Excitans bei der Wiederbelebung Ohnmächtiger, Scheintoter usf. Nicht unerwähnt bleibe, daß auch eine etymologische Anknüpfung an das chinesische „Nauscha" für möglich gehalten wird, deren Berechtigung sich jedoch ohne erneutes Studium der chinesischen Alchemisten des 2. bis 4. nachchristlichen Jahrhunderts nicht beurteilen lasse; nach Richthofen findet sich nun zwar in China zweifellos kristallisierter Salmiak vulkanischen Ursprunges, der in späterer Zeit auch Gegenstand des zunehmenden und sich verbilligenden Levantehandels geworden sein mag,[3] aber Erwähnungen in chinesischen alchemistischen Werken, die vor der Periode arabischen Einflußes (8. Jahrhundert) verfaßt sein sollen, können nicht als beweisend gelten, denn sämtliche derartige Schriften sind apokryph und gefälscht, und alle an sie geknüpften Folgerungen hinfällig.[4]

Für den persischen Ursprung zeugt eine Angabe des arabischen Geographen Jakut (1178—1229), der für höchst zuverlässig gilt, und durchwegs aus den besten und ältesten Quellen schöpfte; nach diesen berichtet er, daß der Höhle Demindân in Persien ein Dampf entströme und sich beim Erkalten als Nuschadir niederschlage, den man von da aus

[1] Wiedemann, „Beiträge zur Geschichte der Naturwissenschaften" Erlangen 1906; Nr. 10, S. 356). [2] Stapleton, „Mitteil. Geschichte Medizin und Naturw." (Bd. 6, S. 421); Referat Wiedemanns mit höchst wertvollen Anmerkungen. [3] s. auch Heyd, „Geschichte des Levantehandels" (Stuttgart 1879; Bd. 1, S. 43.) [4] Privat-Mitteilung von 1890.

in alle Welt versende.[1] Darauf, daß Nuschadir in Persien gewonnen wird, läßt sich ferner eine Stelle in den „Goldwiesen" des arabischen Reisenden Massudi (943) beziehen;[2] die Bekanntschaft mit diesem Stoffe war aber damals keineswegs mehr eine neue, denn nach dem großen Sammelwerke des Ibn-Beithar (gest. 1248) gebrauchte schon der weltberühmte persische Arzt Râzi (850—923), ja bereits der nur als dessen Vorgänger überlieferte Elscherif, den Nuschadir,[3] ferner erwähnen ihn einige angeblich dem 9. Jahrhundert entstammende arabische Schriften,[4] sowie ein syrisch-arabischer alchemistischer Traktat, der vermutlich der nämlichen Epoche angehört: in diesem ist die Rede von „Almizadir" (= al Mizadir, al ist der arabische Artikel), von seiner Sublimation in der Aludel (dieses Gerät heißt arabisch al udâl), und von seinem hierher rührenden Beinamen „Vogel von Chorassan" (persische Provinz) und „Oberster von Armenien".[5] Der Name Almizadir findet sich auch bei Morienes,[6] mit dem Zusatze, „daß die Natur dieses Körpers kühlend und trocken sei", was wiederum auf die ursprünglich medizinische Anwendung hinweist; indessen sind die Schriften dieses Autors, soweit sie überhaupt als echt gelten dürfen, vermutlich nicht dem 8. oder 9. Jahrhunderte zuzuweisen, wie man ehedem annahm, sondern frühestens dem beginnenden 11.

Als „scharf, salzig, und kühlend" schildert den Nuschadir auch die persische Pharmakologie des Abu Mansur Muwaffak von 975;[7] Ibn-Sina (Avicenna, 980—1037) zählt ihn, seiner Flüchtigkeit wegen, zu den vier „Geistern" (Schwefel, Arsen, Quecksilber, Salmiak), und verschreibt ihn in den Rezepten seines „Kanons der Medizin" mehrmals als etwas offenbar

[1] Wiedemann, a. a. O. (Bd. 6, S. 421). [2] Heyd, a. a. O. [3] „Große Zusammenstellung der Arzneimittel", übers. Sontheimer (Stuttgart 1840; Bd. 2, S. 562; auch S. 280, 174, 230). [4] Berthelot, „La chimie au moyen âge" (Paris 1893; Bd. 3, S. 49, 177, 205). [5] ebd., Bd. 2, S. 82 und 186; Bd. 1, S. 160. [6] „De re metallica . . ." (Paris 1564; S. 19). [7] s. meine „Abhandl. u. Vorträge", S. 96.

ganz Gewöhnliches;[1] spätere Ärzte sprechen ihm nach, und fügen zuweilen noch einige Bemerkungen bei, z. B. der von Ibn-Beithar zitierte Ebn-Talamid (um 1100) eine das Vorkommen in Bergen und Heilquellen Chorassans, und Abulcasis (gest. 1222) eine die Art der Sublimation in Tongefäßen (Aludeln) betreffende. Im 13. Jahrhunderte nennt Dimeschki[2] in seiner Enzyklopädie als Fundorte Gegenden in China, Afghanistan, und Persien, und gedenkt zugleich der ägyptischen Methode der Sublimation aus Kamelmist in einer Weise, die die Identität der Präparate als eine längst feststehende voraussetzt; tatsächlich äußert sich auch, nach Ibn-Beithar, bereits Elgafâki (gest. 1164) im nämlichen Sinne über den gegrabenen und den aus Dünger gewonnenen Nuschadir, hat also diese Gleichsetzung jedenfalls schon in noch weit älteren Quellen als eine unzweifelhafte vorgefunden (s. die oben erwähnte Überlieferung des Al-Gahiz, gest. 869).

Während die arabischen Chemiker und Ärzte, die vermöge syrischer und persischer Vermittlung aus griechischen Quellen schöpften, unter ammonischem Salze stets Steinsalz verstehen, — so noch Ibn-Sina und sein Zeitgenosse Ibn-Serafiun (Serapion) —, tritt bei den ersten abendländischen Chemikern des 13. Jahrhunderts, (sowie auch in den Werken des Pseudo-Geber), die Schreibweise „Sal armoniacum" mit der Bedeutung Salmiak auf.[3] Nun führte, wie oben erwähnt, schon im 10. Jahrhunderte der Nuschadir den Beinamen „Oberster von Armenien", ferner war Armenien (in weiterem Sinne) vielleicht einer der Produktionsorte, jedenfalls aber einer der Hauptstapelplätze, von denen aus, zugleich mit anderen kostbaren Waren des Orientes, auch der Salmiak nach Europa gelangte: Pegolottis „Buch der Zollsätze" (um 1300) sowie der Zolltarif der Stadt Pisa von 1408 führen Salmiak, „in kleine Brote geformt", unter den Einfuhrartikeln

[1] Buch V, übers. Sontheimer (Freiburg 1845; S. 19, 197, 224.)
[2] Wiedemann, a. a. O. (Bd. 6, S. 421). [3] Kopp, a. a. O.

auf,[1] und Pasis „Tarrifa de i pesi e misure“, (der die Zeit vor 1500 betrifft, gedruckt aber erst 1557 zu Venedig erschien), gibt die in den kleinasiatischen und syrischen Häfen üblichen Steuersätze und Taren für „Sale armoniago“ an.[2] Hiernach scheint also die von Kopp mit allem Vorbehalte ausgesprochene Vermutung wohl berechtigt, daß der neue Name des „Armenischen Salzes“, „Sal armeniacum“, mit dem alten des „Sal ammoniacum“ zusammengeworfen, und so die Schreibung „Sal armoniacum“ veranlaßt worden sei.

Auch Biringucci (1540), Baptista Porta (1545—1615), der sich rühmt, den Salmiak zuerst als natürliches Produkt der italischen Vulkane erkannt zu haben, und Caesalpino (1596), berichten von dem aus Kyrene (dem Nachbarland Ägyptens) und Armenien kommenden Sal Armoniacum, das man aus dem Mist und dem gefaulten Harn der Kamele bereite, unter Zusatz gemeinen Salzes (der bis in das 18. Jahrhundert hinein für unentbehrlich galt); in der sehr seltenen ersten Ausgabe der „Pirotechnia“ (Venedig 1540), die wegen der zahlreichen Abbreviaturen des Druckes oft schwer zu entziffern ist, sagt Biringucci auf S. 36 ausdrücklich „larmeniacho, per meglio dire larmoniacho“, d. h. „das armenische Salz, richtiger das armonische“. Nicht „Sal armoniacum“ oder „Salarmoniac“, sondern „Sal ammoniacum“ schreiben hingegen Agricola (1529), Libavius (1560—1616), Angelo Sala (1620), und Glauber (1648);[3] etwa von 1650 ab erhält diese Form gänzlich die Oberhand, und macht gegen 1700 endgültig dem, aus dem alten „Salarmoniac“ zusammengezogenen „Salmiak“ Platz. Bereits Glauber wußte, daß sich Salmiak auch künstlich darstellen läßt, und zwar durch Vereinigung von Salzsäure mit dem, durch Kalk aus dem Salmiak ausgetriebenen, schon dem sog. Raymund Lull (13. Jahrhundert) nicht unbekannten

[1] s. meine „Geschichte des Zuckers“ (Leipzig 1890, S. 103). [2] Des Damaszener Tarasatzes für den Gummi „Armoniago“, aus Alexandria kommend, wird S. 52 ebenfalls gedacht. [3] Kopp, a. a. O.

„flüchtigen Alkali", das Glauber „Spiritus volatilis salis ammoniaci" nennt, d. i. „Salmiakgeist", und das Kunckel im „Laboratorium chymicum" (1700) mit der kaustischen Ätzlauge vergleicht; aber erst Priestley entdeckte 1774 durch Auffangen der mittels Kalk aus Salmiak ausgetriebenen Luftart über Quecksilber das reine eigentliche Ammoniakgas, das er als „alcaline air" bekannt machte, und für das dann 1782 Bergman den aus Glaubers Bezeichnung verkürzten Namen „Ammoniacum" vorschlug, deutsch Ammoniak. Daß dieses „Ammoniak" aus Stickstoff und Wasserstoff in den heute bekannten Mengenverhältnissen bestehe, zeigte 1785 (und eingehender 1809) Berthollet, indem er es mit Hilfe des elektrischen Funkens in diese beiden Elemente zerlegte.

18

ALDEBRANDINO DI SIENAS „RÉGIME DU CORPS“[1]

Das altfranzösische Buch „Le régime du corps“, das den Fachgelehrten seit langem aus Handschriften bekannt war, der Allgemeinheit aber erst im Frühjahre 1911 durch den Druck zugänglich wurde,[2] ist das erste hygienisch-diätetische Werk des gesamten Mittelalters, das nicht lateinisch geschrieben wurde, sondern das Gewand einer neueren Landessprache trägt. Seine Vollendung fällt in das Jahr 1256,[3] und sein Verfasser ist Aldebrandino di Siena, ein aus Siena in Italien stammender Arzt, den die Gräfin Beatrix von Provence, deren vier Töchter die Königskronen Englands, Frankreichs, Deutschlands, und Siziliens trugen,[4] ihrem Schwiegersohne, dem h. Ludwig, König von Frankreich, empfohlen hatte. Bis zum Tode dieses Monarchen, 1270, war Aldebrandino sein Arzt oder Leibarzt; sodann zog er sich nach

[1] „Chemiker-Zeitung“ 1912, S. 2. [2] „Le régime du corps“, ed. Landouzy-Pépin (Paris 1911); Herr Geheimrat Prof. Dr. H. Suchier hatte die Güte, mich auf sein Erscheinen aufmerksam zu machen und es mir für einige Zeit zu überlassen, wofür ich ihm gerne auch an dieser Stelle aufrichtigen Dank sage. Die Ausgabe zeichnet sich durch eine vortreffliche Einleitung und Vorrede aus, sowie durch ein höchst reichhaltiges Glossarium und Register, so daß sie auch der Nichtromanist benutzen kann, soferne er sonst ausreichende Sprachenkenntnis, und genügende Belesenheit auf dem betreffenden Gebiete besitzt. [3] Einleitung S. 25; jüngere Angaben, die das Jahr 1234 nennen, sind unzuverlässig (ebd. S. 32, 41). [4] Als deutscher König galt damals (während des Interregnums) Richard von Cornwallis.

Troyes in der Champagne zurück, das damals ein Hauptmittelpunkt des westeuropäischen Handels, und daher Sitz einer ansehnlichen Kolonie italienischer Kaufleute war, und starb daselbst 1287, unter Hinterlassung eines im Wortlaute noch vorliegenden Testamentes.

Das „Régime",[1] dessen Niederschrift in die Zeit der Begründung der ältesten italienischen und französischen Universitäten, sowie des Aufschwunges und der Spezialisierung des medizinischen Unterrichtes fällt, verfolgt den Hauptzweck, „den Krankheiten vorzubeugen, indem man den Körper in gutem Zustande erhält", und gliedert sich in vier Abschnitte: 1. Allgemeine Hygiene, 2. Hygiene der einzelnen Körperteile, 3. Diätetische Einflüsse der Nahrungsmittel, 4. Zusammenhänge geistiger und physischer Beschaffenheiten. Die beiden ersten Teile folgen hauptsächlich dem Avicenna (Ibn-Sina, gest. 1037), in manchen Punkten aber auch dem sogenannten Johannitius (Honein Ben Isaac, gest. 873), dem Râzi gest. 923 oder 932), dem Ali-Abbas (gest. 994), sowie dem Constantinus Africanus (gest. gegen 1100?); der dritte Teil lehnt sich in einigem dem Râzi an, im wesentlichen aber dem Isaac Judaeus (Isaac ben Soleiman, tätig in Ägypten oder Tunis, gest. gegen 1000), und der vierte ist größtenteils eine fast wörtliche Übersetzung aus Râzi. In erster Linie berücksichtigt erscheinen also die arabischen Ärzte des 9. und 10. Jahrhunderts, mit ihrer, der griechischen Medizin entlehnten Elementen- und Temperamentenlehre, — und zwar zum Teil unmittelbar, zum Teil gemäß den Überlieferungen der Schule von Salerno; diesen hängt aber der Verfasser keineswegs dogmatisch an, wie er denn überhaupt kein bloßer Abschreiber war, vielmehr ein verdienstvolles, und in manchen Einzelheiten seiner Zeit weit vorauseilendes Kompendium schuf. Für dessen Beliebtheit und Einfluß zeugen die mannigfachen Handschriften und Übersetzungen (über 35 an der Zahl), deren

[1] Siehe die „Vorrede" der Herausgeber.

einige mit sehr schönen Miniaturen geschmückt sind; die Benutzung der grünen Farbe, die in solchen Handmalereien französischen Ursprunges kaum früher als 1200, und nicht später als 1300 nachweisbar ist, gestattet, die Anfertigung der betreffenden Manuskripte mit Bestimmtheit in das 13. Jahrhundert zu verlegen, und diesen Schluß bestätigt auch die Art und Form der Schriftzüge. Das Werk des Aldebrandino enthält so zahlreiche chemische Hinweise und Andeutungen, daß es nicht nur dem Mediziner und Hygieniker, sondern auch dem Chemiker reiche Belehrung zu bieten vermag; im Nachstehenden mag daher über die wichtigsten einschlägigen Angaben in kurz zusammenfassender Weise Bericht erstattet werden.

---

1. Wasser. Das reinste Wasser ist das aus hochziehenden Regenwolken niederfallende, das man deshalb auch mittels eigener Röhren sammelt und sorgfältig aufbewahrt. Die reinsten Wässer erkennt man daran, daß sie sich am raschesten erhitzen lassen und auch am raschesten wieder abkühlen, ferner auch daran, daß sie die leichtesten sind; Vergleich und Prüfung nimmt man vor, indem man gleiche Mengen Fäden von Baumwolle (coton) oder Leinen eintaucht, trocknen läßt, abwägt, und zusieht, welches Wasser die geringste Gewichtszunahme bewirkt hat.[1]

In der Natur kommen Wässer der verschiedensten Beschaffenheit vor, z. B. solche, die Schwefel, Alaun,[2] Salz, Bittersalz, Natron (Salnitre),[3] Gips, Eisen, Kupfer usf. enthalten, aus den Erdschichten stammend, durch die sie flossen;[4]

[1] S. 18, 86, 117; diese Lehren gehen z. T. auf Hippokrates, Plinius, und Dioskurides zurück (s. meine „Abhandlungen und Vorträge zur Geschichte der Naturwissenschaften", Leipzig 1906); die Wägeprobe kennen diese Autoren aber nicht. [2] Vielleicht ist Vitriol gemeint. [3] Salnitre ist Natron (unreine Soda?), und nicht Salpeter, wie die Herausgeber irrtümlich glauben. [4] S. 25.

alle diese Wässer kann man, so wie sie die Natur liefert, auch künstlich darstellen, das schwefelhaltige z. B., indem man Wasser anhaltend mit Schwefel kocht. (Diese Erwähnung ist die älteste, die eine künstliche Darstellung von Mineralwässern ins Auge faßt; dem Altertum blieb eine solche unbekannt, während Versand und Transport von Mineralwässern, wie Friedländers „Darstellungen aus der Sittengeschichte Roms“ ersehen lassen, zur Kaiserzeit bereits gebräuchlich waren.)[1] Unreine Wässer sind ungesund, daher soll man, z. B. wenn man sich auf Reisen befindet, das Wasser vor dem Genusse abkochen.[2]

2. Salze. Das gewöhnliche Salz findet sich als festes Steinsalz (sal gemme),[3] wird aber auch aus dem Seewasser durch Eindunsten an der Sonne gewonnen (salines),[4] sowie durch Einkochen von Sole in großen Kesseln aus Blei (plom) und Metall; eine Art unreines ausgewittertes Seesalz ist die „spume marine“.[5] Andere wohlbekannte Salze sind Nitre oder Salnitre (Natron),[6] Alaun und Federalaun (alun de plume),[7] das von Râzi gerühmte Sal ermoniac oder armoniac (d. i. Salmiak),[8] und das Salz der Aschen, das man aus der fein gesiebten Masse auszieht und zur Darstellung der Lauge (lessive) verwendet.[9]

3. Schwefel und Arsen. Vielfältig gebraucht wird der Schwefel, u. a. dient er zum Räuchern, sowie zur Bereitung von Salben, z. B. einer Haarsalbe.[10] Orpiument (d. i. Auripigment, Operment, gelbes Schwefelarsen) heißt auch Arsenic citrin; mit Kalk vermischt ergibt es ein Mittel zum Entfernen lästiger Haare.[11]

[1] S. 25; s. Friedländer, a. a. O., Bd. 2, S. 65 (Leipzig 1900). [2] S. 70. [3] S. 96, u. oft. [4] S. 190; älteste Nennung dieses Namens! [5] Offenbar nicht Meerschaum (Magnesiumsilicat), wie die Herausgeber meinen, sondern spuma maris, ἄνθος ἁλὸς des Dioskurides, sog. Salzblüte. [6] S. 25, 96. Nicht Salpeter, s. Anm. 3. [7] S. 89, 100. [8] S. 91. [9] S. 44, 87. [10] S. 88. [11] S. 87, 89, 88; das im Orient noch jetzt allgemein übliche Depilatorium.

4. Kohle entsteht beim Verbrennen der pflanzlichen und tierischen Substanzen; die beim Verbrennen des Hirschhornes zurückbleibende ist ein vortreffliches Zahnpulver.[1]

5. Erden. Zu vielen medizinischen Zwecken außerordentlich geeignet sind die Argille (d. i. weißer bis gelblicher Ton),[2] der armenische Bolus (Bolarmenike),[3] die Terra sigillata (d. i. rötliche sogenannte Siegelerde),[4] und die Tierre rouge arse (d. i. gebrannter roter Ton, dessen „blutstillende Wirkung" sich wohl auch aus Gründen der Sympathie erklärt).[5] Hieran reiht sich der rote oder gelbrote Rötel an, sowie der blaue (seit alters her auch als höchst wirksames Heilmittel angesehene) Lapis lazuli oder Lasurstein.[6]

6. Metalle. Eisen und Kupfer (arain, vom spätlateinischen aeramen) werden in mannigfacher Weise angewandt, und sind auch in manchen Wässern enthalten;[7] das Rouge d'arain (eine nicht sicher bestimmbare Verbindung des Kupfers, wohl ein Kupferoxyd?), und die Escaille de fer (d. i. Eisen-Hammerschlag) benutzt man ebenfalls, und gibt letztere in Honig oder Zuckersaft den Kranken zur Stärkung;[8] eine goldglänzende Kupferlegierung scheint die Camea auraea zu sein,[9] die vielleicht als identisch mit aurichalcum (d. i. Messing, oder eine goldfarbige Bronze) anzusehen ist.

Aus Silber, jedoch auch aus Blei, verfertigt man die feinen Röhrchen, deren sich die Ärzte so oft bedienen;[10] aus Blei (plom, vom lateinischen plumbum) macht man aber auch die großen Kessel, in denen man z. B. Salzsole versiedet.[11] Antimomum,[12] (entstellt aus Antimonium, und nicht metallisches, sondern Schwefel-Antimon bedeutend), ist ein geschätztes Heilmittel, und das nämliche gilt von der bei Augenleiden so bewährten Tuschie[13] (= Tutia, d. i. mehr oder weniger reines Zinkoxyd), sowie vom Podien oder Spode[14]

[1] S. 96. [2] S. 89. [3] S. 58, u. oft. [4] S. 107. [5] S. 44. [6] S. 44, 52. [7] S. 25, 26, 46, 54. [8] S. 46, 81. [9] S. 92. [10] S. 93. [11] S. 190. [12] S. 92. [13] S. 91. [14] S. 97, 107.

(d. i. Spodium, die bei der Bereitung der Tutia in den Öfen zurückbleibende, „verbrannte“, aschen- und schlackenähnliche Masse). — Bemerkt sei hierzu, daß diese Erwähnung des „Antimomum“ die älteste in der neusprachlichen Literatur darstellt, da „Antimonium“ nach Du Cange zuerst in den lateinischen Schriften des Constantinus Africanus nachweisbar ist, die vermutlich bald nach 1050 verfaßt wurden; das Wort selbst stammt jedoch nicht, wie man bisher fast allgemein annahm, aus dem Arabischen, sondern aus dem Griechischen.[1] Was die „Tutia“ anbelangt, so ist dieser Ausdruck persischen Ursprunges: „Duddha“ heißt im Persischen „Rauch“, Tutia ist also das als Rauch aufsteigende und den Ofengewölben anhaftende Zinkoxyd.[2]

7. Kohlenhydrate. Aus dem Zuckerrohr (canamiel), das eine treffliche, und der menschlichen Natur sehr angemessene Pflanze ist,[3] bereitet man den Zucker (cucre, chucre, sucre), der in der Medizin ausgebreitete Anwendung findet:[4] man verordnet ihn in Wasser gelöst, „à ewę boulie refroidie“ (in aufgekochtem und wieder abgekühltem Wasser),[5] zum Verdecken des bitteren Geschmackes mancher Arzneien, ferner zusammen mit Safran, Ysop und Wein,[6] mit Zitronensaft,[7] mit Reis und Mandelmilch, oder Butter und Mandelmilch,[8] und gebraucht ihn zum Verzuckern von Gewürzen, — denn die „Amandes parées“[9] scheinen nichts anderes als verzuckerte Mandeln zu sein. Auch gewisse Eisenpräparate gibt man mit Zucker,[10] und manche Fruchtsäfte, z. B. Birnensaft, haben „savour de cucre“, d. i. zuckerigen Geschmack.[11] Besondere Sorten des Zuckers sind die „Penides“ (d. i. eine Art halbamorphen sogenannten Gerstenzuckers, indisch und arabisch „Fanid“),

[1] Siehe meine Notiz in der Chemiker-Zeitung 1909, S. 1233. [2] Siehe meinen Aufsatz „Chemisches bei Marco Polo“, Ztschr. angew. Chem. 1908, S. 1778. [3] S. 159. [4] S. 64, 70, 81, 115, 158. [5] Ewe = aqua, erhalten z. B. im Ortsnamen Aigues-Mortes = tote Wasser, nächst der Rhône-Mündung. [6] S. 99. [7] S. 149. [8] S. 114, 182. [9] S. 20. [10] S. 81. [11] S. 147.

sowie der „Candi", den man, um Durst zu stillen, langsam auf der Zunge zergehen läßt.[1]

Aus Zucker und Veilchensaft verfertigt man den Veilchenzucker (cucre violet) und Veilchensirup,[2] aus Zucker und Essig den Essigsirup (Oxisachar, auch Sirop sesacre);[3] der „Triacle" ist aber nicht (wie man aus dem späteren Sinne des englischen treacle = Sirup, Melasse, schließen könnte) ein Zuckersirup, sondern bedeutet Theriak, das bekannte, aus unzähligen Bestandteilen zusammengesetzte Gegengift, das zugleich als Allheilmittel für Krankheiten jeder nur denkbaren Art galt.[4]

Süßen Geschmack besitzt auch das Süßholz (ricolice = réglisse) und dessen eingekochter Saft (jus de ricolisse); an Stücken seiner Wurzel läßt man die kleinen Kinder kauen, weil hierdurch das Zahnen befördert wird.[5] Dauci (=daucus, Karotte) und Rüben (Bietes, betes) werden ebenfalls erwähnt, jedoch nur als wohlbekömmlich und von kühler Natur, ohne besondere Betonung ihres süßen Geschmackes.[6]

Durch Gärung von Traubensaft und Fruchtsäften erhält man Wein und Obstwein, z. B. Apfelwein (vin de poumes),[7] durch Gärung eines Auszuges von Roggen- und Hafermalz das Bier (Ciervoise = cerevisia), ein schädliches, und in jeder Hinsicht sehr ungesundes Getränk,[8] das mit Mentha (= Minze) gewürzt wird.[9] „Vin aigre", d. i. saurer Wein oder Essig, bildet sich, wenn Wein drei oder vier Tage an der Luft in der Sonne steht, und in noch kürzerer Zeit, wenn man ihn mittels einiger hineingeworfener heißer Steine anwärmt;[10] bei guter Beschaffenheit, die man daran erkennt, daß er, auf die Erde gegossen, schäumt, ist er von äußerst kalter Natur.[11]

[1] S. 114, 55. Näheres über Fanid und Kandis siehe in meiner „Geschichte des Zuckers" (Leipzig 1890). [2] S. 61, 64, 69. [3] S. 69, 51. [4] S. 153, 163. [5] S. 69, 78. [6] S. 52; 51, 64, 164. [7] S. 19ff., 80, 117, 147, 17. [8] S. 17, 94, 118. [9] S. 119, 169. [10] S. 57, 61, 120 u. oft.; in Bosnien bedient man sich noch jetzt heißer Steine zur Bier- und Essigerzeugung. [11] S. 120; siehe über diesen Aberglauben meine „Abhandlungen und Vorträge".

8. Gummiarten und Harze. Gummi wird als arabischer und Traganth-Gummi (gomme arabiche und adragant) vielen Arzneien zugesetzt;[1] ihm ähnlich erweisen sich die Pflanzenschleime aus Quittensamen, Flohsamen (d. i. Psyllium), und Leinsamen,[2] sowie der dem Tierreiche entstammende Fischleim (glu de pisson).[3] Mehr den Harzen nähern sich der Mastix-Gummi,[4] der Karabé (persisch = Strohräuber, d. i. Bernstein),[5] und die Ambra,[6] die zum Ausräuchern (parfumer, vom lat. fumus = Rauch) sehr dienlich ist.[7]

9. Fette. Die gebräuchlichsten Fette sind das gewöhnliche Öl,[8] die fetten Öle mancher Pflanzensamen,[9] das Schweinefett,[10] das Hühnerfett,[11] und die „Escume de burre", d. i. Butter.[12] Aus Fetten und Lauge (lessive) macht man die Seife (savon).[13]

10. Säuren. Dem Essig ähnliche Säuren sind in verschiedenen Pflanzen vorhanden, u. a. enthalten solche: der „verjus", d. i. der Saft (likeur) noch unreifer Weintrauben,[14] der Saft der Zitronen und Limonen,[15] der Saft der unreifen Äpfel,[16] der Saft der unreifen Granaten,[17] und die äußerst herben und adstringierenden Säfte der Früchte und Rinden von Sumach, Mirobalanen, Galläpfeln, Akazien und Nüssen,[18] sowie von Eichen, Kastanien, Granatbäumen, Nußbäumen und Akazien.[19]

11. Ätherische Öle und Verwandtes. Neben den Aromen der sämtlichen, allbekannten Gewürze des Orientes, unter denen man auch hier dem antiseptischen, köstlich kühlenden, und daher für Augenleidende sehr nützlichen Kampfer begegnet,[20] werden noch zahlreiche andere wohlriechende und wohlschmeckende Stoffe aufgezählt (Samen, Öle, ...), deren wirk-

[1] S. 53, 55. [2] S. 55, 68, 69; 88. [3] S. 99. [4] S. 54. [5] S. 107. [6] S. 66, 107. [7] S. 72, 82. [8] S. 57. [9] S. 86, 87. [10] S. 89. [11] S. 73. [12] S. 73, 181. [13] S. 86, 87. [14] S. 20, 119, 145. [15] S. 46, 61, 149; 61. [16] S. 119, 147. [17] S. 91. [18] S. 53, 61; 51; 44; 88. [19] S. 54. [20] S. 60, 107; 92.

same Bestandteile aber allerdings nur durch Auspressen, Ausziehen, usw. gewonnen, und daher auch nur in unreinem oder halbreinem Zustande bekannt waren. Hervorzuheben sind unter diesen: das Zitronenöl und Bittermandelöl,[1] die Öle von Melisse,[2] Minze[3] und Myrte,[4] von Kümmel,[5] Anis,[6] Fenchel[7] und Kamille,[8] von Carvi (d. i. Sium sisarum),[9] Möhre,[10] Raute,[11] Absinth,[12] Portulak,[13] usw. (Vom Namen des „schneeweiß blühenden" Portulaks, pourcelaine oder porcelaine, wollte man ehemals den des Porzellanes ableiten!).

12. Farbstoffe. Aus der Reihe der Farbstoffe wird ausschließlich gewisser organischer Erwähnung getan, und auch solcher nur, insoweit sie medizinischen oder kosmetischen Zwecken dienen; zu diesen gehören die Säfte der Galläpfel, Nußschalen, und Akazien, sowie die der Alkanna (d. i. Hennah), mittels derer man die Haare färbt,[14] der Safran,[15] der ebenfalls als inneres Mittel angewandte Krapp, „Warance en vin" (d. i. garantia = garance),[16] der Bresil[17] (d. i. der Farbstoff des ostnidischen Rotholzes, nach dem später Brasilien benannt wurde, das ein ähnliches Farbholz hervorbringt), und die Pflanzenharze Drachenblut und Sarcocoll.[18] Nur zum Vergleiche mit der Färbung eines Weines wird Vermeil angeführt,[19] (d. i. der rote Farbstoff Kermes aus den „Würmchen" der Kermeseiche; Würmchen = arabisch „Kermes" = lateinisch „vermiculum").

13. Bitterstoffe und Giftstoffe. Heilkräftige Bitterstoffe, deren widerwärtigen Geschmack man übrigens durch Zucker verdecken kann, sind Aloe,[20] Senna,[21] Ysop,[22] und Lupinen,[23] gefährliche Giftstoffe Schierling (cenc = cicuta),[24] Lolium (d. i. Taumellolch),[25] Nießwurz (d. i. Helleborus,[26]

[1] S. 87, 94. [2] S. 57. [3] S. 20, 26; 119, 169. [4] S. 86, 87. [5] S. 20, 186. [6] S. 20, 52, 189. [7] S. 92, 167. [8] S. 72, 87. [9] S. 52. [10] S. 52. [11] S. 20. [12] S. 20. [13] S. 16, 168. [14] S. 89, 88, 87. [15] S. 99. [16] S. 73, 99. [17] S. 100. [18] S. 37, 55, 74, 99. [19] S. 82. [20] S. 61. [21] S. 52. [22] S. 99. [23] S. 142. [24] S. 12. [25] S. 20. [26] S. 57.

Bilsenkraut (d. i. Hyoscyamus),[1] Alraun (Mandragora, Madragore, Mandegloire),[2] und gewisse Pilze.[3] Ähnliche Gifte kommen aber auch im Tierreiche vor, z. B. in manchen Fischen;[4] als Gegenmittel dient Theriak, triacle.[5]

Die angeführten Stellen bestätigen, daß Aldebrandino wesentlich aus den durch die Araber übermittelten antiken, sowie aus originalen arabischen Quellen geschöpft hat; deren Standpunkte, d. h. also eher dem einer mehr oder minder weit zurückliegenden, fremden Vergangenheit, als dem seiner eigenen Zeit, entspricht daher der Charakter seines „Régime" nach vielen Richtungen, und man wird deshalb aus diesem Werke nur mit einiger Vorsicht Schlüsse ziehen dürfen.

Wenn z. B. nur die (in Ägypten seit alters her übliche) Minze zum Würzen des Bieres vorgeschrieben wird, nicht aber Hopfen, so wäre es irrtümlich, diesen als noch unbekannt vorauszusetzen, denn tatsächlich stand er, anscheinend von finnisch-lettischen oder slavischen Völkern übernommen, schon zur Zeit der Karolinger in sehr allgemeinem Gebrauch.[6] Ebensowenig berechtigt die alleinige Benutzung von Essig und Pflanzensäuren, und die Nichterwähnung des Alkohols, zur Folgerung, man habe es um 1250 noch nicht verstanden, mineralische Säuren und Weingeist darzustellen; dieses Stillschweigen Aldebrandinos, — der, auch wo er ausführlich von altem und starkem Wein und von der durch Wein bewirkten Trunkenheit spricht, allein des „zu Kopf steigenden Weindunstes" (fumée de vin) der alten griechischen Autoren gedenkt —, erweist sich hingegen als wichtige Stütze der von mir aufgestellten Behauptung, daß, entgegen der bisherigen fast allgemeinen Annahme, und

[1] S. 20. [2] S. 20, 89, 90. [3] S. 170. [4] S. 174. [5] S. 153, 163.
[6] Kobert, Zur Geschichte des Bieres (Halle 1896); Hartwig, Die menschlichen Genußmittel (Leipzig 1911). Das „Capitulare de villis" Karls des Großen (richtiger Ludwigs des Frommen) von 812, und wohl schon eine Schenkungsurkunde des Königs Pipin von 768, erwähnen den Hopfen.

wie dies bei den Mineralsäuren zutrifft, auch der Weingeist gar keine arabische oder orientalische Erfindung ist, sondern eine okzidentalische[1] (und um 1250 immer noch ziemlich neue).

Umgekehrt ist es z. B. wenig wahrscheinlich, daß der Zucker in Frankreich schon während des 13. Jahrhunderts so wohlbekannt, und in so ausgedehntem Maße angewandt war, wie man dies, gemäß Aldebrandinos Verordnungen, mutmaßen könnte. Aus den Angaben in meiner „Geschichte des Zuckers" (1890), und in der außerordentlich gründlichen und reichhaltigen Abhandlung Dorveaux' „Le sucre au moyen âge" (1910), ist zwar zu ersehen, daß man Zucker (meist ägyptischen oder syrischen) schon gegen 1150 in einige südfranzösische Häfen einführte und dort, wie alle orientalischen Kostbarkeiten, mit Eingangszöllen belegte; aber in den spärlichen, für die Zeit zwischen 1153 und 1250 nachweisbaren Fällen, — es sind ihrer vier oder fünf —, handelt es sich stets um verhältnismäßig kleine Mengen von Brot- und Kristallzucker, „zuccarum in panibus et in pulvere", die hauptsächlich wohl medizinischen Zwecken dienten; Kandis- und Penidzucker kommen nach Dorveaux überhaupt nur in wissenschaftlichen Schriften vor, und zwar zuerst als „zucchari et candi" im „Antidotarium" des Salernitaners Nicolaos (12. Jahrhundert?), und als „panes zuccari, penidiae, candi" in den, dem Arnold von Villanova zugeschriebenen „Tabulae generales" (13. Jahrhundert?), aus welchen Werken später Simon Januensis, Matthaeus Sylvaticus, und andere wichtige Kommentatoren schöpften.[2] Noch 1372 wurde in Paris 1 Pfund Brotzucker aus dem Nachlasse der Jeanne d'Evreux, dritten

[1] Siehe Chemiker-Zeitung 1909, S. 1233, wo auch mitgeteilt ist, daß das Wort „Alkohol" für Weingeist erst von Paracelsus herrührt, der es, wie unzählige andere, willkürlich einführte. Diese Angabe ist seither von einigen Autoren wiederholt worden, die jedoch übersahen, die Quelle anzuführen.

[2] „Geschichte des Zuckers", S. 245. Die Schriften des sog. Magister Salernus (1130—1160?) sprechen aber ebenfalls u. a. von „Penidii".

Gemahlin König Karls des Schönen, gelegentlich der Erbverteilung, auf 28,45 Fr. (in heutigem Geldwerte) geschätzt,[1] und schon der ungeheure Preis des Zuckers machte diesen daher, bis gegen Ende des Mittelalters, zum fast alleinigen Gegenstande ärztlicher Verwendung oder höfischer Verschwendungssucht.[2] Betreff der ersteren sei noch besonders auf Entstehung und Aufblühen der Hochschule zu Montpellier (seit 1150) hingewiesen, und auf die wiederholten, freilich fruchtlosen Versuche, auch in der Provence Zuckerrohr anzubauen; Aldebrandino gebraucht für dieses nur den italienischen Namen „canamiel“.

Nur mit wenigen Worten kann hier angedeutet werden, daß das „Régime“ noch eine Fülle ganz andersartiger, höchst merkwürdiger Belehrung bietet, — als ältestes französich geschriebenes Werk seiner Art namentlich auch in sprachlicher und sprachgeschichtlicher Richtung. Wie z. B. die Herausgeber bemerken, ist die Angabe, daß kleine Kinder zuerst die leicht aussprechbaren Worte Papa und Mama zu erlernen pflegen, die älteste Belegstelle für das Vorkommen dieser durch die ganze Welt verbreiteten Elternnamen.[3] Sehr interessant ist ferner der Gebrauch der Worte „Engien“, „Enging“, und „Enginniere“ für „esprit“, „entendement“, und „ingénieux“,[4] weil sich hieraus der Ursprung der Bezeichnung Ingénieur, italienisch Ingegnere oder Ingegnero, ergibt; das italienische „Ingegno“ bedeutet noch jetzt, neben Verstand oder Scharfsinn, auch eine sinnreiche Vorrichtung oder Maschine (in der

[1] „Geschichte des Zuckers“, S. 413. [2] Die Abhandlung Dorveaux' erschien in der „France médicale“ 1910, Bd. 57, S. 345, und 1911, Bd. 58, S. 175; einen Sonderabdruck verdanke ich der Güte des Autors. [3] S. 79. Doch spricht schon in der Odyssee (6. Gesang, Vers 57) Nausikaa ihren Vater als πάππα φίλε, lieber Papa, an, und Wilh. Jordan bedient sich auch dieses Ausdruckes in seiner Übersetzung (Frankfurt 1875, S. 106). [4] S. 93, 200; 195, 197.

Diebessprache „ingegnosa" = Nachschlüssel!), und das spanische und portugiesische „Ingenio" bezeichnet künstliche Erfindungen aller Art (im Sinne unserer Walzenkunst, Seilkunst, Wasserkunst, Kunstmühle ...), und daher auch die Werkstätten oder Fabriken, die sich solcher bedienen, so daß man z. B. in Mittel- und Südamerika seit jeher unter „ingenio" ohne weiteres eine „Zuckerfabrik" versteht. Letzte Quelle des Wortes ist das lateinische „ingenium": der h. Isidorus von Sevilla (gest. 636) rühmt in seinem etymologischen Werke das „ingenium", d. i. die Erfindungsgabe, der Göttin Minerva, und nennt einen Mann „Ingeniosus", „wenn er die Fähigkeit besitzt, allerlei Kunstvolles zu schaffen".[1]

[1] „Corpus Grammaticorum Latinorum"; ed. Lindemann (Leipzig 1833, Bd. 3, Buch 19, Kap. 20; Buch 10, Nr. 122). — Bei Joinville (1224—1319), dessen berühmte „Mémoires" den Kreuzzug Ludwigs des Heiligen (1250) schildern, wird der Oberaufseher der 18 Belagerungsmaschinen (engins) bereits „engigneur" genannt (ed. Francisque-Michel, Paris 1858, S. 61).

19

ÜBER DAS PRÄSERVIEREN IN ZUCKER[1]

In meinem Aufsatze „Zur Geschichte der Konserven und des Fleischextraktes" wies ich auf eine Stelle in Leibniz' „Utrechter Denkschriften" von 1774 hin, an der u. a. auch das Präservieren von Fleisch für kürzere Zeit durch Eintauchen in geflossenen (geschmolzenen) Zucker empfohlen wird.[2] Hieran anknüpfend, machte Herr F. M. Feldhaus vor etwa Jahresfrist darauf aufmerksam, daß bereits J. J. Bechers „Närrische Weisheit", die 1682 in Frankfurt erschien, vom „Konservieren" und „Einmachen" des Fleisches mittels geschmolzenen Zuckers spreche; Becher habe diese Kunst anscheinend um 1675 in Wien ausüben gesehen und auch selbst ausgeübt, und ebendaher dürfte sie zur Kenntnis des Leibniz gelangt sein.[3]

Leicht möchte hiernach die Ansicht Platz greifen, daß hier ein relativ neues Verfahren in Frage komme; dies ist jedoch durchaus nicht der Fall, und in dem eingangs erwähnten Aufsatze habe ich auch eine solche Meinung nicht aussprechen wollen. Wie ich in meiner „Geschichte des Zuckers" (Leipzig 1890) zeigte, ist nämlich die Kenntnis der präservierenden Eigenschaften des Honigs im Orient eine uralte, und gelangte schon sehr frühzeitig nach Griechenland, wo bereits Herodot

[1] „Chemiker-Zeitung" 1911, S. 397. [2] „Abhandlungen und Vorträge zur Geschichte der Naturwissenschaften" (Leipzig 1906). [3] Chemiker-Zeitung 1910, S. 529.

und Xenophon vom Aufbewahren der Leichname vornehmer und königlicher Personen in Honig berichten; auch in Ägypten soll dieser Brauch bestanden haben, und nach dem berühmten arabischen Arzte Abdallatif wurden daselbst noch zu seiner Zeit, also um 1200 n. Chr., hin und wieder solche Leichen aufgefunden; in Birma erhielt er sich sogar bis über die Mitte des 19. Jahrhunderts hinaus, denn noch der vielgereiste Ethnologe Bastian erzählt, „man stecke dort die Leichen der Großen zunächst auf ein Jahr in Honig, der zu solchem Zwecke geschenkt, nachher aber wieder verkauft werde."[1]

Aus meiner „Geschichte des Zuckers" ist zu ersehen, daß der Zucker für sämtliche Zwecke nach und nach an die Stelle des Honigs trat, und so ersetzte er diesen auch bei der seit alters her üblichen Zubereitung und Präservierung aller nur denkbaren pflanzlichen und tierischen Stoffe, worüber das genannte Werk reichhaltiges, aus den Quellen des 8. bis zu denen des 18. Jahrhunderts geschöpftes Material enthält. Die antiseptischen Eigenschaften des Zuckers wurden überdies nicht nur kulinarischen Zwecken dienstbar gemacht, sondern auch medizinischen; so z. B. behandelte man Ekzeme und Geschwüre mit Zucker, und streute offene Wunden mit Zucker ein, — ein Verfahren, das die europäischen Ärzte des 17. Jahrhunderts während der Kriege mit den Türken von diesen erlernten, und das auch in neuerer Zeit, nicht ohne günstige Erfolge, wieder aufgenommen worden ist.[2]

J. J. Becher selbst hat sich betreff der gärungs- und fäulnishemmenden Eigenschaften des Zuckers auch schon lange vor 1682 ausführlich ausgesprochen, nämlich in seinem denkwürdigen, trotz zahlreicher Irrtümer und Absonderlichkeiten höchst bedeutenden Werke „Physica subterranea" von 1669. In der 1703 durch Stahl besorgten Leipziger Neuausgabe

[1] Tschirch, „Handbuch der Pharmakognosie" (Leipzig 1910; Bd. 2, S. 14.) [2] Dannheisser, „Über die Wundbehandlung mit Zucker" (Straßburg 1888).

heißt es auf S. 280ff.: „Die Kraft des Zuckers, schützend zu umhüllen, und vor der Fäulnis zu praeserviren, beweist die Erfahrung; ich habe selbst gesehen, daß nicht nur (wie in den Apotheken) pflanzliche Stoffe, sondern auch allerlei thierische mittelst Zucker eingemacht werden (condiri), und sich dabei frisch, unverdorben, und im natürlichen Zustande erhalten; ich sage ‚im natürlichen', weil zwar Fleisch und Fische auch mit Salz eingemacht werden und dann lange Zeit vor Fäulniss bewahrt bleiben, sich aber dabei durch das zugesetzte Salz in ihrer Beschaffenheit verändern, indem dessen Schärfe sie abtödtet und ebenfalls mit einer gewissen Schärfe erfüllt. Daher entsteht durch andauernden Genuß solchen Salzfleisches die schreckliche Krankheit Scorbut..... Was dagegen mit Zucker eingemacht wird, behält seine ursprüngliche Natur, da diese vom Zucker nicht verändert wird; weil solcher nämlich in allen seinen Theilen eine ausgeglichene Beschaffenheit besitzt, verursacht er auch nicht, so wie das Salz, Veränderungen und unvortheilhafte Umsetzungen der Stoffe, sondern praeservirt sie nur, indem er sie dem Einflusse der Feuchtigkeit widerstehen macht, und ihren inneren balsamischen Geist stärkt, wozu er eben völlig und ganz besonders geeignet ist. Die Erfahrung lehrt, daß, wenn man in den kochenden Zuckersaft, den die Zuckerfabriken in großen Kesseln reinigen, ganze Stücke Fleisch eintaucht und sie im rechten Augenblicke wieder herauszieht, sie derart von Zucker durchdrungen sind, daß sie nicht faulen, da sie der Zucker gänzlich umgibt, ja bis in die Knochen eindringt, und so die sonst leicht zersetzlichen schützt, — denn die thierischen Knochen, und besonders die Zähne, faulen leicht. Ich habe so auch Hirschfleisch mit Zucker praeservirt und im Hochsommer fäulnissfrei erhalten gesehen. Kochen kann man derlei Fleisch entweder so wie es ist, oder man kann es, falls die Süsse Jemandem widersteht, vorher vom Zucker befreien, und diesen wieder benützen, z. B. zum gleichen Zwecke. Eine solche Art der Behandlung (conditura) mag theuer erscheinen; aber gegenüber den großen Nachtheilen des Einsalzens und dem hohen Werthe der Gesundheit ist kein Preis zu hoch, zudem ist auch der Zucker in den indischen Ländern[1] jetzt so billig, daß seine Herstellung kaum mehr lohnt. Das Vorstehende beweist jedenfalls, daß dem Zucker eine große Schutzkraft gegenüber der Fäulnis innewohnt; erfahrungsgemäß schützt der Zucker sogar besser und dauernder als das Salz, denn Früchte, z. B. Äpfel und dgl., mit noch so viel Salz conservirt, faulen, mit Zucker überzogen, — worin die Genueser Meister sind —, halten sie sich aber beliebig lange. In vielen, an Zucker überreichen Gegenden Indiens, genießen die Einwohner niemals Salz, und spotten der thörichten Europäer, die ihren Körper mit einer so scharfen Materie beladen; sie selbst nennen den Zucker ‚das süße Salz', und da sie nur Gezuckertes essen, leiden sie auch nie an Scorbut."

Was den „geflossenen" oder „geschmolzenen" Zucker anbelangt, so ist unter diesem offenbar nicht durch Erhitzen über seinen Schmelzpunkt verflüssigter Zucker zu verstehen, sondern zu einem dicken Sirup angemachter; auch heute noch sind die „Schmelzpfannen" der Zuckerraffinerien nicht etwa Kessel, in denen Zucker wirklich geschmolzen, sondern Gefäße, in denen er mit siedendem Wasser zur konzentrierten Kläre gelöst wird.

Noch sei bemerkt, daß auch Bechers Ausdrücke „Konservieren" und „Einmachen", die Feldhaus beachtenswert erschienen, keineswegs erst einer so späten Epoche angehören. Termini technici wie condire, conditum, condimentum, conditura, servare, conservare, praeservare, diu servare, und dergleichen, finden sich vielmehr, als ganz gebräuchliche, u. a. schon im Kochbuche des Apicius Caelius, bei Plinius, und bei Petronius, also bei Schriftstellern der beginnenden Kaiserzeit; aus der römischen Literatur gingen sie dann in die, hier im wahrsten Sinne des Wortes „küchenlateinische"

[1] Gemeint ist hauptsächlich Westindien.

des Mittelalters über, und aus dieser endlich in die neuzeitliche; so z. B. spricht das „Buch von guter Speise“,[1] dessen Rezepte zum großen Teile der Zeit der Kreuzzüge entstammen, oft von „Condiment“, „Condimentlein“ „machen ein“, und auch, in Ulrich von Megenbergs „Buch der Natur“ von 1349,[2] einer Paraphrase des Thomas de Cantimprato (gest. um 1270), ist von einmachen = condire, und von confectum = Eingemachtem zu lesen.

[1] Neuausgabe: Stuttgart 1844. [2] ed. Pfeiffer, Stuttgart 1861; s. das Register.

20

ÜBER RÜBENZUCKER IM MITTELALTER[1]

Verschiedene vielgelesene Zeitungen brachten während der letzten Wochen die Notiz: „Die Wissenschaft habe vor kurzem die interessante Tatsache festgestellt, daß es schon im Mittelalter Rübenzucker gegeben habe.“ Da erfahrungsgemäß derartige Mitteilungen, denen der unversiegliche Reiz der „Kuriosität“ anhaftet, alsbald weitgehende Verbreitung und kritiklosen Glauben finden, falls ihnen nicht widersprochen wird, so sei an dieser Stelle ausdrücklich hervorgehoben, daß das gerade Gegenteil des in jener Notiz Gesagten zutrifft. Der Sachverhalt ist folgender: In Italien und Südfrankreich wirkte im 13. Jahrhundert der aus Jerusalem stammende Augenarzt Benevenutus Grapheus, Verfasser eines berühmten Kompendiums der Augenheilkunde, deren lateinische und provenzalische Handschriften zuerst 1884 und 1886 Dr. Berger und Auracher veröffentlichten. Diese Herausgeber glaubten nun, daß an einer Stelle unter dem Namen „pulvis de zuccaro nabetis“ (auch nabatis oder nabietis) von Rübenzucker die Rede sei, indem sie voraussetzten, man habe das lateinische und provenzalische nabat oder nabet mit dem französischen navet (vulgär-lateinisch napacium oder napicium) = Rübe in Verbindung zu bringen. Diese Annahme erwies nun der um die Geschichte der Medizin und besonders

[1] „Chemiker-Zeitung“ 1907, S. 67.

der Augenheilkunde so hochverdiente Prof. Dr. J. Hirschberg im Dezemberhefte der „Mitteilungen zur Geschichte der Medizin und der Naturwissenschaften" als irrtümlich, und es ist ein trauriger Beweis für die Oberflächlichkeit des schuldtragenden ersten Referenten, daß er gerade das als „wissenschaftlich festgestellt" berichtete, was in jenem Aufsatze als falsch widerlegt wird! In Wirklichkeit ist, wie Hirschberg nachweist, nabat ein arabisches Wort und bezeichnet eine bestimmte Sorte Zucker, nämlich „Zucker der vierten Raffinerie"; warum aber dieser Zucker mit dem Worte nabat benannt wird, das ursprünglich Kraut oder Pflanze bedeutet, „ob etwa wegen seiner Frische und Güte", läßt Hirschberg dahingestellt.

In meiner 1890 erschienenen „Geschichte des Zuckers" ist auf Seite 101 gleichfalls schon des Zuckers „Nabât" gedacht, und es findet sich dort erwähnt, daß er aus dem Rohzucker durch vier Umkochungen gewonnen wurde, also mit Recht als „Zucker der vierten Raffinerie" anzusehen war, sowie daß das Wort Nabât ein arabisches ist und eigentlich Pflanze heißt, den Arabern aber speziell zur Bezeichnung des kristallisierten Kandiszuckers dient. Die Quelle dieser übertragenen Bedeutung hat man meines Erachtens in der Gleichsetzung des Wachstumes der Kristalle mit dem der Pflanzen zu suchen. Die Vorstellung, daß Mineralien, insbesondere Metalle und Edelsteine, in der Erde wachsen und nachwachsen, war eine schon dem Altertume durchaus geläufige, und in der Periode der hellenistischen Alchemie standen bereits Kunstausdrücke in Gebrauch, deren man sich auch gegenwärtig noch bedient, freilich ohne mehr ihres Ursprunges zu gedenken: da gibt es Kristallkeime und -samen, die Kristalle schießen auf oder an, sie sind aufgewachsen und verwachsen, sie erscheinen blättrig, stenglig, baumartig (dendritisch) und verzweigt, sie blühen aus (effloreszieren) usw. Endlich werden sie auch, als Repräsentanten reinster Form und edelster Beschaffenheit der Substanzen, unmittelbar den Blumen verglichen, und wie z. B.

schon Cato um 200 v. Chr. von der „Salzblüte" (flos salis) spricht, oder Plinius und Dioskurides die Kupferblüte „flos aeris" und „χαλκοῦ ἄνθος" nennen, so reden die ägyptischen Alchemisten der hellenistischen Zeit von zahlreichen „Blüten" und „Blumen" in ganz dem nämlichen Sinne, der sich in den Worten „Schwefelblumen", „Salmiakblumen", „flores stibii", „flores zinci" usw., bis auf den heutigen Tag erhalten hat. Nabât, auf Zucker angewandt, bedeutet daher wohl nichts anderes als „gewachsener Zucker" (dieser Fachausdruck wird noch jetzt in der Praxis gebraucht), Zucker reinster und bester Beschaffenheit, — und dies ist tatsächlich die dem Kandiszucker zukommende.

21

CHEMISCHES BEI MARCO POLO[1]

Der zu Beginn des 13. Jahrhunderts von Temudschin oder Dschingis-Khan begründete mongolische Staat erreichte etwa 50 Jahre später unter Kublai seine höchste Blüte und weiteste Ausdehnung; denn dieser gewaltige Herrscher, der 1260 als Großkhan die Regierung angetreten hatte, gebot, teils als unmittelbarer Landesfürst, teils als anerkannter Oberherr, über fast ganz Asien und einen bedeutenden Teil des östlichen Europas. Die Mongolen hatten nach der Eroberung Chinas mit überraschender Schnelligkeit die hohe und überlegene Kultur dieses Landes zu schätzen gelernt, und chinesische Zivilisation war, wenngleich in vieler Beziehung nur äußerlich, auch am Hofe Kublai-Khans maßgebend; dieser selbst wußte Bildung und Belehrung zu würdigen, übte völlige religiöse Toleranz, förderte Künste und Handel, baute Straßen und Kanäle, sorgte für gerechte Besteuerung sowie für Armen- und Krankenpflege, und trachtete durch Berufung erfahrener und gelehrter Männer jeglicher Herkunft den Wohlstand der Bevölkerung neu zu heben; der gute Ruf dieser Bestrebungen des sonst auf das äußerste gefürchteten Despoten erfüllte alle seine Länder.

Um diese Zeit, etwa 1262, hatten die beiden Brüder

[1] Vortrag auf der Hauptversammlung des Vereins Deutscher Chemiker in Jena am 12. Juni 1908; „Zeitschrift für angewandte Chemie" 1908, S. 1778.

Nicolo und Maffio Polo, Sprößlinge einer alten venetianischen Patrizierfamilie, als Kaufleute die Handelsniederlassungen der Lagunenstadt am Schwarzen Meere besucht und eine Reise in das Innere des Landes begonnen, und als ihnen örtliche politische Verwicklungen plötzlich den Rückweg abschnitten, wagten sie es, ermutigt durch die Gerüchte über Kublais Leutseligkeit und Freigebigkeit, ihre Fahrt bis in die Mongolei fortzusetzen, um sich am Hofe des Großkhans vorzustellen; dieser nahm die ersten gebildeten Europäer, die er kennen lernte, ganz vortrefflich auf, und gewann sie dafür, mit wichtigen Missionen, darunter einer solchen an den Pabst, nach Europa heimzureisen, und ihm später persönlich Nachricht über deren Erfolg zu bringen. Einen solchen hatten sie zwar, aus verschiedenen Ursachen, trotz mehrjährigen Zuwartens und Bemühens nur in sehr mäßigem Grade zu verzeichnen, doch um nicht wortbrüchig zu erscheinen, entschlossen sich die Brüder 1271 trotzdem, zu Kublai zurückzukehren, und nahmen hierbei den etwa 16jährigen Sohn des Nicolo, Marco Polo, mit sich. Unter Überwindung unsäglicher Schwierigkeiten erreichten sie nach vier Jahren, 1275, abermals die Residenz des Großkhans; dieser empfing sie mit höchster Auszeichnung, schenkte ihnen dauernd seine Gnade, gewann aber ganz besonderes Wohlgefallen an dem nun etwa 20jährigen Marco, der schon während der langen Reisezeit die vier Hauptsprachen des Reiches zu sprechen und zu schreiben erlernt hatte; Kublai verwendete ihn zunächst als Abgesandten und Botschafter, später als persönlichen Bevollmächtigten, und zuletzt trug ihn die Gunst des Herrn zur Würde eines Verwalters wichtiger chinesischer Großstädte und eines Beisitzers, wenn nicht Mitgliedes, des „Hohen Rates" empor. Bis dahin verging aber freilich Jahr auf Jahr, die mehrmals erneuerte Bitte um Entlassung schlug der Großkhan ab, und so hätten die Poli ihre Tage wohl im fernen Asien beschlossen, wäre ihnen nicht ein merkwürdiger Zufall zu Hilfe gekommen:

dem persischen Zweige der Dynastie sollte aus der Heimat eine neue Königin zugeführt werden, kriegerische Ereignisse sperrten aber die Straßen Innerasiens, und so entschloß sich Kublai, die sicherere Reiselinie zu Wasser zu genehmigen, die Braut dem Schutze der Poli anzuvertrauen, und diesen zugleich die Heimkehr auf dem Seewege zu gestatten, den Marco Polo, anläßlich wiederholter Sendungen, in seinem wichtigsten Teile genügend kennen gelernt hatte. Die Fahrt wurde 1291 angetreten, 1295 lieferten die Poli die Prinzessin glücklich in Persien ab, und trafen nach 24jähriger Abwesenheit wohlbehalten wieder in Venedig ein, wo sie Mühe hatten, erkannt und anerkannt zu werden. Einige Zeit darauf geriet Marco Polo, als die Genuesen der venetianischen Flotte in der Nähe der Insel Lissa eine schwere Niederlage bereiteten, in Kriegsgefangenschaft, und im Kerker zu Genua diktierte er 1298 einem Mitgefangenen seine große Reisebeschreibung, und zwar, wie fraglos feststeht, in französischer Sprache, in der auch eine zweite, vermutlich 1307 veranstaltete Ausgabe verfaßt war; über seine ferneren Schicksale sind wir nicht eingehend unterrichtet, doch lebte er jedenfalls noch 1324, denn sein in diesem Jahre niedergeschriebenes Testament ist erhalten und in der St. Markus-Bibliothek zu sehen. Die verschiedenen Zweige der Familie Polo starben allmählich völlig aus, der letzte erst im 16. Jahrhundert; das Stammhaus, oder vielmehr nur ein Rest des alten Gebäudes, wird noch jetzt in Venedig gezeigt und trägt die Inschrift „La corte del Milione" (Der Hof des Milione); infolge seiner Berichte über die nur nach Millionen zu schätzenden Zahlen der Untertanen, Einkünfte und Steuererhebungen des Großkhans, die man allgemein für Übertreibungen, nicht selten auch für freie Erfindungen hielt, empfing nämlich Marco Polo schon bei Lebzeiten den Spitznamen „Messer Marco Milione", mit dem er sogar in den Protokollen des „Großen Rates" seiner Vaterstadt ganz offiziell bezeichnet wurde.

Von Marco Polos Reisewerk besitzen wir eine neuere, gut lesbare deutsche Übersetzung von Lemke,[1] die aber in vieler Hinsicht, und namentlich was naturhistorische Dinge anbelangt, nicht genügend genau ist; wissenschaftlich zuverlässige Ausgaben, die sich für den Forscher ganz unentbehrlich erweisen, sind die des hervorragenden Pariser Sinologen Pauthier von 1865,[2] und die des weltberühmten englischen Kenners der mittelalterlichen Geographie Yule, deren dritte Auflage Cordier, der Amtsnachfolger Pauthiers, erfüllt von wahrer Pietät für seine beiden Vorgänger, mit größter Umsicht und Gewissenhaftigkeit besorgte.[3] Pauthier gibt den altfranzösischen Wortlaut einer der vollständigsten Handschriften im Original wieder, und kommentiert und erklärt ihn in sehr wesentlichen Punkten auf Grund seiner ausgebreiteten Belesenheit in chinesischen Schriftwerken, namentlich in den ebenso umfangreichen wie eingehenden amtlichen chinesischen Reichsannalen. Yule bietet, unter Berücksichtigung gewisser von Pauthier nicht benutzter, zum Teil älterer Manuskriptgruppen,[4] einen noch reichhaltigeren Text (in englischer Übersetzung), und kennt einen weiten Umkreis der südasiatischen Länder, Völker und Produkte aus eigener Anschauung, da er als englischer Offizier lange Jahre seines Lebens in den indischen Kolonien verbrachte. Diese beiden Ausgaben ergänzen sich daher in glücklichster Weise.

Was nun die Bedeutung des Poloschen Werkes anbelangt, so sei an dieser Stelle nur kurz darauf hingewiesen, daß Marco Polo der erste Europäer war, der ganz Asien seiner vollen Breite nach durchquerte, den Boden des eigentlichen chinesischen Reiches betrat, und die Gestade des Stillen Ozeans

[1] Hamburg 1907; die weiter unten ohne sonstige Angabe zitierten Seitenzahlen weisen auf diese allgemein zugängliche Übersetzung hin. [2] „Le livre de Marco Polo" (Paris 1865); zitiert als „Pauthier", in der Regel nach Kapitelzahlen. [3] „The book of Ser Marco Polo" (London 1903); zitiert als „Yule", nach Seitenzahlen. [4] Yule, Vorrede 24, 92, 141.

erblickte.[1] Seine Hinreise führte ihn von Syrien aus über Armenien, Mesopotamien, Persien, Afghanistan, Turkestan, das Pamirplateau, die mongolische Wüste, die Mongolei und die Mandschurei nach Peking; seine Rückreise vom südchinesischen Hafen Zaitun (etwa in der Höhe Formosas) aus über Kochinchina, Tonkin, Kambodscha, den indischen Archipelagus, Sumatra, die Andamanen und Nikobaren, Ceylon, die Küsten Vorderindiens, den persischen Meerbusen (Ormuz), Persien, Armenien, Trapezunt, Konstantinopel und Negroponte nach Venedig. Die im amtlichen Auftrage Kublai-Khans unternommenen Fahrten erschlossen ihm ganz China sowie u. a. das Innere von Tibet, Siam und Birma, ferner erlangte er als erster Europäer Kenntnis vom Bestehen des östlichen Inselreiches Zipangu (chin. Jih-pen-kwe = „Land der aufgehenden Sonne" = Japan),[2] von den bis an den arktischen Ozean reichenden Steppen Sibiriens mit ihren nach Eisbären jagenden, auf Renntieren reitenden und im Hundeschlitten fahrenden Nomadenvölkern, aber auch wieder von den „nach Tausenden zählenden" Inseln des indischen Meeres, von Bengalen und den großen Binnenreichen Vorderindiens, vom südlichen Arabien, von Sokotora, Madagaskar, Zanzibar und Abessinien. Dies alles sind Länder und Staaten, die zum größten Teile vor ihm kein Europäer nennen hörte, geschweige denn mit Augen sah, und die nach ihm wieder für viele Jahrhunderte, ja bis in die neueste Zeit herab, unerreichbar und sagenhaft blieben.

Polos Reisebeschreibung ist daher ein unerschöpfliches Quellenwerk ersten Ranges für den Geographen, Oro- und Hydrographen, Ethnographen, Nationalökonomen, Zoologen, Botaniker usf., um so mehr als sie, dank sorgsamer Scheidung zwischen Selbstgesehenem und bloß Vernommenem, auch der strengsten Kritik mit stets zunehmendem Erfolge standhält; es sei in dieser Hinsicht nur an die „lächerliche Fabel" erinnert, „daß auf der Hochebene des Pamir, wegen der ungeheuren

[1] Yule, Vorrede 106. [2] Yule, II, 256.

Erhebung der Berge und der Schärfe der Luft, das Feuer nicht von derselben Helligkeit und Hitze ist wie in der Ebene, und die Speisen nicht ebenso gar kocht",[1] — während doch tatsächlich auf dem Pamirplateau, dem „Dache der Welt", dessen Höhe weitaus die des Montblanc überragt, das Wasser schon bei etwa 83° siedet. Außerordentlich viel Merkwürdiges bietet Polo aber auch in chemischer, technologischer, mineralogischer und pharmakognostischer Hinsicht; deshalb dürfte es nicht als unfruchtbares Beginnen erscheinen, das einschlägige Material zu sichten und im Zusammenhange darzustellen, wobei freilich nicht zu vergessen bleibt, daß Polo im wesentlichen stets mit dem Auge des kaufmännischen Großhändlers oder Finanzmannes sah, so daß ihm das Kostbare, Seltene, mit hohem Gewinn zu Verwertende, auch das größte Interesse abgewann.

I. Metalle.

Gold findet sich in vielen Gegenden des mongolischen und chinesischen Landes, deren Namen das mongolische Wort Altai (Altun) oder das chinesische Kin enthalten, das nichts anderes als Gold besagt.[2] Reich an goldführenden Schichten sind die Gebirge, reich an kleinen und großen Stücken Goldes die Flüsse des östlichen Tibet,[3] des Umkreises von Kangigu im westlichen Tonkin,[4] von Toloman an der chinesisch-hinterindischen Grenze,[5] und von Zardandam am Mekong, woselbst die Einwohner ihre Zähne mit dünnen Goldplättchen zu überziehen pflegen.[6] Zu Mien (bei Mandalay am Irrawadi) erhoben sich zehn Fuß hoch zwei königliche Grabdenkmale, die mit goldenen und silbernen Platten von Daumendicke abgedeckt und mit zahllosen goldenen und silbernen Glöckchen behängt sind.[7] Auch die Bergwerke Zipangus (Japans) liefern Gold in reichster Fülle; seine Ausfuhr ist verboten, und es steht in

[1] Pauthier, 49. [2] Pauthier, 250, 186. [3] 315, 321, 324. [4] 344, 427. [5] 347. [6] 328; nach Klaproth bedeutet in persischer Sprache Zardandam „mit goldenen Zähnen". [7] 340.

so ungeheurer Menge zur Verfügung, daß Goldziegel das Dach des ganzen Königspalastes bilden, und daß die Decken seiner Säle, die Verzierungen seiner Fenster, ja sogar die Tische, aus massivem Golde bestehen sollen.[1] Zu Klein-Java (d. i. Sumatra) übersteigt die Menge des Goldes ebenfalls allen Glauben,[2] und nicht minder reich daran sind Sokotora[3] und Abessinien.[4]

Silber liefern gewisse Gruben im südlichen Rußland,[5] in Armenien,[6] zu Balaschan im nordöstlichen Afghanistan,[7] und zu Tenduk in der südchinesischen Provinz Tschili;[8] im allgemeinen ist aber das Silber in China, Tibet und den hinterindischen Grenzländern selten und gesucht, so daß sich die Werte von Gold und Silber wie 1 : 8, 1 : 6, ja selbst 1 : 5 verhalten, weshalb fremde Kaufleute Silber mit hohem Nutzen einzuführen und gegen Gold umzutauschen pflegen.[9]

Kupferminen von großer Ergiebigkeit liegen ebenfalls in Balaschan,[10] ferner in Manzi, d. i. Südchina,[11] und auf den Inseln des Meerbusens von Tonkin;[12] aus Manzi und Tonkin verfrachtet man Kupfer als Ballast nach Malabar, der südwestlichen Küste Vorderindiens,[13] auch verfertigt man aus Kupfer und Kupferlegierungen mannigfaltige Kunst- und Gebrauchsgegenstände, wie denn z. B. die Gitter der Fischteiche im Pekinger Kaiserpalaste aus Erz (Bronze?) bestehen.[14]

Metallisches Zinn und Zink erwähnt Polo nicht, dagegen berichtet er über die Fabrikation des schon im Altertume als „Pompholyx" bekannten Zinkoxyds und seines Rückstandes, des „Spodiums", zu Cobinam, zwischen Yezd und Kerman in Persien, wo noch gegenwärtig zinkhaltige Erze abgebaut werden.[15] Das staubfeine Zinkoxyd, den sogenannten Hüttenrauch, bezeichnet er als Tutia oder Totia,[16] welches

[1] 418. [2] 432. [3] Pauthier, 184. [4] 497. [5] 509; ihre Stätte ist nach vielem Suchen unweit Taganrog am Asowschen Meere aufgefunden (Yule, II, 488.) [6] 69. [7] 120. [8] 195. [9] Pauthier, 116—119 und 123. [10] 120. [11] 358. [12] 427. [13] 479. [14] 232; „arain" = Erz, bei Pauthier, 83. [15] Yule, I, 126. [16] Pauthier, 38.

Wort nichts anderes ist als das persische Duddha = Rauch, und in keinem Zusammenhange mit dem sogenannten Tutenage oder „chinesischem Kupfer“ steht, einer aus China nach Indien und Persien ausgeführten Legierung aus Kupfer, Eisen und Zink.[1] In Cobinam, so erzählt Polo, stellt man Tutia dar, die ein ausgezeichnetes Heilmittel für die Augen ist, und zugleich auch Spodium oder Zinkasche; hierzu röstet man eine dort ausgegrabene Erde auf dem glühenden Roste eines Ofens, und in diesem hängt sich der Rauch an, wird fest, sobald er erkaltet, und bildet nun die Tutia, während der grobe und schwere Teil, der nicht aufsteigt, sondern wie ausgeglühte Kohle im Ofen sitzen bleibt, das Spodium ist.[2] Der Bericht über das Vorkommen von Zinkerzen zu Chingitalas, an den Abhängen des südöstlichen Altai, ist nicht einwandsfrei;[3] dagegen wird Tutia, neben Gold, Silber und anderen Waren, als Gegenstand der Einfuhr nach Cambaja im westlichen Vorderindien erwähnt, woselbst man für sie Baumwollzeuge und Häute eintauscht.[4] — Von den Einwohnern Lars, im mittleren Südindien, meldet Polo, sie verehrten die Rinder als heilig, und trügen, vor die Stirne gehängt, kleine Bildchen eines Ochsen aus Gold, „Arain“ (Bronze?), oder „Laiton“;[5] ob letzteres Wort ebenfalls eine goldähnliche Bronze bedeutet oder schon (wie heutzutage) Messing, muß dahingestellt bleiben.

Eisen und Stahl erzeugen in vortrefflicher Beschaffenheit Kerman im südöstlichen Persien[6] und das benachbarte Cobinam, wo man u. a. große Spiegel aus herrlich poliertem Stahl zu fabrizieren versteht;[7] mächtige Eisengruben besitzen Chingitalas am Altai[8] und Giogiu (d. i. Tscho-Tscheu, südwärts von Peking),[9] und diese Gegenden liefern auch die

[1] Yule, I, 126. [2] 106; die Übertragung des vieldeutigen Ausdruckes Spodium auf gebrannte Knochen ist bei Polo nicht nachweisbar, obwohl er solche als ein in Lak (bei Madras in Vorderindien) gebrauchtes Heilmittel erwähnt, s. 469. [3] 157; Yule, I, 213, hat diesen Bericht nicht. [4] 483. [5] Pauthier, 637. [6] 93. [7] 106. [8] 157. [9] Pauthier, 106.

eisernen Speere und Kolben der mongolischen Soldaten,[1] sowie die feineren Feld- und Prunkwaffen der chinesischen Krieger und Vornehmen.[2] Neben dem Stahl von Kerman, Cobinam und Chingitalas erwähnt Polo noch ein Produkt unter dem Namen „Andaine", „Andoine" oder „Ondanique",[3] das den Erklärern vieles Kopfzerbrechen verursachte und ganz fälschlich auch auf Antimon gedeutet wurde.[4] Schon der venetianische Gelehrte Ramusio (1485—1557), dessen Sammlung merkwürdiger Reisebeschreibungen auch die des Polo enthält, befragte aber seine im Levantehandel erfahrenen Landsleute über „Andaine", und hörte von ihnen, es sei ein vortrefflicher Stahl; auch Rulandus erklärt in seinem „Lexicon Alchemiae" die „Andana" der mittelalterlichen chemischen Schriften für orientalischen Stahl.[5] Fraglos liegt daher der Benennung das persische und arabische Wort „Hindwaniy" oder „Hundwan" zugrunde, das mit „Indisches" zu übersetzen ist, so daß ursprünglich Ondanique, Andanicum, Andoine, Andaine, Andania usf. nichts anderes bedeuten als etwas von indischer Herkunft.[6] Man findet daher auch z. B. ein indisches Färbeholz als „Andam" angeführt,[7] aber ganz speziell bezeichnet der Name den schon im Altertum hochberühmten indischen Stahl. Bereits die arabischen Schriftsteller Ibn-Sina (Avicenna) im 11., und Edrisi im 12. Jahrhundert erwähnen diesen als Hindiah = „Indischen" (scil. Stahl), woraus das spanische Wort Alhinde, Alfinde, Alinde, sowie das berberische Hint, Alhint, für Stahl, Stahlspiegel und Spiegelfolie hervorging; zu Polos Zeit bezog sich „Andaine" nur mehr auf die Natur der Ware, nicht mehr auf ihr Ursprungsland, wie auch wir bei „Franzbranntwein" oder „Grünspan" längst nicht mehr an die Herkunft aus Frankreich oder Spanien denken.

An Blei ergiebig sind die Gruben von Balaschan (nörd-

[1] 178. [2] Pauthier, a. a. O. [3] Yule, I, 90, 125, 212.
[4] So z. B. 21, 157. [5] Frankfurt 1612, S. 41. [6] Yule, I, 93, 215.
[7] Pauthier, 564.

liches Afghanistan);[1] da dort auch viel Silber gewonnen wurde, handelt es sich, wie vermutlich auch in den übrigen Fällen, um silberhaltigen Bleiglanz.

Quecksilber erwähnt Polo in einem höchst merkwürdigen Zusammenhange; er erzählt nämlich, zu Lar (im mittleren Südindien) gebe es Jainas, d. s. die Caiguy oder Yogui, asketische Priester einer gewissen Sekte, die ihr Leben bis an die äußersten Grenzen zu verlängern vermöchten (angeblich auf 150—200 Jahre), indem sie zweimal im Monat einen Trank genössen, den sie aus Schwefel und Quecksilber bereiteten.[2] Die bei den spätgriechischen Chemikern Alexandrias entstandene Theorie von Schwefel und Quecksilber als Grundstoffen wie der Metalle, so auch aller möglichen anderen Substanzen, eine Lehre, die später die Araber aufgenommen und nach vielen Richtungen hin erweitert hatten, war offenbar durch arabische Vermittlung schon frühzeitig auch nach Indien gelangt und fand dort raschen Eingang, wie denn sämtliche Spuren indischer Alchemie durchaus auf arabische Einflüsse zurückweisen. Selbstverständlich sind Schwefel und Quecksilber nur als Symbole anzusehen, der Lebenstrank, die „große Panacee", wurde also nicht etwa wirklich aus den heute so genannten Elementen zusammengemischt. — Die Nachricht Polos wird übrigens durch eine gleichzeitige, aus der Geschichte der mongolischen Dynastie Persiens, der Il-Khane, stammende völlig bestätigt: Der König Argon befragte nämlich indische Asketen, worin ihre Kunst bestehe, das Leben zu verlängern, und als sie auf ihren Trank aus Schwefel und Quecksilber verwiesen, nahm er diesen ebenfalls acht Monate lang ein, starb aber sodann, — trotzdem, oder infolge des Trankes?[3] Polos Angabe ist desto interessanter, als er im übrigen, von einer einzigen, später noch zu erwähnenden Stelle abgesehen, niemals über Alchemie spricht, auch nur einmal nebenbei sagt, „jedes Tier bestehe

[1] 120. [2] Yule, II, 365. [3] Yule, II, 369.

gleichfalls aus den vier Elementen";[1] dagegen gibt er keine Kunde von den fünf Elementen der Chinesen (Wasser, Feuer, Erde, Holz, Metall), von den „Fahnen der fünf Elemente" und von den „Schirmen der sieben Farben",[2] welche letzteren wohl schon spätere arabische Einflüsse verraten. Am Hofe Kublais machten sich solche zunächst vorwiegend in astrologischer Hinsicht bemerkbar, wie schon der für die Blätter mit den horoskopischen Befunden der Sterndeuter gebrauchte Name „Takuini" zeigt, denn dies ist das arabische „Takwim", ein Kalender mit Angaben über die Stellungen und Einflüsse der Planeten.[3]

II. Edle Gesteine.

Der Diamant, der wertvollste aller Steine, findet sich nirgendwo als nur in Murfili (d. i. Masulipatam, an der Mündung des Kistna, im ehemaligen Königreiche Golkonda), und zwar in den Flußbetten nach der Regenzeit, und im Erdboden unergründlicher, von Schlangen wimmelnder Schluchten und Abgründe; in diese sollen die Einwohner Stücke Fleisch hinabwerfen, an denen die Diamanten haften bleiben, und dann suchen sie entweder die Nester der Störche und Adler ab, die jene Fleischbrocken herausgeholt haben, oder sie durchstöbern am nächsten Morgen deren Unrat;[4] zuweilen sollen sich die Diamanten auch im Magen der Adler finden, stets aber werden die schönsten zurückbehalten, so daß auch die besten, die nach Europa gelangen, bloßen Abfall vorstellen.[5] — Diese Erzählungen sind die nämlichen, die wir aus „1001 Nacht" kennen, und waren offenbar dazu bestimmt, Fremde einzuschüchtern und vom Besuche der Fundstätten abzuhalten.

Rubine liefern die Gruben zu Tabris in Armenien,[6] vor allem aber die von Balaschan (in Afghanistan),[7] und hieraus erklärt sich der italienische Name „Balassi" und der fran-

[1] Pauthier, 59. [2] Pauthier, 256, 281. [3] 151, 284. [4] 466. [5] Pauthier, 171. [6] 84. [7] 121.

zösische „Balais" für Rubine. Die unendlichen Mengen von Edelsteinen, die der Großkhan besitzt,[1] Rubine, Saphire, Topase, Amethyste, Smaragde, Granate usf. stammen aus Indien,[2] ganz besonders aus Ceylon;[3] Chalcedon und Jaspis findet man im chinesischen Turkestan, gegen den See Lop-Nor zu,[4] — doch handelt es sich hierbei wohl um Jadeit, persisch Jaschin, woher „Jaspis" kommt[5] —, Türkis in Kerman (Südpersien)[6] und in Kaindu (südöstliches Tibet, Assam?),[7] Lapis Lazuli in Balaschan[8] und in Tenduk (Provinz Tschili in China),[9] und zwar sind dort die Adern dieses Steines, aus dem man die Farbe „Azur" herstellt, von größter Reichhaltigkeit und höchster Schönheit.

Zu den edlen Gesteinen gehören auch Perlen und Korallen. Die Perlen bringen gewisse Muscheln hervor, die man in Maabar (Küste von Koromandel, nordöstlich von Kap Komorin) zu ganz bestimmten Jahreszeiten fischt; hierzu mieten Gesellschaften von Kaufleuten Schiffe, geübte Taucher, und Zauberer aus der Klasse der Brahmanen, die durch ihre Sprüche und Künste tagsüber die Haifische und ähnliche gefährliche Ungeheuer abhalten, abends aber ihren Bann lösen müssen, damit sich ihn nicht nachts Unberufene zunutze machen. Diese Magier erhalten hierfür 5 $^0/_0$ des Ertrages, der König des Landes nimmt für sich 10 $^0/_0$, und der Rest verbleibt den Unternehmern.[10] Korallen dienen in Tibet als Schmuck,[11] ebenso in Kaschmir,[12] doch erzeugt sie Asien nicht, sondern sie werden aus Europa eingeführt.

III. Mineralien.

Salz findet sich in Thaikan (Talikan im Nordosten Persiens) in Gestalt von Steinsalz, in ungeheurer Menge, so hell und rein wie sonst nirgends in der Welt, und so hart, daß

[1] 62. [2] 266, 407. [3] 448; Pauthier, 168. [4] 143. [5] Yule I, 193. [6] 93. [7] 318. [8] 122. [9] 193. [10] 266, 407, 450, 453; Pauthier 169. [11] Pauthier 115. [12] 127.

man es nur mit eisernen Werkzeugen losschlagen kann.[1] Aus einer salzhaltigen Erde gewinnt man es in Cianglu (Tsang-Tschu, nächst dem Kaiserkanal, südchinesische Provinz Tschili); man setzt diese Erde in großen flachen Haufen an, laugt sie mit Wasser aus, sammelt die Lösungen in Rinnen, kocht sie in sehr großen, aber nicht über vier Zoll tiefen eisernen Pfannen sorgsam ein, und läßt die Masse kristallisieren, wodurch man ein schön weißes, feinkörniges Produkt erhält.[2] In ähnlicher Weise verfährt man zu Koiganzu (nördliche Grenze Südchinas),[3] Tigui und Tingui (nördlich der Yantsekiangmündung),[4] und verschifft von dort die Ware auf den Flüssen und Kanälen in das Innere des Landes.[5] Aus Salzwasser stellt man Salz zu Karajan (chinesische Provinz Jünnan)[6] sowie zu Kaindu (im südöstlichen Tibet oder Assam) dar. Man siedet es in kleinen Pfannen ein, erhält binnen einer Stunde eine Art dickflüssigen Teiges, formt ihn zu unten flachen, oben hohlen Kuchen, trocknet diese auf heißen Ziegeln am Feuer, und läßt sie durch eigene Kronbeamte mit dem Stempel des Königs versehen; im gebirgigen Innern Tibets, das an Salz sehr arm ist, dienen solche Kuchen dann als Geld und als Tauschmittel.[7] Endlich wird noch Salz in fabelhafter Menge in Südchina in Gestalt von Seesalz erzeugt, indem man während der Zeit der Sommerhitze Meerwasser in flache Lagunen eintreten und daselbst verdunsten läßt.[8] In China ist das Salz ein Regal, und die Einkünfte, die der Großkhan aus diesem zieht, sind fast unglaubliche,[9] denn allein das Königreich Manzi, d. i. Südchina, bringt als jährliche Salzabgabe 80 Tonnen Gold auf, was etwa 6,5 Mill. venetianischer Dukaten beträgt und fast 27 % des auf $23^1/_3$ Mill. Dukaten zu schätzenden gesamten Steuererträgnisses ausmacht.[10]

[1] 118. [2] 351; Pauthier 131. [3] 363. [4] 371. [5] 371. [6] Pauthier 117. [7] 319, 320. [8] 399. [9] 351, 365, 399. [10] 399; Pauthier 152. Die chinesischen Reichsannalen bestätigen diese aus eigener Kenntnis Polos stammenden Angaben und führen ihn auch ausdrücklich als Bevollmächtigten Kublai-Khans an. (Pauthier 73).

Bittersalz wird, wegen seiner purgierenden Eigenschaften, aus den bitteren Quellen bereitet, die zu Kerman und Cobinam in Persien entspringen und äußerst heilsam sind, namentlich auch für Hautkranke.[1] Wie nützliche Wässer, so gibt es aber auch schädliche, so z. B. leiden die Einwohner von Karkan (Jarkent in Turkestan) infolge ihres schlechten Trinkwassers an Kröpfen und an sonstigen Schwellungen des Körpers.[2]

Als Asbest, den fast das ganze Mittelalter für Haar oder Wolle des angeblich unverbrennlichen Salamanders hielt,[3] gibt sich das Mineral zu erkennen, das man nach Polo aus den Gruben von Chingitalas (am Altai) zutage fördert; es ist eine Substanz von der Natur des Salamanders, bildet Fasern, die der Wolle gleichen, läßt sich nach sorgfältigem Waschen, Absieben und Trocknen zu Fäden spinnen und zu Tuch weben, verbrennt nicht im Feuer, sondern wird nach einstündigem Erhitzen weiß wie Schnee, und kann, wenn befleckt, durch Ausglühen stets wieder gereinigt werden.[4]

Eine merkwürdige Erde, aus der man das Porzellan anfertigt, wird in der Nähe von Tingui (nördlich der Yantsekiang-mündung) gegraben; man läßt sie in großen Haufen 30 bis 40 Jahre lang unberührt in Wind und Wetter, Regen und Sonne liegen, wodurch sie sich reinigt und läutert, formt sie dann zu Schüsseln, Bechern und Vasen, bemalt sie mit geeigneten Farben, und läßt sie in besonderen Öfen „backen".[5] Solches Porzellan hat nichts gemein mit dem in Karajan (Südchina), Zardandam (Hinterindien), und an vielen anderen Orten als Schmuck und als Geld dienenden „Pourcelaine",[6] denn dieses besteht aus gewissen schneeweißen Muscheln (Kauris), die den Inseln des indischen Ozeans entstammen, vor allem den im Meere östlich von Kochinchina liegenden.[7]

Auch Zinnober findet sich in China; er ist eine kostbare Farbe, und das kaiserliche Siegel wird den Dokumenten

[1] 105. [2] 137. [3] Yule I, 216. [4] 157. [5] 411. [6] 322, 328, 347. [7] 324, 347, 434.

seitens der hierzu beauftragten Beamten in Zinnober aufgedrückt.[1]

Ganz allgemein verbreitet in Kataia (Nordchina), aber auch in Manzi (Südchina), ist ein schwarzer Stein, die Steinkohle, der in den Gebirgen dichte Flötze bildet, ausgegraben, und statt des Holzes verfeuert wird; er brennt ebensogut wie Holz, wenngleich er keine große Flamme gibt, sondern nur auflodert, strömt aber weit stärkere Hitze aus, und hält diese so gut in sich, daß man des Abends angezündete Haufen früh noch glühend findet.[2] — Bekanntlich wurde Steinkohle in China schon lange vor Beginn unserer Zeitrechnung benutzt,[3] auch verstand man im 13. Jahrhundert bereits, aus Kohlenklein und einem feuchten Bindemittel „Kohlenziegel" darzustellen, also eine Art Briketts.[4]

IV. Arome, Gewürze, Heilmittel, Drogen.

China ist das am dichtesten bevölkerte Reich sowie das größte Konsumland der Erde, und die kostbarsten Waren ganz Asiens strömen seinen Häfen zu, vor allem der Millionenstadt Kinsay (Hang-Tschu, etwa in der Mitte der südchinesischen Küste) und Zaitun (Tsiuan-Tschu-Fu, etwa in der Höhe Formosas). Ein Hauptartikel des Handels ist der Pfeffer. Die indischen Inseln, namentlich die kleineren Sundainseln aber auch Sumatra, sowie die südlichen Küsten Vorderindiens, erzeugen verschiedene Sorten schwarzen und weißen (unreifen und reifen) Pfeffers im Überfluß,[5] und mächtige Schiffe, die 250—300 Mann Besatzung erfordern, und 5000—6000 dichtgepackte Körbe fassen, führen ihn nach China.[6]. In Kinsay beträgt allein der tägliche Konsum der ungeheuren Stadt 10449 Pfund Pfeffer,[7] und vom Umsatze Zaituns erreicht der für unermeßlich geltende des europäischen Hauptstapelplatzes

[1] 281; Pauthier 152. [2] 281; Pauthier 152. [3] Pauthier 344. [4] Yule I, 443. [5] 426, 432, 475, 477, 479, 481. [6] 406. [7] 384

Alexandria kaum ein Prozent! Die Häfen dieser Städte beleben fortdauernd Hunderte aus Indien kommender Schiffe, die in der Regel 44 % Pfeffer, 40 % Spezereien und edle Hölzer, und 16 % andere „feine Waren" laden.[1]

Ganze Schiffsladungen köstlicher Gewürze und Arome werden, mit großem Gewinn für alle Beteiligten, aus Sumatra geholt; dort gibt es u. a. auch Muskatnüsse und die „Kubeben" genannte Art des Pfeffers,[2] die Malabar ebenfalls hervorbringt,[3] ferner Gewürznelken,[4] die herrlich auf der Insel Nokueran (einer der Nikobaren) wachsen,[5] und die auch ein kleines lorbeerähnliches weißblühendes Bäumchen zu Kaindu (Assam?) trägt,[6] Zimt, den auch Malabar[7] und in großem Überflusse Kaindu besitzt,[8] Narde (indische Baldrianwurzel),[9] die noch in Bengalen und Malabar gedeiht,[10] sowie Galanga oder Galgant.[11] Diese Wurzel, die die Chinesen „wilden Ingwer" nennen (sanskrit Kulanjana, persisch Kolinjan, arabisch Kulijan),[12] findet sich auch in Bengalen,[13] zu Koncha und Fukien Südchina,[14] und zu Kacianfu (jetzt Pu-Tschu-Fu) unweit des Hoangho;[15] den eigentlichen Ingwer, der in ungeheuren Mengen verzehrt wird, produzieren Kacianfu[16] und Siguy (Su-Tscheu),[17] fast alle Gegenden Manzis (Südchinas),[18] sowie Kaindu (Assam?),[19] Bengalen,[20] Dely in Malabar,[21] und Guzzurat (Vorderindien).[22]

Ein weiteres Erzeugnis Sumatras ist der Kampfer, dessen Bäume zwar auch noch bei Zaitun fortkommen,[23] den aber Lambri und Farfur auf Sumatra in weit größerer Menge und in so vortrefflicher Qualität liefern, daß er geradezu mit

[1] 409; Pauthier 177. [2] 432; beide erzeugt jedoch die Insel nicht selbst. (Yule II, 274). [3] 479; Kubebe kommt vom arabischen Kabab. (Yule II, 391). [4] 432; auch diese erzeugt die Insel nicht selbst. (Yule II, 274). [5] 446. [6] 320; diese kann unmöglich die echte Gewürznelke sein. [7] Pauthier 177. [8] ebd. 115, 116; letzterer kann nicht der echte Zimt sein. [9] Yule II, 272. [10] ebd. II, 115, 390. [11] 432. [12] Yule II, 229. [13] 343. [14] 402, 404. [15] 302. [16] 302. [17] Pauthier 140. [18] 305, 402, 404. [19] 320. [20] 342. [21] 477, 479. [22] 481. [23] 407.

Gold aufgewogen wird.[1] Man verwendet ihn in der Medizin und zum Konservieren der Leichen Vornehmer,[2] ferner benutzen ihn die Händler, um die ausgestopften Bälge kleiner Äffchen haltbar zu machen, die sie, in Kistchen verpackt, als angebliche „Indische Pygmäen" für schweres Geld nach aller Welt verkaufen,[3] und endlich setzt man ihn dem Betel zu. Betel (persisch) oder Tembul (sanskrit) ist nämlich eine aus den Bestandteilen gewisser Pflanzen (des Fruchteiweißes der Areca-Palmnuß und der Blätter des Betelpfeffers) nebst etwas Kampfer, Spezereien und Kalk bestehende Masse, die alle Indier beständig zu kauen pflegen, teils ihrer heilenden und die Zähne erhaltenden Kraft wegen, teils nur aus Gewohnheit; jemand mit gekautem Betel zu bespucken, ist eine der denkbar schwersten Beleidigungen, die nur durch Zweikampf nach gewissen festgesetzten Regeln gesühnt werden kann.[4]

Pflanzen, die dem Safran sehr ähnlich, aber nicht mit ihm identisch sind, tragen die Ebenen von Koncha (Provinz Fukien in Südchina)[5] und die von Fuju;[6] benutzt wird die Frucht, die sehr hoch im Preise steht. — Nach Bretschneider dürfte die von Polo erwähnte Pflanze Saflor, Carthamus tinctorius, sein.[7]

Die alleinige Heimat des echten chinesischen Rhabarbers ist Succiur (Su-Tscheu, an den Ausläufern des Altai); man sammelt ihn dort in unendlicher Fülle und führt ihn in die fernsten Länder aus.[8] Purgiermittel anderer Art bringt Indien hervor; z. B. Malabar das Turbit (Turpethum, aus Convolvulus indicus),[9] und Guzzerat die Tamarinde (persisch Tamar-i-Hindi = Frucht aus Indien). Diese geben die indischen Seeräuber den gefangenen Kaufleuten ein, die im Verdachte stehen, Edelsteine oder Perlen verschluckt zu haben.[10]

Herrlichstes schwarzes Ebenholz liefern die Wälder

[1] 443, 444; dies ist der echte sogen. Borneokampfer. [2] 151. [3] 439. [4] 468, 473, 474. [5] 403. [6] Yule II, 225. [7] ebd. [8] 159, 377. [9] Pauthier 177; s. Yule II, 391. [10] Pauthier 178; Yule II, 394.

Tonkins und Sumatras,[1] weißes und rotes Sandelholz die Inseln Kondur unweit Kochinchina,[2] Sumatra,[3] Nokueran (Nikobaren)[4] und Madagaskar;[5] der Hauptmarkt dafür ist Zaitun.[6] Aloe (vom arabischen Al-ud = das Holz)[7] bringt Tonkin als Tribut dar,[8] und die Sundainseln sowie Sumatra versenden es in größter Menge nach Kinsay[9] und Zaitun;[10] dieses wohlriechende Holz dient hauptsächlich zum Räuchern bei Opfern und in Krankenstuben.[11]

Der echte weiße Weihrauch quillt allmählich in Gestalt harzähnlicher Tröpfchen zu Escier (Schihar) und Dulfar, Orten an der Südküste Arabiens, aus Bäumen von Tannengröße hervor, wenn man deren Rinde ablöst und dann einschneidet; er muß an den Sultan von Aden abgeliefert werden, der den Zentner zu 10 Goldstücken bezahlt und zu 40 weiterverkauft;[12] der Hof des Großkhans gebraucht ihn bei der Darbringung der Opfer.[13] Eine andere Art Weihrauch, die schwarz ist, wächst in großer Menge zu Kanam, d. i. Tana, nördlich von Bombay;[14] Pauthier hält ihn für Benzoeharz (das aber damals noch nicht bekannt war!),[15] Yule für Bdellium, das Harz von Canarium strictum.[16]

Keine Produkte des Pflanzenreiches, wofür die meisten sie doch ansehen, sind Moschus und Ambra. Moschus soll aus dem Blute einer Art Antilope entstehen, an deren Nabel sich bei Vollmond eine bluthaltige Blase bildet, die ihren umgewandelten Inhalt einmal im Monate austreten läßt; das Tier lebt in Erguiul (an den Abhängen des Altai), zu Kunkin (im Tsin-Ling-Gebirge?), vor allem aber in Tibet,[17] wo es so viel Moschus gibt, daß das ganze Land danach riecht. Ambra stammt aus den Eingeweiden gewisser Wale, die man im indischen Ozean und an den Küsten Ostafrikas mittels Harpunen

[1] 430, 436. [2] 434. [3] 436. [4] 446. [5] 489. [6] Pauthier 146. [7] Yule II, 271. [8] 429, 430. [9] 426, 436. [10] 409; Pauthier 146. [11] 203, 331. [12] 500, 501, 502. [13] 203, 219. [14] 482. [15] Pauthier 664. [16] Yule II, 397. [17] 189, 306, 313, 320.

jagt und tötet;[1] in Madagaskar, Sansibar und Sokotora wirft sie aber auch die Flut oft ans Land, und die Kaufleute besuchen diese Inseln, um sie daselbst einzuhandeln.[2]

V. Nahrungs- und Genußmittel.

Brot bereitet man in der Mongolei und in China außer aus Getreide auch aus Buchweizen, Hirse und Reis;[3] Kublai-Khan hat, um den verderblichen Teuerungen vorzubeugen, allerorten große staatliche Magazine anlegen lassen, und man versteht in diesen die Vorräte so vortrefflich zu behandeln und zu pflegen, daß sie drei bis vier Jahre lang frisch und brauchbar bleiben.[4] In Sumatra gewinnt man ein eigentümliches Brot (den Sago) aus dem Marke einer großen dicken Palme, die am besten im Königreiche Fanfur gedeiht; man holt es unterhalb Rinde und Holz hervor und verrührt es in großen Gefäßen mit Wasser, gießt das Wasser vom Satzmehl ab, reinigt dieses, und bereitet daraus Kuchen und Brot, das wie Gerstenbrot schmeckt; das Holz des Baumes ist so dicht, daß es im Wasser gleich Eisen untersinkt.[5]

Zucker erzeugt man aus Zuckerrohr, das Bengalen,[6] Sansibar,[7] vor allem aber der Süden Chinas hervorbringt; in der ganzen übrigen Welt wird nicht so viel Zucker fabriziert wie nächst Kinsay,[8] Fugiu (Fu-Tscheu-Fu),[9] und Unguen (Min-Tsing-Hien),[10] und aus der Steuer, die $3^1/_3$ % des Wertes beträgt, zieht der Großkhan eine geradezu unglaubliche Einnahme.[11] Früher verstand man nur rohen Zucker darzustellen, als dicke, dunkle Masse, der Großkhan ließ aber Leute aus Kairo kommen, die den Einwohnern die Raffination des Zuckers durch Klären der Säfte mittels der Asche gewisser Gewächse beibrachten.[12] — Außer dem Zucker aus Zuckerrohr gibt es auch solchen aus dem Safte indischer Palmen, der

[1] 485, 486. [2] 489, 493; Pauthier 184. [3] 274. [4] 278. [5] 445. [6] 125. [7] 493. [8] 399; Pauthier 152. [9] 407. [10] 405. [11] 399. [12] Pauthier 188.

z. B. zu Kulam, an der Küste von Malabar, in großen Mengen dargestellt wird;[1] ferner wachsen in Afghanistan gewisse Melonen, die süßer als Honig schmecken, und deren getrocknete Scheiben einen großen Handelsartikel bilden.[2]

Wein liefert Persien in vorzüglicher Qualität; da den Mohammedanern sein Genuß verboten ist, so beruhigt man die Gewissen dadurch, daß man ihn über Feuer einkocht und der nun süßen Flüssigkeit, da sie ihren Geschmack verändert hat, auch einen anderen Namen beilegt.[3] In Sumatra und Ceylon bohrt man einen der Dattelpalme ähnlichen Baum an, dessen Saft, der bei regelmäßiger Bewässerung längere Zeit ausfließt, trefflichen weißen und roten Wein ergibt.[4] Höchst berauschende Weine bereitet man zu Kulam aus Palmzucker,[5] zu Ormuz und Escier in Südarabien aus Datteln nebst Zucker und Reis,[6] zu Sansibar aus Zucker und Reis,[7] zu Kaindu (Assam?) aus Weizen und Reis,[8] und zu Zardandam und Kangigu (Hinterindien),[9] vor allem aber in ganz China,[10] aus Reis nebst Zucker und Gewürzen; diese Weine sind klar und glänzend, köstlich und duftend, aber furchtbar stark, und die Abgabe, die $3^1/_3$ % beträgt, ist für den Großkhan eine unerschöpfliche Steuerquelle.[11]

Destillierte Getränke erwähnt Polo bemerkenswerterweise an keiner Stelle.

Auch die Milch der Stuten wissen die Tartaren so eigentümlich zuzubreiten, daß sie Eigenschaften und Wohlgeschmack weißen Weines erhält, und nennen sie dann Kemis, d. i. Kumys;[12] Stuten- und Kamelsmilch sind am Hofe des Großkhans übliche und vielfach auch bei Opfern und Geisterbeschwörungen benutzte Getränke.[13] Eine Milchkonserve stellt man dar, indem man saure Buttermilch aufkocht bis

[1] 476. [2] 116. [3] 91. [4] 441, 444, 448. [5] 476. [6] 104, 500. [7] 493. [8] 320. [9] 329, 345. [10] 280, 322, 381, 399. [11] 399; der jährliche Steuerbetrag überstieg nach chinesischen Quellen 35 Mill. Franks (Pauthier 344.) [12] Pauthier 69. [13] 247, 58.

sie gerinnt, und den teigigen Niederschlag in der Sonne trocknet; von dieser dicken Paste führen die Soldaten im Felde stets je zehn Pfund mit, füllen des Morgens ein halbes Pfund nebst Wasser in ihre Schläuche, und haben an ihr, wenn das Rütteln eines längeren Rittes die Masse durcheinandergemischt und gleichmäßig verteilt hat, eine kräftige Suppe.[1]

Ein berauschender, in Persien und Syrien aus Hanf bereiteter Trank ist der Haschisch; von ihm führen die räuberischen Genossen des sogen. „Alten vom Berge" den Namen „Haschischinen", (den die Kreuzfahrer in „Assassinen" umwandelten).[2]

Öle gewinnt man in Balaschan (Afghanistan) durch Auspressen gewisser Nüsse, ferner, in besonders heller und wohlriechender Qualität, durch Auspressen des Sesamkornes;[3] auch in Ceylon,[4] in Maabar (Küste von Koromandel),[5] und in Abessinien[6] benutzt man fast allein Sesamöl, sowohl zu Speisezwecken als zur Pflege der Haut.[7]

Auffällig erscheint es, daß Polo niemals von Tee spricht, obwohl solcher seit vielen Jahrhunderten in China in allgemeinster Benutzung stand und einer hohen Steuer unterlag,[8] und obwohl ihn seine Reisen wiederholt durch die Provinz Fukien führten, die seit jeher die Stätte des hauptsächlichen Anbaues war.[9] Pauthier glaubt, daß ein Strauch, dessen Vorkommen Polo in Kaindu (Assam?) beschreibt, der Teestrauch sei,[10] doch ist dies durchaus unwahrscheinlich,[11] ferner führt er zur Erklärung an, die vornehmen Mongolen, deren Sitten für Polo maßgebend geblieben seien, tränken niemals Tee.[12] Indessen ist daran zu erinnern, daß Polo auch über manche andere chinesische Merkwürdigkeiten von weit größerer Bedeutung schweigt: mit keinem Worte gedenkt er z. B. der

[1] 181; Yule I, 265. [2] Pauthier 40. [3] 123. [4] 448. [5] 457. [6] 497. [7] 465. [8] Yule II, 58; Pauthier 344, 512. [9] Yule, Vorrede 118. [10] Pauthier 384. [11] Yule II, 58. [12] Pauthier 343.

chinesischen Mauer, die er doch mehrmals kreuzte,[1] und ebensowenig erörtert er, anläßlich der Erwähnung von Kalendern, Edikten, Horoskopblättern usf., den Buchdruck, obgleich wir z. B. wissen, daß im Jahre 1328 allein die Steuer auf 3123185 Exemplare des gedruckten offiziellen Reichskalenders nicht weniger als 3,5 Millionen Franks einbrachte.[2]

VI. Technologisches.

Erdöl quillt in Zorzania (Gegend von Baku) aus tiefen Brunnen in so ungeheurer Menge, daß man dort stets Hunderte von Schiffen damit beladen kann, und die Leute von weit und breit herkommen, um es zu holen;[3] es dient zum Brennen in den Lampen und zum Einsalben hautkranker Menschen und Tiere, ist aber untauglich zur Speise. Dies gilt auch für das Fischöl aus Ormuz und Sokotora[4] und für ein gewisses Pflanzenöl Indiens,[5] dessen Gemische mit Kalk und Werg man in diesen Ländern ebenso zum Kalfatern der Schiffe anwendet, wie etwa in der Mongolei Gemische von Pech und Kalk zum Dichten der Särge.[6]

Von den Farbhölzern ist das wichtigste das Brasilholz oder Verzino, malaiisch auch Sappan genannt,[7] das reichlich Nokueram (Nikobaren) und Kulam (Malabar),[8] in ungeheurer Menge und besserer Beschaffenheit aber Ceylon und Sumatra hervorbringen;[9] in Sumatra sät man es auch aus, setzt die zu Rutengröße aufgeschossenen Triebe auf ein anderes Feld um, läßt sie daselbst drei Jahre stehen, sammelt sie dann ab, und verbraucht sie; eine Probe des Samens brachte Polo nach Venedig mit, doch ging er dort nicht auf, „vermutlich weil die Hitze nicht groß genug war".[10]

[1] Yule, Vorrede 110; I, 292. [2] Pauthier 516. [3] ebd. 21. [4] 103, 487. [5] Nach Bretschneider ist dies das giftige Öl der Nüsse von Elaeococca verrucosa (Yule II, 252). [6] 103, 151, 416. [7] Yule II, 279, 380. [8] 446, 475. [9] 443, 448. [10] Pauthier 165; meist nimmt man an, daß nach einem dem Brasil ähnlichen Holze das Land Brasilien seinen Namen

Indigo zieht man zu Kulam, Guzzerat, und auch zu Kambaja (südwärts von Bombay) aus einem eigentümlichen Kraute aus; man befreit es von den Wurzeln, wirft es in große Kübel voll Wasser, in denen es bleibt bis es fault, preßt den Saft aus, läßt diesen in der Sonnenwärme stehen, wobei er ins Kochen kommt und gerinnt, formt den zurückbleibenden Teig zu Kuchen, und zerschneidet sie zu Stücken jener Größe, die auch in Europa üblich ist.[1] — Im Verlaufe der Gärung erhitzen sich bekanntlich die Kufen derartig, daß es unmöglich ist, sie zu berühren, und daher hat Polo wohl angenommen, sie gerieten ins Kochen.[2]

Karmoisin oder Kermesin (persisch Kermes = Schildlaus, arabisch Alkermes) wird in Persien und Turkomanien (Vorderasien) bereitet und ist die herrliche rote Farbe, die die dortigen Färbereien den Geweben in unübertroffener Schönheit zu erteilen verstehen.[3]

Als Tusche ist vermutlich die schwarze Farbe anzusehen, die man in China und Hinterindien bereitet, und wegen ihrer Unvertilgbarkeit auch zum Tätowieren benützt.[4]

Baumwolle wird in den meisten Ländern des Großkhans in ungeheurer Menge angebaut und verarbeitet, u. a. in Persien,[5] in Turkestan,[6] in Bengalen,[7] in Kambaja (südlich von Bombay)[8] und in Guzzerat (Vorderindien),[9] wo die Pflanzen sechs Fuß hoch werden und zwanzig Jahre lang tragen, die letzten acht Jahre allerdings nur mehr eine geringere, bloß zum Auspolstern geeignete Qualität. Die feinsten Gewebe der Welt erzeugen Murfili (am Kistna, in Vorderindien)[10] und Kambaja, von wo aus man Unmassen der als „Bombagio"

empfing; dies ist aber keineswegs sicher, da sich schon auf den frühmittelalterlichen Landkarten, neben den imaginären Inseln Antilia u. dgl., auch eine „Brasil" bezeichnete vorfindet. (Yule II, 381.)

[1] Pauthier 174, 178. [2] Yule II, 381. [3] Pauthier 34; dieses Rot aus Turkomanien war wohl das ursprüngliche „Türkischrot". [4] 328, 345. [5] 91. [6] 133; Pauthier 43. [7] 343. [8] 483. [9] Pauthier 178. [10] 467.

und „Boccasini“ bekannten Tücher exportiert.[1] „Bombazin“ heißt auch das Produkt der armenischen Webereien,[2] und „Mossulin“ (Musselin) das Zeug aus Mossul am Tigris, das durch eigene Großkaufleute, die Mossulini, nach Europa verkauft wird.[3]

Seide erzeugen und verspinnen Zorzania (Georgien),[4] wo man auch die schöne gelbe von Ghilan vorfindet,[5] Mossul,[6] Bagdad,[7] Persien,[8] vor allem aber ganz China, woselbst Maulbeerbäume allerorten in fabelhafter Fülle gedeihen, ganz besonders aber bei Giogiu (Tscho-Tscheu, südwärts von Peking) und bei Kinsay.[9] China besitzt die größten Webereien der Welt,[10] allein in Peking treffen täglich tausend Karrenladungen Rohseide ein,[11] und in den reichen Handelsstädten des Südens, wie Zaitun und Kinsay, ist Seide die allgemeine Kleidung selbst des Mittelstandes.[12] Herrliche Seidenstoffe sind der von Zaitun, Zaitunian (Zattani = Satin) genannt,[13] der von Giogiu und Sindifu, Sendal geheißen (auch Zindel, Sindel, ursprünglich = Stoff aus Sind),[14] der Taft (= Stoff) von Chacanfu (jetzt Hokian-Fu),[15] der Samit (= Samt) von Samarkand in Turkestan,[16] und der Baldachin von Baldach, d. i. Bagdad.[17]

Garn fabriziert man zu Ormuz aus den Fasern der indischen Nüsse;[18] auf Sumatra erreichen diese Kopfesgröße und enthalten einen Stoff, weiß, süß und wohlschmeckend wie Milch, und in ihrer inneren Höhlung eine wasserklare Flüssigkeit, die angenehmer zu trinken ist als Wein.[19]

Das am Hofe Kublai-Khans benutzte Leder heißt Burgal und Kamut; Burgal, auch Bulgari, ist Pferdeleder, das die an der Wolga wohnenden Bulgarenstämme bereiten,[20] Kamut oder Camu dagegen Kamelsleder (von Camu leitet sich

[1] 483. [2] 68. [3] 76. [4] 73, 75. [5] Pauthier 22. [6] 76. [7] 78. [8] 91. [9] 283, 293, 349, 384. [10] 349. [11] Pauthier 94. [12] 384; Baumwolle und Hanf waren dort selten. (Yule I, 415). [13] Yule II, 241. [14] Pauthier 130. [15] ebd. 352, 370. [16] ebd. 146. [17] Pauthier 23. [18] 103. [19] 441. [20] Pauthier 88.

Camoscia = „Chamois" ab, vom synonymen persischen Sagri „Chagrin").[1] Wundervoll gegerbtes Leder verfertigt man in Cambaja und Guzzerat (Indien) aus den Häuten aller nur möglichen wilden und zahmen Tiere, auch versteht man dort, es mit bunten Farben künstlich zu färben und mit Figuren, die aus goldenen und silbernen Fäden bestehen, so herrlich einzulegen, daß ganze Schiffsladungen dieser Waren nach Arabien und anderen Ländern ausgeführt werden.[2]

An Papier verbraucht man in China riesige Massen; weißes macht man aus Baumwolle, graues aus dem Baste des Maulbeerbaumes,[3] d. h. aus der dünnen Schicht, die sich zwischen äußerer Rinde und Holz befindet, und die man ablöst, einweicht, in Mörsern zu Brei zerstößt, und auf Papier verarbeitet.[4] Vom Großkhan darf man wahrlich sagen, daß er das Arcanum (l'arquenne) der Alchemisten besitzt,[5] denn er verwandelt solches Papier in so viel Geld als er nur irgend will. Hierzu wird es in Zettel zerschnitten, mit den verschiedenen Wertbeträgen beschrieben, mit Namen und Stempel der betreffenden Beamten unterfertigt, und schließlich seitens des obersten Münzmeisters mit dem Siegel des Kaisers in Zinnober versehen; nunmehr muß es von jedermann, bei Todesstrafe, allerorten und zu allen Zwecken ganz ebenso angenommen werden wie Gold, doch ist es gestattet, beschädigte Stücke umzutauschen, wobei aber 3% des Wertes in Abzug gebracht werden.[6] — Es sei erwähnt, daß nach den Berichten chinesischer Quellen allein Kublai-Khan von diesem Papiergelde, das Polo so sehr bewundert, dessen Gebrauch aber schon im 7. Jahrhunderte zuerst erwähnt wird, über zwei Milliarden Franks in Umlauf brachte, und daß dieses Vorgehen, das seine Nachfolger planlos fortsetzten, 1367 zu einer schreck-

[1] Yule I, 395. [2] Pauthier 178, 180. [3] In Wirklichkeit nach Bretschneider aus dem Baste der naheverwandten Brussonetia papyrifera. (Yule I, 430.) [4] 152, 267. [5] Pauthier 95. [6] 266, 267, 348; Pauthier 95.

lichen Handelskrise, und durch sie zum Sturze der mongolischen Dynastie führte.[1]

Ein Material, aus dem man in China die mannigfaltigsten Gebrauchsgegenstände herzustellen weiß, ist der Bambu, eine Art Rohr, das am Hoangho einen bis anderthalb Fuß dick wird, bei Kinsay aber fünfzehn Schritte hoch und vier Spannen im Umfang;[2] man kann ihn spalten, flechten, und selbst zu Seilen für die schwersten Schiffszüge drehen,[3] auch dient er zur Herstellung von Brücken, Dächern und ganzen Gebäuden, sowohl gewöhnlicher Hütten als auch der herrlichen Lusthäuser im Kaisergarten zu Peking, denn er läßt sich wundervoll vergolden, mit den schönsten buntfarbigen Lacken überziehen, und auch kristallhell glänzend und dabei völlig wasserdicht firnissen.[4] Aus Bambu bestehen endlich auch die Lanzen und Pfeile der Soldaten, die zuweilen auch vergiftet werden; Giftpflanzen wachsen im westlichen China, sowie in der Rhabarbergegend bei Succuir (Su-Tschu), und sollen fremden Zugtieren, die sie zufällig fressen, die Hufe abfallen machen, während das heimische Vieh sie kennt und ihren Genuß sorgfältig vermeidet.[5]

Bambu von außerordentlicher Größe, bis zehn Ellen hoch, bringen die Einöden Tibets hervor, und bieten hierdurch den einzigen wirksamen Schutz gegen die ungeheure Menge wilder, reißender Tiere dieses Landes.[6] Legt man nämlich die jungen grünen Rohre des Abends in das Feuer, „so verbrennen sie mit so furchtbarem Krachen, daß man es nachts zehn Miglien weit vernimmt, und wer es nicht kennt, aus Schrecken den Verstand verlieren oder sterben kann, ... weshalb man sich die Ohren mit Baumwolle verstopfen und die Kleider über den Kopf ziehen, auch den Pferden alle vier Füße fesseln und Ohren und Augen zubinden muß, ... denn es ist das Schrecklichste

[1] Pauthier 319, 326. [2] 301, 401. [3] 371. [4] 199, 231; Pauthier 83; Yule I, 364. [5] 326, 159; nach Yule handelt es sich um eine Art Erika oder Rhododendron, deren Gift aber nichts mit dem Abfallen der Hufe zu tun hat (I, 219). [6] 310; Pauthier 314.

zu hören, was es irgend auf der Welt gibt." Tatsächlich vergleichen Yule, Lindsay, Hooke und andere erfahrene Reisende den Lärm, den die Sprengung der Internodien durch die vom Feuer ausgedehnte Luft bewirkt, mit Gewehrfeuer und Geschützsalven,[1] und die vorliegende Stelle besitzt daher große, bisher nicht beachtete Bedeutung für die Geschichte des Schießpulvers, da sich, so wie angeführt, sicherlich niemand ausdrücken würde, dem der Gebrauch von Feuerwaffen bekannt oder gar geläufig ist.

Man findet zumeist angeführt, Schießpulver sei zu Kriegszwecken zuerst 1164 von dem chinesischen Feldherrn Wei-sching eingeführt, und 1232 seitens der Chinesen gegen die mongolischen Belagerer der Stadt Pienking oder Kaifungfu angewandt worden.[2] Alle solchen Überlieferungen sind aber mit Vorsicht aufzunehmen, schon weil der einschlägige Fachausdruck „Pao" nach chinesischen Quellen[3] ursprünglich nicht „Feuerwaffen" bezeichnet, sondern „Maschinen zum Steinschleudern", die allerdings „durch die Reibung ihrer Holzteile einen Lärm, gewaltig wie Donner, hervorbrachten"; des weiteren berichten jene Quellen, daß man zu Beginn der Yuen-Dynastie, d. i. der mongolischen, aus Si-Yu (dem westlichen Asien) Kriegs-Paos kommen ließ und deren Feuer zum ersten Male bei der Belagerung von Tsai-Tschau benutzte,[4] doch habe sich die Kunst, sie anzufertigen, nicht erhalten, und ihr Gebrauch sei daher auch später ein seltener geblieben, so daß man sie noch bei der Eroberung Kochinchinas, 1403, „donnernde Paos von übernatürlicher Kraft" nannte.[5] Der Schriftsteller Niusun, sowie das Buch „Verzeichnis der Jahrhunderte" versichern, zur Zeit der mongolischen Dynastie hätten einige Leute solche Paos auch gelegentlich der Be-

[1] Yule II, 46. [2] S. meine „Abhandlungen u. Vorträge zur Geschichte der Naturwissenschaften" (Leipzig 1906, S. 132). [3] Pauthier 473ff. [4] 1233 nach Yule (I, 342). [5] Siamesische Chroniken behaupten, daß die Chinesen erst gelegentlich dieses Feldzuges, und nicht vor 1407, die eigentliche treibende Kraft des Pulvers kennen lernten. (Yule II, 596.)

lagerung von Siang-Yang hergestellt, „und die Gestalt dieser Paos war die nämliche wie noch jetzt, nämlich die von Röhren aus Eisen oder Kupfer, deren Inneres mit einem Pulver und runden Steinchen gefüllt und deren Öffnung verschlossen war, die an einer Seite eine Zündung besaßen, und mittels Feuers abgeschossen wurden." Aber auch diese Erzählungen sind keineswegs ohne weiteres wörtlich zu nehmen, denn sie stammen zum Teil aus sehr späten, ja erst im 18. Jahrhunderte gedruckten Werken,[1] und bringen offenbar Angaben durcheinander, die ganz verschiedene Zeitalter betreffen. Bezüglich der Belagerung der sehr wichtigen Festung Siang-Yang, die von 1268—1273 gedauert haben soll, meldet aber Polo ausdrücklich, sein Vater und sein Oheim hätten für Kublai-Khan ganz neuartige Wurfmaschinen (mangoniaux) für Steine von drei Zentnern Gewicht erbaut,[2] die die endliche Übergabe der Stadt herbeiführten;[3] da die Poli gerade in den Jahren um 1273 nicht in China anwesend waren, ist allerdings die Chronologie, wie öfters bei Marco Polo, unsicher,[4] auch bestätigen weder chinesische noch persische Historiker diese Mithilfe,[5] aber selbst wenn sie stattfand, so können doch, nach Polos eigenen Worten, keinesfalls „Feuerwaffen" in Frage kommen. Auch die „Kriegs-Paos aus Westasien" scheinen nur zündende Geschosse geschleudert zu haben, denn die chinesischen Annalen führen ausdrücklich an, daß Hulagu-Khan, ein Vorgänger Kublais, „im Jahre 1253 von dort nach Turkestan und China tausend Leute kommen ließ, geübt in der Bedienung der Maschinen zum Schleudern von Steinen, Wurfgeschossen, und brennender Naphtha",[6] und daß man sich 1273 „durch Belegen der Dächer mit Reisstrohmatten, auf die Ton gestrichen war, gegen die Feuerpfeile und Feuer-Paos der Mongolen schützte".[7] Selbst 50 Jahre nach Polo

[1] Pauthier 473ff. [2] Sie waren anscheinend mit Gegengewichten versehen. (Yule II, 168). [3] Pauthier 471. [4] Yule, Vorrede 22, 111, 112; II, 115, 138, 167, 170. [5] Yule II, 168. [6] Pauthier 103. [7] Yule II, 169.

bedienten sich, wie der berühmte arabische Reisende Ibn-Batuta erzählt, die chinesischen Schiffe noch ausschließlich brennender Naphtha gegen indische und arabische Seeräuber.[1]

Diesen negativen Nachrichten stehen aber auch einige merkwürdige positive gegenüber. Als Kublai-Khan 1287 wider seinen rebellierenden Vetter, den Prinzen Nayan, zu Felde zog, bewirkten, wie die chinesischen Reichsannalen erzählen, zehn Soldaten die Entscheidung: „sie schlichen sich nachts in das Lager Nayans, unerschrocken und entschlossen Feuerwaffen (pao ho phao) tragend, deren Detonationen die Feinde in so furchtbaren Schrecken setzten, daß sie sofort nach allen Seiten auseinanderliefen";[2] ein ganz ähnliches Vorkommnis ereignete sich 1283 gelegentlich Kublais unglücklicher Expedition gegen Japan,[3] und hierbei kann man doch kaum umhin, an die primitiven Kriegsraketen zu denken,[4] deren die Annalen von 1259 unter dem Namen „Lanze des ungestümen Feuers" zuerst Erwähnung tun sollen.[5] — Wie schon diese spärlichen Angaben beweisen, bleibt den Sinologen betreffs der Urgeschichte des Schießpulvers noch vieles aufzuklären; sehr wichtig wäre namentlich eine neue kritische Durchmusterung der chinesischen Reichsannalen, die u. a. nach Pauthier unter den, seitens der mongolischen Dynastie besteuerten Bodenschätzen, neben Edelsteinen, Gold, Silber, Kupfer, Eisen, Quecksilber, Blei (Yuen), Zinn (Si), Zinnober, Alaun (Fan), und Soda (Siao) auch den Salpeter (Kan) nennen, und stets auch die Fundorte, die Verwendungsweisen, und die (nicht sehr bedeutenden) Steuererträgnisse genau angeben sollen.[6] Sicher bleibt jedenfalls, daß Polo das Schießpulver weder kennt noch nennt,[7] und daß dessen Gebrauch, insoweit man ihn überhaupt annehmen darf, zu seiner Zeit noch sehr neu, in China nicht verbreitet, und vermutlich Zunftgeheimnis war.

---

[1] Pauthier 656. [2] ebd. 239. [3] ebd. 473ff. [4] Yule I, 342. [5] S. meine „Abhandlungen u. Vorträge", a. a. O. [6] Pauthier 512ff. [7] Yule, Vorrede 138.

Den Einfluß zu erörtern, den Polos Schriften und Berichte auf die Nachwelt ausgeübt haben, ist an dieser Stelle leider unmöglich, um so mehr als nicht nur die Wissenschaft in Betracht käme, sondern auch die Kunst: so will man z. B. neuerdings schwierige Stellen in Dantes großem Gedichte durch Anspielungen auf Berichte Polos erklären, — wohl ohne genügende Berechtigung, und auch ohne ausreichende Berücksichtigung der, Dantes Gelehrsamkeit viel näher liegenden arabischen Kosmographie.[1] Überhaupt fand Polo bei seinen Zeitgenossen, denen er als kühner Phantast, wenn nicht als reiner Märchenerzähler erschien, zunächst keineswegs ernsthafte Beachtung, und erst allmählich, als die langsam zunehmende Kenntnis Indiens und des fernen Ostens die Wahrheitstreue seiner Darstellungen erwies, stieg auch seine wissenschaftliche Bedeutung, um im Laufe des 15. Jahrhunderts ihren Gipfelpunkt zu erreichen: denn durch Toscanelli, den großen florentinischen Geographen, wurde Columbus mit Polos Berichten bekannt[2] und alsbald derartig von dessen Ideen erfüllt, daß er wörtlich schrieb „er ziehe aus, um die Reiche des Großkhans durch eine Fahrt nach dem Westen aufzusuchen, . . . und zwar zuerst das Festland, dann die goldreiche Insel Zipangu (Japan)“,[3] daß er anfangs Haiti später Kuba für Zipangu erklärte,[4] und schon nach seiner ersten Reise der Überzeugung Ausdruck gab, die er dann zeitlebens festhielt, er komme aus Zipangu zurück und habe den Seeweg nach China und den indischen Inseln entdeckt;[5] daher führen denn die Ureinwohner des neuen Weltteiles noch heute den Namen, den er ihnen, in diesem Glauben befangen, erteilte: Indianer.

[1] Auch Yule, dem diese Versuche noch unbekannt sind, findet keinerlei Zusammenhang zwischen Dante und Polo (Vorrede 118). [2] Humboldt, „Kritische Untersuchungen über die historische Entwicklung der geographischen Kenntnisse von der neuen Welt“ (Berlin 1852; S. 61, 192, 205). [3] ebd. 42, 95; 43, 212. [4] ebd. 556, 44; Toscanelli hatte für Zipangu die geographische Lage Haitis berechnet (ebd. 556). [5] ebd. 426.

Fünfte Abteilung

22

ZUR GESCHICHTE DER NARKOSE[1]

Die höchst merkwürdige Beschreibung einer Entbindung in der Rauschnarkose enthält das „Königsbuch" (Schach-Nameh) des Firdusi (firdosi, im Persischen = der Paradiesische), das dieser gewaltige, heute immer noch nicht nach Gebühr gewürdigte Dichter im Jahre 1011 n. Chr. vollendete. Die betreffende Stelle findet sich in Fr. Rückerts höchst genialer, leider unvollendeter Übersetzung,[2] im ersten Bande auf S. 219ff.: Rudabe vermag ihr Kind, den später so sagenberühmten Helden Rostem, nicht zu gebären, und da alle Mittel fruchtlos bleiben, ruft ihr Gatte den ihm wohlwollenden Wundervogel Simurg herbei, der auch erscheint, ihm Hilfe verheißt, und in nachstehenden Worten Anweisung erteilt:

„Von der Zypresse mit Mondgesicht[3]
Wird dir ein Knabe der Ruhm erficht,
Dessen Fußstaub küsset der Leu;
Über sein Haupt geht die Wolke mit Scheu.
Nicht im Geburtsweg kommt er zur Welt,
Wie es dem Geber des Guten gefällt.
Bring' einen glänzenden Dolch herbei,
Und Einen der zauberkundig sei;
Zuerst berausch' den Mond[4] mit Wein,
Wirf Furcht und Sorg' aus dem Herzen dein!

[1] „Mitteilungen zur Geschichte der Medizin u. der Naturwissenschaften", (Leipzig 1910, Bd. 10, S. 379). [2] Berlin 1890ff.; drei Bände. [3] Von der zypressengleichen, mondantlitzigen Rudabe. [4] Die mondantlitzige Rudabe.

Gib Acht, daß der Weise den Zauber macht,
Daß der Leu aus der Kluft sei gebracht.
Er spalte die Weiche der schlanken Zypress',
Empfinden wird sie nicht schmerzlich es;
Heraus zieh' er die Leuenbrut,
Und setze des Mondes Seite in Blut,
Dann nähe den Riß er wieder zu;
Die Furcht aus dem Herzen räume du!
Ein Kraut, das ich sage, stampfe das
Mit Milch, und im Schatten es trocknen laß';
Reib' und streich' es an jener Wunde,
Und du siehst sie gesund zur Stunde.
Dann reib' daran eine Feder mein,
Meine Macht wird dir heilsam sein.
Freuen muß sich dein Herz darob,
Und zum Herrn sich erheben mit Lob,
Denn er gab dir den fürstlichen Sproß,
Den dir zur Blüte dein Glück zieht groß."

. . . .

Es kam ein Mobede[1] voll Zauberein,
Der machte die Holde trunken mit Wein.
Die Seit' ihr spaltet' er ohne Weh,
Und kehrte dem Kinde den Kopf in die Höh'.
Ohne Schaden so bracht' er es da,
Daß nie die Welt solch Wunder sah:
Es war ein Kind wie ein Löwenbold,
Groß von Gestalt und von Anblick hold.
Zwo Hände voll Blut aus der Mutter es kam,
Nie jemand von solchem Kinde vernahm.
Erstaunt darob war Mann und Weib;
Wo trug ein Kind Elefantenleib?
Die Mutter lag vierundzwanzig Stunden
Berauscht vom Wein, die Besinnung entschwunden.
Die Stelle des Schnitt's ward zugenäht,
Die Wunde mit Arzneien gebäht.
Als die Zypresse vom Schlaf erwacht',
Redete sie zur Mutter und lacht';
Gold und Juwelen ihr streuten sie,
Lobpreis dem Schöpfer weihten sie."

[1] D. i. ein „Weiser", meist ein zauber- und heilkundiger Priester.

23

ZUR GESCHICHTE DER VERERBUNGS-THEORIEN[1]

In des J. J. Becher „Physica Subterranea“ von 1669, die Stahl gelegentlich seiner Neuausgabe (Leipzig 1703) nicht umsonst „Opus sine pari“ genannt hat, findet sich auf S. 214, anknüpfend an eine Besprechung der Kreuzungen zwischen Pferd und Esel, nachfolgende Stelle: „. . . Ganz ähnliches läßt sich auch bei anderen Tiergattungen beobachten, namentlich bei den Tauben: ein schwarzer Täuber und eine weiße Taube z. B. zeugen in der Regel zunächst Junge, deren einige ganz schwarz sind, andere ganz weiß; erst weiterhin, wenn man diese Schwarzen unter sich oder diese Weißen unter sich zusammentut, treten dann schwarz und weiß gefleckte Täubchen zutage. Bei der Baumzucht (in arborum insitione) vollbringt die Natur ganz Gleiches, denn bei der Vereinigung von Bäumen mit roten und mit weißen Früchten erscheinen gefleckte Früchte erst nach der zweiten Vermischung (secunda demum insitione mixtura colorum provenit). Dergleichen Beispiele fehlen auch nicht hinsichtlich der Menschen: heiratet z. B. ein älterer Spanier oder Portugiese von dunkler Gesichtsfarbe eine Frau von weißer, so zeigen, wenn die Natur der Mutter überwiegt, zunächst auch ihre Kinder die weiße, und sind der Mutter nach Gesichtsfarbe und Natur gleich;

[1] „Mitteilungen zur Geschichte der Medizin u. der Naturwissenschaften“ (Leipzig 1910; Bd. 10, S. 385).

heiraten diese aber wieder ihresgleichen, dann zeugen sie Enkel, die an dunklerer Gesichtsfarbe dem Großvater gleichen, und nicht nur an dieser, sondern auch nach ihrer Veranlagung; sogar in der dritten Generation soll zuweilen noch das nämliche beobachtet worden sein, wie Van Helmont im ‚Alphabet der Natur' angibt."

Diese Stelle des Becher ist, durch die klare Erkenntnis des so wichtigen, erst durch Mendel, De Vries, und andere Forscher zu neuen Ehren gelangten Vererbungsprinzipes,[1] jedenfalls sehr bemerkenswert.

[1] s. meinen ausführlichen Vortrag über die Mutationstheorie von De Vries („Zeitschrift für angewandte Chemie" 1904, S. 973).

Sechste Abteilung

24

ZUR WÜRDIGUNG JEAN REYS[1]

Gegen das Jahr 1630 beobachtete der Apotheker Brun in Bergerac, als er einige Pfunde feinsten englischen Zinnes zu weißem „Zinnkalk" kalziniert hatte und durch Nachwiegen den Verlust ermitteln wollte, den ihn das lange Erhitzen auf offenem Feuer und die starke Rauchentwicklung voraussetzen ließ, daß statt der erwarteten Verminderung eine sehr beträchtliche Vermehrung des Gewichtes eingetreten sei; diese Tatsache, die er als eine in der Literatur schon seit langem (freilich ohne zureichende Erklärung) überlieferte nicht kannte, setzte ihn in das äußerste Erstaunen, und er wandte sich um Auskunft „an einen hochverehrten Freund", dessen „bewährtem, eines ungewöhnlichen Aufschwunges fähigem Scharfsinne" er die Lösung dieses Rätsels zutraute. Dieser Freund war Dr. Jean Rey, geboren 1583 in der zur Baronie Limeuil gehörigen Ortschaft Bugue (Dep. Dordogne); er hatte von 1605—1609 in Montpellier Medizin studiert, war hierauf nach Bugue zurückgekehrt, lebte dort als allgemein geschätzter praktischer Arzt bis nach 1645, bereicherte seine Kenntnisse durch fleißiges Lesen, widmete sich aber auch allerlei wissenschaftlichen Versuchen in den benachbarten Metallwerken, deren Hüttenmeister sein älterer Bruder, und deren Besitzer der ihm wohlgesinnte Baron von Limeuil war.

[1] „Chemiker-Zeitung" 1910, S. 313.

Brun sah seine Erwartungen nicht getäuscht, denn Rey beschäftigte sich gründlich mit der ihm vorgelegten Frage, und ließ nach einiger Zeit seine ausführliche Antwort erscheinen, die den Titel führt „Essays sur la recherche de la Cause, pour laquelle l'Estain et le Plomb augmentent le poids quand on les calcine", und 144 Kleinoktavseiten eines Buches füllt, das 1630 in Bazas erschien (besorgt von einem Drucker aus Bordeaux), und dem Herzog von Bouillon, Prinzen von Sedan und Baron von Limeuil, gewidmet ist. Das Werk, das sich ebensosehr durch Klarheit und Einfachheit der wahrhaft klassischen, an Montaigne und Rabelais anklingenden Sprache, als durch Neuheit und Kühnheit der Darlegungen und Schlußfolgerungen auszeichnet, zerfällt in 28 meist ziemlich knappe Kapitel, deren Inhalt sich in aller Kürze wie folgt wiedergeben läßt:[1]

1. Entgegen den üblichen (scholastischen) Anschauungen kommt allen Körpern Schwere zu, die von relativem Betrage, also größer oder kleiner sein kann, stets aber vorhanden ist; dies gilt auch für die vier Elemente, und wenn man ein Gemenge von schwarzem Emailpulver, wässeriger Weinsteinlösung, durch Lackmus blau gefärbtem Weingeist, und durch Orseille rot gefärbtem Terpentingeist gehörig durchschüttelt und dann absitzen läßt, so wird man sehen, daß sich seine vier Bestandteile ihrer relativen Schwere gemäß ganz ebenso absondern und übereinander ordnen, wie Erde, Wasser, Luft, und (ätherisches) Feuer in der Natur.

2. Es gibt in Wirklichkeit keinen Körper, der „an sich" oder „absolut" leicht ist; „absolute Leichtigkeit" (in scholastischem Sinne) ist ein leeres Wort, dem in der Anschauung nichts entspricht; man soll aber zur Erklärung der natürlichen Erscheinungen nicht mehr Prinzipien annehmen, als unbedingt nötig ist.

[1] Ich benütze die ganz ausgezeichnete Neuausgabe von M. Petit (Paris 1907), durch die die Geschichte der Chemie um ein wirklich hervorragendes Dokument bereichert worden ist.

3. Mit der „absoluten Leichtigkeit" fällt auch die „natürliche Bewegung nach oben", denn ohne jene wäre diese nicht mehr als ein Schatten ohne den Körper, der ihn wirft.

4. Daher haben auch Luft und Feuer Gewicht, müssen also, unter gegebenen Umständen, ebenfalls herabsinken. Diese Tatsache gestehen zwar Einige zu, wollen sie aber durch die Scheu der Natur vor dem Leeren erklären: ein Vakuum kommt aber in der Natur nicht vor, auch vermag man ihm nur rein negative Eigenschaften zuzuschreiben, während positive Wirkungen nur eintreten können, wo positive und reelle Ursachen sie herbeiführen.

5. Beim freien Falle muß die Geschwindigkeit der Körper wachsen, denn je mehr sie sich der Erde nähern, desto größer wird auch die auf ihnen lastende Schicht der Luft und des (ätherischen) Feuers, die beide Gewicht besitzen.

6. Wenn sich die Elemente (den antiken Traditionen gemäß) ineinander umwandeln, sei es unter Zu- oder Abnahme des Volumens, so bleibt stets und unter allen Umständen ihr ursprüngliches Gewicht erhalten, und beharrt unverändert „von der Wiege bis zum Grabe".

7. Zur Lösung der Frage, in wieviel „Luft" (= Dampf) sich Wasser verwandeln kann, seien nachstehende „ausgedachte" Versuche Denen zur Ausführung empfohlen, die hierzu die Mittel besitzen: a) Man fülle eine kleine Phiole mit Wasser, erhitze sie, leite den Dampf durch ein Röhrchen in einen Zylinder mit dicht schließendem, leicht beweglichem Kolben, und messe, wie weit dieser vorgeschoben wurde, sobald alles Wasser in Dampf übergegangen ist. b) Man leite den Dampf in eine leere Blase oder einen leeren Darm, die in ein mit Wasser gerade angefülltes Gefäß eingelegt sind, und messe, sobald Aufblähung eingetreten ist, die Menge des verdrängten Wassers. c) Zur Umkehrung von a) komprimiere man den im Zylinder befindlichen Dampf mittels des Kolbens, und

messe die Menge des entstandenen Wassers, oder (besser) nach dem Gefrieren die des Eises.

8. Luft in Luft, oder Wasser in Wasser befindlich, können keine Schwere zeigen, denn in diesen Fällen fehlen die ausgleichbaren Gegensätze, die jedes Geschehen voraussetzt; ein Körper, der, in Luft oder Wasser befindlich, Schwere zeigen soll, muß in gleichem Volum mehr Gewicht oder Materie enthalten als jene.

9. Tritt Luft mit einer anderen Materie zusammen, die schwerer ist als sie, so wird sie, in Gestalt dieser Verbindung, auch selbst in der Luft wägbar; der feuchte Nebel z. B. ist schwerer als die Zimmerluft, fällt beim Öffnen eines Oberfensters sichtlich in das Zimmer herein, und sinkt in diesem zu Boden.

10. Luft wird schwerer durch Kompression; eine Phiole voll zusammengepreßter Luft ist schwerer als eine solche voll gewöhnlicher. — Komprimierte Luft benützte Rey zur Konstruktion einer Windbüchse, die er der, ihm erst später bekannt gewordenen, durch Flurance 1607 beschriebenen des Marin zu Lisieux (in der Normandie) weit überlegen fand; auch gedenkt er einer anderen einschlägigen Erfindung, die er jedoch nicht näher beschreibt, „da er für sie ein Königliches Privilegium zu erhalten hofft", und die nach Petit[1] eine Luft-Kompressionsmaschine war.

11. Wie so vielen Substanzen, so kann man auch der Luft auf mancherlei Weise ihre flüchtigsten und substilsten Teilchen entziehen, woraufhin dann die restlichen, als die gröberen und solideren, auch ein entsprechend größeres Gewicht zeigen müssen; dies geschieht, für jedermann ersichtlich, schon durch die Wärme der Sonne, — und die Destillationen der Alchemisten, „der Affen der Natur", sind nur eine Nachahmung dieses Vorganges —, in viel wirksamerer Weise aber durch die Glut der Schmelzöfen: durch sie werden die leichteren Teilchen

[1] S. 131.

der Luft verflüchtigt, während die schwereren, als eine Art „denaturierter Luft“ von dichterer und zähflüssiger Beschaffenheit, zurückbleiben.

12. Feuer und Wärme wirken in dieser Weise, und nicht bloß durch gleichmäßige Ausdehnung des Volumens, auch auf die gewöhnlich als „homogen“ bezeichneten Körper, die ja alle Schwefel, Quecksilber, und Salz enthalten und beim Erhitzen auch wirklich ergeben, wie der Vitriol, das Harzöl, oder der Wein. Dies kann sich jeder durch den Augenschein klarmachen: „es ist jedoch ein wahres Unglück in den Wissenschaften, daß die meisten Anhänger gewisser altüberlieferter und eingefleischter Irrtümer deren Berichtigung grundsätzlichen Widerstand leisten; .... ich aber erkläre frei, daß ich nie auf die Worte eines Forschers schwöre, vielmehr die Wahrheit von ihm annehme, wenn er sie zu bieten hat, sonst aber sie bei einem Anderen suche.“

13. Ganz ebenso wirkt Feuer auch auf das Wasser, das doch ein einfacher Stoff (ein Element) ist. Deshalb benützen die Chemiker zur Anfertigung ihrer Extrakte destilliertes Wasser (oder auch Regenwasser, das durch den großen Destillierkolben der Natur gegangen ist), denn es ist leicht und subtil (daher auch diuretisch wirksamer), während sein Rückstand sich schwer und dicht erweist. Setzt man zwei gleich große, mit Wasser und Rotwein genau gefüllte Kolben mit den Mündungen aufeinander, so daß sich der das Wasser enthaltende oben befindet, so kann man sich leicht von der Schwere des Wassers überzeugen, denn es sinkt allmählich herab, und zwingt den leichteren Wein, aufzusteigen. Aber auch in jeder einheitlichen Flüssigkeit muß die unterste Schicht, infolge des Druckes und Gewichtes der ihr auflagernden, schwerer sein als jede obere, und umgekehrt muß daher auch die Luft auf dem Gipfel eines hohen Berges leichter sein als in der Ebene; beim Erwärmen wird jede Schicht aufsteigen, und zwar so lange, bis sie zu einer mit ihr übereinstimmenden von gleicher Subtilität (Dichte) gelangt.

14. Könnte man, wie einst Archimedes für seinen Hebel einen Stützpunkt außerhalb der Erde, so ein Laboratorium im Raum des (ätherischen) Feuers verlangen, dann vermöchte man dort auch die Luft so zu destillieren, wie auf Erden das Wasser, und sie in leichter und schwerer flüchtige Anteile zu zerlegen. (Seine wahre Ansicht, daß die Luft mehrere Bestandteile besitze, sprach Rey nach Petit[1] an dieser Stelle nur deshalb nicht deutlich aus, weil er es vermeiden wollte, neue heftige Widersprüche betreffs einer, nicht streng zum Hauptgegenstande gehörigen Sache zu erregen.) Einstweilen aber muß es genügen, an einige Tatsachen der Erfahrung zu erinnern, wie an das sichtliche Flimmern der dichten Luft, das sich bei vielen natürlichen und künstlichen Erwärmungsvorgängen bemerklich macht, und an die Erleichterung, die die Asthmatiker verspüren, wenn der Arzt die Fenster ihrer meist stark geheizten und wohlverschlossenen Zimmer öffnet, und so deren heiße dichte Luft durch kühle und dünnere ersetzt.

15. Die Luft beeinflußt das Gewicht der im lufterfüllten Raume gewogenen Körper, indem sie es zu klein finden läßt, und dieser Einfluß ist, je nach der Dichte der Substanzen, verschieden groß; berücksichtigt man die Volumverhältnisse nicht, so können Wage und Gewichte über den wahren Stand der Dinge täuschen und bei Vergleichen irreführen.

16. Nach allem Bisherigen ist also die Frage Bruns dahin zu beantworten, daß die von ihm beobachtete Gewichtszunahme beim Kalzinieren des Zinns von der Luft herrührt: die große Hitze des Schmelzfeuers hat deren leichtere Teilchen verflüchtigt, während die weniger subtilen sich verdichtet, sich zwischen die kleinsten Teile des Zinnkalkes eingelagert, und deren Gewicht in ganz gleicher Weise vergrößert haben wie Wasser, das die Poren feinsten Sandes ausfüllt.

17. Die Gewichtsvermehrung erfolgt nicht dadurch, daß

[1] S. 137.

das Blei, nach Cardanus, beim Kalzinieren „seine es erleichternde Seele verliert", also gleichsam stirbt, und hierbei, wie ein getötetes Tier, an Gewicht zunimmt; diese ganze Meinung ist unsinnig, und die letztere Behauptung überdies, wie schon das Verhalten der Pflanzen in gleichem Falle zeigt, ganz falsch, und nur durch grobe Versuchsfehler erklärbar.[1]

18. Nach Scaliger sollen die luftigen Teile des Bleis durch das Feuer verbrannt werden, und daher die zurückbleibenden schwerer sein, ganz so wie das beim Ziegelbrennen geschieht; auch diese Angabe ist sinnlos, und die angeführte Analogie trifft in keiner Weise zu.

19. Nach Cäsalpinus soll, wie Libavius anführt, der Ruß der verbrannten Kohlen das Gewicht des Zinns erhöhen; er ist aber in solcher Menge gar nicht vorhanden, auch bleibt der Zinnkalk so weiß, daß ihn die Frauen als Schminke benützen, und endlich gelingt es auch nicht, sein Gewicht durch ferneres Verbrennen von Kohlen weiter zu steigern.

20. Das Mehrgewicht stammt auch nicht aus den benützten (eisernen) Gefäßen, denn der Zinnkalk bleibt weiß und wird durch längeres Erhitzen nicht mehr schwerer, auch leiden die Gefäße keinen Schaden, und nehmen eher selbst, aus den nämlichen Gründen wie das Zinn, ebenfalls an Gewicht zu.

21. Unwirksam sind auch die Dämpfe der Kohlen, die ein geschätzter Fachgenosse ins Feld führt (nach Petit[2] der Dr. Deschamps in Bergerac): „O Wahrheit, wie bist du mir teuer, daß du mich zwingst, selbst einem so lieben Freunde zu widersprechen!"

22. Ebensowenig kommen die „flüchtigen Salze" der Kohlen in Frage, die sich (nach Deschamps) dem Zinnkalk „vermöge einer besonderen Sympathie" so lange anlagern sollen, bis diese gleichsam befriedigt ist, und jener daher weitere Teile nicht mehr aufnehmen kann. In Wirklichkeit

[1] S. 94. [2] S. 143.

besteht nämlich die Kohle aus vegetabilischer und metallischer (= mineralischer) Substanz, die beide sowohl flüchtige als auch fixe Bestandteile enthalten, und beim Verbrennen bleiben letztere als Salze zurück, während die ersteren, gemeinsam mit der vorhandenen Feuchtigkeit, in Form von Dünsten aufsteigen; Kohle und Holz führen also gar keine „flüchtigen Salze", daher vermögen sie solche auch nicht zu liefern, — ganz abgesehen davon, daß die Erfahrung über jene „besondere Sympathie" nichts zu berichten weiß. Überdies wird das Gewicht des Zinnes auch dann größer, wenn man die Feuergase in einen Nebenraum ableitet, wie das ein in den Limeuilschen Hüttenwerken angestellter Versuch bestätigte.

23. Die Behauptung, die Kohle lasse ein „flüchtiges merkuriales Salz" entweichen, das sich mit dem Zinnkalk verbindet wie Quecksilber mit Gold, ist nichts weiter als „eine subtile Spekulation", für die die Tatsachen keinerlei Anhalt ergeben.

24. Daß die Kohle „Feuchtigkeit" ausschwitze, die der Zinnkalk anzieht, ist aus den oben angeführten Gründen ebenfalls ausgeschlossen, und wird durch die Erfahrung nicht bestätigt.

25. Um nun der Hydra der Vorurteile, der für jeden abgeschlagenen Kopf zwei neue wachsen, gänzlich den Garaus zu machen, sei schließlich noch ein Hauptbeweis angeführt: wie Popp in der „Basilica Antimonii" (1625) mitteilt, kann man gepulvertes Antimon, das man zu einem Kegel zusammenpreßt und auf einen Marmorblock setzt, durch die bloße Hitze eines Brennglases völlig kalzinieren, und findet dabei, trotzdem stets eine große Menge Rauch entweicht, dennoch eine erhebliche Gewichtszunahme. Hier sind ganz offenbar alle die erwähnten Erklärungsversuche von vornherein ausgeschlossen, und allein die Aufnahme von Luft kann das Gewicht vermehrt haben.

26. Daß dieses nicht weiter als bis zu einer gewissen Grenze zunimmt, ist nicht wunderbarer, als daß feiner Sand

oder Mehl nur eine ganz bestimmte Menge Wasser aufsaugen, nämlich gerade so viel, als ihre kleinsten Teilchen festzuhalten vermögen.

27. Die Frage, weshalb nicht alle Kalke und Aschen sich ebenso verhalten wie der Zinnkalk, ist dahin zu beantworten, daß ihre spagyrische (= chemische) Natur verschieden ist; diese bewirkt es auch, daß unter Umständen bei der Kalzination, unter mächtiger Volumzunahme, ein Produkt von weit geringerem (spezifischen) Gewichte entsteht, wie das u. a. bei dem indischen Metall Calaëm der Fall ist.[1]

28. Sicher ist jedoch, daß Blei sich genau so verhält wie Zinn, und wenn Brun einen abweichenden Befund angibt, so hat er entweder einen Versuchsfehler begangen, oder unreines Material benützt. Die Frage nach der Ursache der Gewichtszunahme beim Kalzinieren ist also nunmehr endgültig aufgeklärt: „Die Arbeit habe ich geleistet, der Nutzen falle dem Leser zu, der Ruhm aber allein dem Herrn."

Die Antwort, deren Inhalt im vorstehenden skizziert wurde, sandte der Verfasser an Brun, der u. a. einen seiner Freunde in Bordeaux, den hochgebildeten Bibliophilen Pierre Trichet, auf das Buch aufmerksam machte; durch diesen, der 1630 oder 1631 nach Paris reiste, wurde es dem Pater Mersenne bekannt. Die Zelle Mersennes im Franziskanerkloster der „Place royale" bildete zu jener Zeit einen der wichtigsten Mittelpunkte wissenschaftlicher Bildung: dort versammelten sich schon seit

[1] Calaëm ist bekanntlich das Zink, von dem zuerst wohl Paracelsus und Libavius berichten. Nach dessen Schriften „De natura metallorum" von 1597 (s. Kopp, „Geschichte der Chemie" IV, S. 118) und „Arcana Chymiae" (lib. 6, cap. 10; lib. 7, cap. 10 und 16) ist es eine Art „indisches" Zinn, ein schweres Metall, das sich aber, dem Feuer ausgesetzt, in einen ganz leichten, dem Spinnweben und sogen. Pompholyx ähnlichen, weißen Rauch verwandelt. — Der Regulus, den man aus „Indien" bringt, heißt auch Zinc, Speauter, Spiauter, und gleicht dem Spiegelzinn (s. bei Petit, S. 82, 96, 118, 172).

Jahren die Gelehrten und Schöngeister der Stadt zu wöchentlichen Konferenzen, um eigene Arbeiten vorzutragen und fremde zu besprechen und zu prüfen, und Mersenne stand damals und auch später in lebhaftem Verkehr und Briefwechsel mit zahlreichen hervorragenden Männern, u. a. mit Descartes, Pascal, und Torricelli.[1] Er war „auf das äußerste erstaunt" über die Resultate Reys, die er sofort „den scharfsinnigsten Geistern" berichtete, und an die Diskussion über sie knüpfte sich ein Briefwechsel zwischen Mersenne, Rey, und Brun, der an zahlreichen wichtigen, den Gedankengang des „Essays" ergänzenden Mitteilungen reich ist.[2]

Mersenne, obwohl ihm quantitative Forschungen durchaus geläufig waren, — besaß er doch eine für 0,0016 g empfindliche Wage[3] —, bezweifelt zunächst noch,[4] daß Luft überhaupt ein Gewicht habe,[5] und ferner auch, daß dieses infolge einer Verdichtung der Luft durch die Wärme meßbar hervortreten könne: lasse doch auch das Thermoskop die Flüssigkeit sinken, weil eine Verdünnung seiner Luft durch die zunehmende Wärme eintritt. Auf diesen Brief, der durch die frühe Erwähnung des Thermometers sehr beachtenswert ist, erwiderte Rey erst nach mehr als Jahresfrist:[6] Was das Gewicht der Luft betrifft, so lehnt er die Gegengründe der von Mersenne angeführten Autoritäten ab, da nicht sie etwas beweisen können, sondern nur Vernunft und Erfahrung, und da er nicht um Worte streiten, sondern allein die Tatsachen sprechen lassen wolle; (freilich verwirft er zugleich, und zwar auf dieselben Autoritäten gestützt wie noch weit später Pascal, die Lehren des Giordano Bruno und Coppernicus, und behauptet mit Aristoteles, daß ein Körper desto schneller falle, je schwerer er sei, — wobei er aber wieder den

[1] Petit, Vorrede S. 16; ferner S. 124 u. 182. [2] S. 77ff. [3] S. 128. [4] S. 77; Brief vom 1. September 1631. [5] Im Gegensatz zu Aristoteles leugneten die Scholastiker das Gewicht der Luft gänzlich. [6] S. 83; Brief vom 1. Januar 1632.

wichtigen Hinweis gibt, die mit wachsender Fallhöhe zunehmende Geschwindigkeit des nämlichen Körpers durch dessen Arbeitsleistung zu messen, z. B. durch die Tiefe seines Eindringens in weiches Erdreich). Was das Thermometer anbelangt, so gestattet er sich kein Urteil, da er nicht wisse, „welches der verschiedenen, jetzt vorhandenen Thermoskope oder Thermometer" Mersenne benützt habe;[1] sein eigenes bestehe aus einer kleinen runden Phiole mit sehr langem und dünnem Halse, und stellt man diese, bis an den Hals mit Wasser gefüllt, in die Sonne, oder gibt man sie einem Fiebernden in die Hand, so steigt das Wasser mehr oder weniger hoch empor, und zeigt hierdurch den Grad der Wärme an, die seine Ausdehnung bewirkte. Diesem Schreiben, das der so wichtigen Anwendung eines Thermometers zu medizinischen Zwecken, wenn auch nicht zum ersten Male, so doch jedenfalls etwa 100 Jahre vor der Zeit gedenkt, in der sie durch den Einfluß des berühmten Wiener Klinikers de Haën (1704 bis 1776) allgemein üblich zu werden begann,[2] ließ Mersenne alsbald Antwort zuteil werden:[3] Im Thermometer wirkt seiner Ansicht nach die Wärme nicht auf das Wasser, indem sie es ausdehnt und ansteigen macht, sondern auf die Luft, und diese erst bringt das Wasser, falls sie sich verdichtet, zum Steigen, oder falls sie sich (durch Ausdehnung) verdünnt, zum Sinken.[4] Daß sich beim Kalzinieren des Zinns die Luft ver-

[1] S. 95. [2] Über de Haën siehe Haesers „Geschichte der Medizin" (Jena 1881, II, S. 929). Welche Art Thermometer die Ärzte Santorio (1561—1636) sowie Fludd (1574—1637) benützt, und 1612 sowie 1638 beschrieben haben sollen, ist aus Haesers Buch (II, S. 226, 316, 929) nicht zu ersehen, ebensowenig aus Puschmanns großer „Geschichte der Medizin" (Jena 1902); leider hat letzteres Werk ein gänzlich ungenügendes Sachregister, und Ersteres gar keines! Eine kleine, wenig deutliche Abbildung von Santorios Instrument enthält Gerlachs „Geschichte der Physik" (Leipzig 1892, S. 134), und eine von dieser völlig abweichende Lacour-Appels „Die Physik . . ." (Braunschweig 1905, II, S. 9); s. auch die Geschichten der Physik von Fischer (Göttingen 1801, I, S. 215) und von Poggendorff (Leipzig 1879, S. 256). [3] S. 97; Brief vom 1. April 1632. [4] S. 103.

dichten soll, bleibt zweifelhaft und kaum glaublich; denn weshalb verdichtet sie sich nicht auch an schmelzendem Silber oder Gold, und warum kann man ein Taschentuch stundenlang in Wasser kochen, ohne daß es, nach dem Trocknen, ein höheres Gewicht besitzt, obwohl doch das Wasser, da es ohnehin schon viel dichter als die Luft ist, sich sehr viel leichter weiter verdichten müßte als diese?[1] — Man sieht, wie schwer es selbst einem Mersenne fiel, das Neue in Reys Gedankengang richtig aufzufassen; tatsächlich erkennt er auch erst in einem wohl nicht vor 1645 abgefaßten Briefe endgültig an, daß Rey die von Brun aufgeworfene Frage zutreffender als jeder Andere beantwortet habe, und ihrer großen Schwierigkeiten fast durchaus Herr geworden sei.[2]

Daß Reys Lehre trotz dessen auch fernerhin keine allgemeine Zustimmung fand und sich in der Wissenschaft nicht zu behaupten vermochte, lag an verschiedenen Ursachen. Zunächst war Rey ein wenig bekannter Landarzt, dessen Autorität gegen die der „privilegierten wissenschaftlichen Größen" nicht aufkommen, und deren feststehende Tradition nicht gefährden konnte, — um so weniger als die Zeitgenossen letztere für völlig genügend erachteten und noch keinerlei Bedürfnis nach anderen Erklärungsweisen empfanden. Sodann mochte zwar Reys Theorie durchaus überzeugend sein, soweit sie das Gewicht der Luft, und die Gewichtszunahme bei der Verkalkung durch Luftabsorption betraf, sie hatte aber eine sehr schwache Seite in der „teilweisen Verdichtung der Luft durch die Wärme" (obwohl für diese eine Äußerung des Aristoteles sprach), und ließ an der wichtigsten Stelle die deutliche Erkenntnis der Art vermissen, in der sich die Luft „anlagert": denn wenn es in den Kapiteln 16, 18, und 26 heißt, die Luft sei dem Zinnkalke „adhesif", „joinct", „attaché", so bleibt eben das Bild ein rein mechanisches, und es mangelt der letzte entscheidende Hinweis auf die chemische Natur der

[1] S. 101. [2] S. 118.

Bindung (deren Begriff Rey doch keineswegs fremd war), also auf die Tatsache, daß sich die „Luft" nicht mit dem Zinnkalke verbindet, sondern mit dem Zinn selbst, und daß der Zinnkalk erst aus dieser Verbindung hervorgeht.[1] Da nun ferner Reys Darlegungen auch sonst (besonders in physikalischer Richtung) mancherlei Irrtümer enthalten, die heute für jedermann sofort offenbar sind, aber auch schon in früherer Zeit der Aufmerksamkeit kritischer Leser nicht ganz entgingen, so erwiesen sich die Lücke der Theorie und die Unklarheit an einem Hauptpunkte als gleich verhängnisvoll, und boten Anlaß, zusammen mit dem wirklich Falschen oder Zweifelhaften auch das Richtige zu verwerfen. Rey kam auf diese Weise überhaupt um den Ruhm verschiedener originaler Ideen: so z. B. war er wohl der Erste, der quantitative Messungen des Überganges von Wasser in „Luft" (= Dampf) vorschlug, und u. a. auch, durch Aufsaugen (sucer) von Wasser in eine leere, vorher erhitzte Phiole tatsächlich ausführte,[2] wobei er freilich zu dem noch ganz unzureichenden Resultate kam, Wasser sei nur 255mal schwerer als Luft; er beobachtete aufs neue den (schon bei Aristoteles erwähnten) Vorgang der freien Diffusion zwischen Flüssigkeiten (Kap. 13), ohne ihn allerdings richtig zu deuten; er teilte Mersenne sein Verfahren mit, aus der Gewichtsdifferenz beim Wägen von zwei gleichen Bleiplättchen in Luft und in Wasser das Volumgewicht des Metalles, und aus jener beim Wägen eines der Bleiplättchen in Weinen, Ölen, u. dgl., auch das spezifische Gewicht dieser Flüssigkeiten unmittelbar zu berechnen,[3] — eine Methode, die Mersenne sowie Boyle seither benützten, und die in die Literatur unter dem Namen des „Mersenneschen" überging,

[1] Ausdrücklich weist hierauf schon Kopp hin („Geschichte der Chemie" III, S. 132), der im übrigen die Verdienste Reys rühmend hervorhebt. [2] S. 138. Dieses „Aufsteigens", dessen Entdeckung man meist Guericke zuschreibt, gedenkt schon Aristoteles. [3] S. 114 und 139; Brief vom 21. März 1643.

den sie noch jetzt führt. Endlich gelangte aber auch, wie schon erwähnt, seine Hauptentdeckung, die von der Schwere der Luft, durch Mersenne frühzeitig zur Kenntnis Torricellis, sowie Descartes und Pascals, die aber bei der Veröffentlichung ihrer so wichtigen und grundlegenden Arbeiten (Torricelli 1643; Pascal 1648) den Namen Reys nicht nannten, weshalb sich in der Folgezeit aller Ruhm allein an den ihrigen knüpfte;[1] daher fielen denn auch der Forscher wie sein Werk alsbald so gänzlicher Vergessenheit anheim, daß selbst sein Landsmann Lémery im „Cours de Chymie" von 1675 für die Gewichtszunahme beim Kalzinieren der Metalle allein die Erklärung Boyles (1627—1691) anführt, dergemäß „Feuerteilchen" die Wandungen der Gefäße durchdringen und sich den Metallen anlagern!

In späterer Zeit scheint zuerst der italienische Forscher Eandi des Rey zu gedenken, denn er übergab 1754 „sein berühmtes und seltenes Buch von 1630" dem Pater Beccaria, der schon vor 1760 die Gewichtszunahme bei der Kalzination der Metalle aufs neue, und mit einer Bestimmtheit festgestellt und erklärt hatte, die nach Guareschi „seinen Namen für immer mit der Lösung diese Problems verknüpft".[2] Auch dem Straßburger Professor der Chemie J. R. Spielmann[3] war Rey bekannt, denn er erwähnt ihn, ohne ihm unbedingt zuzustimmen, 1766 in seinen „Institutiones Chemiae",[4] und veranlaßte 1776 eine Dissertation von Corvin „Historia aëris factitii", die die Priorität Reys wahrt.[5] Inzwischen hatte aber 1774 der Oberstabsapotheker Bayen das Trichetsche

[1] Pascal veranlaßte 1647, auf Vorschlag von Descartes, seinen Schwager zu der, in der Geschichte der barometrischen Höhenmessung epochemachenden Besteigung des Puy de Dôme (s. meine „Abhandlungen und Vorträge zur Geschichte der Naturwissenschaften", Leipzig 1906, S. 513).
[2] „Storia della Chimica" (Turin 1909, VIII, S. 88); Beccaria schrieb hierüber auch am 12. November 1774 an Lavoisier. [3] Dem nämlichen, von dem die „Encheiresis Naturae" herrührt (s. meinen Aufsatz in der Chemiker-Zeitung 1907, S. 461). [4] S. 275 und im „Syllabus Auctorum". [5] Petit, S. 158.

Exemplar der „Essays" in der Pariser Königl. Bibliothek neu entdeckt, und anfangs 1775 seinen Hauptinhalt in Form eines Briefes an Rozier, in dessen „Journal de Physique", der vornehmsten und wichtigsten Fachzeitschrift, veröffentlicht;[1] bald darauf (1777) veranlaßte auch ein Freund der Wissenschaften, Gobet, einen mit Einleitung und Anmerkungen versehenen Neudruck des Buches und des zugehörigen Briefwechsels,[2] der heute desto wertvoller erscheint, als das Originalexemplar Trichets in der Pariser Bibliothek nicht mehr vorhanden ist. Daß dessen Verschwinden den Umtrieben Lavoisiers und seiner Anhänger zur Last falle, wie denn dieser große Mann in gleicher Weise auch die Neuausgabe Gobets sofort angekauft, und dadurch zu einer seither fast unauffindbaren gemacht habe, ist eine unerwiesene Behauptung; sie erklärt sich vermutlich daraus, daß man der Versicherung Lavoisiers, Reys Arbeiten seien ihm zur Zeit der Veröffentlichung seiner eigenen (also auch nach 1775) unbekannt gewesen, keinen rechten Glauben schenken kann, vielmehr mit großer Wahrscheinlichkeit annehmen darf, daß er sich die Entdeckungen Reys mit nicht minderer Kühnheit und Unaufrichtigkeit aneignete wie die Mayows, Priestleys, Cavendishs, Bayens, und anderer Forscher, deren Namen er sorgfältig verschwieg, und von deren Leistungen und Schriften gewußt zu haben er leugnete.[3]

Die Nachwelt hat seither den Verdiensten Reys volle und gebührende Schätzung zuteil werden lassen; immerhin sind sie aber keineswegs so allgemein bekannt, wie sie es sein sollten, und es erscheint daher gerechtfertigt, aufs neue an sie zu erinnern.[4]

[1] Petit, Vorrede S. 5 u. 24. [2] S. 155ff. [3] Näheres hierüber siehe in der Schrift „Lavoisier und seine Vorläufer" von M. Speter (Stuttgart 1910), deren Korrekturbogen der Herr Verf. mir freundlichst zur Einsicht sandte. [4] Soeben erschien auch eine von Ichenhäuser und M. Speter herausgegebene vollständige Übersetzung des Reyschen „Essays" (leider ohne den Briefwechsel) als Nr. 172 der Ostwaldschen „Klassiker"; auf diese verdienstliche Ausgabe sei hier besonders aufmerksam gemacht.

25

WER HAT DIE VERBRENNUNG EINER UHRFEDER IN SAUERSTOFFGAS ZUERST AUSGEFÜHRT?[1]

Vor einigen Jahren berichtete ich in zwei kleinen Abhandlungen[2] über die Geschichte des in der Überschrift erwähnten Versuches und wies nach, daß er gemäß einer Angabe Lavoisiers (1784) von Ingen-Housz herrührt, und daß der Göttinger Physiker Lichtenberg ihn 1782 bereits kannte, ohne daß aber festzustellen sei, woher, da Ingen-Housz selbst nur ganz allgemein sagt (1782), „er habe ihn schon vor vielen Jahren seinen Freunden gezeigt."

Da, meines Erachtens allerdings ohne genügende Berechtigung, jener Nachweis von geschätzter Seite als nicht ausreichend bezeichnet und Lavoisiers Zeugnis angezweifelt wurde, so blieb ich bestrebt, dieses durch gleichlautende Aussagen anderer Autoren des endenden 18. Jahrhunderts zu stützen und zu ergänzen, und vermochte in der Tat noch einige zugehörige Stellen in Werken älterer Zeit ausfindig zu machen.

Der hervorragende Weltreisende und Schriftsteller G. Forster, dessen „Sämtliche Schriften" Gervinus herausgab, erwähnt in einem vor dem 30. Juni 1782 vollendeten Aufsatze „Ein Versuch mit dephlogistisierter Luft" (in dem er das

[1] „Chemiker-Zeitung" 1908, S. 161. [2] ebd. 1905, S. 849 und 1185; s. meine „Abhandlungen und Vorträge zur Geschichte der Naturwissenschaften" (Leipzig 1906, S. 249 und 252).

Leuchten der Johanniskäfer untersucht und auf Sekretion einer oxydierbaren Materie zurückführt), als bereits „anerkannte Eigenschaften" dieser „reinsten Luft": „die unglaubliche Kraft, die sie bei der Entzündung der Körper äußert, ... die Erleichterung der Respiration, ... und ihre merkwürdige Entwicklung aus den Pflanzenblättern im Sonnenlichte";[1] die Atmung der Gewächse und die Assimilation bezeichnet er ausdrücklich als „Entdeckung des berühmten Ingen-Housz",[2] der „groß in seinem Fache ist",[3] und nach dem „die Pflanzen ... die einfachsten Elemente begierig aus der Luft saugen". Es kann keinem Zweifel unterliegen, daß die Versuche über die „Entzündung der Körper" eben die das Eisen, den Phosphor usf. betreffenden des Ingen-Housz sind, und daß sich besonders auf sie Forsters Worte beziehen: „Die neuesten Erfahrungen, die man in Wien mit der Lebensluft angestellt und in Göttingen neulich mit dem glücklichsten Erfolge wiederholt hat ..."[4]

Macquer sagt 1788 in seinem „Chymischen Wörterbuch": „Ingen-Housz hat wahrgenommen, daß ein Stück zarter Eisendraht, den er an einem Ende glühend gemacht hatte, in der dephlogistisierten Luft sich entzündete, und nach und nach wie eine Wachskerze bei fortgesetzter Verbrennung verzehrte";[5] als Quelle gibt er des Ingen-Housz „Vermischte Schriften" von 1784 an, also deren zweite Auflage. In Grens „Systematischem Handbuch der gesamten Chemie" von 1794 heißt es:[6] „Eine zugespitzte stählerne Uhrfeder, die man vorher an der Spitze glühend gemacht hat, verbrennt und schmelzt darin (in der Lebensluft) mit vielem Funkensprühen und einem starken Glanze."[7]

[1] „Sämtliche Schriften", Leipzig 1843, IV, S. 377. [2] ebd. V, S. 188. [3] ebd. VII, S. 269. [4] ebd. IV, S. 377. [5] Chymisches Wörterbuch", ed. Leonhardi, Leipzig 1788, II, S. 698. [6] „Systematisches Handbuch der gesamten Chemie", Halle 1794, II, S. 165. [7] s. Ingen-Housz, „Vermischte Schriften" 1784, II, S. 201 und 365.

Wiegleb berichtet 1796 im „Handbuch der allgemeinen Chemie“[1] über die Verbrennung fein zusammengewundenen Stahldrahtes und des Stückchens einer kleinen Uhrfeder, sagt „Diese schöne Beobachtung haben wir Herrn Ingen-Housz zu verdanken“, und verweist auf dessen „Vermischte Schriften“ von 1784.[2] Endlich beschreibt 1801 auch Bouillon-Lagrange im „Manuel d'un Cours de Chimie“[3] die Verbrennung einer Spirale aus feinem Eisendraht und bemerkt: „Wir verdanken Ingen-Housz diesen schönsten und überraschendsten Versuch solcher Art.“

Alle die genannten Autoren führen demnach einstimmig den fraglichen Verbrennungsversuch auf Ingen-Housz zurück, und da dieser seit 1768 auf Befehl der Kaiserin Maria Theresia in Wien die Einführung der Blatternimpfung betrieb, so wird auch Forsters Mitteilung von 1782 verständlich, der gemäß die „neuesten Erfahrungen mit der Lebensluft“ von Wien ausgegangen und in Göttingen bereits mit bestem Erfolge wiederholt worden waren.

Die einzige, auch auf Grund dieser neueren Belege nicht zu beantwortende Frage, woher nämlich Lichtenberg schon im Frühjahr 1782 jene „neuesten Erfahrungen“ gekannt habe, ist nun kürzlich durch Herrn Prof. Dr. Ernst Cohen in Utrecht der erwünschten Lösung zugeführt worden, und seinem höchst gründlichen, an interessantem Material überreichen Aufsatze,[4] den er die Güte hatte, mir zuzusenden, ist im wesentlichen nachstehendes zu entnehmen: Die Chronologie der Entdeckungen des Ingen-Housz wird in hohem Grade durch die Art der Herausgabe seiner Werke verwickelt, es erschien nämlich 1782 in Wien die erste (von Molitor, Professor

[1] „Handbuch der allgemeinen Chemie“, Berlin und Stettin 1796, I, S. 463. [2] „Vermischte Schriften“, zweite Wiener Ausgabe. [3] „Manuel d'un Cours de Chimie“, Paris 1801, I, S. 175. [4] „Chemisch-historische Aanteekeningen“ Nr. II, overgedrukt uit het Chemisch Weekblad 1907 (Utrecht, van't Hoff-Laboratorium, September 1907).

der Chemie in Mainz) besorgte deutsche Ausgabe, 1784 ebenda die zweite deutsche, 1785 in Paris der erste Band der von Ingen-Housz selbst veranlaßten französischen, 1785 in Haag die von Van Breda übersetzte holländische, und 1789 in Paris der zweite Band der französischen, — und diese Ausgaben sind nicht alle ganz übereinstimmend angeordnet und auch nicht durchwegs ganz gleichlautend. Für den vorliegenden Fall wird aber jede Unsicherheit dadurch behoben, daß Molitor auf S. 11 der Vorrede zur ersten Ausgabe von 1782 ausdrücklich sagt, das Buch enthalte eine Anzahl in verschiedenen gelehrten Zeitschriften erschienener Abhandlungen, aber „alles übrige ist neu und kömmt hier zum ersten Male zum Vorschein," und daß in die Rubrik dieser letzteren neuen Aufsätze auch die beiden über die Verbrennung des Phosphors und der Metalle in dephlogistisierter Luft gehören. In der französischen Ausgabe schildert Ingen-Housz selbst genau, wie die Versuche anzustellen seien,[1] spricht aber nur von dünnem Stahldraht und von einzelnen oder zusammengewundenen, spiralig oder schraubenförmig gedrehten dünnen Eisendrähten, und bildet eine solche Drahtspirale auch ab; in einer Anmerkung[2] fügt er hinzu, Lichtenberg in Göttingen habe durch seinen (Ingen-Housz') Freund Dr. Pickel daselbst, dem er ein Exemplar der (ersten) deutschen Ausgabe sandte, diesen Versuch kennen gelernt, und es sei ihm gemeinsam mit Pickel alsbald gelungen, ihn nicht nur nachzuahmen, sondern auch Stahldrähte von mehr als Stricknadeldicke, ja sogar eine ganze Uhrfeder, mit wahrer Flamme unter Rauch- und Funkenentwicklung zu verbrennen. Die holländische Ausgabe des Van Breda gibt noch ausdrücklich an,[3] das deutsche im März 1782 erschienene Buch sei durch Dr. Pickel auch Lichtenberg bekannt geworden, der darin den fraglichen Versuch las, ihn nachahmte und verbesserte, und von dem „herrlichen, zugleich aber beängstigenden" Er-

[1] I, S. 398 und 403. [2] I, S. 399. [3] I, S. 120.

folge an Van Breda durch Dr. Pickel Nachricht gelangen ließ.

Wie Herr Prof. Dr. Ernst Cohen mit Recht ausführt, ist es hiernach zweifellos, daß Lichtenberg die Tatsache der Metallverbrennung unmittelbar seitens Ingen-Housz erfuhr, daß er aber zuerst die Eisendraht- oder Stahldraht-Spirale durch eine Uhrfeder ersetzte; die seinerzeit von mir aufgeworfene Frage ist also dahin zu beantworten, daß die prinzipielle Lösung Ingen-Housz zugehört, die spezielle aber Lichtenberg und Pickel.

Zusatz.

In Nr. 4 seiner „Chemisch-Historischen Aanteekeningen" (Amsterdam 1911) berichtet Herr Prof. Dr. Ernst Cohen noch über einen einschlägigen Brief Dietrichs an Mongez, Herausgeber des „Journal de physique", vom 23. Mai 1783, den Rozier in seinen „Observations sur la physique" (1783, S. 17) abgedruckt hat, und aus dem wohl auch Lavoisier bei Abfassung seines Lehrbuches von 1789 schöpfte. In diesem Briefe erwähnt Dietrich, daß die Versuche Lichtenbergs und Forsters, deren er schon früher gedacht hätte, im wesentlichen auf solche von Ingen-Housz zurückgingen, jedoch allerdings stärkere Metalldrähte und besonders auch Taschenuhrfedern beträfen; er gibt eine Abbildung des Versuchsapparates nach Lichtenberg wieder (bei Ingen-Housz findet sich keine solche vor), und verweist auf die Publikation im „Magazin für das Neueste aus der Physik und Naturgeschichte" (Gotha 1783, 4. Stück, S. 26), dessen Redakteur Legationsrat Lichtenberg in Gotha war, der Bruder des Physikers. Letzterer selbst sagt in einem Briefe von 1782 an Forster, den berühmten Entdeckungsreisenden und Mitherausgeber des „Göttinger Magazins der Wissenschaften und

Litteratur",[1] seine Versuche seien „Veränderungen des neuen bekannten Ingen-Houszschen"; er erzählt ferner, daß es ihm neuerdings gelungen sei, in einer Atmosphäre von dephlogistisierter Luft, mit Hilfe des elektrischen Schlages einer Batterie von 32 Leydener Flaschen, deren gesamte Belegfläche 20 Quadratfuß betrug, eine Federmesserklinge und eine Taschenuhrfeder in ein Stück zusammen zu schweißen. Den Errungenschaften des 18. Jahrhunderts rechnet er daher mit Stolz zu: „es habe den Blitz wie Champagner auf Flaschen gezogen, . . . und Stahl mit brennendem Zunder wie Butter fließend gemacht".

[1] Göttingen 1782, 2. Stück, S. 306.

26

ZUR GESCHICHTE DER VERGIFTUNG DURCH KOHLENOXYDGAS[1]

In einem vor anderthalb Jahren erschienenen Aufsatze über die Vergiftung durch Kohlenoxydgas wies D. Binder darauf hin, daß Seumes 1802 verfaßter „Spaziergang nach Syrakus" die älteste Beschreibung eines derartigen Unglücksfalles enthalte;[2] Seume, — den die Gegenwart nur mehr aus seinem Gedichte vom Kanadier kennt, dessen Schlußverse „Seht, wir Wilde sind doch bessere Menschen, und er schlug sich seitwärts in die Büsche" ein allgemein beliebtes Zitat bilden —, schildert in der Tat an einer Stelle des „Spazierganges" in unverkennbarer Weise den Unfall, der ihn zu Cilli betraf, dessen Ursache er aber, einem althergrachten Irrtume folgend, in „dem verdammten Kalk eines neugeweißten, gewaltig geheizten Zimmers" erblickte.

Prof. Dr. Neuburger bemerkte hierzu,[3] daß sich schon in Kopps „Geschichte der Chemie"[4] eine Abhandlung „Bedenken von dem tödlichen Dampfe der Holzkohlen" erwähnt finde, die der treffliche Arzt und Chemiker Fr. Hoffmann 1716 zu Halle herausgab, und daß genannter Autor (was Kopp unbekannt blieb) die Entwicklung des „tödlichen Dampfes" ganz richtig als eine Folge ungenügenden Luftzutrittes be-

[1] „Chemiker-Zeitung" 1909, S. 633. [2] „Ztschr. angew. Chem." 1907, S. 1811; „Chemiker-Zeitung" Repert. 1907, S. 521. [3] „Ztschr. angew. Chem." 1908, S. 201; „Chemiker-Zeitung" Repert. 1908, S. 141. [4] Kopp, Bd. 3, S. 293.

zeichne, wie sie in gleicher Weise bei jeder Verbrennung eintreten könne. Diese zutreffende Erklärung begegnete indessen dem Widerspruche der Zeitgenossen, und wurde (nach Neuburger) u. a. von Erdman aus theologischen Gründen auf das Heftigste angegriffen; in einer noch im nämlichen Jahre (1716) zu Jena erschienenen Gegenschrift bestritt er mit größter Bestimmtheit Hoffmanns Behauptung, daß der unvermutete Tod zweier Wächter, — um diesen gegebenen Fall handelte es sich, — auf Einatmen von Kohlendunst zurückzuführen sei, und wies vielmehr „aktenmäßig" nach, daß und warum der Teufel jene Leute geholt habe und geholt haben müsse.

Der Irrtum betreffs der Rolle des „Kalkes neugeweißter Zimmer" wurde oben als ein „althergebrachter" bezeichnet. Wie Boruttau erst kürzlich in seinem ungewöhnlich lehrreichen Aufsatze „Versuch einer kritischen Geschichte der Atmungs-Theorien" wieder hervorhob, erwähnt nämlich schon Galenos (131—200 n. Chr.) als etwas offenbar längst Wohlbekanntes, daß u. a. die Ausdünstung von frisch getünchten Häusern, sowie die von Kohlenbecken, erstickend wirke;[1] dadurch, daß man späterhin, unberechtigterweise, diese beiden Angaben in kausalen Zusammenhang brachte, scheint eine Irrlehre entstanden zu sein, die, wohl auf des Galenos für unfehlbar erachtete Autorität hin, in der Wissenschaft bis gegen Ende des 17. Jahrhunderts, und im Volksglauben bis auf den heutigen Tag herrschend blieb. Einer der ersten Gelehrten, die sich ihr entzogen, dürfte der berühmte neapolitanische Arzt Borelli (1608—1679) gewesen sein; er ist sich völlig klar über die schädliche Wirkung des Kohlendunstes, und erklärt sie, gemäß der zu seiner Zeit so beliebten mechanistischen Theorie, durch „einen Gehalt an besonderen feurigen Partikeln, die das Gehirn affizieren und töten".[2]

[1] „Archiv für Geschichte d. Medizin" 1909, Bd. 2, S. 308. [2] ebd. 1909, Bd. 2, S. 321.

Weit geläuterter sind die Anschauungen des „Phlogiston-Vaters“ Stahl (1660—1734), die man findet, wo man sie schwerlich suchen würde, nämlich in seiner 1697 verfaßten Schrift über die Gärung „Zymotechnia fundamentalis“. Auf S. 122 der mir augenblicklich allein zugänglichen deutschen Übersetzung[1] heißt es von den „schädlichen Würckungen der so übel berüchtigten Kohlendämpfe“: „.... Die Zufälle, ... welche von den Ausdämpfungen der beynahe ausgebrannten Hölzer entstehen, sind hauptsächlich in denen kälteren Himmelsgegenden bekandt. Wenn daselbst die Stuben zum Exempel mit Birkenholtze geheitzet sind und dieses Holz in Kohlen zu zerfallen allererst anfänget, da es dann eine kurtze, niedrige, nur auf der Oberfläche der Kohle schwebende, blauliche Flamme machet, bey diesen Umständen des brennenden Holtzes aber der Ofen zugemachet wird: so dringen diese Ausdämpfungen durch die allerkleinsten Ritzen ins Gemach, und werden die Einwohner plötzlich mit schwindelhaften Zufällen befallen, welche zu den vorgemeldeten noch schwerern Anstößen ausschlagen (... Schwindel des Haupts, erstickende Beklemmung der Brust, ja gar Schlag- und Stick-Flüsse...), wo nicht das Zimmer bei Zeyten aufgesperrt und der Ofen geöffnet wird, damit solche Dämpfe wieder zerstreuet werden können“. — Diese Erörterungen gereichen der Beobachtungsgabe Stahls zur großen Ehre; sie mögen mit dafür zeugen, wie wenig begründet die mitleidige Nichtachtung ist, mit der man noch sehr allgemein auf diesen so hochbegabten und wohlverdienten Forscher zurückzublicken pflegt.

Eine treffende Schilderung der Kohlenoxydvergiftung, die um etwa anderthalb Jahrtausende älter ist, als jene Seumes, bieten übrigens die Schriften des römischen Kaisers Julianus Apostata, den bekanntlich Dav. Friedr. Strauß in einem nachmals berühmt gewordenen Vortrage als „den Romantiker auf dem Throne der Cäsaren“ bezeichnete.[2] Julianus, ein

[1] Stettin und Leipzig 1748. [2] Mannheim 1847.

Enkel Konstantin des Großen, der vor Antritt seiner nur kurzen Regierung (361—363 n. Chr.) jahrelang Statthalter Galliens gewesen war, erzählt nämlich folgendes in einer jener kulturgeschichtlich sehr interessanten Satiren, die er zu Beginn des Januars 363 (in griechischer Sprache) in Antiochia niederschrieb, und deshalb „Misopogon (= der Bartfeind) oder die antiochenische Rede" betitelte:[1] „Die kleine Stadt der Parisier, die die Kelten Lutetia nennen, bildet ein Inselchen in dem Flusse, der sie rings umgibt, und über den hölzerne Brücken beiderseits hinüberführen. Der Winter ist dort meistens ungewöhnlich milde, wie man glaubt, wegen der Wärme des nahen Ozeans, daher wächst daselbst guter Wein, ja man kann sogar Feigenbäume ziehen, wenn man sie in der rauhen Jahreszeit, wie zur Bekleidung, mit Weizenstroh oder dergleichen umwickelt; in jenem Jahre aber war der Winter strenger als sonst, auf dem Flusse trieb etwas hinab, was Platten phrygischen Marmors glich, diese Platten folgten dicht gedrängt aufeinander, sie stauten sich, und begannen eine natürliche Brücke zu bilden. Obwohl nun die meisten Wohnungen durch Kamine erwärmt werden können, und auch die meinige hierzu ganz gut eingerichtet war, ließ ich dennoch mein Schlafzimmer nicht heizen, da ich wenig empfindlich bin und mich weiter abhärten wollte; als aber der Winter anhielt und immer härter wurde, da wagte ich nicht mehr zu heizen, aus Scheu, die in den Mauern enthaltene Feuchtigkeit möchte in Fluß geraten, vielmehr ließ ich mir nur ein ausbrennendes Feuer mit wenigen glühenden Kohlen in das Zimmer bringen. So wenige es jedoch waren, so lockten sie doch aus dem Mauerwerk eine solche Menge Ausdünstungen hervor, daß ich den Kopf wie eingenommen fühlte, schlaftrunken wurde, zu ersticken fürchtete, und mich aus dem Zimmer hinaustragen lassen mußte; die Ärzte riethen mir ein

[1] Der sehr weitläufige Text ist im nachstehenden tunlichst abgekürzt worden.

Brechmittel an, und als ich der erst vor kurzem genossenen Speise ledig war, besserte sich mein Befinden, ich hatte eine ruhige Nacht, und konnte am nächsten Tage wieder meine volle Arbeit leisten."

Auch hier schon, in der Mitte des 4. Jahrhunderts, begegnen wir also hinsichtlich der Ausdünstungen aus Zimmerwänden und aus Kohlenbecken der nämlichen Verquickung, von der uns Seume noch zu Beginn des 19. Jahrhunderts berichtet, und dieses für die Geschichte der Hygiene nicht unwichtige Beispiel zeugt abermals für die fast unerschöpfliche Lebenskraft „einleuchtender", und zudem noch auf das Ansehen einer anerkannten Autorität gestützter „Erklärungen".

27

ZUR GESCHICHTE DER POTTASCHE UND IHRES NAMENS. I.[1]

Gelegentlich der diesjährigen Hauptversammlung des „Vereins deutscher Chemiker“ zu Jena fragte mich ein Fachgenosse, „ob vielleicht ich ihm Genaueres darüber mitteilen könne, wann zuerst Pott die Pottasche dargestellt habe“, und berief sich, hinsichtlich dieser „Tatsache“ selbst, auf Bemerkungen eines chemischen Fachblattes über die „Entdeckung der Pottasche durch Pott“, sowie über „die Wichtigkeit, die die Asche des trefflichen Pott erlangte“. — Die Geschichte der Wissenschaften ist reich an Fällen, in denen die erste Entstehung und Verbreitung merkwürdiger Verwechslungen und Fehlschlüsse späteren Zeiten fast unbegreiflich erscheint, eine nachträgliche Aufklärung jedoch nicht mehr möglich ist; was aber den vorliegenden Irrtum anbelangt, — der, wie ich inzwischen zu meiner Verwunderung erfahren mußte, nach recht vielen Seiten hin Wurzel gefaßt hat —, so läßt sich seine ursprüngliche Quelle noch aufdecken, und die wünschenswerte Förderung geschichtlichen Sinnes in chemischen Kreisen rechtfertigt es daher, ihn des näheren zu erörtern.

Zunächst sei bemerkt, daß Pott (1692—1777) einer der kenntnisreichsten und fleißigsten Chemiker seines Zeitalters war, und (zumeist in den Schriften der Berliner Akademie)

[1] „Chemiker-Zeitung“ 1908, S. 977.

eine große Anzahl Untersuchungen über Mineralien, Erden, Salze usw., veröffentlichte, die reich an richtigen Beobachtungen sind, leider aber auch ebenso reich an mangelhaften Deutungen und falschen Erklärungen; diese verwickelten den, ohnehin sehr unverträglichen und von seinem Eigenwerte stark durchdrungenen Mann nicht selten in heftige und unangenehme Streitigkeiten mit seinen Berliner Kollegen, und als 1761 Friedrich der Große, vermutlich gerade unter Berücksichtigung dieser persönlichen Verhältnisse, nicht ihn zum Direktor der „Physikalischen Klasse" seiner Akademie ernannte, sondern Marggraf, kannte die Erbitterung Potts, der jenen als seinen bloßen Schüler ansah, keine Grenzen: wie Thiébault in seinen „Memoiren" erzählt,[1] stellte er sofort seine chemische Tätigkeit völlig ein, brach jede Beziehung zur Akademie ab, und damit diese nicht etwa nach seinem Tode noch Nutzen von ihm ziehen könne, verbrannte er alle seine unveröffentlichten Papiere, darunter das Manuskript einer ausführlichen, auf vieljährigen Studien beruhenden Geschichte der Chemie. Von seinen einzelnen Abhandlungen veranstaltete Pott wiederholt auch Sammeldrucke, so z. B. erschienen „Exercitationes et Observationes chimicae" (Berlin 1738), „Observationum et Animadversionum chymicarum Collectio" (Berlin 1739/1741), „Chymische Untersuchungen" und „Lithogeognosia" (Berlin 1746; 1751/54; 1757); daß in diesen dickleibigen und weitläufigen Quartbänden Pott selbst irgendwo die Entdeckung der Pottasche, oder auch nur eine in diesem Sinne zu deutende Entdeckung, für sich in Anspruch genommen habe, ist mir aus deren (allerdings vor Jahren vorgenommener) Durchsicht nicht erinnerlich, auch hat meines Wissens kein späterer Chemiker eine derartige Behauptung aufgestellt.

Schon Plinius berichtet, daß man das ägyptische Nitron (eine mehr oder minder unreine natürliche Soda), weil es selbst nach sorgfältigem Trocknen sehr zerfließlich bleibe, in ver-

[1] „Frédéric-Le-Grand", Paris 1827, Bd. 5, S. 17.

pichten Krügen versende.[1] Die nämliche Art der Verpackung kam offenbar auch für die Holzasche in Gebrauch, die im Verlaufe des Mittelalters ein immer wichtigerer Rohstoff der Glasmacher und Färber wurde; Ausdrücke wie „vinum in potto", „in potto aliquo" (Wein im Topf; in irgendeinem Topf) finden sich bereits in Schriftstücken des 12. oder 13. Jahrhunderts,[2] und in der Tat gehört nach Schrader das Wort pod = Topf schon dem gemein-germanischen, und in der Form pudar auch dem litu-slavischen Sprachschatze an; im engsten Zusammenhange mit ihm stehen althochdeutsch putina (Butte) und potaga (großes offenes Faß), niederdeutsch pot und put, altnordisch pottr, angelsächsisch bytt, englisch bot, französisch botte (daher bouteille), spanisch bota (daher botega) usw.[3]

Für Westeuropa, namentlich die Niederlande, England, und Spanien, stellte bereits im 13. Jahrhunderte das Stromgebiet der Weichsel eine Hauptbezugsquelle für Holz dar, und Danzig bildete den Mittelpunkt des Holzhandels und der Holzausfuhr;[4] solche Gegenden, die ihr Holz, weiter Entfernungen und schwieriger Verhältnisse wegen, nicht unmittelbar verflößen konnten, suchten es in Form von Holzasche zu verwerten, und auch diese war daher ein wichtiger Gegenstand der Danziger Ausfuhr, den schon die alten Akten der Hansa als „Potasche" verzeichnen; für diesen Namen gab entweder die Art der Verpackung allein den Ausschlag, oder vielleicht auch jene der Herstellung, die (namentlich für die reineren, einen weiten Transport besser lohnenden Sorten) durch Einkochen aus Rohasche gewonnener Lauge in kleinen Töpfen, später auch in größeren Kesseln, erfolgte. Bedeutende Mengen Pottasche bezog Danzig u. a. aus Nowgorod, wo die Hansa einen ihrer

[1] „Histor. naturalis", Bd. 31, Kap. 46; s. meine „Abhandlungen und Vorträge zur Geschichte der Naturwissenschaften", Leipzig 1906, S. 12. [2] So z. B. bei Berthelot, „La chimie au moyen âge", Paris 1893, Bd. 2, S. 138. [3] „Reallexikon der indogerman. Altertumskunde", Straßburg 1901, S. 236, 250; „Handelsgeschichte und Warenkunde", Jena 1886, S. 152. [4] „Handwörterbuch der Staatswissenschaften", Jena 1900, Bd. 3, S. 1129.

wichtigsten Handelshöfe besaß, und verschiffte sie über Lübeck nach England, Holland usf.[1] Die „Bewährten chymischen Tractate" des sog. Isaac Hollandus, die ursprünglich in niederdeutscher Sprache und angeblich vor 1450 abgefaßt sind, erwähnen Pottasche mehrmals,[2] und im 16. Jahrhundert ist das Wort auch schon in Frankreich nachweisbar, wo „du pottas" z. B. in einer unter dem Namen „Texte de Liège" gehenden Schrift von 1577 als etwas Wohlbekanntes aufgeführt wird; das große, 1902 vollendete „Etymologische Wörterbuch" der französischen Sprache von Hatzfeld und Darmesteter bemerkt zu dieser Stelle: „potasse, emprunté de l'allemand pottasche = cendre de pot", und fügt noch hinzu, die Académie française habe das Wort erst 1762 als für die Schriftsprache zulässig anerkannt.

Mittelalterliche lateinische Werke gebrauchen für Pottasche häufig den Ausdruck „Cineres clavellati". Die Einen leiten ihn von clavicula = Weinrebe ab, denn aus Abfällen der Weinstöcke, aus Trestern, und aus Hefen, habe man in den Weingegenden seit jeher ein besonders reines Kaliumkarbonat dargestellt;[3] Andere denken an clavellis = Faßdaube,[4] noch Andere erinnern daran, daß dieses Wort auch das Kleinholz und Spaltholz bedeutete, das man der Verbrennung unterwarf, oder setzen eine Verwechslung mit „cineres gravellati" voraus; „cendre gravelée" war in der Tat nach Lémery noch im 18. Jahrhundert ein Name der Pottasche, „weil ihre Stücke und Brocken wie gravier (d. i. Kies, Sand) aussahen," und als „Gries-Asche" wurde er auch ins Deutsche übersetzt.[5] Ein fernerer Name, „Vedassium",

[1] Kallsen, „Die deutschen Städte im Mittelalter", Halle 1891, Bd. 1, S. 516. [2] Abdruck der 1667 verfertigten hochdeutschen Übersetzung, Wien 1746, S. 66, 84. [3] Chaptal, „Chimie appliquée aux arts", Paris 1807, Bd. 2, S. 119; Hermbstaedt, „Grundriß der Technologie", Berlin 1830, Bd. 2, S. 260. [4] Beckmann, „Technologie", Göttingen 1777, S. 282ff. [5] Lémery, „Vollständiges Warenlexikon", Übers. Richter, Leipzig 1723, S. 312, und „Cours de Chymie", Dresden 1726, S. 456ff.

noch bei Lémery „Vedasse", ist verderbt aus dem deutschen „Waidasche", — so hieß nämlich die Pottasche, weil die Waidfärber (Blaufärber) sie in großen Mengen verbrauchten, nicht aber, weil sie etwa durch Einäschern der Waidpflanze (Isatis) dargestellt worden wäre; „Alumen catinum" endlich[1] ist eine mißlungene Übersetzung von Pottasche, denn catinus bedeutet, wie noch Rulandus im „Lexicon Alchemiae" von 1612 bestätigt, nichts weiter als Tiegel, Pfanne, Topf, ein „vas terreum" aus „argilla", d. i. „der Poter Erd".[2]

Während des 17. und 18. Jahrhunderts nahm der Verbrauch an Pottasche fortdauernd zu, namentlich seitens der Färbereien und Glashütten, denn nach Kunckel ist sie „denen Glasmachern durchaus und gänzlich unentbehrlich",[3] und nach Justi bleibt sie „die wirkende Materie bei dem gemeinen weißen Glase";[4] infolge der unbedachtsamen Ausrottung der osteuropäischen Wälder konnte aber die Erzeugung nicht dem Verbrauche entsprechend fortschreiten, und die Bemühungen Peters des Großen, Rußland die führende Stellung zu erhalten, indem er 1719 die Pottasche für ein Kronregal erklärte, blieben fruchtlos,[5] obwohl sich immerhin Danzig bis nach 1800 als wichtiger Ausfuhrhafen, und Amsterdam noch erheblich länger als hervorragender Zwischenhandelsplatz für den Artikel behauptete.[6] Um 1750 kostete nach Beckmann der kleine Zentner schon 7 Taler, und dieser hohe Preis wirkte als kräftiger Anreiz auf die Entfaltung einer einheimischen Produktion, soweit eine solche nicht durch staatliche Monopole beschränkt

[1] So noch „Onomatologia medica completa" ed. Albrecht von Haller, Ulm 1755, S. 415. [2] Rulandus, „Lexicon Alchemiae", Frankfurt 1612, S. 135 und 69. — „Sacro catino" heißt das als „heiliger Gral" zu Genua aufbewahrte Gefäß, das aber in Wahrheit nicht aus einem einzigen Edelstein besteht, sondern ein altorientalischer Glasfluß ist. [3] „Laboratorium chymicum", Hamburg 1722, 2. Auflage. [4] „Vollständige Abhandlung von den Manufakturen und Fabriken", Koppenhagen (!) 1761, Bd. 2, S. 446. [5] Beckmann, a. a. O. [6] Baumé, „Kleine Schriften", Frankfurt 1800, S. 228; Chaptal, a. a. O. S. 114; Thon, „Warenlexikon", Ilmenau 1832, S. 1534.

war, wie z. B. seit 1720 in der Provinz Brandenburg.[1] In Deutschland wurden zwischen 1750 und 1775 viele kleine Siedereien neu errichtet, besonders zahlreich nach Beckmann in Hessen[2] und nach Braun-Wiesbaden im Hunsrück, wo z. B. 1782 die einzige Vogtei Pfalzfeld unter 109 Einwohnern 26 Brenner zählte;[3] die Herstellung der besten Asche galt als Geheimnis gewisser Familien, deren Produkte sehr gesucht waren, und „weithin bis nach Bremen und Holland" für teures Geld Absatz fanden.[4] In Frankreich boten die großen Wälder der Nordprovinzen gleichfalls ein weites Feld der Tätigkeit; Chaptal schildert ausführlich, wie die Rohasche gewonnen und ausgelaugt, die Reinlauge in kleinen Töpfen, die nur hundert Pfunde faßten, eingekocht, und die völlig konzentrierte Masse schließlich in Fässer abgefüllt wurde.[5]

Im Verlaufe des 18. Jahrhunderts entstand auch eine ausgebreitete Literatur über Pottasche-Brennerei, deren Verzeichnis z. B. bei Trommsdorff fast zwei Seiten einnimmt;[6] wo immer aber in ihr über die Herkunft des Namens Pottasche die Rede ist, nehmen die Erklärungen allein Bezug auf die Benutzung von Töpfen zur Verpackung, so z. B. bei Beckmann,[7] bei Macquer-Leonhardi,[8] bei Gren,[9] bei Böhmer,[10] bei Bouillon-Lagrange,[11] und bei den älteren seitens Gren und Ure[12] angeführten englischen Technologen, und demgemäß schreiben auch die Verfasser, — unter naturgemäßer Beeinflussung durch die Sprachquellen, aus denen

[1] Thiele, „Salpeter-Wirtschaft und -Politik", Tübingen 1905, S. 198. [2] „Beiträge zur Ökonomie", Göttingen 1781, Bd. 5, S. 145, 313. [3] „Bilder aus der deutschen Kleinstaaterei", Hannover 1881, Bd. 1, S. 192. [4] Beckmann, „Technologie", Göttingen 1777, S. 282ff. [5] a. a. O. Bd. 2, S. 100, 106. [6] „Systematisches Handbuch der Chemie", Erfurt 1804, Bd. 6, S. 108. [7] a. a. O. [8] „Chymisches Wörterbuch", Leipzig 1788, Bd. 1, S. 245. [9] „Systematisches Handbuch der gesamten Chemie", Halle 1794, Bd. 2, S. 37. [10] „Technische Geschichte der Pflanzen", Leipzig 1794, Bd. 1, S. 719. [11] „Manuel d'un cours de Chimie", Paris 1801, Bd. 1, S. 558. [12] „Diction. of arts and manufacture", London 1840, S. 1005.

sie schöpften —, bald „Pottasche" wie Stahl (1720), Alberti (1728), und Kühnst (1738),[1] bald „Pott-Asche" wie Kunckel (1722),[2] bald „Pot-Asche" und „Pot-ash" wie Boerhave (1762)[3] und die älteren englischen Autoren,[4] bald auch abwechselnd Pottasche, Potasche, Pott-Asche, und Pot-Asche wie Roth (1721).[5] Das Wort „Potassinum" für „Gewächsalkali" gebrauchte zuerst (erst 1782?) Bergman,[6] und hierdurch ging diese Schreibweise (mit nur einem t) in die Wissenschaft über; in Norddeutschland und am Niederrhein ist die Schreibung Potasche auch jetzt noch keine seltene, und hat ihr Analogon in der für die „Potlohe", die in der Rheinprovinz vielfach zum Schwärzen der eisernen Öfen dient, und richtig „Pot-Lood" heißen müßte, d. i. in holländischer Sprache „Topf-Blei", ein zuerst in Holland im großen dargestelltes, aus Graphit („Reiß-Blei") bestehendes Anstrichmittel, das schon im 18. Jahrhundert, in Töpfe gestampft, auch rheinaufwärts verschifft wurde.[7]

Wie sich aus dem Dargelegten ergibt, führt die Geschichte der Pottasche an keiner Stelle auf den Chemiker Pott zurück. Die Annahme, daß zwischen Pott und Pottasche ein Zusammenhang bestehe, ist ein Irrtum der neuesten Zeit, und seine rasche Verbreitung, die sich selbst auf chemisch-historische Fachblätter erstreckte, z. B. auf die „Mitteilungen zur Geschichte der Medizin und der Naturwissenschaften",[8] ist zweifellos dem Umstande zuzuschreiben, daß er Aufnahme

[1] Stahl, „Chymia rationalis", Leipzig 1720, S. 123, 422, 423; Wiegleb, „Geschichte des Wachstums . . . der Chemie", Berlin 1792, Bd. 1, S. 185, 213. [2] a. a. O., S. 128. [3] „Anfangsgründe der Chymie", Berlin 1762, S. 79, 86, 234, 235. [4] Siehe bei Gren und Macquer-Leonhardi, a. a. O. [5] „Gründliche Anleitung zur Chymie", Leipzig 1721, S. 19, 30, 103ff.; 60, 67, 91, 92, 111; 17, 166; 190, 194. [6] s. bei Gren, Bd. 4, S. 14. [7] Beckmann, „Beiträge zur Geschichte der Erfindungen", Leipzig 1805, Bd. 5, S. 247ff. [8] Bd. 2, S. 316: „. . . Pott, dessen Pottasche dort irrtümlicherweise nur mit einem t geschrieben wird"; Bd. 2, S. 349: „. . . Potts Pottasche fehlt daselbst".

in die glänzende und vielgelesene Rede fand, mit der Emil Fischer 1900 das neue chemische Laboratorium der Berliner Universität eröffnete.[1] Geheimrat Prof. Dr. E. Fischer, dem ich damals den Sachverhalt unterbreitete, hatte die Güte, mich auf Harnacks „Geschichte der Berliner Akademie" von 1900 als seine Quelle hinzuweisen, und weitere Aufklärung in Aussicht zu stellen; welcher besondere Umstand indessen Harnack, dem großen Forscher von weltbekannter Gründlichkeit und Genauigkeit, in diesem Falle zu einem Versehen Anlaß gab, hat sich nicht mehr ermitteln lassen.

[1] Berlin 1900, S. 9.

28

ZUR GESCHICHTE DER POTTASCHE UND IHRES NAMENS. II.[1]

Unter dem obigen Titel veröffentlichte ich vor zwei Jahren[2] einen kurzen Aufsatz, in dem ich zu zeigen suchte, daß der Namen der Pottasche, entgegen laut gewordenen Behauptungen, in keiner Weise mit jenem des Chemikers Pott (1692—1777) zusammenhängt, vielmehr vermutlich auf die Art ihrer Verpackung (in Potten) oder ihrer Herstellung (durch Einkochen in Kesseln und Töpfen) zurückgeht; ich erwähnte ferner, daß schon die alten Akten der Hansa Pottasche als Gegenstand der Danziger Ausfuhr verzeichnen, daß die angeblich vor 1450 abgefaßten Schriften des sogenannten Isaac Hollandus sie mehrmals nennen, und daß sie 1577 auch in Lüttich bereits als etwas Wohlbekanntes erscheint; endlich gedachte ich der Ausdrücke „Vedassium" (= Waidasche), Alumen Catinum (= Kesselasche), und „Cineres clavellati", welchen letzteren die Einen von Clavicula (= Weinrebe), die Anderen von Clavellis (Faßdaube) abzuleiten suchten.

Bald darauf hob O. N. Witt[3] hervor, daß die Pottasche, die allmählich an die Stelle der (in der alten Welt fast allein gebräuchlichen) natürlichen Soda trat, und hauptsächlich zur Herstellung der Seife und des Glases diente, im Norden ur-

[1] „Chemiker-Zeitung" 1910, S. 1217. [2] ebd., 1908, S. 977. [3] ebd., S. 1029; übereinstimmend mit ihm auch König, ebd., S. 1140 und 1191.

sprünglich jedenfalls die Holzasche der Haushaltungen war: die Mitte des Hauses nahm der Herd mit dem großen, stets brodelnden „Pott" ein, und unter diesem häufte sich die Asche an, man sammelte diese „Pott-Asche", laugte sie aus, und verbrauchte die Lauge zunächst sicherlich unmittelbar. So dürfte nach Witt die Bezeichnung „Pottasche" entstanden sein, und es erscheint ihm daher mißlich, sie erst von der Herstellung durch Einkochen, oder von der Art der Verpackung in Potten abzuleiten.

Was diese letztere betrifft, so haben mich weitere Studien überzeugt, daß die Versendung in wirklichen „Töpfen" keinesfalls so allgemein anzunehmen ist, wie dies aus den Angaben bei dem so höchst zuverlässigen Beckmann,[1] bei mehreren anderen Technologen des 18. Jahrhunderts,[2] und auch bei Weigand[3] hervorzugehen schien; denn offenbar haben genannte Autoren unter „Potten" stets Töpfe verstanden, während der Ausdruck in späteren Zeiten auch Fässer bezeichnete (siehe weiter unten). Indessen hätte mich dieser Umstand nicht veranlaßt, abermals auf das Thema Pottasche zurückzukommen, — auch nicht in Verbindung mit Sudhoffs Hinweis, daß die Schriften des sogenannten Isaac Hollandus, mindestens in ihrer vorliegenden Form, nach-Paracelsischen Ursprunges, und demnach in historischer Hinsicht nicht ohne weiteres beweiskräftig seien —, wäre nicht vor einiger Zeit eine größere Arbeit des Herrn Dr. M. Speter erschienen,[4] die auf den fraglichen Gegenstand ganz neues Licht zu werfen unternahm.

Ausgehend von einem Hinweise in Zedlers „Universal-Lexikon" von 1734, gelangt Herr Dr. Speter im wesentlichen etwa zu folgenden Leitsätzen:

[1] „Anleitung zur Technologie" (Göttingen 1777; S. 282ff.). [2] s. meinen Aufsatz a. a. O. [3] „Deutsches Wörterbuch" (Gießen 1878; Bd. 2, S. 377). [4] „Archiv für die Geschichte der Naturwissenschaften und der Technik" (Leipzig 1910; Bd. 2, S. 201).

1. Darüber, was Pottasche ist, wie sie hergestellt wird, und wovon sie ihren Namen trägt, findet sich die erste und älteste Erklärung in der Schrift „Doxoscopia physica", die etwa gegen 1632 von Joachim Jungius verfaßt, aber erst 1662 aus seinem Nachlaß durch Vogel in Hamburg herausgegeben wurde. Diese Erklärung besagt, daß das Salz der „Cineres clavellati", auch „Potasch" genannt, aus den Dauben der mit Asche für die Färber und Seifensieder (sog. Waidasche) gefüllten Fässer, gemacht wird. Aus solcher, wegen des Gebrauches durch die Waidfärber „Waidasche" genannten Holzasche, ziehen die „clavellae", das sind die eichenen Dauben und Stäbe der Fässer, allmählich die schärfsten und wirksamsten Teilchen an sich, und wenn man sie, so vollgesaugt, verbrennt, so liefern sie ein wie Blei fließendes Salz. Die „clavellae" (Dauben) gaben den „Cineres clavellati" den Namen, die Dauben oder „Potten" der „Pottasche".

2. Die angeführte Erklärung schrieb Jungius, einer der bedeutendsten Männer seiner Zeit, gerade dann nieder, als man die erwähnte Art der Herstellung ausübte; diese wurde nämlich bald verlassen, erstens weil sie sehr unrationell war, und zweitens weil bekannt wurde, und zwar zuerst durch Kunckel (1679), daß man aus Holzasche, durch Extrahieren und Eindampfen der Lauge, ein ebensolches Produkt gewinnen könne, für das der Name „Pottasche" Geltung behielt.

3. Die Jungiussche Erklärung blieb, samt seinem Werke „Doxoscopia physica", der Mit- und Nachwelt verborgen, daher machen sich im 17., und noch mehr im 18. Jahrhunderte, ganz irrtümliche Deutungen geltend.

4. Die Angabe, daß in den alten Hansa-Akten, und daß 1577 in einem Lütticher Texte Pottasche nachweisbar sei, ist vollständig unzutreffend; das Wort taucht im Französischen vielmehr erst 1639 auf.

Es wird erforderlich sein, den Inhalt dieser Sätze einer näheren Prüfung zu unterziehen; doch sei, um diese zu vereinfachen, die möglichst übersichtliche Zusammenstellung einiger historischer Tatsachen vorausgeschickt.

I. — Auf die Geschichte der Alkalien im Altertum soll an dieser Stelle nicht eingegangen werden, doch sei erwähnt, daß die Entstehung alkalisch reagierender Aschen aus Pflanzenstoffen wohlbekannt war[1] und richtiger beurteilt wurde, als zum Teil noch in der ersten Hälfte des 19. Jahrhunderts. So z. B. erzählt Lucian (um 150 n. Chr.), daß sein Zeitgenosse, der Philosoph Demonax aus Zypern, auf die Frage eines Spötters: „Wenn ich 1000 Pfund Holz verbrenne, wieviel Pfund Rauch entweichen da?", schlagfertig antwortete: „Wäge die Asche, das Fehlende ist als Rauch weggegangen".[2]

Die älteste persische Pharmakopöe des Abu Mansur Muwaffak (975 n. Chr.) führt verschiedene Arten Alkalikräuter, und Qualja (= Kali) als Produkt ihrer Verbrennung, schon als etwas ganz Gewöhnliches an.[3] Von den Persern, vielleicht auch von den Syriern und alexandrinischen Griechen, übernahmen die Araber diese Kenntnis; Avicenna oder Ibn-Sina (980—1037) macht im „Kanon der Medizin" zwar vielfach Anwendung von Alkali, beschreibt es aber, als etwas schon Allbekanntes, nicht näher,[4] und nur der Kommentator bemerkt, das eigentliche Alkali der Araber sei ein gewisser Teil, nämlich die steinharte Masse, aus der Asche verbrannter Gewächse, und dieses Alkali, mittels dessen man Glas und Seife bereite, heiße im Abendlande Alumen catinum.[5] Der spanische Araber Abul-Kasim (936—1016) schildert dagegen um das Jahr 1000 sehr eingehend, wie man „Herba alkali" verbrennt und extrahiert, die wässerige Lauge in Töpfen auf dem Ofen zur Trockne bringt (in olla in clibano coagula), und das Salz ganz ebenso weiter reinigt wie die natürliche Soda,

[1] S. meine „Abhandlungen und Vorträge zur Geschichte der Naturwissenschaften" (Leipzig 1906). [2] Lucian „Demonax", cap. 39. [3] „Abhandl. u. Vorträge", S. 85. [4] Übers. des Andreas Bellunensis, Venedig 1544, S. 139. [5] ebd., Anhang, S. 6.

nämlich durch Kalzinieren, Auflösen, Filtrieren, und nochmaliges Einkochen.[1] Auch Ibn-al-Awam, der zu Sevilla um 1150 sein „Buch der Landwirtschaft" schrieb, gedenkt der Pflanze Kali, die er u. a. ebenfalls als Heilmittel gebraucht;[2] in den, unter arabischem Einfluß stehenden Ländern, in Europa also besonders in Spanien und Südfrankreich, faßten Anbau und Verarbeitung der Alkalikräuter schon sehr frühzeitig und dauernd Boden, was auch insofern leicht erklärlich ist, als das „Kali" für viele, bei den Arabern seit jeher in hoher Blüte stehende Gewerbe unentbehrlich war, z. B. für die Glas- und Seifenfabrikation sowie für die Färberei.

Im Norden Europas gestaltete sich das weite Gebiet der Niederlande, — der Ausdruck ist im geographischen, nicht im politischen Sinne zu nehmen —, begünstigt durch seine alte Kultur, seine vortreffliche Lage, und seine dichte Bevölkerung, zuerst zu einer Hauptstätte des Großhandels und der Großindustrie, deren ältester und jahrhundertelang vorherrschender Zweig das Herstellen und Färben wollener Stoffe und Tücher war. Außer der heimischen Wolle wurden alsbald auch spanische, und sodann, weil Letztere eines entsprechenden Zusatzes bedurfte, englische verarbeitet, und mit Recht sagt daher noch ein englisches handelspolitisches Pamphlet von 1430, „The Libell of the English Policye":[3] „... Die Fläminge bereiten / Die span'sche Wolle seit den frühsten Zeiten; / Durch unsere Wolle nur, die sie verweben, / Können die Städte dort bestehn und leben". Zum Reinigen und Entfetten, zum Bleichen der Wolle (sowie des gleichfalls sehr wichtigen Leinens), sowie zum Färben, namentlich mit dem so beliebten Weed (= Waid, Isatis tinctoria), war aber Alkali, also Asche nötig.

[1] Zitiert u. a. bei Lobelius „Adversariorum Volumen", vorgebunden der „Plantarum Historia" (Antwerpen 1576), sowie bei Libavius, „Syntagma Alchymiae Arcanorum" (Frankfurt 1615; Bd. 1, S. 460). [2] ed. Clément-Mullet, Paris 1867, Bd. 3, S. 173 u. 186. [3] ed. Hertzberg, Leipzig 1878, Vers 102 und 122; die Übersetzung ist, was die Warennamen betrifft, nicht ganz zuverlässig.

Nach einem Hinweise, den ich dem gründlichen Kenner der holländischen Handelsgeschichte, Herrn J. J. Reesse in Amsterdam verdanke, ist Torfasche zu solchem Zwecke unbrauchbar, und da eigene Holzasche den waldarmen Niederlanden stets nur in sehr beschränktem Maße zu Gebote stand, machte sich rasch (wohl schon im 11., sicher im 12. Jahrhunderte) die Notwendigkeit geltend, solche von auswärts zu beziehen.

In erster Linie kam hierbei, neben dem menschenarmen und daher nur sehr wenig leistungsfähigen Dänemark und Südschweden, das reicher bevölkerte und wohlhabendere Deutschland in Betracht, vor allem Hamburg, das, wie Kiesselbach angibt, bald nach 1200 schon etwa 10000 Einwohner besaß und ein wichtiger Durchfuhr- und Stapelplatz war.[1] In dieser Zeit ging Holzasche, „die in Flandern in großer Menge von den Tuchmachern zum Reinigen der Wolle verbraucht wurde“, schon als regelmäßiges Frachtgut von Hamburg nach Brügge, und zwar entweder unmittelbar zur See, oder über Utrecht, wo man „Krangeld“ für das Heben über den Damm bezahlte.[2] Gehoben wurden jedenfalls die Fässer, die in Hamburg und Lübeck, wie im 14., so auch schon im 13. Jahrhundert ein Gegenstand der Massenerzeugung waren: „Fässer“, „Pipen“, und „Tonnen“ dienten u. a. zur Verpackung von Fleisch, Öl, und Honig, namentlich aber von Heringen, an deren damals wichtigstem Fangorte, Schonen, sie nach Kiesselbach und Schäfer weder hergestellt, noch auch nur ausgebessert werden durften.[3] In der Tat weist die Hamburger Zollrolle von 1250 neben der „Tunna“ Fett und Tran, und dem „Vas picis“, „Vas unguenti“ (Faß Pech, Faß Unschlitt), auch zweimal ein „Vas cinerum“ (Faß Asche) auf, das in Hamburg selbst gekauft war, und 4 Pfennige Zoll be-

[1] Kiesselbach, „Die wirtschaftlichen Grundlagen der Deutschen Hanse“, Berlin 1907. [2] ebd., S. 109, 134, 138. [3] ebd., S. 52, 165, 210ff.; 225ff.; Schäfer, „Die Hansestädte und König Waldemar von Dänemark“, Jena 1879, S. 257.

zahlte.[1] Hamburg bezog diese Asche teils zu Wasser aus den Produktionsorten an der Elbe und Havel, teils auf dem Landwege „aus dem Herzogtum Sachsen“,[2] sowie über Lübeck, das bis etwa 1300 die einzige deutsche Stadt an der Ostsee blieb, und die Zufuhr der baltischen Waren, die man der Gefahr einer Umsegelung Jütlands nicht gern aussetzte, nach Hamburg vermittelte.[3] Immerhin fuhren jedoch schon vor 1300 Schiffe Lübecks, aber auch der Städte Stralsund, Greifswald, Elbing, Thorn, und Riga, sowie niederländische und friesische, auch direkt aus den baltischen Häfen nach Flandern, wie denn z. B. 1294 berichtet wird, daß solche, u. a. auch Asche führende, durch den Sturm nach England verschlagen wurden;[4] 1274 besaß Greifswald das Niederlagsrecht für alle Asche aus dem Herzogtum Pommern, und zu gleicher Zeit empfing Stralsund für Flandern bestimmte Asche aus Stargard und selbst aus Frankfurt a. Oder, und erließ ihr, falls sie in Fässern verpackt war, das „Windegeld“.[5] Nach 1300 wird auch der Handel Preußens, d. i. des Ordenslandes, nach den Niederlanden schon als ein bedeutender bezeichnet, sowohl der zur See, als auch der zu Lande, und dies bestätigt das Zollprivilegium von 1340, das preußischen und westfälischen Kaufleuten die Durchfuhr von Waren, unter denen auch Asche genannt wird, durch Holland gestattet.[6] Lübeck, das nach Sartorius bereits im 13. Jahrhundert aus Schweden „die Erzeugnisse des Waldes und was damit zusammenhängt“ bezog,[7] brachte um 1350 gleichfalls „Pottasche“ aus Schweden, den „nordischen Ländern“, sowie aus Danzig und aus anderen ostdeutschen Seestädten, die die Asche ihrer kleineren Bezirke sammelten, nach den Niederlanden,[8] wo u. a. zu Damme, vor Brügge, schon 1360

[1] Kiesselbach, S. 104 u. 116. [2] ebd., S. 112. [3] Kiesselbach, S. 93. [4] ebd., S. 48ff., 159. [5] ebd., S. 48ff., 50. [6] ebd., S. 156, 163. [7] Sartorius-Lappenberg, „Urkundliche Geschichte des Ursprunges der Deutschen Hansa“, Hamburg 1830, Bd. 1, S. 162. [8] Schäfer, a. a. O., S. 187, 196; Schäfer nennt ausdrücklich „Pottasche“, führt jedoch, wie zumeist in seinem Werke, besondere Belegstellen nicht an; auf diese Quelle

ein „Deutsches Lagerhaus" für die dort zu verkaufende Asche bestand.[1] Für Brügge war der Ostseehandel der zuletzt entwickelte Zweig des Handelsverkehres, und machte die Stadt im 14. Jahrhunderte zum „völligen Weltmarkte";[2] zugleich bedingte er das Schwergewicht der deutschen Kaufleute in Flandern, sowie die Entfaltung Hamburgs und Lübecks,[3] und hierdurch wieder die feste Gestaltung des Bundes deutscher Städte zur Hansa, — welche Bezeichnung für diesen Bund nach Schäfer, Kiesselbach, und Hirsch, erst um 1350 nachweisbar wird.[4]

Was den Handel Danzigs betrifft, so begann er nach Hirsch erst um 1360, lebhafter erst um 1380 zu erblühen,[5] wozu dann die Aufnahme des direkten Verkehres mit Polen (1391), der bis dahin durch Vermittlung von Thorn erfolgt war,[6] vieles beitrug. Nicht erst im 15., sondern schon im 14. Jahrhundert war die Ausfuhr nach dem Westen im Gange; zu ihren Hauptgegenständen zählten Holz, Faßstäbe, „Tonnen" für Heringe und Salz (die die schon 1340 erwähnten Faßbinder, „Doleatores" = Böttcher, anfertigten),[7] sowie Asche, deren „verschiedene Sorten" nach Flandern und Brabant, Holland, England und Schottland verschifft wurden.[8] Die wichtigste Bezugsquelle für Asche waren Polen und Lithauen, um 1420 auch schon das preußische Binnenland.[9] — Die polnische Asche kam auf Kähnen und Flössen, in losen Haufen, seit 1404 mit einem Zeichen ihres Herkunftsortes versehen, die Weichsel herab, und wurde ursprünglich in Thorn auf

gründete sich die, die „alten Hanseakten" betreffende Bemerkung in meinem ersten Artikel, doch war sie mir entfallen, und ich konnte sie Herrn Dr. Speter, auf eine Anfrage hin, nicht mitteilen.

[1] Kiesselbach, S. 185. [2] ebd., S. 94, 148. [3] ebd., S. 41, 46. [4] Schäfer, S. 251; Kiesselbach, S. 189, 251; Hirsch, „Danzigs Handels- und Gewerbs-Geschichte", Leipzig 1858, S. 25. Hanse im bloßen Sinne von „Schaar" kommt aber nach Warnkörnig („Flandrische Staats- und Rechts-Geschichte", Tübingen 1836, Bd. 2, [I], Anh. 28) schon im Genter Zolltarif von 1191 vor. [5] Hirsch, a. a. O., S. 31, 83. [6] Hirsch, a. a. O., S. 172. [7] ebd., S. 122, 23, 105. [8] ebd., S. 132, 134, 116, 120. [9] ebd., S. 199.

Tonnen gefüllt (1 Faß enthielt 1 Schiffspfund = etwa 150 kg, und 12 Faß machten eine Last aus), weshalb auch Thorner „Maß und Band" für alle Aschenfässer in ganz Preußen gültig war.[1] Zugleich wurde die Qualität der Ware geprüft und durch einen Stempel beglaubigt, was man „Braken" oder „Wraken" nannte.[2] „Wrak" ist, wie Bohn angibt,[3] und wie mir Herr J. J. Reesse bestätigt, ein Wort niederländischen Ursprunges, und bezeichnet speziell im uralten holländischen Heringshandel eine Ware von minderer Beschaffenheit, auch ein untaugliches oder verdorbenes Gut, im Gegensatze zu „Puik" (d. i. vorzüglich, trefflich; erhalten im deutschen „pikfein"); Heringe geringerer Qualität hießen daher „Wrak", und ganz schlechte, sogenannte Stankheringe, „Wrak-Wrak".[4] In Danzig war ein städtisches Untersuchungsamt, eine sogenannte „Warenbrake", 1378 schon vorhanden, und es ist von Holz als Brak und Brak-Brak, sowie von einer Bragebank oder Brakbank zum Stürzen alter Schiffe (Wraks), die Rede;[5] eines eigenen Aschenbrakers wird 1428, eines besonderen Aschenspeichers und Aschenpackers 1442, als etwas sichtlich nicht mehr neuen, Erwähnung getan.[6] — In Lithauen, dessen Hauptererzeugnis Holz war, wurde die Asche in den Wäldern unter Aufsicht von Bürgern aus Danzig und Kauen (Kowno) bereitet, und ging dann, anfangs lose, später zum Teil wohl auch in Fässern, nach Preußen, wo bereits 1406 das Umpacken und Trocknen in Kneiphof, einem Stadtteil des heutigen Königsberg, gebräuchlich ist;[7] 1450 klagt ein Schriftstück des Danziger Rates über die Störungen solchen alten Handels, und spricht bei diesem Anlasse von „ledigen Vassen", „fassen bindigen", „Tunna Asche" und „Vas Wrak-Wrak".[8] Riga, Pernau, und andere baltische Städte sandten 1430 nach Danzig sogenannte „Hornasche",

[1] Hirsch, a. a. O., S. 216ff.; 275ff.; 255. [2] ebd., S. 178. [3] „Neueröffnetes Waarenlager", Hamburg 1743; 2. Aufl. 1763; S. 378. [4] Die Stempel hierfür s. bei Bohn, S. 379. [5] Hirsch, S. 215ff.; 212. [6] ebd., S. 216ff. [7] ebd., S. 216ff.; 161, 165. [8] ebd., S. 281.

die ein Hirschhorn als Zeichen trug,[1] und im selben Jahre wird auch „Aschensalz“ als Ladung nach Reval,[2] und „Pottasche“ in einem Briefe Revals an Dorpat erwähnt.[3] — Ob auch aus Naugard am Ilmensee (Nowgorod), das nach Beer schon im 13. und 14. Jahrhunderte Teer und Pottasche verschiffte,[4] eine Ausfuhr nach Danzig bestand, ist unsicher; es bietet Interesse, daß die für den Naugarder „Hof“ und das Bräuhaus der deutschen Kaufleute 1346 erlassenen Vorschriften, die übrigens auf ältere Grundlagen von 1315 zurückgehen,[5] das Verbot aussprechen, einen Russen in den „Pott-Klet“ einzulassen;[6] Klet ist ein slavisches Wort für Vorrats- oder Warenlager,[7] und Pottklet bedeutet den Lagerraum für Biertöpfe, -krüge und -potten, oder auch die Trinkstube.[8]

Brederlow, dessen Werk: „Geschichte des Handels und der gewerblichen Kultur der Ostseereiche im Mittelalter“ (Berlin 1820), beachtenswert ist, weil der Autor aus zahlreichen, nur handschriftlich vorhandenen Quellen städtischer Archive schöpfte, macht darauf aufmerksam, daß Danzig seit alter Zeit nicht nur eine Stätte kaufmännischen Verkehres, sondern auch einer gewissen Industrie war, indem dort zahlreiche Rohprodukte der Binnen- und der nordischen Länder umgeschmolzen, -gegossen und -gesotten wurden, u. a. Kupfer, Eisen, Blei, Fett, Wachs, usf.[9] Solchen Umarbeitungen wurde auch die Asche unterzogen, die schon im 14. Jahrhunderte zur Ausfuhr nach den Niederlanden und England gelangte,[10] und deren Beschaffung den Gegenstand eines wichtigen Handels bildete, den allerdings um 1400 die Kämpfe des Ordenslandes gegen die Polen erheblich schädigten. Aber auch nach 1400, und

[1] Hirsch, S. 198, 255. [2] ebd., S. 197. [3] Speter, S. 203. [4] „Geschichte des Welthandels“, Wien 1860ff., Bd. 1, S. 255. [5] Sartorius, Bd. 1, S. 141; Bd. 2, S. 265 und 273. [6] ebd., Bd. 1, S. 144; Bd. 2, S. 273. [7] ebd., Bd. 1, S. 143. [8] ebd., Bd. 2, S. 272; Riesenkampf, „Der Deutsche Hof zu Nowgorod“ (Dorpat 1854), und Winckler, „Die Deutsche Hansa in Rußland“ (Berlin 1886), waren mir nicht zugänglich. [9] Brederlow, S. 172, 175. [10] ebd., S. 21, 22.

in den Jahren nach der Schlacht bei Tannenberg (1410), — so berichtet Brederlow[1] —, blieben Aschenhandel und -fabrikation immer noch sehr bedeutend, und „auf dem Danziger Markte konnte man in dieser Zeit jährlich erwarten 6000 bis 7000 Faß Pottasche und 2000—3000 Last Weedasche". Brederlow ist der Ansicht, daß als Waidasche die gemeine Holzasche zu betrachten sei, die man auch in eisernen Töpfen kalzinierte, wobei sie (infolge Verbrennung der beigemengten Kohle) grau oder weißlich wurde;[2] die kalzinierte Waidasche, die weniger ätzend als Pottasche, und deshalb von den Bleichern sehr gesucht war, pflegte man noch in späteren Zeiten beim Verpacken mit dem Hammer möglichst fest einzuschlagen, offenbar, weil sich die Ware desto weniger zerfließlich erwies, je vollständiger der Zutritt feuchter Luft abgehalten wurde. Vermutlich rühren hierher, und vielleicht auch vom Zerstampfen der großen, oft sehr harten, gebrannten Rohaschenstücke, die Ausdrücke „Cineres clavellati" und „Cineres clavati", — deren letzteren, nach Herrn Dr. Speter,[3] Ducange schon in einer französischen Färbereiverordnung vom Jahre 1332 vorgefunden hat —, denn „clavatus" und „clavellatus", vom lateinischen „clava" und „clavella" (die Keule), heißt „gestampft"; die Ableitungen von clavellis (Faßdaube) oder clavicula (Weinrebe), wären also erst spätere, auf unrichtigen und unwahrscheinlichen Etymologien beruhende.[4]

Weiterhin, im 16. Jahrhunderte,[5] spricht ein Danziger Aktenstück von „Weyde-Asche", und von „Potasche" verschiedener Herkunft, und bemerkt, daß Waidasche gebrakt wird, Potasche oder Potasch aber nicht; auch in einer Rigaer

[1] Brederlow, S. 174. [2] s. Speter, S. 203, der die Ausdrücke Aschensalz, Verbranntes Salz, u. dgl., anführt. [3] a. a. O., S. 209. [4] Für zerkleinerten Zucker kennen frühere Zeiten die Namen „zucchero chiavato" (ital. chiava = Keule, chiavella = Stämpfel), „zucchero pillato" (ital. pillo = Stößel), „zucchero conquassato" (ital. conquassare = zerstampfen); daher schreiben sich die, noch jetzt im Zuckerhandel gebräuchlichen Bezeichnungen Pilé, Concassé, Stampfzucker, Stampfmelis. [5] Speter, S. 204.

Taxe von 1581 werden, unter sechserlei Sorten Aschen, genannt: „Spiegelasche“,[1] sowie „Pottasche“, Potasche“, oder „Topasche“,[2] die sich als „tonna cineris praestantissimi“ (stärkste schärfste Asche) bezeichnet findet.

II. — Das größte Verbrauchsgebiet für Asche war, wie schon mehrfach hervorgehoben, das der Niederlande. Nach Warnkönig[3] bezog Brügge aus „Germania, Dania (Dänemark), Ostlandia, und Polonia“ schon bald nach 1200 „Sal nitrum“, (worunter, wie stets in so früher Zeit, nicht Salpeter zu verstehen ist, sondern Alkalikarbonat), und aus „Alemaigne, Denemarche, und Suedelen“ viel „cendres, saines cendres“ (Asche, gute Asche), und auch noch Sartorius[4] erwähnt einen Schutzbrief, in dem der Bischof von Utrecht 1244 den Hamburgern und Lübeckern ihre alten Rechte bestätigt, u. a. das Zoll- und Krangeld für jedes Faß Teer oder Asche, „Vas cineris“. Im Genter Zolltarif von 1109, kommen als Gefäße vor: ollae (Töpfe), cacabi (Kessel), dolia (Tonnen), geltae (Gelten, so noch jetzt in Norddeutschland), und Vasa lignea (hölzerne Bütten, auch Thelen genannt), jedoch keine Aschenfässer;[5] in der Zollrolle der Gräfin Margaretha von Flandern von 1252[6] taucht aber das „Vas cinerum“ wieder auf,[7] und ferner werden noch als Gefäße angeführt: Cacabus (Kessel), Cista (Kiste), Cufa (Kufe), Cuvella (Kübel), Dolium (Tonne), Havardus (Hafen), Meesa oder Tonna (Tonne von etwa 2 Kufen), Molden (Mulde, „teutonice“: Trog), Olla (Topf), Tina (Tine, so noch jetzt in Norddeutschland; meist größer als „vas“), Tonna (auch Telma genannt), Tubba (Faß), Vas (Faß; meist kleiner als „Tonna“). Das Verzeichnis der in Brügge schon 1262 „seit alters her“ üblichen Zölle[8] führt

[1] d. i. helle, glänzende, wie „Spiegelharz“ nach Sartorius, Bd. 2, S. 58.
[2] Wechselformen wie Top (Topf) und Pot sind sprachlich keineswegs selten.
[3] a. a. O., Bd. 2 (1), S. 121; Anh. S. 146ff. [4] Bd. 1, S. 217; Bd. 2, S. 49.
[5] Warnkönig, a. a. O., Anh. S. 21ff. [6] Sartorius, Bd. 2, S. 54ff.
[7] ebd., Bd. 2, S. 57. [8] Sartorius, Bd. 2, S. 80ff.

beinahe alle Waren und Gefäße der Vorgenannten ebenfalls auf, darunter auch „Vas cinerum";[1] in der vlämischen Übersetzung (die den meisten anderen Dokumenten mangelt) ist leider gerade das hierfür entsprechende eine Wort unleserlich, und man kann aus der Handschrift nur mehr „.... schen" entziffern;[2] der spätere vlämische Zolltarif Dortrechts von 1358 schreibt „Tonna Bier, Teer, Asche". — Erwähnt sei, daß die Brügger Zollrolle (1262) auch von einem „Barellus" (Barrel, Faß) spricht;[3] der bisher unerklärte Ausdruck wird, nach gütiger Mitteilung des Herrn Prof. Dr. G. Jacob in Erlangen, seitens Dozys aus dem arabischen (aber nicht altarabischen) Barmîl (= Faß) abgeleitet, das als Barril in das Spanische überging.[4]

Einschlägige Nachrichten aus dem 13. Jahrhundert, in dem an der Ostsee bereits ein organisierter Aschenhandel bestand, sind schon weiter oben mitgeteilt worden, ebenso solche aus dem 14., wie das Bestehen eines Deutschen Aschenhauses zu Brügge 1360; gegen Ende des 15. scheint die Zufuhr zeitweise knapp gewesen zu sein,[5] da nach Beer um 1500 holländische Schiffe bis nach Archangel fuhren, um dort Pottasche zu holen.[6] Über die Verhältnisse im 16. Jahrhundert, in dessen Verlaufe zunächst Antwerpen, später Amsterdam als Mittelpunkt des Welthandels an die Stelle von Brügge trat, berichtet u. a.

[1] Sartorius, Bd. 2, S. 81. [2] ebd., Bd. 2, S. 85. [3] ebd., Bd. 2, S. 83.
[4] Den Namen „Barilla" führt die spanische Pflanzenasche nach Beckmann („Anleit. z. Technol.", Göttingen 1777, S. 288), Gren („Handbuch d. Chemie", Halle 1794; Bd. 2, S. 401), u. Anderen, vom Orte der Zubereitung, hingegen nach Böhmer, der in seiner „Technischen Geschichte der Pflanzen" (Leipzig 1794, Bd. 1, S. 701ff.) die benutzten Gewächse sehr ausführlich abhandelt, vom Namen der Salzpflanzen, — worin ihm u. a. Buse („Vollst. Handbuch d. Waarenkunde", Erfurt 1798ff.; Bd. 5, S. 415), und Chaptal („Elémens de Chymie", Paris 1795, Bd. 1, S. 155ff; „Chimie appliquée aux arts", Paris 1807, Bd. 2, S. 92ff., 129ff.; „Chimie appliquée à l'agriculture", Paris 1823, Bd. 2, S. 82ff., 91) zustimmen. Ob zwischen Barril und Barilla ein Zusammenhang besteht, und welcher, bleibt zu prüfen. [5] Über die Danziger Ausfuhrpreise 1426—1458 s. Hirsch, S. 255. [6] Bd. 2, S. 208.

das berühmte „Handelbuch“ des Lorenz Meder, das gedruckt 1558 in Nürnberg erschien, jedoch wohl, wie fast alle dergleichen Bücher, vorher schon längere Zeit handschriftlich im Umlaufe war, und daher in vieler Hinsicht auf die Zustände früherer Jahrzehnte zurückweist. Nach Meder[1] setzt die seeländische Zollrolle von 1520 den Zoll für 1 Last von 12 Tonnen Asche auf 6 Pfennige fest, den für eine Last „Pott Asche“ aber auf 2 Schillinge (d. i. 24 Pfennige), und in Antwerpen betrug für 1 Last Asche der Warenzoll 4 Pfennige und die Maklergebühr 2 Schillinge. Zu Amsterdam[2] umfaßte die „Ostseehandlung“ einen sehr bedeutenden beiderseitigen Verkehr, zu dessen „groben Waren“ auch viele Asche gehörte. Die gute Asche muß hart, trocken, fein bläulich,[3] und nicht zerfließlich sein, und die Tonnen sind vor der Ablieferung seitens des Verkäufers dicht nachzustopfen. Die billigste Sorte, „Rausche“ (rauhe, rohe), von der 1 Last (= rund 8 dz) 6 holländische Gulden kostet, gebrauchen hauptsächlich die Färber, und allein die aus Utrecht und Geldern holen von ihr alljährlich 800 bis 1000 Lasten ab.[4] Teurer sind die feineren, mit „Krone“ und „Bärenklaue“ gezeichneten Aschen, die sich, frisch angefahren, 1—1½, die Bärenklaue auch 2 Jahre halten; ihr Preis beträgt 9 und 10 Gulden (1522 war er aber 100 Gulden!), und für die Fracht von Danzig nach Amsterdam und den Zoll sind 3 Gulden zu rechnen; allein die Amsterdamer Seifensieder, deren es 16 oder 18 gibt, kaufen jährlich an 2000 Last dieser Aschen, von denen die Kronenasche meist zur Herstellung der schwarzen Seife dient.[5]

Was die von mir angeführte Erwähnung der Pottasche

[1] Meder, S. 35, 36. [2] ebd., S. 59ff. [3] Daß die so geschätzte, zart himmelblaue Färbung von Spuren Mangansalzen herrührt, zeigte Scheele (s. Chaptal, „Chimie appliquée aux arts“, Paris 1807, Bd. 2, S. 123). [4] 1 Last hatte 12 Faß, und 1 Faß enthielt 1 Schiffspfund = 20 Liespfund, also rund 260 Nürnberger oder 280 Antwerpener Pfund (= rund 150 kg). [5] Nach gef. Mitteilung des Herrn J. J. Reesse wird der „Bärenklaue“ schon in einer Färberei-Verordnung der Stadt Leyden von 1436/37 gedacht.

in Lüttich 1577 betrifft, so hat Herr Dr. Speter die Quelle, die ich „Texte de Liège“ nannte, zutreffender als: „Chartes et privilêges des 32 Métiers de la Cité de Liège“ ermittelt, ihren Inhalt jedoch nicht ganz sorgfältig nachgelesen. Es handelt sich nämlich tatsächlich um ein vom Lütticher Erzbischof De la Marck am 25. Juni 1577 erteiltes, und am 26. Juli 1577 der betreffenden Zunft kundgemachtes Privileg,[1] demgemäß ihr unter Berufung auf die „anciennes coustumes et privileges dudit Mestier“ und auf die Gebräuche „de toute antiquité et suivant nos anciens usages“, der Verkauf gewisser Waren, u. a. auch „du pottas“ nicht erlaubt ist, da dieser Verkauf von „potas“ einer anderen Zunft zusteht, dem „bon Métier des Merciers“ (d. i. Krämer, lat. Mercennarius);[2] weil der Zunft, ebenso wie vielen Anderen, dieses alte Privileg im Laufe kriegerischer Ereignisse in Verlust geraten war, wurde es ihr, unter ausdrücklicher Anerkennung des Datums von 1577, durch den Erzbischof Ernst im Jahre 1639 erneuert.[3] Wenn daher Herr Dr. Speter, der die Jahreszahl der Erneuerung für die der Erteilung ansah, die Behauptung aufstellt, „daß nicht das Jahr 1577, sondern 1639 als der Zeitpunkt anzusehen ist, wo Potas in französischer Sprache zum ersten Male nachweisbar ist“, und daraufhin den hervorragenden französischen Lexikographen Godefroy (auf den mein Zitat zurückgeht) eines „unverständlichen Irrtumes“ zeiht, so ist Letzterer auf seiner Seite. Zudem gibt das nämliche Privilegienbuch auch über die erwähnten Rechte der Krämer Auskunft: am 11. August 1534 erteilte der Bischof De la Marck die, bei der Einnahme und Zerstörung der Stadt vernichteten und verlorenen „franchises et libertés“, wie allen übrigen Gewerben, so auch den Merciers „gemäß den seit alters her üblichen Gebräuchen“ genau so wieder, wie sie solche vorher besaßen (anscheinend laut Privileg vom 10. März 1469), und unter den

[1] S. 327 u. 328 des Statutenbuches; das Datum ist auch in Buchstaben angegeben. [2] Statutenbuch, S. 321, 327. [3] ebd., S. 316, 328.

Waren, deren Verkauf der Krämergilde zustand, wird auch hier „potas“ aufgeführt.[1] Also nicht erst 1577, sondern schon 1534, vielleicht sogar 1469, gehört „Pottasche“ zu jenen Produkten, die man bei den Lütticher Krämern kaufen konnte, und zwar bereits damals „seit alters her“; sie war also auch nach dieser Quelle zur besagten Zeit schon längst eine allgemein gebräuchliche und bekannte Ware.

Auch über das zweite der oben erwähnten Absatzgebiete, England, lassen sich einige nähere Angaben beibringen. Aus der Tatsache, daß daselbst bereits im 13. Jahrhunderte Glas kein so großer Luxusartikel, Seife aber sogar billig und Gegenstand allgemeiner und weitverbreiteter Erżeugung war, folgerte schon Rogers in seinem monumentalen Werke: „History of prices and agriculture in England“ (London 1866ff.), daß man jedenfalls reichlich Soda oder Pottasche[2] besaß. Tatsächlich wird auch z. B. in einer Urkunde von 1303 eine Forderung der Stadt Lynn (an der englischen Süd-Ost-Küste) erwähnt, der gemäß dort niemals weniger als 10 Faß Asche auf einmal verkauft werden sollen,[3] und diese Asche wurde in der Zeit zwischen 1320 und 1350 nach Lynn und anderen Städten zum Teil aus Flandern, zum Teil aus Deutschland und „Ostland“ gebracht.[4] Auch Danziger Asche ging nach Brederlow[5] schon im 14. Jahrhunderte nach England, in größeren Mengen aber erst um und nach 1400, und für die Jahre 1426—1458 führt Hirsch die Exportpreise an.[6] Daß indessen auch weiterhin der Bedarf mit von anderer Seite her gedeckt wurde, läßt das „Libell of English Policye“ von 1430 ersehen, indem es der Einfuhr von Waad (wad, woode = Waid) und Wood-ashes (Waidasche) aus den Niederlanden, zum Teil auf großen genue-

[1] Statutenbuch, S. 349, 333, 336. [2] Rogers, Bd. 1, S. 467 und 501. [3] Sartorius, Bd. 1, S. 508. [4] ebd., Bd. 1, S. 304; Kiesselbach, S. 162, 167. [5] Brederlow, S. 22, 76. [6] Hirsch, S. 255.

sischen Handelsschiffen, gedenkt.[1] Nach Lappenbergs „Urkundlicher Geschichte des hansischen Stahlhofes in London" (Hamburg 1851), setzt der Tarif der Lastträger von 1449 auch den Lohn für „1 Last Asken" fest,[2] und nennt an Gefäßen „Fat", (auch Vas, z. B. ein „grot wrak vas"), „Pipe" und „Tunne";[3] von „Poten", „Potten" und „Potteln" (steinernen, zinnernen, usf.) spricht die Tafel- und Küchenordnung des Stahlhofes von 1513,[4] doch ist nach Rogers Pottle als Flüssigkeitsmaß und Potter = Töpfer schon 1301 nachweisbar,[5] und bereits seit dem 13. Jahrhunderte werden sehr häufig „Pots" aus Ton, Kupfer, Eisen, Bronze, zuweilen auch solche aus Leder angeführt,[6] aber ebenfalls nur, wenn von Haushalt und Küche die Rede ist, oder von eingemachtem Obst, Ingwer, und dergleichen.[7] Um 1550 erhielt England Asche u. a. aus oder über Dänemark,[8] — zur Zeit Heinrichs VIII. (1509—1547) wird für 1 Last Asche aus Danske, verpackt in 14 Barrels, 11 Schillinge bezahlt —, um 1560—1570 aber nach Ehrenberg hauptsächlich aus dem Osten[9] und über Hamburg,[10] wobei vorwiegend nur die zwei besten, 1—1½ Jahre lang haltbaren Marken „Krone" und „Bärenklaue" in Frage kamen. Gegen 1600 wurde der Handel mit vielen wichtigen Waren zum Staatsmonopol erklärt, so auch durch die Königin Elisabeth der mit Pottasche;[11] späterhin bezog man nach Merret[12] Asche auch aus Rußland und Neuengland, und noch 1651 verboten die Zusätze zu Cromwells Navigationaskte

[1] Vers 543 und 334. [2] Lappenberg, Bd. 2, S. 74. [3] ebd., Bd. 2, S. 74, 169. [4] ebd,, Bd. 2, S. 171, 172. [5] Rogers, Bd. 1, S. 171, 103. [6] ebd., Bd. 2, S. 530; Bd. 5, S. 698ff., 744; Bd. 3, S. 558; Bd. 4, S. 613. [7] „Ingwer in Potten" s. auch Stiedas „Hansisch-Venetianische Handelsbeziehungen im 15. Jahrhundert", Rostock 1894, S. 98. [8] Rogers, Bd. 4, S. 145. [9] „Hamburg und England im Zeitalter der Königin Elisabeth", Jena 1896, S. 10, 150. [10] ebd., S. 126, 197, 307. [11] Roscher, „Geschichte der Nationalökonomie", München 1874, Bd. 1, S. 162; „System der Finanzwissenschaft", Stuttgart 1894, S. 116; Beer, Bd. 2, S. 311. [12] s. in Kunckels „Vollständiger Glasmacherkunst" von 1679; Nürnberg 1785, S. 222ff.

die Pottascheneinfuhr über Holland und Deutschland.[1] Der Preis stieg in dieser Zeit ganz außerordentlich, er erreichte 1694 16 Pfund für 1 t (1000 kg), und bald darauf 32 Pfund.[2]

III. — Wir haben nun, — ohne Anspruch auf Vollständigkeit —, noch einen Blick auf die Ansichten der Wissenschaft, und besonders die der Chemiker, über das Kaliumkarbonat zu werfen.

Nach Biringuccis „Pirotechnia“ von 1540 gewinnt man das Sal alcali oder alchali der Seifen- und Glasmacher aus dem Kraute „Chali“, „Cala“, oder „Soda“, das in Spanien, Südfrankreich, und anderen Ländern wächst, durch Verbrennen, Auslaugen, und Einkochen der Lauge (liscia, vom lateinischen lix) in Kesseln, woher der Name: „cenneri alume catina“ rührt, d. i. wörtlich „alaunartige, oder wie Alaun gewonnene Kesselasche“.[3] In ähnlicher Weise äußerten sich auch 1554 Cardanus,[4] 1555 Matthioli,[5] um 1570 Porta,[6] 1584 Garzoni,[7] und 1596 Cäsalpino.[8] Nach Letzterem kommt das „Nitrum“ der (italienischen) Glasmacher in großen, harten, grauen bis schwarzen Stücken aus Spanien, wo man es aus dem Kraute Cali der Araber, auch Soda genannt, wie angegeben, bereitet, weshalb es auch „Nitrum factitium“ (künstliches Nitrum), „Alumen catinum“, oder „Soda“ heißt; außerdem stellt man es auch, wie der Name „Alumen faecis“ zeigt, durch Verbrennen von Weinhefen oder Trestern dar.

Agricola schildert 1556 bereits als etwas ganz Bekanntes, daß man zur Gewinnung des Alkalisalzes der Glasmacher Holz der Eichen, Buchen, und der anderen geeigneten Waldbäume, aber auch Holz beliebiger sonstiger Bäume, nötigenfalls auch Kleinholz oder irgendwelche anderen salzhaltigen

[1] Beer, Bd. 2, S. 318. [2] Rogers, Bd. 5, S. 751; Bd. 6, S. 611. [3] „Pirotechnia“, Venedig 1540, S. 36, 42. [4] „De Subtilitate“, Lyon 1554, S. 227. [5] „Opera omnia“, ed. Bauhin, Basel 1674, Bd. 1, S. 363 ff. [6] Phytognomica“, Rouen 1650, S. 103. [7] „Piazza universale“, Venedig 1592, S. 540 und 824. [8] „De metallicis“, Nürnberg 1602, S. 52, 55, 214.

Gewächse und Kräuter verbrennt, die Asche auszieht, und die Lauge einkocht;[1] tatsächlich ist auch schon im 3. Buche des sogenannten Heraclius,[2] und im 2. Buche der „Schedula" des sogenannten Theophilus Presbyter,[3] also in Werken des 12. bis 13. Jahrhunderts, zu lesen, daß man die Asche der Glashütten aus Buchenholz und aus Farnkräutern zurechtbrennt. Die 1603 von Libavius herausgegebene „Alchymistische Praktik" kennt einerseits das Alkali aus „Sal tartari" (Weinstein), auch „Soda gallica und Alexandrina", „Alkali gallicum und hispanicum" oder „cinis clavellatus" geheißen,[4] andererseits das „Sal alkali lignorum" (Alkalisalz aus Holz) oder „Weidenasch Saltz", und bemerkt über dieses: „denn die Weiden sein auch nitrosisch (= alkalihaltig) und ziehen den salpetrischen Saft mit ihrem Nutriment, also daß bisweilen auch Salpeter (Alkalikarbonat) aus ihnen schwitzt".[5] Wir begegnen also hier schon einer der später so häufigen Verwechslungen,[6] in denen Waidasche für Asche der Weidenbäume gehalten wird; und doch war Waidasche ein volkstümlicher Ausdruck, wie denn z. B. 1494 Sebastian Brandt in seinem „Narrenschiff" über die, auch in den Nürnberger Polizeigesetzen[7] um 1500 erwähnte „Verbesserung" saurer Weine durch „Waydäsche" schilt,[8] welchen Vorwurf Fischart (gest. 1589) in der „Geschichtsklitterung" wiederholt.[9] An anderen Stellen der „Alchymistischen Praktik" wird empfohlen, „Kräutersalz" zu machen, indem man die Kräuter auf bloßem Herde verbrennt, oder in geschlossenen Töpfen „wie gemeiniglich incineriert", die Asche „wie gebräuchlich" unter öfterem Aufgießen und Rühren mit heißem Wasser auszieht, die Lauge in einem durchlochten Fasse über Tücher oder über Stroh

[1] „De re metallica", Basel 1621, S. 470ff. [2] ed. Ilg, Wien 1873, S. 54ff. [3] ed. Ilg, Wien 1874, S. 98ff. [4] Frankfurt 1603, S. 169, 229. [5] ebd., S. 233. [6] z. B. Waidasche = Asche der Waidpflanze. [7] Peters, „Aus pharmazeutischer Vorzeit", Berlin 1899, Bd. 2, S. 216. [8] ed. Scheible, Stuttgart 1845, S. 757. [9] ed. Scheible, Stuttgart 1847, S. 175.

koliert, und sie schließlich zur Trockne einkocht, „zu einem schönen Salz", von dem der Verfasser, seiner Zeit weit voraus, bemerkt: „es geschiehet nicht leicht, daß ein Saltz noch den Schmack eines Krautes hat".[1] Auch nach des Libavius „Syntagma Alchymiae Arcanorum" von 1615 ist „Alumen catinum" das Alkali oder die Soda, die man immer noch ganz ebenso wie das schon der Araber Abul-Kasim beschrieb, aus Salzpflanzen oder auch aus Weintrestern zurechtbrennt;[2] ferner hat man noch „Cineres montani", d. i. „Berg- und Weidenasche", — hier offenbar so genannt, weil die Bäume und Kräuter auf Bergen und Weiden wachsen —,[3] sowie „Cineres clavellati", die man bereitet, indem man Eichenholz, Kleinholz, u. dgl. im offenen Feuer verbrennt, und aus der Aschenlauge das „Salz der Chemiker" (d. i. Pottasche) auf ganz gleiche Art kocht, wie das beim „gewöhnlichen Salz" (dem Kochsalz) durch die Salzsieder „Halurgi Salinarum" geschieht.[4]

Glauber spricht schon 1650, und in gleichem Sinne auch später, von Potasche, Pottasche der Färber, usf., als etwas Allbekanntem,[5] und berichtet 1656 im „Miraculum mundi":[6] „Unsere Voreltern zogen aus den Weinhefen Brandewein, . . . den Rest haben sie in der Sonne getrocknet und zu Pot-Aschen gebrannt"; ferner empfiehlt er die trockene Destillation des Holzes, bei der es „durch sein eigenes Feuer in einen sauren Essig gepresst wird", weil sie „vielmahl besser" ist, als die alte Art „aus dem Holze nur eine Pott-Aschen zu brennen".[7] Auch 1655 sagt er: „Den Schaum und Schlamm von Weinstein und Weinhefen kann man zu Potaschen verbrennen", „Die Remanenz wird zu Potasche gebrannt", „Sal tartari oder

[1] Libavius, a. a. O., S. 11, 170. [2] Frankfurt 1615, Bd. 1, S. 461, 124, 125. [3] ebd., Bd. 1, S. 195. [4] ebd., Bd. 1, S. 195, 461; Bd. 2, S. 149, 199. Diese Stelle erbringt den, von Gebhardt „Zeitschrift für Deutsche Wortforschung" 1908, Bd. 10, S. 205) noch vermißten Nachweis, für die von ihm vermutete Ableitung des Namens „Hallore", d. i. Salzbereiter, Salzwirker. [5] „Glauberus concentratus", Leipzig 1715, S. 201, 356, 565. [6] Prag 1704, S. 52. [7] ebd., S. 168, 171.

Pottasche";[1] aus diesem Vorgange ist jedenfalls die Bezeichnung „Drusenasche" für Pottasche zu erklären, denn nach Dorns „Schlüssel zur Chimistischen Philosophei" ist faeces = Rückstand = Truse.[2] In Bechers „Physica subterranea" von 1669 heißt es kurzweg: „Cineres clavellati vulgo Pottäsch", „Alumen catinum, weil aus der Asche des Krautes Kali im Kessel (in catino) gemacht", und es wird erwähnt, daß Pottasche in Holland billiger sei, als selbst in irgendwelchen Waldgegenden Deutschlands, Österreichs, oder Ungarns.[3] Kunckel in seiner 1679 erschienenen „Vollständigen Glasmacherkunst", die, neben der Verdeutschung von Merrets Übersetzung (1669) des Neri (1619) und von Merrets eigenen Bemerkungen, auch sehr ausführliche Zusätze Kunckels selbst enthält, weiß,[4] daß man statt „levantinischer Asche" auch „gemeine Asche, oder noch näher Potasche" nehmen kann, gebrannt aus Hölzern, Gewächsen, und Kräutern aller Art, die zwar zunächst „in ihrer groben Substanz" sehr verschiedene „Soda, Waidaschen und Pottaschen" geben, nach ihrer völligen Reinigung aber nur „das nämliche und einerlei Salz".[5] Derlei Kenntnisse nimmt er aber nicht, wie Herr Dr. Speter meint,[6] als „Erster in Deutschland" für sich in Anspruch, vielmehr beruft er sich, ganz ebenso wie Merret, ausdrücklich auf den um 100 Jahre älteren Agricola,[7] und gibt auch Beschreibungen, Abbildungen, und Kostenvoranschläge der besten Art „wie Pottasche zu sieden auf diejenige Manier, wie sie in denen beiden Aemptern Dornburg und Bürgel, im Fürstentum Jena gelegen, üblich".[8] In der Beschreibung dieser „Manier", die doch offenbar auf schon altbewährten Erfahrungen beruht, heißt es: „Man siedet . . . im Kessel, . . . bis es Pott-Asche wird", und „nach der Kalzination, . . . ob sie gleich noch

[1] „Glauberus concentratus", S. 289, 290, 341. [2] Stuttgart 1602, S. 71, 376. [3] ed. Stahl, Leipzig 1703, S. 453, 524, 953. [4] Nürnberg 1785, S. 40, 154, 310ff. [5] Dies bestätigt er auch im „Laboratorium Chymicum", Leipzig 1722, S. 128, 146. [6] a. a. O., S. 207. [7] „Glasmacherkunst", S. 292, 225. [8] ebd., S. 313ff.

etwas warm, . . . schlägt man sie bey Zeit in die Fässer". Wenn also nach Merret der Name „Cineres clavellati" von clava oder clavula, englisch club (= Keule), abgeleitet werden soll, so ist hiermit der rechte Weg beschritten (der freilich das richtige Ziel noch nicht erreicht), während die Bemerkung über die „Asche von der Weyde, die, wegen deren nitrosischer Natur, ein helles Glas gibt", in den schon bekannten Irrtum zurückverfällt.[1]

Marx berichtet in seiner „Materialkammer" von 1687, es sei die Soda, auch Soude oder Alumen catinum, jetzt „durch das gesuchte hellscheinende Glas- und Spiegelmachen" auch in Deutschland ziemlich bekannt geworden, und komme, als eine aus spanischen Kräutern gebrannte, schwach kalzinierte Asche, in großen Fässern in den Handel;[2] „Alumen catinum" bedeutet aber auch die Waidasche der Waidfärber und Seifensieder, „Cinerem infectorium", die schwächer als Pottasche ist, und in Frankreich auch aus kalzinierter Weinhefe bereitet wird;[3] Pottasche endlich[4] ist sehr gemein und bekannt, da sie die Färber, Seifensieder, und Glasmacher benützen, und man sie, „wo nur große Wälder stehen, vielfältig und in großer Menge herstellt und kalziniert". Sie soll anfänglich aus den Tauben (= Dauben) oder Clavellis derjenigen Fässer und Potten gemacht worden sein, in denen die Waidasche kömmt, und daher auch Pottasche heißen. — Hier finden wir also, und wie der nähere Vergleich ergibt, fast im selben Wortlaute, die Erklärung, die Jungius in seiner „Doxoscopia" von 1662 (verfaßt etwa 1632) anführt, und da letzteres Werk, wie Herr Dr. Speter mit Recht sagt, der Mit- und Nachwelt verborgen blieb, so liegt die Annahme nahe, daß beide Autoren aus einer dritten älteren Quelle schöpften; diese muß auch die Verdeutschung Dolii = Potten oder Poten enthalten haben, die hier zum ersten Male aufträte, und des Jungius Gleich-

[1] „Glasmacherkunst", S. 225. [2] Nürnberg 1709, S. 343. [3] ebd., S. 377. [4] ebd., S. 247.

stellung von „Cineres clavellati" und „Potasch", sowie seine aus dieser Übersetzung erfließende Erklärung erst verständlich macht.

Die Sammelwerke des Pomet von 1692[1] und des Lémery von 1693[2] erzählen, daß die französischen Handwerker als Potasse und Vedasse (= Waidasche) die Asche bezeichnen, die aus Deutschland, Danzig, Polen, und Rußland kommt, und der heimischen „cendre gravelée" aus Weinhefe gleicht („Gravele" heißen nach Baumé[3] die getrockneten Weinhefen).

Nach Valentinis „Museum Museorum" von 1704 werden Soude, Waidasche, und Pottasche oft verwechselt. Soude oder Sal alkali kann man zwar aus allen Kräutern auslaugen, die echte der Glashütten, Alumen catinum (was aber nichts mit wirklichem Alaun zu tun hat!) ist jedoch die Asche besonderer Pflanzen, die in großen Ballen zum Verkaufe kommt. Über Waidasche sagt Valentini dasselbe wie Marx, auch beschreibt er, wie man Seifensiederlauge herstellt, indem man feingesiebte Asche auf Haufen schüttet, Vertiefungen anbringt, die man mit Kalk und Wasser füllt, die entstehende Lösung durch wiederholtes Aufgießen verstärkt, und sie, nach der Filtration über Heu, Stroh oder Tücher, einkocht. Von der Pottasche, die „viel stärker ist als Waidasche", erzählt Valentini ebenfalls wörtlich dasselbe wie Marx, auch betreffs der Entstehung ihres Namens, und fährt dann fort: „Weil aber solche Potten und Clavellae in solcher Menge nicht zu haben, daß so viele Pot-Asche, als jährlich konsumiert wird, davon zu machen, ... so hat man nachgehends auch das bloße Eichenholz, woraus sie bestehen, genommen, ... das bei uns die Pottaschenkrämer in großer Menge zu Asche verbrennen, das Salz herauslaugen, und in Öfen kalzinieren, ... wie im berühmten Kloster Haina bei Kassel."[4] — Ähnliche Beschrei-

[1] Übersetzung, Leipzig 1717, S. 338. [2] Paris 1714, S. 444. [3] „Kleine Schriften", Frankfurt 1800, S. 242. [4] Valentini, a. a. O. (Frankfurt 1704), S. 24ff., 17, 433.

bungen der Pottaschenbereitung enthalten Roths „Gründliche Anleitung zur Chymie“ von 1721,[1] Stahls „Fundamenta chimiae“ von 1732, die von Sal alkali fixum, Waid-Asche, Potasche, Pottasche, Pot-Asche, Pott-Asche sprechen,[2] sowie Boerhaves „Elementa Chemiae“ von 1732; dieser Autor beschreibt,[3] wie man die in Scheite (in clavos) zerschnittenen Hölzer verbrennt, die Aschenlauge in große Kessel (ollas ingentes) gießt, und zu jenem Salze einkocht, „das man Potas nennt, was Kesselasche heißt“ (quem Potas appelant, quod cineres ollarios sonat), und das jährlich zur See, in viele große hölzernen Fässer gefüllt, nach Holland gebracht wird.[4]

Was des Gleditsch „Curieuses . . . Handels-Lexikon“ von 1712 und 1741 über Pottasche sagt,[5] ist aus Valentini entlehnt, den er fälschlich Valentius nennt. Aus der nämlichen Quelle schöpft Bohns „Neueröffnetes Warenlager“ von 1743:[6] Gute Pottasche (schlechte heißt Brak und Brak-Brak) soll aus weißen, trocknen, harten Stücken bestehen, und in Fässern aus dünnem aber recht hartem Holz möglichst dicht verpackt und eingepreßt sein. Sie heißt „Pottasche“, weil sie anfänglich aus den Dauben oder Clavellis derjenigen Fässer und Potten gemacht wurde, worinnen die Waidasche kömmt, oder auch „Kesselasche“, weil man sie aus den zu Asche verbrannten Fässern auslaugte und dann in großen Kesseln absott; da aber so viele Waid-Potten und -Fässer nicht zu haben waren, verwandte man später auch Eichen- und Buchenholz. Aus Pottasche verderbt ist „Patach“, eine Bezeichnung der Aschen gewisser Kräuter, die man in der Levante, aber auch in Spanien und Frankreich anfertigt, wo sie Soda, Aschensalz, Alumen catinum heißt.[7]

[1] Leipzig 1721, S. 92, 190, 194. [2] Nürnberg 1732, Bd. 3, S. 304ff., 272, 137ff., 163, 169, 170. [3] London 1732, Bd. 1, S. 296ff.; 2. Aufl. Basel 1745, Bd. 1, S. 771ff. [4] Den Ausdruck „cineres ollares“ gebraucht auch 1669 Merret; s. bei Speter, S. 209, 210. [5] s. Reisenegger, „Chemiker-Zeitung“ 1908, S. 1071, sowie Speter, S. 208. [6] Hamburg 1763, S. 697. [7] Hamburg 1763, S. 643, 875.

Die Erklärung „Kesselasche, weil hier und da aus den zu Asche verbrannten Fässern ausgelaugt und nochmals in großen Kesseln abgesotten", gibt auch 1755 die „Onomatologia medica" ed. A. von Haller;[1] bei Justi (1758) ist Pottasche ausgelaugte Asche, in Töpfen zum Salz verkocht,[2] nach Beckmann (1777) glaubt man, der Name Pottasche komme vom ehemaligen Bereiten und Versenden in Töpfen.[3] Vom Einkochen und Kalzinieren in Töpfen leiten ihn u. a. ab:[4] Die Herausgeber der großen französischen Enzyklopädie,[5] 1788 Macquer-Leonhardi im „Chymischen Wörterbuch",[6] 1789 Kunradi in der „Anleitung zum Studium der Technologie",[7] 1794 Böhmer in der „Technischen Geschichte der Pflanzen",[8] 1798 Buse im „Vollständigen Handbuch der Warenkunde",[9] 1801 Fourcroy im „System chemischer Kenntnisse",[10] sowie Bouillon-Lagrange im „Manuel d'un cours de Chimie",[11] 1811 Weise in der „Ökonomischen Technologie",[12] 1814 Hermbstädt im „Grundriß der Technologie",[13] 1830 Schubarth in den „Elementen der technischen Chemie",[14] 1840 Ure im „Dictionary of arts",[15] 1847 Wittstein im „Etymologisch-chemischen Handwörterbuch",[16] und 1850 Payen-Fehling in der „Gewerbschemie".[17]

Erwähnt sei, daß noch Hermbstädt, anscheinend auf Grund einer Schrift Lampes von 1795 (die auch Herr Dr. Speter auf S. 205 anführt), berichtet, „daß man in früheren Zeiten die mit Pottasche durchdrungenen Stäbe der

[1] Ulm 1755, S. 415. [2] „Vollständige Abhandlung von denen Manufacturen und Fabriken", Kopenhagen 1758; Bd. 2, S. 446. [3] „Anleitung zur Technologie", Göttingen 1777, S. 283. [4] s. auch die Angaben bei Speter, S. 209, 212, 213. [5] s. ebd., S. 210. [6] Leipzig 1788, Bd. 1, S. 244 ff. [7] Brünn 1789; S. 493 ff.; meist aus Beckmann entlehnt. [8] Leipzig 1794, Bd. 1, S. 719. [9] Erfurt 1798 ff., Bd. 6, S. 493. [10] Üb. von Wolff, Königsberg 1801, Bd. 1, S. 281. [11] Paris 1801, Bd. 1, S. 358. [12] Erfurt 1811, Bd. 1, S. 126 ff. [13] Wien 1821, Bd. 2, S. 32; 2. Aufl. Berlin 1830, Bd. 2, S. 260. [14] 2. Aufl., Berlin 1835, Bd. 1, S. 291 ff. [15] London 1840, S. 1005. [16] München 1847, Bd. 2, S. 340. [17] Stuttgart 1850, S. 234.

Fässer, worin die Pottasche ankam, verbrannte, um auch aus dieser Asche eine vorzüglich gute Pottasche zu gewinnen“. Selbst gegen 1800 enthielt nämlich die „beste Danziger Pottasche“ nach Baumé[1] oft nur 50 % wirklichen Kaliumkarbonates, während der Rest aus Kaliumsulfat, Kalium- und Natriumchlorid, sowie aus Resten Kohle und Sand bestand;[2] als noch weniger rein wie Pottasche bezeichnen Kunradi, Wiegleb,[3] und Andere die Perlasche und Waidasche; nach Kunradi ist letztere „noch jetzt häufig nur eine unausgelaugte Holzasche, mehrmals mit Aschenlauge begossen, bis zur Verglasung kalziniert, und daher schwer auslaugbar, ... eine „zusammengeschmolzene Masse“, weshalb sie auch nach Buse im Russischen und Polnischen als Smoltschnig und Smelcuga bezeichnet wird.

IV. — Aus der von Jungius angeführten Erklärung, und der ihr von Herrn Dr. Speter gegebenen Auslegung müßte man folgern, daß Pottasche erst um etwa 1600 bekannt wurde, während man vorher nur rohe oder einfach kalzinierte Asche besaß, daß man sie hauptsächlich nur da herstellen konnte, wo die Waidasche verbraucht wurde, also nicht an den Erzeugungs-, sondern an den Konsumstätten der Asche, an denen die entleerten Fässer (Potten genannt) zur Verfügung standen, und daß sie, vor dem Bekanntwerden von Kunkels 1679 veröffentlichter Entdeckung, nur in entsprechend kleinen Mengen zu haben war.

Keiner dieser Schlüsse wird aber, wie im vorstehenden klargelegt, durch die Tatsache bestätigt. Nach Schäfer verschiffte Lübeck schon um 1350, also in der ersten Frühzeit der Hansa, Pottasche aus den wichtigsten Ostseehäfen, auch wird Pottasche 1430 in dem Briefe Revals an Dorpat genannt, und wenn hierbei Herr Dr. Speter die Erläuterung vermißt, was Pottasche sei und wie sie gewonnen werde, so erklärt sich dieses Fehlen, wie in allen analogen Fällen, daraus,

[1] a. a. O., S. 227 ff. [2] „Handbuch der allgemeinen Chemie“, Berlin 1796, Bd. 2, S. 94 ff. [3] a. a. O., S. 204.

daß der Handel längst genau wußte, von welcher Ware die Rede sei. Über die „verschiedenen Sorten Asche", die z. B. Danzig schon im 14. Jahrhunderte lieferte, und über die Umarbeitung der Asche daselbst, berichten Hirsch und Brederlow, und da sich Rohaschen aller Art zur Ausfuhr am wenigsten eignen, das Herstellen und Verkochen der Aschenlauge aber seit alters her bekannt war, so liegt die Vermutung sehr nahe, daß die Umarbeitungen in der Ausführung gerade derartiger Operationen bestanden, also den Zweck verfolgten, ein hochwertiges, die Umstände und Kosten des Transportes besser bezahlt machendes Produkt zu liefern; dieses, durch Einkochen der Aschenlauge in Kesseln oder Potten erhaltene Erzeugnis, — keineswegs nur oder zuerst nur ein solches Danzigs —, war die Kesselasche, Alumen catinum, Cineres ollarii, Topasche, Pottasche, ihr gebührte mit Recht die noch 1581 gebräuchliche Bezeichnung „Cineres praestantissimi" (stärkste schärfste Asche), und es ist auch begreiflich, daß sie nicht „gebrakt" wurde, da sie eben die anerkannte Primaqualität war. Daß es sich um eine solche handelte, beweist auch die Angabe des Meder von 1520, nach der „Pott Asche" den vierfachen Eingangszoll zahlte wie gewöhnliche Asche, und weiße Farbe mit dem beliebtem bläulichen Stich zeigen sollte, — was durch bloßes Brennen von Rohasche niemals zu erreichen ist. Meder gibt auch die Bestätigung, — wenn es einer solchen noch bedürfte —, daß die Pottasche fertig in den Niederlanden ankam, und daß dies auch für frühere Zeiten galt, erhellt aus Brederlows Aufstellung, der gemäß allein Danzig um 1410 jährlich 6000—7000 Faß Pottasche und 2000—3000 Last (d. i. 24000—26000 Faß) Weedasche zum Verkauf brachte. Wer jedoch immerhin auch noch die Möglichkeit in Betracht ziehen will, man hätte diese Pottasche auf dem von Jungius bezeichneten Wege dargestellt, dem sei folgende Überlegung empfohlen: Ein schweres eichenes Faß von 150 kg (= 1 Schiffspfund) Inhalt, wiegt etwa 25 kg; frisches Eichenholz zeigt im Mittel 30% Wassergehalt, und wenn man sich die gesamten 7,5 kg Wasser des Faßholzes ersetzt denkt durch gesättigte Pottaschenlösung (spezifisches Gewicht etwa 1,6, mit rund 50% K_2CO_3), so enthält das Faßholz 3,75 kg aufgesaugte Pottasche, kann demnach, einschließlich der etwa 0,05 kg, die das Eichenholz selbst liefert, „theoretisch" unter den günstigsten Umständen 3,8 kg ergeben; bei einem entsprechend angestellten Versuche wurden jedoch knapp 3 kg erhalten, es wären demnach etwa 33 Fässer nötig, um 100 kg, und etwa 330000, um obige rund 10000 dz Pottasche zu erübrigen. Es liegt also auf der Hand, daß man weder in Danzig noch anderswo jemals bedeutendere Mengen Pottasche aus leeren Waidaschenfässern zu gewinnen vermochte, — vom Kostenpreise ganz abgesehen —, und daß ein solches Verfahren höchstens im Kleinbetriebe gelegentlich vorkommen konnte; daß es dem Produkte, das man hierbei darstellen wollte, erst seinen Namen gegeben hätte, klingt schon an sich wenig wahrscheinlich, um so mehr, als der Ausdruck Potten oder Poten für die Aschenfässer oder Dauben vor 1687 (bei Marx) noch nicht nachgewiesen ist. Übrigens bringt dieser Autor die ganze Erzählung nur als Gerücht vor („Sie soll"); Valentini und seine Nachschreiber sehen ihre Unmöglichkeit schon ein, stellen aber mit der Behauptung, aus Mangel an Potten habe man hinterher Pottasche auch aus dem Holze selbst gewonnen, den wahren Sachverhalt auf den Kopf; bei Hermbstädt macht man dann schließlich Pottasche aus den mit Pottasche getränkten Stäben der Pottaschenfässer!

Auf die Frage, wie denn Jungius zu seiner Angabe kam, ist, wie schon oben angedeutet, zu erwidern, daß er sie vermutlich aus einer älteren Quelle schöpfte, die wohl noch zu ermitteln sein wird; Jungius war kein Technologe und in chemischer Hinsicht kein Fachmann,[1] wohl aber ein unermüd-

[1] Borax z. B. ist nach ihm ein weißer, in Wasser unlöslicher Stein, der nach dem Kalzinieren wie Asche riecht und schmeckt (s. bei Valentini, S. 20).

licher Sammler und Registrator, er wird also die vorgefundene Notiz in seiner „Scheda“ über Alkali eingetragen, die Analogie der Entstehung von Asche durch Verbrennung der „Clavelli“ und der „Anthyllis“ (d. i. nämlich die Salzpflanze Kali) angemerkt,[1] im übrigen aber der Sache keinen besonderen Wert beigemessen haben, denn er huldigte dem durch die Erfahrung bewährten Grundsatze: „Nomenclatura saepe est ex falsa persuasione“ (die Namengebung beruht oft auf einer irrtümlichen Meinung).[2] Keinesfalls verdient aber die von ihm verzeichnete die Attribute „unzweideutig, unzweifelhaft richtig, einleuchtend, ausschlaggebend, eindeutig und sicher“, die ihr Herr Dr. Speter zuerkennt.[3]

Das Wort Pottasche wird allgemein als ein solches niederdeutschen Ursprunges angesehen. Herr Prof. Dr. Cohen in Utrecht übermittelte mir freundlichst die Auskunft seines Kollegen Prof. Dr. Muller, Mitherausgebers des großen holländischen Wörterbuches: „Die ausführlichen niederdeutschen etymologischen Lexika von Franck und Vercoullie sagen beide, das holländische Wort Potasch sei aus den niederdeutschen Worten Pot und Asch zusammengesetzt, und das Letztere gibt außerdem an, Potasch sei die Asche von in Töpfen (Pot) gebrannten Pflanzen; aus dem Niederdeutschen ist der Ausdruck ins Französische übergegangen“. Daß das Wort Pot und seine Nebenformen bereits dem gemeingermanischen und litu-slavischen Sprachschatze angehören, und sich schon in Schriftstücken des 12. und 13. Jahrhunderts vorfinden, habe ich in meinem ersten Aufsatze erwähnt; in Norddeutschland hieß der Töpferton „der Poter Erd“, — so noch 1557 „wie die Sachsen sagen“ bei Encelius;[4] in England waren Pots = Töpfe und Potters = Töpfer nach Rogers im 13. Jahrhunderte längst wohlbekannt, und nach Warnkönig[5]

[1] Speter, S. 205. [2] Jungius, „Opuscula botanica-physica“, Coburg 1747, S. 83. [3] Speter, S. 204, 206, 207. [4] „De re metallica“, Frankfurt 1557, S. 114; dieses Buch hat eine Vorrede von Melanchthon. [5] a. a. O., Bd. 2 (1), Anh. S. 75.

gehörten ihre Gilden zu den ältesten Flanderns, z. B. zu den 1368 erwähnten 59 „alten Zünften" in Gent. Dafür, daß Pottasche in den Niederlanden zuerst ein Gegenstand des Großverbrauches und des Großhandels war, spricht noch, daß die Form „Potasch" oder „Potas" als Pottaske und Pottaska ins Dänische und Schwedische, als Potasch ins Russische und Polnische überging,[1] auch noch als Potasch bei Jungius, Pottäsch bei Becher, Potas bei Boerhave nachweisbar ist, desgleichen als Pottas und Potas in den Lütticher Privilegien von 1569 und 1534 vorkommt; „Wraken" und „Weedasche" (in Danzig noch um 1800 allein üblich), sowie das französische „Vedasse" sind ebenfalls niederländischen Ursprunges.

Schließlich sei noch erwähnt: Daß der im 17. und 18. Jahrhunderte häufig genannte „Potzucker"[2] ein sehr geringwertiger Zucker der westafrikanischen Insel St. Thomas war, woselbst man die eingekochte Masse einfach in große Potten füllte und durch Erkalten fest werden ließ, wie dies u. a. ein schöner Stich im Museum Bodel Nijenhuis zu Leyden deutlich zeigt; daß „Potte-Loot" (Topf- oder Töpfer-Blei, das noch jetzt fälschlich „Potlohe" genannte Anstrichmittel, bestehend aus Graphit = Reiß-Blei) schon 1611 aus England nach Hamburg eingeführt wurde;[3] daß die durch Kalzinieren von Zinn in eisernen Töpfen bereitete sogenannte Zinnasche, im Französischen „poté-d'étain", im Englischen „tin-putty" hieß;[4] daß das Material zum Gießen bronzener Töpfe sich schon im 14. Jahrhunderte als „Pottspeise", analog unserer Glockenspeise, bezeichnet findet.[5]

---

[1] Buse, a. a. O., Bd. 5, S. 418ff. [2] s. z. B. Bohn, S. 954. [3] Ehrenberg, S. 355. Daß „Reiß-Blei" kein Blei enthält, zeigte erst 1740 Pott. [4] Baumé, „Manuel de Chimie", Paris 1766, S. 178 (von diesem Buche besitze ich das Exemplar aus der Bibliothek Lavoisiers, mit dessen Ex-libris); Schubarth, a. a. O. (1830), Bd. 2, S. 240. [5] Jacobs, „Das Aufkommen der Feuerwaffen am Niederrhein", Bonn 1910, S. 41, 62.

Die Prüfung der eingangs erwähnten Speterschen Leitsätze ergibt daher meines Erachtens folgendes:

1. Was Pottasche ist und wie man sie gewinnt, war dem Handel von Anfang an geläufig; aus leeren Aschenfässern und deren Dauben kann Pottasche nur gelegentlich und ganz im kleinen „hier und da" dargestellt worden sein, und die von Jungius angeführte Erklärung zieht aus derlei Vorkommnissen unmögliche Folgerungen. Die Ableitungen von „Cineres clavellati" aus „clavellae" und von „Pottasche" aus „Asche der Potten" sind unzutreffend;[1] Pottasche war ursprünglich, der Erklärung Witts gemäß, das, was noch Kunckel anführt: „Asche, die du bekommst und kaufst von Bürgern und Bauern, wie sie selbige in ihren Kachelöfen, Feuerherden, oder unter der Braupfanne brennen", und später das durch Auslaugen solcher Asche und Einkochen der Lauge in Kesseln oder Potten gewonnene Salz.

2. Die sonstige hohe Autorität des Jungius ist für die vorliegende rein technologische Frage nicht beweisend; wer würde etwa, auf die Autorität Cuviers hin, behaupten, „Türkise seien die mit Kupfer durchzogenen Zähne eines fossilen Tieres?"[2] Daß man Pottasche auch aus gewöhnlichen heimischen Hölzern und Gewächsen erhalten könne, war nach den Zeugnissen des Glauber, des Agricola, und Anderer, seit alten Zeiten wohlbekannt, es ist also ganz ausgeschlossen, daß die von Jungius erwähnte Darstellungsweise der Pottasche erst durch Bekanntwerden der von Kunckel 1679 veröffentlichten Angaben verdrängt worden sei.

3. Die Jungiussche Erklärung blieb der Nachwelt keineswegs verborgen, denn u. A. geben sie 1687 Marx, 1704 Valen-

[1] Dies gilt auch für eine Erklärung, die sich nach freundlicher Mitteilung Herrn J. J. Reesses in Cornelis Kilians „Etymologicum" von 1538 findet, einem altholländischen Wörterbuche in lateinischer Sprache: „Potaschen", auch „cineres ollares", soll so heißen, weil sie (ihrer Zerfließlichkeit wegen) in „ollis et vasis fictilibus" (in Tonpotten und -Gefäßen) aufbewahrt wird. [2] Busch, „Almanach der Fortschritte . . .", Erfurt 1804, Bd. 8, S. 11.

tini, 1712 Gleditsch, 1734 Zedler, 1743 Bohn, 1795 Lampe, und 1814 Hermbstädt wieder, die sie, von Zedler abgesehen, anscheinend aus anderer Quelle schöpften; aber außer Zedler hat sie keiner dieser Autoren für maßgebend angesehen, Einige von ihnen erkannten vielmehr ihre schwachen Seiten sehr wohl.

4. Was die Hansa betrifft, so bestätigen u. a. die das 14. Jahrhundert belangenden Angaben ihres Historikers Schäfer, wie auch die Briefstelle von 1430, daß Pottasche schon in ihrer Frühzeit erwähnt wird; in Lüttich aber ist Pottasche nachweislich 1534, vielleicht bereits 1469, eine seit altersher gebräuchliche Ware.

Hiernach glaube ich den erhobenen Vorwurf,[1] „bei gründlichem Nachforschen ergebe sich die überraschende Tatsache, daß meine Beweisstellen nicht stichhaltig seien", entkräftet, und gezeigt zu haben, daß ich die von mir vorgebrachten Behauptungen auf Grund zureichender Unterlagen hin aussprach. Die Geschichte der Pottasche des weiteren zu erforschen und in vielen Einzelheiten noch näher aufzuklären, muß ich zwar als eine sehr wünschenswerte Aufgabe bezeichnen, doch liegt es nicht in meiner Absicht, deren Lösung zu unternehmen; ohne besondere, umfassende Vorarbeiten über lokale geschichtliche und handelsgeschichtliche Verhältnisse wäre auch ein Erfolg kaum zu erwarten.

[1] Speter, S. 202.

29

DIE HERKUNFT DES NAMENS „HALLORE“[1]

Ueber die Deutung des Namens „Hallore“ gehen auch heute noch die Ansichten auseinander, wenngleich darüber Einigkeit besteht, daß weder die ehemals (1843) von Keferstein verfochtenen Ableitungen aus dem Keltischen ernstlich in Betracht kommen können, noch die zahlreichen anderen Erklärungsversuche, die in Hertzbergs „Geschichte der Stadt Halle“ (1889) zu lesen sind.

Wie Prof. Dr. A. Gebhardt in einem sehr lehrreichen Aufsatze in der „Zeitschrift für deutsche Wort-Forschung“ (Bd. 10, S. 205) hervorhebt, ist der „Hallore“ den älteren Zeiten unbekannt, das Wort tritt vielmehr nach Hertzberg urkundlich erst 1630 auf, und heißt im Schrifttume des 17. Jahrhunderts ursprünglich „Hallorum“. Der belesene Verfasser des „Deutschen Etymologischen Wörterbuches“, Kluge, hält diese Form „der Hallorum“, „ein Hallorum“, für eine studentisch-burschikose, und stellt sie in Parallele mit dergleichen ähnlichen Worten auf -orum oder -arum, denen vielleicht in letzter Linie die alte kirchliche Formel „in saecula saeculorum“ zugrunde liegt. Gebhardt ist hingegen der Ansicht, daß es sich zwar allerdings um eine Entstellung handle, aber nicht um eine scherzhaft-studentische, sondern um die volkstümliche eines unverstandenen Fremdwortes; als solches

[1] „Saale-Zeitung“ vom 1. Januar 1911.

zieht er die Bezeichnung „Halurgae oder Saltzleute“ in Betracht, die sich auf S. 208 eines berühmten, den Aberglauben des Mittelalters auf das Gründlichste behandelnden Werkes vorfindet, des 1668 zu Magdeburg erschienenen „Anthropodemus plutonicus“ von M. J. Praetorius. Nach Prof. Dr. O. Bremer in Halle wäre der Übergang von „Halurga“ in „Hallore“ den Gesetzen der Halleschen Mundart und Redeweise vollständig entsprechend, und hätte sich wahrscheinlich folgenden Stufen gemäß vollzogen: Halúrga, Halúrja, Halúrje, Halórje, Halóre, und schließlich (unter Anlehnung an den Namen der Stadt) Hallóre. Ein Bedenken bleibt bei Gebhardt nur noch insofern bestehen, als ein Wort Halurga in keinem lateinischen oder griechischen Wörterbuche aufzufinden ist; da jedoch die Salzgewinnung in manchen technologischen Werken des 18. und noch des 19. Jahrhunderts unter dem Stichworte „Halurgia“ abgehandelt wird, vermutet er, daß es ein älteres, ursprünglich der Gelehrtensprache zugehöriges Wort „Halurga“ gegeben habe, das Salzarbeiter oder „Salzwirker“ (= Salzmacher) bedeutete.

Dafür nun, daß diese Vermutung zutrifft, ist es mir jüngst geglückt, den Beweis zu erbringen. Der aus Halle gebürtige, und einer alten Halleschen Familie entsprossene Andreas Libau, in lateinischer Form Libavius geheißen, und in der Geschichte der Wissenschaften bekannt als Verfasser des ersten eigentlichen Handbuches der Chemie, der „Alchemia“ von 1595, gab nämlich 1615 zu Frankfurt ein sehr gelehrtes Werk heraus: „Syntagma Alchemiae Arcanorum“, d. h. „Zusammenstellung der chemischen Heilmittel“; auf S. 460 und 461 des ersten Bandes spricht er dort von den „griechischen und arabischen Halurgi“, sowie von den „Halurgi salinarum“, d. i. von den Salzsiedern der Salinen. Das Wort, das vom griechischen „Hals“ (= Salz) ganz ebenso abgeleitet ist, wie Metallurgie von Metall, wird von ihm nicht weiter erklärt, es war also offenbar zu jener Zeit den Gelehrten schon bekannt und verständlich, und bezeichnete, wörtlich übersetzt, die Salzmacher oder „Salzwirker“, — welchen offiziellen Namen die Werkleute der „Pfännerschaftlichen Saline“ zu Halle bekanntlich noch heute führen.

Die Abkunft des Wortes „Hallore“ von dem gelehrten Kunstausdruck „Halurgus“ erscheint hiernach außer allem Zweifel gesetzt, und die seit so langer Zeit und von so zahlreichen Gelehrten erörterte Frage über seine Ableitung dürfte nunmehr endgültig gelöst sein.

30

ZUR GESCHICHTE DES NAMENS „GAS". I.[1]

In seinem Aufsatze über J. B. van Helmont hat Herr Dr. F. Strunz kürzlich darauf hingewiesen,[2] daß van Helmont zwar vom „wilden Geiste oder Dunste (spiritus sylvester)" der verbrennenden Holzkohle ausdrücklich sagt: „Diesem Geist . . . habe ich den neuen Namen Gas ertheilt" (hunc spiritum . . . novo nomine gas voco), und hiermit das neue Wort Gas für sich in Anspruch nimmt, daß aber auch schon Paracelsus im „Paramirum" von „Windkälte, Chaoskälte, Luftkälte, ohne Substantz, Greiffen, oder Sehen" in einem Sinne redet, der die Gleichsetzung seines „Chaos" mit „Gas" rechtfertigt.[3]

Für das Zutreffen dieser Anschauung spricht es, daß Paracelsus sich des Ausdruckes „Chaos" keineswegs nur im „Paramirum" bedient, sondern ihn auch in vielen anderen Schriften häufig, und immer im nämlichen Sinne gebraucht. Die Hauptstellen seien im nachfolgenden angeführt, und zwar auf Grund der Huserschen Ausgabe von 1603 (Straßburg, zwei Foliobände):

Von den vier Elementen, aus denen auch der Mensch besteht, ist eines Chaos, nämlich die Luft (chaos est aër).[4] Von der Pest kennt man vier, den vier Elementen entsprechende

[1] „Chemiker-Zeitung" 1910, S. 1. [2] ebd. 1909, S. 1181. [3] „Paramirum", ed. Strunz (Jena 1904); Anmerkung auf S. 161 u. 217. [4] Huser, Bd. 1, S. 183.

Arten, die terrena (erdige), aquata (wässerige), chaosa (luftige), und stellata (himmlische = feurige).[1] Es gibt Ärzte, die dem Feuer, dem Wasser, der Erde, dem Chaos anhangen.[2] Neben den Weissagekünsten Geo-, Hydro-, Pyro-Mantia steht die Chao-Mantia, . . . sie hat ihren Namen vom Lufft, . . . sie gibt ihre Zeichen und judicirt durch Lufft und Wind, . . . Dunst und Nebel.[3] Die Lunge ernährt sich aus dem Chaos, dem allein hierzu geeigneten Element, das zwischen Himmel und Erden liegt.[4] Der Chaos, den die Lungen däuen (verdauen), wird vom Element des Himmels (d. i. vom Feuer) gesotten, . . der Oberhimmel in seinen Sternen ist es, der den Lufft kocht, der zwischen ihm und der Erden liegt.[5] Das Element aër . . . ist nichts als ein treffliches Chaos, . . . und Chaos ist der Baum dess Luffts-Elements, . . . das im Cirkel alle Geschöpfe beschleusst, und als das Element Lufft, oder Chaos genannt, Erden und Meer hält; . . . und dieweil der Lufft ein Chaos bleibt, . . . ist auch keine Brechung in der Welt, . . . sonsten aber folgt Zerstörung und Zerbrechung.[6] Lufft und Firmament halten das Chaos inne, und umgeben Globul (d. i. Erdkugel) und Sphaera; . . . Egestion und Digestion des Chaos machen den Dunst, der uns auff der Welt den Lufft gibt.[7] Im Lufft ist der Chaos verordnet, . . . zu beschließen die Erden von dem Himmel.[8] Der Chaos hält die Globel, daß sie nit fallt; was Lufft ist, ist in den Chaos kommen, . . . der ist unsichtbar und ungreifflich.[9] Es ist . . . nit greifflich, sondern ein Chaos.[10] Der Dunst des Chaos . . . ist ein klarer Wind; . . . die Farbe ist blau.[11] Die Früchte des Baumes sind in der Luft, dem corpus chaos.[12] Im menschlichen Körper ist eine Luft, die sich wie ein Chaos verhält (aër in nobis, qui tamquam chaos existit).[13] Vom Chaos in der Erden kommt

[1] Huser, Bd. I, S. 151. [2] ebd., Bd. I, S. 716. [3] ebd., Bd. I, S. 920; Bd. II, S. 366. [4] ebd., Bd. I, S. 643. [5] ebd., Bd. I, S. 644. [6] ebd., Bd. II, S. 109. [7] ebd., Bd. II, S. 111. [8] ebd., Bd. II, S. 23. [9] ebd., Bd. II, S. 24. [10] ebd., Bd. I, S. 663. [11] ebd., Bd. II, S. 112. [12] ebd., Bd. II, S. 49. [13] ebd., Bd. I, S. 682.

die Bergsucht (die die Bergleute befällt).[1] Bei gewissen Krankheiten enthält der Harn ein Chaos,[2] . . . denn die Dünste und Räuche der Sterne führen den Chaos auch ein in die Mineralien der Erden,[3] und so „speist der Chaos auch den Stein",[4] und führt und nährt als chaos mineralis „die unbeweglichen Ding."[5]

Im „Paramirum" selbst ist ebenfalls noch einige Male vom Chaos die Rede: Luft und Feuer sind Chaos und Astra (d. i. Stoff der Sterne);[6] inmitten des (menschlichen) Leibes ist Chaos in der Hülle;[7] das Hertz wirft aus . . . ein Chaos, . . . luftig und nit schwer, sondern ein leichter Geist;[8] subtil wie ein Chaos;[9] kein Chaos ist so klar und so subtil.[10]

Allem Erwähnten zufolge kann kein Zweifel daran walten, daß der Ausdruck Chaos von Paracelsus herrührt, der bekanntlich auf zahlreichen Gebieten Neuschöpfer einer ebenso umfangreichen wie willkürlichen Nomenklatur war, sowie daß Paracelsus unter „Chaos" (vom griechischen *χαίνω* gähnen; bildlich: *χάος* = gähnende Leere) Luft, leichten Dunst, subtilen Geist verstand, kurz eben das, was wir jetzt Gas nennen; hieran darf der Mangel an Klarheit und Folgerichtigkeit in einzelnen seiner Aussprüche nicht irre machen, um so mehr als Paracelsus, wie an vielen Stellen so auch hier, den Einfluß gewisser von ihm so heftig angefochtener antiker und arabischer Lehren niemals völlig abzustreifen vermochte, und zudem stets im Kampfe mit der Sprache liegt.

Van Helmont hat jedenfalls, vermutlich ohne bestimmte Erinnerung, aus Paracelsus geschöpft, und sein „Gas" ist auf das Wort „Chaos" zurückzuführen, das bereits ähnlich- oder gleichklingend ausgesprochen worden sein mag; sagt er doch selbst an einer Stelle: „Solchen Dunst . . . habe ich Gas genannt, weil er kaum verschieden ist vom Chaos der

[1] Huser, Bd. I, S. 645. [2] ebd., Bd. I, S. 745. [3] ebd., Bd. I, S. 644; Bd. II, S. 112. [4] ebd., Bd. I, S. 780. [5] ebd., Bd. I, S. 773. [6] „Paramirum", S. 240. [7] ebd., S. 230. [8] ebd., S. 202, 210. [9] ebd., S. 218. [10] ebd., S. 217.

Alten" (halitum . . . gas vocavi, non longe a chao veterum discretum). Diesen Ausspruch zitiert bereits Kopp in den „Beiträgen zur Geschichte der Chemie",[1] woselbst er auseinandersetzt, daß van Helmont, wie in nicht wenigen seiner chemischen Erörterungen, so auch in den auf „Gas" bezüglichen, sehr verworrene und kaum untereinander vereinbare Gedanken äußert; an dieses Urteil unseres großen Historikers sei erinnert, weil die frühere achtlose Vernachlässigung einer Anzahl an der Schwelle der Neuzeit stehenden Geister, gegenwärtig einer ebenso ungerechtfertigten Überschätzung Platz zu machen beginnt (bei Paracelsus, nach R. Kobert, auch in medizinischer Hinsicht), und man Vieles aus ihnen heraus und in sie hinein liest, was einer kritischen Prüfung nicht immer Stand halten möchte.

Zu erwähnen wäre noch, daß des Paracelsus wie des van Helmont oft recht unklare Vorstellungen über das Verhältnis zwischen Gas und Dampf, und über die Rolle der feuchten und trockenen Ausdünstungen, in letzter Linie rein aristotelischen Ursprunges sind, wie aus meiner demnächst erscheinenden ausführlichen Abhandlung „Chemisches und Alchemisches aus Aristoteles" deutlich zu ersehen sein wird.

[1] „Beiträge" (Braunschweig 1875), Bd. III, S. 155.

31

ZUR GESCHICHTE DES NAMENS „GAS“. II.[1]

Unter obigem Titel veröffentlichte ich vor Jahresfrist eine kleine Abhandlung,[2] deren Gegenstand der Nachweis bildete, daß van Helmont den Namen „Gas“ dem Paracelsus entlehnt habe: in dessen Schriften werde nämlich der Ausdruck „Chaos“ sehr häufig in einem Sinne gebraucht, der durchaus zugunsten jener Gleichsetzung von „Chaos“ und „Gas“ spricht, auf die Herr Dr. F. Strunz bereits gelegentlich der Deutung einer Stelle in des Paracelsus „Paramirum“ aufmerksam gemacht hatte, usf.[3] Bald darauf erschien eine Arbeit von Herrn Dr. M. Speter „Zur Etymologie und Geschichte des Namens „Gas“,[4] die zunächst den Einwurf erhebt, daß jene „etymologische“ Ableitung, „wie einleuchtend . . . sie auch auf den ersten Blick erscheint, . . . doch bei näherer Betrachtung sich als nicht ganz stichhaltig erweist“, und sie dann weiterhin als eine durchaus unzutreffende völlig ablehnt; demgemäß mußte ich, um meine Darstellung zu rechtfertigen, dem aufgeworfenen Probleme neuerdings näher treten, und da es des allgemeinen Interesses keineswegs entbehrt, gestatte ich mir im folgenden über die Ergebnisse meiner Nachforschungen (älterer und jüngerer) etwas eingehender zu berichten.

[1] „Chemiker-Zeitung“ 1911, S. 41. [2] ebd. 1910, S. 1. [3] ebd. 1909, S. 1181. [4] ebd. 1910, S. 193.

1. „Chaos" bei Paracelsus. Die paracelsischen Schriften[1] verwenden den Ausdruck „Chaos" außerordentlich oft, und zwar einige Male gemäß seiner altbekannten Bedeutung, — z. B. wenn von dem dunklen, unklaren, nebulischen, konfusen Chaos die Rede ist, als der Urmaterie, aus der Gott die Welt geschaffen hat —,[2] in den weitaus meisten Fällen aber gemäß der hier in Frage kommenden. Nachstehend sollen die wichtigsten Sätze, deren Zahl eine neuerlich vorgenommene Durchsicht noch erheblich vermehrt hat, in möglichster Verkürzung und in deutscher Sprache angeführt werden; betreff des ausführlichen (mitunter lateinischen) Wortlautes sei teils auf das Original, teils auf meinen ersten Aufsatz verwiesen.

Chaos ist ein unsichtbares und ungreifliches Element,[3] hell und diaphan, durchsichtig wie ein Glas,[4] weiß und klar, doch schätzen ihn etliche von Farbe grünlich oder bläulich;[5] er ist subtil und luftig, nit schwer, sondern ein leichter Geist;[6] er ist keines Leibes, . . . ein Ding das die Stätte nit anfüllt, er weicht und läßt Anderes in die Stätte, und läßt sie doch nit leer, . . . wie ein Wind;[7] er hat seine Wärme und Kälte, eine Wind-, Luft-, und Chaoskälte, gefriert aber nicht;[8] er ist ohne Substanz, Greifen oder Sehen, . . . volatil . . ., und zu vergleichen einem Dunst beim Destillieren,[9] oder der Tugend des Terpentins, . . . die auch ein unsichtbarer Geist ist, . . . gesetzt in die Complexion (= den Aggregatzustand) des Chaos.[10]

Chaos ist ein Lufft . . . wie ein Wind,[11] ein dünner Rauch,[12] und aus seinem Aufwallen und Sieden gehet ein Dunst auf die Welt, das ist der klare Wind;[13] der Chaos ist allein im Lufft und sonst nirgends,[14] er kommt aus dem Lufft,[15] er ist das

[1] Ich benutzte die Husersche Ausgabe von 1603 (Straßburg, 2 Großfoliobände). [2] Bd. II, S. 403; Bd. I, S. 1099 und 974, Bd. II, S. 662; Bd. I, S. 903 und 977. [3] Bd. I, S. 663; Bd. II, S. 24, 25, 351. [4] Bd. II, S. 70, 71, 442. [5] Bd. II, S. 25, 112. [6] „Paramirum", s. „Chemiker-Zeitung" 1910, S. 1. [7] Bd. I, S. 524. [8] Bd. II, S. 31, 32, 47, 19. [9] Strunz, a. a. O., Bd. I, S. 220, 339. [10] Bd. I, S. 1024. [11] Bd. I, S. 183, 460, 958; Bd. II, S. 70, 71, 442. [12] Bd. II, S. 672. [13] Bd. II, S. 212. [14] Bd. II, S. 26. [15] Bd. II, S. 24.

Element Lufft;[1] Lufft ist nichts als ein Chaos; was Lufft ist, das ist der Chaos; das Element Lufft wird Chaos genannt;[2] Lufft und Feuer sind Chaos und Sternstoff;[3] im Lufft, dem corpus Chaos, wachsen die Früchte.[4]

Der Chaos ist und wächst aus dem Himmel,[5] er hebt und trägt Gestirne, Sonne und Mond,[6] er hält auch Erden und Meer, ... die er schützet vor Zerstörung und Zerbrechung,[7] und wir Alle gehen im Chaos, das die Sphära trägt daß sie nit fallen mag;[8] im Lufft ist der Chaos, ... verordnet zu erhalten und zu beschließen die Erde von dem Himmel;[9] der Lufft ist ein trefflicher Chaos, der liegt zwischen Globul (= Erdkugel) und Sphära, der umfängt die Erde wie ein Klar im Ei den Dotter, der hält die Globel wie einen Dotter im Zentrum, daß sie nit fallt.[10]

Auch unter der Erden ist ein Chaos,[11] in dem wohnen, schweben, und weben Geister, ... in ihrem Wesen wie ein Lufft und Wind zu rechnen;[12] der Chaos ist die Wohnung der Bergmännlein (Berggeister) in der Erden;[13] Bergkrankheiten und Bergsüchte befallen die Bergleute aus diesem irdischen Chaos, ... durch die Dünste die in ihm liegen und die aus ihm geboren werden.[14] Es ergeben nämlich die vier Elemente auch vier Hauptkrankheiten, ein jedes seine Spezies,[15] daher zählt man z. B. auch vier Arten der Pest: die feurige, erdige, die wässerige, und die chaosa, d. i. die luftige,[16] sowie vier Arten der Aerzte, je nachdem sie vornehmlich dem Feuer, der Erde, dem Wasser, oder der Chaos anhangen.[17] Aus dem Lufft und dem Chaos können Fliegen, Würmer und Fäulnis, daher auch allerlei Krankheit, entstehen,[18] oft auch dringt ein Dunst, aus

[1] Bd. II, S. 110. [2] Bd. I, S. 213; Bd. II, S. 24, 109. [3] Bd. I, S. 70. [4] Bd. II, S. 49. [5] Bd. I, S. 146; Bd. II, S. 22. [6] Bd. I, S. 241. [7] Bd. II, S. 109. [8] Bd. I, S. 241. [9] Bd. II, S. 23. [10] Bd. II, S. 24, 109, 111; Bd. I, S. 213. [11] Bd. I, S. 915. [12] Bd. II, S. 290, 363. [13] Bd. II, S. 184 bis 191; 314. Auf S. 184 kommt das Wort Chaos allein 22 mal vor! [14] Bd. I, S. 644 bis 646. [15] Bd. I, S. 186, 187, 457, 458. [16] Bd. I, S. 151. [17] Bd. I, S. 716. [18] Bd. I, S. 455, 454, 195; 422, 424.

dem Chaos geboren, in alle Glieder,[1] und das schwebende Chaos vergiftet den Lufft im Menschen;[2] daher kommen, wie von einem Corpus, der sich an die Lungen anhängt, die Krankheiten der Lunge, die den Chaos einzieht und däut (verdaut), denn die Lunge ernährt sich aus dem Chaos zwischen Himmel und Erden, als dem allein dazu geeigenten Element, dieses aber wird regiert, gekocht und zurechtgesotten durch das Element des Himmels (das Feuer), und durch die Kraft der Gestirne.[3] Deren Dünste und Räuche führen das Chaos auch ein in die Mineralien der Erde, daher speist der Chaos auch den Stein, nährt als Chaos mineralis die unbeweglichen Ding, und tritt bei manchen Krankheiten im Harn auf.[4]

Auch der menschliche Leib enthält die vier Elemente, er ist in vier Teile geteilt, ... und der Lufft ist sein Chaos, das Chaos corporis;[5] in der Hülle des Leibes liegt der Chaos, ein Lufft ist in uns gleich einem Chaos, der liegt ganz so inmitten des Leibes, wie mitten zwischen Himmel und Erden.[6] Der Chaos ist ein Lufft, verteilt im ganzen Körper, ... gleich einem Wind;[7] aber die besondere Region des Chaos ist der Bauch, und wie die Winde im Chaos zwischen Himmel und Erden, so gehen sie auch in ihm auf und ab; es entweicht auch mit dem Unrat ein Chaos, stinkend, gleich dem Atem der zum Mund herausgeht.[8] Dieser Teil deines Leibes ist Chaos, hie bist du ein Teil Terenjabin,[9] denn wie Erde Blumen gibt, Feuer Meteore, Wasser Mineralien, ein jedes seine Spezies, so kommen aus Chaos Tau, Reif, und Terenjabin.[10] Des Leibes Schweiß ist sichtlich und greiflich, ... und wird doch so subtil, daß er einem Chaos gleich kam.[11]

Neben der Weissagekunst Geo-, Hydro-, und Pyromantia

[1] Bd. I, S. 196. [2] Bd. I, S. 369. [3] Bd. I, S. 643, 644. [4] Bd. I, S. 644, 745; 780, 773; Bd. II, S. 112. [5] Bd. I, S. 619. [6] Bd. I, S. 524, 682, 66; „Paramirum", a. a. O. [7] Bd. I, S. 183, 458. [8] Bd. I, S. 559, 465. [9] Terenjabin ist eine Art Manna; es sollte als Tau aus der Luft fallen, und spielt bei Avicenna (d. i. Ibn-Sina) und anderen arabischen Ärzten eine große Rolle. [10] Bd. I, S. 216; 268, 269, 458, 920. [11] Bd. I, S. 63.

steht die Chaomantia, die hat ihren Namen vom Lufft, die gibt ihre Zeichen durch Lufft und Wind, durch Dunst und Nebel;[1] zur Chaomantia gehören auch die Flatus, das sind auch die Blähungen und Winde.[2]

II. „Gas" bei van Helmont. In Rixner-Sibers „Lehren und Lehrmeinungen berühmter Physiker" (Sulzbach 1826; Band 7) finden sich die wichtigsten der einschlägigen Ansichten Helmonts bereits systematisch zusammengestellt vor, weshalb die folgenden Auszüge, sofern keine anderen, ergänzenden Quellen genannt sind, diesem Werke entnommen wurden.

Aus dem Wasser entstehen zwei Arten Dunst (halitus): in der Wärme gibt es Dampf, in der Kälte aber nimmt es, durch Verrauchen oder Verdunsten, die Form des „Gases" an, was ihm jedoch, der Ursache und der Art nach, unangenehm ist, während es sich leicht und gern in Dampf verwandelt.[3] Weil der Dunst (halitus) des Wassers, der durch Kälte entsteht, völlig anderer Natur ist als der, den die Wärme bewirkt, nehme ich mir, in Ermanglung eines anderen Namens, die besondere Freiheit, jenen Hauch, der sich nicht sehr vom Chaos der Alten unterscheidet, „Gas" zu nennen; es genügt vorerst, zu wissen, daß Gas weitaus subtiler ist als Dunst, Ruß, oder ölige Ausdämpfung,[4] obwohl noch vielmals dichter als gewöhnliche Luft; seiner Materie nach ist dieses Gas Wasser, das vorher durch den Einfluß fester Teilchen verlarvt war.[5] Die heilige Schrift spricht von der Erschaffung der Erde und des Feuers (des Himmels), aber nicht von der des Wassers und der Luft; diese beiden sind also vorerschaffene und unvergängliche Urelemente, die auch nicht ineinander übergehen können. Die Wärme läßt das Wasser als Dampf emporsteigen, bewirkt

[1] Bd. I, S. 587, 920; Bd. II, S. 519, 522, 634; 361, 366. [2] Bd. II, S. 36. [3] Rixner-Siber, S. 148ff. (weiterhin nur als „Rixner" zitiert). [4] Dieses Wortes bedient sich Stahl in der „Zymotechnia" von 1697 (deutsche Übersetzung, Stettin 1748, S. 122). [5] Rixner, S. 148ff.

ein „Herauskehren“ der inneren Teile des Wassers, die dabei Schwefel, Salz und Quecksilber ergeben, — ohne daß aber durch diese räumliche Trennung, sowie durch solche Herauskehrung der inneren Teile nach außen, eine Veränderung seiner eigentlichen Natur statthat —, und läßt schließlich das geistige Wesen, den subtilen Wassergeist, den Wasser-Mercur, zum Himmel aufschweben, wo er zur Wolke wird, die das Wasser noch als Regen wieder herabfallen lassen kann. Erst durch die ungeheure Kälte der obersten Himmelsregionen, und durch ihre verschiedene Einwirkung auf Schwefel, Salz und Quecksilber des Wassers, entsteht der allersubtilste Dunst, das eigentliche Wassergas oder Gas des Wassers, das für sich allein nicht wieder in Wasser übergehen kann, aber auch nicht identisch mit Luft ist.[1] Der Dunst (halitus) der Wolken wird also durch die hochgradige Kälte, (die auch mit dem Winde oder dem örtlichen Klima zusammenhängen kann), allmählich zu Gas ausgedehnt, verdünnt, und unsichtbar gemacht, und in dieser Verdünnung erscheint uns das Gas, wegen seiner dicken Schicht, in azurblauer Farbe:[2] das Firmament ist Luftgas,[3] der Raum als Körper ist Gas, ist Luft, gleichbedeutend mit dem Himmelsraume und seiner bisher unbekannten Materie von angeborener höchster Kälte und Trockenheit.[4] Damit du recht einsiehst was Gas sei, ... beachte also, daß Gas vom Wasser und Wasserhauch nicht durch Substanz und Wesen verschieden ist, sondern nur durch eine Veränderung der Eigenschaften, . . . weil nämlich die Gaswerdung den Schwefel (Sulfur) des Wassers herausgekehrt hat, den das Salz (Sal) und der Geist (Mercur) der Luft beim Aufsteigen des Dunstes in sich eingeschlossen haben.[5] Doch ist das eigentliche und ursprüngliche subtile Himmelsgas oder Luftgas nicht als rein ölige, trockene Ausdünstung, als *ξηρὰ ἀναθυμίασις*, vorhanden, sondern enthält immer noch einen

[1] Rixner, S. 54 bis 58; Strunz, a. a. O. [2] ebd., S. 87ff. [3] ebd., S. 237. [4] ebd., S. 78, 86. [5] ebd., S. 87ff.

gewissen Rest Wässeriges beigemischt, der zum Statthaben der meteorologischen Vorgänge erforderlich ist:[1] dieses, durch die vielfältigste Verdünnung und größte Kälte feinst verteilte und verarbeitete Wassergas, wird nämlich durch einen sanften, von den Gestirnen ausgehenden Wind oder Blas,[2] aus den Höhen der Luft wieder in die mittlere Region herabgeführt, und dort durch den bewegenden und verändernden Einfluß des Blas, unter Umkehrung jener Vorgänge, die sein Entstehen veranlaßten, in Wasser zurückverwandelt.[3] Daß die schweren Gase aufwärts, die leichten Blase aber abwärts gezogen werden, ist ein Gesetz des Weltalls, denn übten die Sterne keinen Blas aus, (der für jeden von ihnen, und besonders für die sieben Planeten, ein ganz eigenartiger ist, und sich oft plötzlich ändert, wie dies das Umschlagen von Süd- in Nordwind zeigt), so bliebe die Luft ruhig, das Wassergas verharrte in der Höhe, und das Wetter könnte sich nicht ändern;[4] auch der Donner ist ein Blas, aber von ganz besonderer Art, nämlich ein gewaltsamer, verursacht durch einen Schreckgeist, und daher ein Prodigium, ein Vorzeichen.[5] — Gas und Blas sind neue, von mir eingeführte Namen, die den Alten unbekannt waren, denen aber unter den physikalischen Prinzipien eine notwendige Stelle gebührt;[6] auch Paracelsus wußte nicht das mindeste von Gas, noch von seinem Entstehen durch die Kälte der Luft.[7]

Das Feuer verwandelt alles Verbrennliche, oft unter tausendfacher Ausdehnung, zu Gas;[8] der entweichende Rauch ist der „corpus Gas", und gibt angezündet die Flamme.[9] Das Gas, das beim Verbrennen der Kohle entweicht, ist seinem Wesen nach bloßes Wasser; das viele Einatmen der Dünste von Kohlen, Arsen und Antimon, hat den frühen Tod des Paracelsus herbeigeführt.[10] Aus verbrennender Kohle ent-

[1] Rixner, S. 87ff. [2] ebd., S. 87ff. [3] ebd., S. 87ff. [4] ebd., S. 102ff.; 112. [5] ebd., S. 93ff. [6] ebd., S. 86; Speter, a. a. O. [7] Strunz, a. a. O. [8] Rixner, S. 59, 81. [9] Strunz, a. a. O.; Hoefer, „Histoire de la Chimie", (Paris 1866), Bd. II, S. 139. [10] Rixner, S. 153, 211. Diese Erkenntnis hinderte aber nicht, daß Helmont selbst (1642)

weicht in sehr großen Mengen ein besonderer „wilder Geist und Dunst", der „Spiritus sylvester"; diesen bisher unbekannten Dunst, der, solange seine Natur erhalten bleibt, weder in Gefäßen aufgefangen, noch in sichtliche Gestalt übergeführt werden kann, nenne ich mit einem neuen Namen „Gas". Beim Gären und Faulen, oft beim Einwirken einer Materie auf eine andere (z. B. des Essigs auf die Krebsschalen), zuweilen auch schon bei geringen stofflichen Veränderungen, entsteht gleichfalls Gas.[1] Unter den Arten des Gases, „deren Verschiedenheit die galenische Schule gar nicht kannte", sind, u. a. nach dem Traktat „De flatibus", zu nennen: Gas ventosum (d. i. Luft oder Wind, durch den Blas der Sterne bewegt), Gas pingue, Gas siccum (das auch sublimatum geheißen wird), Gas fuliginosum (endimicum), Gas sylvestre (incoërcibile, weil es sich nicht zu einer Substanz verdichten läßt),[2] ferner Gas sulfureum, Gas uvae, Gas vini, Gas musti, Gas cerevisiae, Gas flammeum, Gas aethereum, Gas salium (d. i. Salzsäure),[3] usf.; solche gasartige Ausdünstungen und fremde Gase, z. B. der Ruß von Flammen, häufen sich oft in den vielen Poren der Luft an, so z. B. erweist sich die Luft in Schächten und Kellern zuweilen als tödlich, weil sie mit mineralischem Gas überfüllt ist.[4] Manche mineralischen Wasser, z. B. das von Spaa, enthalten ebenfalls Gas sylvestre.[5]

Auch der Lebensgeist (gas vitale) ist ein Gas, das die Natur eines balsamischen Salzes hat, weshalb auch die Gerüche von Medizinen und Salben, die gleichfalls Gase sind,

beinahe das Opfer einer Vergiftung durch die Kohlendünste einer Wärmepfanne wurde (Rixner, S. 23)!

[1] Hoefer, a. a. O., Bd. II, S. 137; Strunz, a. a. O. [2] Kopp, „Beiträge zur Geschichte der Chemie" (Braunschweig 1875), Bd. IV, S. 150ff., 156. — Thomson, „System der Chemie", üb. Wolff (Berlin 1805), Bd. I, S. 21. [3] Sommerhoff, „Lexicon pharmaceuto-chemicum" (Nürnberg 1701), zitiert bei Peters, „Mitteil. zur Geschichte d. Medizin und d. Naturwissenschaften", 1910, Bd. 9, S. 495. — Hoefer, a. a. O., Bd. II, S. 136ff. [4] Rixner, S. 81, 84; Hoefer, Bd. II, S. 137. [5] Hoefer, Bd. II, S. 137.

allein in das Innerste der Körper dringen und auf den Lebensgeist einwirken können;[1] den einzelnen Körperteilen kommen aber auch noch besondere lokale Lebensgeister zu, die Archaei insiti, Blas locales, doch ist der eigentliche Sitz des lenkenden Archaeus, der Seele, im Magen, und zwar zunächst dem Magenmunde.[2] Beim gewöhnlichen Atmen wirkt die Luft nicht nur abkühlend, sondern erzeugt auch, mit Hilfe des belebenden Fermentes der Arterien, ein Gas, zwecks völliger Verflüchtigung und Verdunstung des Venenblutes;[3] im Laufe der Verdauung gehen die feinsten und flüchtigsten Bestandteile der Nahrung ebenfalls in ein luftiges Gas über, das verschiedene Beschaffenheit zeigen kann, wie denn z. B. das der Flatus aus dem Darme, Gas flatulentum, brennbar ist, das der Blähungen aus dem Magen aber nicht.[4] Die Disposition der Materie zur Bildung von Samen und Aufkeimung von Leben geschieht durch ein Ferment des Wassers, eine „aura seminalis", d. i. ein flüssiger, flutender Hauch, der aus dem Wasser hervorgeht und ausreichend zur Zeugung ist;[5] er bläst dem Dotter nur einen geringen Hauch an, und wirkt hierdurch als das männliche Prinzip, so wie auch der Blas das Männliche in den Sternen ist.[6]

III. Paracelsus und Helmont; Chaos und Gas. Berücksichtigt man die Tatsache, daß Paracelsus die mit größtem reformatorischem Eifer bekämpften Einflüsse antiker und arabischer Wissenschaft niemals ganz und gar zu überwinden vermochte, und daß man schon deshalb bei ihm über gewisse Mängel an Einheitlichkeit der Anschauung ebenso hinwegzusehen hat wie über solche an Folgerichtigkeit des Ausdruckes und an Klarheit der Sprache: so wird man zu-

[1] Rixner, S. 187, 188. [2] Haeser, „Geschichte der Medizin" (Jena 1881), Bd. III, S. 344; Puschmann, „Geschichte der Medicin" (Jena 1903), Bd. II, S. 43, 339, 458. [3] Rixner, S. 209. [4] ebd., S. 201; Hoefer, Bd. II, S. 137. [5] ebd., S. 125ff., 130ff., 135, 147ff., 161. [6] ebd., S. 162, 105.

geben müssen, daß seine vorher angeführten Lehrmeinungen genügend untereinander übereinstimmen, und daß man in ihnen, ohne den sonstigen Wortlaut oder gar den Sinn zu verändern, fast durchweg die Vokabel „Chaos" einfach durch „Gas" ersetzen kann. Im Hinblicke hierauf sagte ich in meinem ersten Artikel, daß der Ausdruck Chaos (nämlich im Sinne von Gas) zweifellos von Paracelsus herrühre; wenn Herr Dr. Speter hierzu bemerkt, daß nach Zedlers „Universal-Lexikon" von 1733 „Chaos" schon bei Anaximenes und anderen alten griechischen Philosophen vorkomme und mit χαίνω (= gähnen) zusammenhänge, so darf ich um so mehr versichern, daß mir dieser Umstand (wenn auch aus anderer Quelle her) nicht unbekannt war, als ich in der zweiten Hälfte des nämlichen Satzes selbst darauf verwies, „daß Paracelsus unter Chaos (von griech. χαίνω = gähnen; bildlich χάος = gähnende Leere) Luft, leichten Dunst, subtilen Geist verstand, kurz eben das, was wir jetzt Gas nennen."

Van Helmont (1577—1644) war, wie bekannt, dem Paracelsus an Bildung und Belesenheit weitaus überlegen, dabei aber ein durchaus unselbständiger und unklarer Geist, dessen Gesichtskreis überdies durch Mystizismus und ultramontane Befangenheit nach vielen Richtungen hin arg eingeschränkt wurde. Diesen Umständen ist es zuzuschreiben, daß ihm zwar gute Gedanken nicht fehlten und ihn „zu einigen sachlichen und formalen Fortschritten auf chemischem und chemisch-physiologischem Gebiete befähigten",[1] daß er aber, — sehr entgegen seinem eigenen, freilich ungewöhnlich ausgebildetem Selbstgefühle —, weder in der Philosophie, noch in der Chemie, noch in der Medizin, etwas wirkliches Hervorragendes geleistet, oder dauernden Einfluß ausgeübt hat. Die philosophischen Historiker erwähnen daher Helmont ent-

[1] So äußert sich, im Verlaufe einer durchaus wohlwollenden Besprechung, Boruttau im „Archiv für Geschichte der Medicin" 1909, Bd. II, S. 301.

weder gar nicht, oder erinnern, wie Zeller,[1] Hartmann,[2] und Überweg-Heinze,[3] im wesentlichen nur an seine Verworrenheit und Abhängigkeit von Paracelsus; die medizinischen, z. B. Haeser,[4] Puschmann,[5] und Hirsch,[6] äußern sich ihrerseits im nämlichen Sinne, und betonen seine Vorliebe für mystische Erklärungen, den Hang zur Verquickung völlig unvereinbarer Theorien, sowie die gänzliche Abhängigkeit von Paracelsus und Galenus, die ihn u. a. veranlaßte, die großartige, 1628 von Harvey veröffentlichte Entdeckung vom Kreislaufe des Blutes zu ignorieren;[7] die chemischen endlich, wie Hoefer,[8] Chevreul,[9] und Kopp, gelangen, bei aller Anerkennung tatsächlicher Verdienste, auch zu keinem viel günstigeren Gesamtergebnisse, namentlich hat Kopp sein anfangs recht vorteilhaftes Urteil[10] später, auf Grund eingehenderer Studien, erheblich abgeändert,[11] und mit Nachdruck auf die oft sehr verschwommenen und von argen Widersprüchen erfüllten Ausführungen Helmonts hingewiesen. Chevreul tadelt an ihm namentlich die „noch kaum dagewesene" Art, in der er die Eigenschaften der Materie und der Materien a priori abzuleiten sucht, wobei sich Mystizismus, Spiritualismus, Orthodoxie, Schwärmerei, Glauben an die Einwirkung von Engeln und Teufeln, von Geistern und neutralen Kreaturen, usf., in fast abenteuerlicher Weise geltend machen.[12]

Durchaus abhängig zeigt sich Helmont von Aristoteles,

[1] „Geschichte der Deutschen Philosophie" (München 1873), S. 14. [2] „Geschichte der Metaphysik" (Leipzig 1899), Bd. I, S. 348. [3] „Grundriß" (Berlin 1896), Bd. III, S. 46. [4] a. a. O. [5] a. a. O. [6] „Geschichte der medizinischen Wissenschaften in Deutschland" (München 1893), S. 128. [7] Boruttau, a. a. O. [8] a. a. O., Bd. II, S. 134. [9] „Histoire de la matière" (Paris 1878; S. 129ff.). [10] „Geschichte der Chemie" (Braunschweig 1843), Bd. I, S. 117. [11] „Beiträge", a. a. O. [12] Chevreul nennt Helmont „un catholique ardent" (a. a. O., S. 146), — sehr im Gegensatze zu Herrn Dr. Strunz; dieser hat in seinem Buche „J. B. van Helmont" (Wien 1907), aus dem die Arbeit in der „Chemiker-Zeitung" (1901, S. 1181) ein Abdruck ist, meines Erachtens Helmont in zu einseitig vorteilhafte Beleuchtung gerückt, die ihm daher ein weitaus zu schmeichelhaftes Bild ergab.

Galenos, und Paracelsus, obwohl er in der Regel als heftiger Gegner dieser Männer auftritt, — freilich nicht stets aus rein wissenschaftlichen Gründen: Für Christen ist es eine Schmach, einen Ketzer wie Aristoteles, dessen Lehren denen der heiligen Schrift gegenüber heidnischer Unsinn sind, als Autorität anzuerkennen,[1] und Galenos ist zu verachten, da er ein Heide ist![2] Den Paracelsus hat Helmont gründlich studiert,[3] und sich fast auf allen Gebieten die meisten seiner Gedanken angeeignet, worüber er aber, selbst wo er den Paracelsus bekämpfte, den Schleier einer gewissen Zweideutigkeit zu breiten liebt; mit Recht sagt daher Sudhoff, der größte Kenner des Paracelsus: „Helmont verdankt Hohenheim viel mehr, als er in seiner oft unaufrichtigen Polemik Wort haben will."[4] Dies ist auch schon in früheren Zeiten von Männern erkannt worden, die keineswegs zu den Anhängern Hohenheims zählten. So z. B. berichtet Becher in seiner „Physica subterranca" von 1669: „Helmont hat, um zuverlässigere Grundsätze zu erdenken als Paracelsus, allerlei Archäus und Schimären zusammenphantasiert, und so weniger den Unsinn selbst abgeändert, als seine Methode."[5] Kunckel sagt über Helmont folgendes in seinem etwa 1690 verfaßten, aber erst 1716 erschienenen „Laboratorium chymicum", in dem er Helmont sehr ausführlich widerlegt,[6] und die „gelehrten Ansprüche" wiederholt scharf abfertigt, zuletzt mit den klassischen Worten „Experimenta und Rationes beweisen, nicht Ansehen und Autorität, . . . gelehrte Leute haben gelehrte Phantasien": Helmont hat den Paracelsus beschuldigt der Unwissenheit, Unbeständigkeit, und Großsprecherei, . . . hat ihn aber

[1] Rixner, S. 91, 115; Kopp, „Beiträge", Bd. III, S. 150ff. [2] Haeser, Bd. III, S. 349. — Diese Redensarten klingen wie entlehnt aus des Kirchenvaters Lactantius Schrift „De falsa sapientia". [3] Rixner, S. 8. [4] „Mitteil. z. Gesch. d. Med." 1910, Bd. 9, S. 244. [5] ed. Stahl (Leipzig 1703), S. 109. [6] Leipzig 1723, S. 491 bis 563.

oft unredlich ausgenützt ohne ihn zu nennen, ... und war dabei selbst unaufrichtig, scheinheilig, und groß mit Worten und Versprechungen.[1] Daß Kunckel hiermit nicht zu viel behauptete, mögen nachstehende Angaben beweisen, die Helmont selbst ausdrücklich als auf eigener Beobachtung und Erfahrung beruhende bezeichnet: Er hat auf freiem Felde den Regenbogen mit Händen betastet und mit Füßen getreten;[2] er hat gesehen, wie der Blitz im Walde einige Tausend Eichen und Buchen verbrannte, während alle Birken und Eschen unversehrt dazwischen stehen blieben;[3] er hat aus dem Kraute Basilicum Skorpione, und aus einem schmutzigen Weiberhemde nebst Weizenkleie zahlreiche lebendige Mäuse dargestellt;[4] er heilte sehr oft und mit stetem Erfolge Fieber durch Spinnenpflaster, Pest durch Krötenasche, und beendigte über 200 schwierige Geburten glücklich durch gedörrte Fischgalle;[5] er besaß den Stein der Weisen und verwandelte mit ihm das Mehrtausendfache Gewicht an Quecksilber in Gold,[6] (weshalb er auch seinen Sohn Merkurius taufte!); er besaß auch das allgemeine Lösungsmittel „Alcahest", das er auch als Allheilmittel bewährt fand,[7] — wozu Kunckel ganz richtig bemerkt, das Gefäß, in dem er dieses allgemeine Lösemittel aufbewahrte, sei jedenfalls ein noch weit größeres Wunder gewesen als das Präparat selbst![8]

Die Bezeichnung „Alcahest" stammt von Paracelsus her, dem Helmont auch die meisten seiner Medizinen entlehnte,[9] vor allem (was für ihn sehr charakteristisch ist) die aber-

[1] Leipzig 1723, S. 491ff. Ähnliche Vorwürfe erhebt auch Becher, und führt als Beweis der Aufschneiderei Helmonts an, daß sein (Bechers) Freund, der angesehene deutsche Arzt Dr. Krafft, der auf der Durchreise durch Brüssel Helmont besuchen wollte, in der ihm bezeichneten Straße nur mit Mühe seine Wohnung erfragen konnte (a. a. O., S. 182). Und doch hatte Helmont angeblich schon 20000 schwer Kranke, und dazu meist unentgeltlich, vom sicheren Tode gerettet! [2] Rixner, S. 91. [3] ebd., S. 93ff. [4] ebd., S. 12, 160; 31. [5] ebd., S. 224ff. [6] ebd., S. 115ff. [7] ebd., S. 115, 212. [8] Kunckel, a. a. O., S. 505. [9] Rixner, S. 15.

gläubischen.[1] Paracelsus hat bekanntlich eine zumeist völlig willkürliche, sehr umfangreiche Terminologie geschaffen, die nach Sennert, dem verdienten Arzte und Chemiker, an 600 neue Namen möglichst fremden und fremdartigen Klanges umfaßt;[2] Boyle sagt hierüber 1661 im „Chymista scepticus":[3] „Die Chemiker gebrauchen für die Substanzen, die ihnen vorkommen, willkürliche Namen, ... wie Sulfur, Mercur, und Sal, die Paracelsus aufzubringen gewagt hat; ... die lächerlichen und sinnlosen Redensarten ... über die Bezeichnung der Bestandteile ... und die Grundlagen der Dinge, ... die Paracelsus in eitler Weise vorträgt, erinnern daran, daß die Tarsisfahrer des Königs Salomon nicht nur Gold, Silber, und Elfenbein mitbrachten, sondern auch Pfauen und Affen." Beinahe diese gesamte Terminologie des Paracelsus findet sich bei Helmont wieder, wofür hier als Beispiele nur einige der allerseltsamsten Wortbildungen angeführt seien, wie Alcahest, Aldech, Archäus, Cagaster, Duelech, Ilech, Iliades, Leffas, Peroledi, Relolloeum, Yliaster, Zenexton, und dergl. mehr.[4]

Nun stimmt das, was Paracelsus über „Chaos" und was Helmont über „Gas" berichtet, sachlich in jeder Weise und in fast sämtlichen Einzelheiten überein: alle äußeren Eigenschaften (auch die Farben) sind die nämlichen, es bestehen dieselben Beziehungen zu Himmel und Luft, zu Rauch und Wind (z. B. Luft ist „corpus chaos" bei Paracelsus, Rauch „corpus gas" bei Helmont), zu den gefährlichen und giftigen Dünsten der Bergwerke und Keller, zu den Funktionen der Leibesteile, von der Lunge und der „Aura seminalis" an, bis herab zu den Blähungen des Magens und den Flatus des Darmes, usf. Welche Annahme liegt da, allem Vorhergehendem

[1] Rixner, S. 107, 176, 212, 225ff. [2] „De Chymicorum cum Aristotelicis et Galenicis consensu et dissensu" (Frankfurt 1655), S. 51, 334; über Paracelsus sehr ausführlich S. 28ff. — Sennert starb 1637. [3] Genf 1680; S. 80, 146. [4] S. die Register in den Werken des Paracelsus; ferner Dorn, „Dictionarium Paracelsi" (Frankfurt 1584), und Bodenstein, „Onomasticon Theophrasti Paracelsi" (Basel 1575).

zufolge, näher, als die, daß sich Helmont, wie in zahllosen anderen Fällen auch hier, das in den Schriften des Paracelsus so sehr oft vorkommende und gar nicht zu übersehende Wort Chaos angeeignet hat? Nach Herrn Dr. Speter[1] machte bereits 1859 de Vries in Utrecht darauf aufmerksam, daß die niederländische Sprache weder ein anlautendes Ch noch einen Diphtong ao kenne, so daß sich ohne weiteres die Wandlung Chaos = Chas = Gas ergebe; in ähnlicher Weise gedenken der Ableitung aus Chaos auch, ohne Anführung ihrer (anscheinend älteren) Quellen, Hoefer[2] und Poggendorff;[3] das Grimmsche Wörterbuch läßt ebenfalls Gas aus Chaos „durch die gutturale Aussprache nach niederländischer Art" entstehen, vermutet aber außer dem rein etymologischen Einflusse (wie dem des griechischen ἀρχή auf Archaeus) noch irgend einen anderen. Meines Erachtens nach ist dies eben, gerade wie bei Archaeus, der paracelsische, und zur nämlichen Ansicht gelangte, ohne meinen ersten Aufsatz zu kennen, auch Sudhoff, der in einem kürzlich veröffentlichten Vortrage sagt: „Bei Helmonts Gas scheint der Chaos Hohenheims auch klangweise Gevatter gestanden zu haben."[4]

Der einzige originelle Bestandteil der Helmontschen Gaslehre ist die Theorie der Gasentstehung aus dem Wasser unter dem Einfluß der Kälte, und dieser ganz unhaltbare Gedanke hat nicht zum wenigsten dazu beigetragen, jene Lehre mit den zumeist schon von Kopp hervorgehobenen Unklarheiten und Widersprüchen zu erfüllen, zwischen denen mit Erfolg zu vermitteln auch Herr Dr. Strunz vergeblich bemüht bleibt. Helmont faßt eben Wärme und Kälte als absolute Gegensätze auf, die daher auch aus Wasser zwei völlig verschiedene „Halitus" ergeben, Dampf und Gas. Gas ist seiner Natur zufolge nicht mit Luft identisch, — obwohl die steten Unstimmigkeiten der Anschauungen und Nomenklatur dennoch

[1] a. a. O. [2] a. a. O., Bd. II, S. 135. [3] „Geschichte der Physik" (Leipzig 1879), S. 440. [4] „Mitteil. z. Gesch. d. Med." 1910, Bd. 9, S. 244.

oft zu einer Gleichsetzung führen —, vielmehr ist und bleibt es jederzeit (z. B. auch wenn es durch Verbrennung von Kohle entsteht und giftig ist) „seiner Materie nach Wasser", in das es aber trotzdem nicht ohne weiteres wieder übergehen kann; es entsteht aus dem Wasserdunst vermöge der weitgehendsten Verdünnung durch die äußerste Kälte, — wie sich mit dieser Bedingung die Bildung bei Verbrennungsvorgängen verträgt, bleibt unaufgeklärt —, ist aber dabei doch vielmals dichter als Luft, so daß auch der Rauch und die Flamme, ja selbst ein trockenes Sublimat, „Gas" sein kann; die absurde Behauptung, daß die dichten und schweren Gase aufwärts steigen, die leichten Blase aber abwärts ziehen, wird, um sie glaublich zu machen, zum „Naturgesetze" gestempelt; als charakteristisches Wesen der Gaswerdung erscheint eine „Herauskehrung" des Schwefels (unter dem die Alchimisten und auch Paracelsus das trockene, flüchtige, brennbare Prinzip der Körper verstanden) und daraufhin wird „Gas" auch als eine trockene und ölige Ausdünstung definiert, als eine *ξηρὰ ἀναθυμίασις*, welcher Name unmittelbar auf seinen Urheber Aristoteles und auf die aristotelische Urquelle der ganzen Anschauungsweise hindeutet.[1]

Aus Letzterer, der Helmont im wesentlichen stets anhängt, obwohl er sie im einzelnen oft (jedoch keineswegs konsequent) bestreitet, ergibt sich auch klar, daß nicht das dem Wasser zugehörige „geistige Wesen", der „eigentliche subtile Wassergeist", d. i. der Dunst, der als Wolke aufschwebt und als Regen niederfällt, dem Gase seinen Namen gegeben haben kann, denn nach der Lehre der Aristoteliker kommt das Prinzip des Wassers nicht dem Schwefel zu, sondern dem Quecksilber, weshalb denn auch Helmont das „geistige Wesen"

[1] S. meine Abhandlung „Chemisches und Alchemisches aus Aristoteles" („Archiv für Geschichte der Naturwissenschaften", Leipzig 1910; Bd. II, S. 284, woselbst die Gegensätze der „feuchten dampfartigen" und der „trockenen rauchartigen" Dünste erörtert werden).

des Wassers als „Merkurial-Geist des Wassers", als „Wasser-Merkur" bezeichnet. Es sprechen also auch innere Gründe gegen die Ableitung des Ausdruckes „Gas" vom niederländischen „Ghoast" = Geist, deren verschiedene ältere Befürworter Herr Dr. Speter aufzählt, und der er sich auch für seine Person anschließt, freilich nur „als einer Vermutung, die sich nicht belegen läßt." Helmont selbst weist ja mit der Bemerkung, „er habe jenen Hauch, der sich nicht sehr vom Chaos der Alten unterscheidet, Gas genannt", deutlich auf Chaos als Mutterwort von Gas hin,[1] und unterläßt nur (wie in so vielen Fällen), die Quelle anzuführen, die in Frage kommt, nämlich den Paracelsus; von diesem versichert er vielmehr, er habe von „Gas", und von seiner Entstehung durch die Kälte „nie etwas erfahren", — was ja dem Wortlaute nach zutrifft, und, soweit es sich um die Kältehypothese handelt, Paracelsus als den Einsichtigeren erscheinen läßt. Derlei Angaben des Helmont ist jedoch, worauf schon weiter oben hingewiesen wurde, keineswegs unbedingt zu vertrauen: nennt er doch mit dem neuen Namen „Gas" auch den Spiritus sylvester, „diesen bisher unbekannten Dunst", von dem wir indessen wissen, daß er dem Paracelsus sehr wohl, und unter dem nämlichen Namen bekannt war; spricht er doch von „Gas" und „Blas" als von „neuen, durch mich eingeführten Namen", obwohl auch das Wort Blas, entgegen der Meinung Herrn Dr. Speters, gar keine Schöpfung Helmonts ist, sondern gleichfalls von Paracelsus herstammt, bei dem es wieder auf die „wie ein Wind herfürbrechende Luft" und die „Aura seminalis" (Samenhauch; befruchtende, sämliche Luft) des Aristoteles und der Aristoteliker zurückgeht.[2] So z. B. lesen wir bei Paracelsus: „Der Blast von

[1] Es tut nichts zur Sache, ob man den Nebensatz in attributivem Sinne „der sich nicht sehr . . . unterscheidet" auffaßt und übersetzt, wie Herr Dr. Speter, oder in kausalem „weil er sich nicht sehr . . . unterscheidet", wie Herr Dr. Strunz, Dr. Köthner, und ich (s. Speter, a. a. O.). [2] Siehe meine Abhandlung über Aristoteles, a. a. O., S. 252, 282.

dem Eingeweyd brennt und ist ein Dunst;[1] so nun dieser Blost geschehen ist, ... so brennt der Dunst ... wie ein Dunst vom Wein";[2] „Diess (die Emission des Samens) ... kommt von einem dichten Blost";[3] „Himlitzen (= Wetterleuchten) ist ein Blust des Wetters und Strahls";[4] „Solch Wind ... ist ein Gebloß aus einem Stern";[5] „Der Dunst, so aus dem Stern geht, blost ... gleich als wenn Einer mit dem Maul an eine Wand blest."[6] Den Paracelsischen Schriften also entstammen Helmonts Blase und seine Blase der Gestirne, über welche „Flatus der Sterne" sich schon der treffliche Sennert nicht wenig lustig macht![7] Paracelsus wieder schöpfte das Wort vermutlich aus dem Volksmunde, vielleicht aus der ihm so vertrauten Sprache der Bergleute, denn diesen heißen die gewaltsam hervorbrechenden unterirdischen Gasmengen noch heutzutage „Bläser".[8]

Allem Dargelegten zufolge spricht also wohl die größte Wahrscheinlichkeit dafür, daß Helmont wie Gas so Blas dem Paracelsus entlehnte, und daß „Gas" auf die von ihm selbst angedeutete Weise aus dem paracelsischen „Chaos" hervorging; die Thesen Herrn Dr. Speters, „Helmont hat, darüber besteht kein Zweifel, das Wort Gas willkürlich geschaffen", und „daß er gerade an dieser Stelle den Vergleich zwischen dem Dunste und dem Chaos der Alten zieht, ist rein zufällig", berücksichtigen, wie mir scheint, den Tatbestand nicht genügend, auch kann, diesem gemäß, seine Betrachtung, „Helmont gibt nirgends an, welche Gesichtspunkte ihn bei dieser Wortbildung geleitet hätten", nicht als durchschlagend, und seine Zustimmung zur Ableitung von Gas aus Ghoast nicht als gerechtfertigt gelten.

[1] ed. Huser, Bd. I, S. 646. [2] Bd. II, S. 103. [3] Bd. II, S. 548. [4] Bd. II, S. 96. [5] Bd. II, S. 102. [6] Bd. II, S. 103. [7] a. a. O., S. 39. [8] Dannenberg-Frantz, „Bergmännisches Wörterbuch" (Leipzig 1882), S. 61; im Englischen bedeutet noch jetzt Blast Windstoß, Schlagende Wetter, Explosion (daher to blast = sprengen), sowie Bluster Gebrause, Sturmwind u. dgl.

Nicht unerwähnt bleibe die merkwürdige Tatsache, daß in den Niederlanden, zur Zeit Helmonts, Gas als Eigennamen nachweisbar ist; so z. B. berichtet Reesses „De Suikerhandel van Amsterdam" (Haarlem 1908) auf S. 143 von einem 1629 verstorbenen „Zuckerbäcker-Knechte" (= Raffineriearbeiter) Lambert Gas.

IV. Spätere Schicksale der Worte Gas und Blas. Nach dem Tode des Paracelsus (1493—1541) und Helmont (1577—1644) gerieten weder Gas noch Blas in jene völlige Vergessenheit, von der man meist anzunehmen pflegt, daß sie für letzteres Wort sogleich endgültig eingetreten sei, für ersteres aber bis auf Macquer (1778) fortbestanden habe.

In der 1605 zu Hamburg erschienenen „Medulla destillatoria et medica" des Khunrath, der durchaus aus Paracelsus schöpfte, und des „hochbegabten und teuren Mannes" schon in der Vorrede rühmend gedenkt, ist von Blast = Wind = Flatus sehr oft die Rede, und das Register II (der Krankheiten) verweist auf nicht weniger als 32 einschlägige Stellen. Im „Miraculum mundi" von 1656 sagt Glauber:[1] „solches Präparat . . . entzündet, gibt einen ziemlichen Blast." Boyle zählt 1661 Sulfur und Merkur, Gas und Blas, unter den willkürlichen Benennungen auf, deren sich die Chemiker bedienen.[2] In Stahls Traktat „Vom Sulphure" (Halle 1718) wird Wasser durch Feuer blästig ausgebreitet und in Blas und Wind zertrieben,[3] Luft zeigt Blästigkeit,[4] ein Wesen ist blasend oder bläsericht,[5] ein großer Blaas entsteht durch Blähungen,[6] die Kraft des Pulvers ist ein Blaas;[7] der Übersetzer von Stahls „Zymotechnia" (1697) spricht von Blästigkeit der Luft,[8] von blästigen Dämpfen, Dünsten, Geistern, und Ölen,[9] von blästigen Wesen, Teilchen und Kräften,[10]

[1] Prag 1704, S. 273. [2] „Chymista scepticus" (Genf 1680), S. 72. [3] S. 93, 179, 230. [4] S. 186, 187, 224. [5] S. 217, 222. [6] S. 226. [7] S. 226. [8] Stettin 1748; S. 124, 279, 281. [9] ebd. S. 127, 165, 243; 119; 175. [10] ebd. S. 121; 153, 162, 309; 95.

von blästigen Verdunstungen, Ausdehnungen, und Bewegungen.[1] Im Buche „Von den Saltzen" (Halle 1723) erwähnt Stahl Blästigkeit und Blass,[2] blästige oder bläserichte Ausdehnung, Gestalt, oder Erregung,[3] Entstehung eines Blaass oder Fulmen,[4] blästige Schäumung oder Effervescenz unter Gewalt und großer Erhitzung;[5] auch heißt es daselbst:[6] „Das Geschtige, Blästige, gleichsam luftige Brausen und Ausbreiten, . . . Aufsieden und Effervescieren, . . . durch Helmont nicht unfüglich benannt . . . mit dem ehrlichen grunddeutschen Worte Blass, von Blas, Blästigkeit, ja selbst Blähen, gleichwie sein Gas nichts anderes benennt als den Gäszt oder Gäscht, eine schaumigte Wallung." Diese Stelle, die später vielfach nachgeschrieben wurde,[7] und auf deren unrichtige Voraussetzungen nochmals einzugehen erübrigt, hat Anlaß dazu gegeben, „Gas", unter besonderem Hinweise auf die Gärung, in Zusammenhang zu bringen mit Gäscht, Gischt, gäschen (= aufschäumen), dem norddeutschen Jest und dem englischen Yeast (sprich Yest), d. i. Schaum oder Hefe, u. dgl.; ernstliche Belege für diese, sachlich wie etymologisch gleich unwahrscheinliche Vermutung, sind mir nicht bekannt geworden. Bei Paracelsus kommt ein verwandtes Wort nur im Sinne von Aufwallen oder Aufkochen vor: Harn ist „siedendt, jesendt, tremula" (= zitternd);[8] Hopfen soll man „in Wein hencken und vergässen",[9] d. h. abkochen, denn in Wein gesottenen Hopfen hielt man, wie das „Kräuterbuch" des Lonicerus von 1582 bezeugt,[10] für ein besonders wirksames und kräftiges Heilmittel.

Becher gebraucht in seinem hervorragenden Werke

[1] Stettin 1748; S. 163; 120; 180; 126, 237. [2] „Von den Saltzen", S. 366, 370. [3] ebd., S. 370, 372, 373; 377; 367. [4] ebd., S. 93. Dies sagt nach Stahl (ebd., S. 362), an einer von ihm nicht näher angegebenen Stelle, schon Kunckel (1630—1702). [5] ebd., S. 368, 381. [6] ebd., S. 362. [7] u. a. von Juncker in dem vielgelesenen „Conspectus Chemiae" (Halle 1730), den auch Herr Dr. Speter anführt. [8] ed. Huser, Bd. I, S. 571. [9] ebd., Bd. I, S. 461. [10] Frankfurt 1582, S. 237. Auch Tabernämontanus sagt 1588: „wenn der Meth vergiesset".

„Physica subterranea" (1669) den Ausdruck Gas wiederholt:[1] Zuckerlösung, mit Hefe versetzt, geht rasch in Gärung über, mit großer Gewalt und unter „Gasemission";[2] die Dünste der Gärung verhalten sich wie das „Gas sulphureum vini", sie lassen sich durch das Abkühlen nicht verflüssigen, ... denn sie sind dazu viel zu subtil, ... von jener besonderen Natur, die Einer „Spiritus sylvester" nannte, Helmont aber Gas;[3] das bei der Gärung entstehende Gas ist schädlich;[4] die nicht kondensierbaren Dünste der Weingärung, Gas in vino, sind zum Teil schweflig und leicht verbrennbar;[5] bei der Herstellung des Essigs entweicht aus den Gefäßen Gas aceti;[6] dieser luftige Geist, spiritus aëreus, ... dieses Gas minerale;[7] solche Substanz wird ausgestossen wie ein „Gas sulphureum et bituminosum";[8] dieses ist, ... in Helmonts Ausdruck, der Pflanzen ursprüngliches Gas, primum eorum Gas.[9] — Nach Sommerhoffs „Lexicon pharmaceuto-chymicum" von 1701[10] ist Gas ein durch Helmont aufgebrachter, wohl von Gift, Gest oder Geest abgeleiteter Gattungsname für die nicht koagulierbaren Arten Spiritus, und man hat Gas vini, cerevisiae, sylvéstre, pingue sulphureum (tödlich in den Kellern), ventosum (d. i. Erde), salinum (d. i. Wasser), siccum (d. i. ein Sublimat), vitale (d. i. der Geist der Lebenskraft); auch das „Handels-Lexikon" Hübners (1712 und 1727), sowie das „Universal-Lexikon" Zedlers (1733) enthalten nach Kluge und Herrn Dr. Speter kurze Artikel über Gas.[11]

[1] Es verdient angemerkt zu werden, daß Becher von den Schriften des sog. Basilius Valentinus schon sagt, „sie gelten den Gelehrten für untergeschoben" (S. 659). Auch Stahl bezeichnet im Traktate „Vom Sulphure" (Halle 1718, S. 48ff.) die Lebensbeschreibungen und Werke des Geber, Artefius, Flamel, Lull, Hollandus, Basilius Valentinus, als „in der Hauptsache erdichtet", und durchaus fragwürdig, ebenso zum Teil die Schriften des Paracelsus. [2] ed. Stahl (1703); S. 335. [3] ebd., S. 90, 320. [4] ebd., S. 348. [5] ebd., S. 376. [6] ebd., S. 373. [7] ebd., S. 359. [8] ebd., S. 85. [9] ebd., S. 78. [10] Nürnberg 1701; zitiert bei Peter, a. a. O. [11] Kluge, „Deutsches Etymologisches Wörterbuch" (Straßburg 1910), S. 160; Speter, a. a. O.

Was Juncker im „Conspectus Chemiae" (Halle 1730) angibt, ist, wie schon erwähnt, wörtlich aus Stahls „Von den Saltzen" entlehnt, doch führt er noch an, Cassius (der Entdecker des Goldpurpurs) habe beim Behandeln von Zinn mit Königswasser „gas sylvestre" beobachtet.[1] In den „Fundamenta Chymiae" von 1732 vermeldet Stahl „. . . das ist es, was die Spiritusbrenner wilde Spiritus nennen, etliche Chymici Spiritus sylvester oder Gas sylvestre, und Helmont Gas incoërcibile."[2] Boerhaave berichtet 1732 in den „Elementa Chemiae": beim Destillieren von Säuren und Salzen entsteht ein flatus maxime elasticus, . . . ein mit Macht entweichender nicht coërcibler halitus, den Helmont Gas sylvestre nannte, . . . solches erhält man in größter Menge beim Verbrennen der Körper, bei Fäulnis und Gärung;[3] die Gärung liefert einen scharfen sauren Spiritus, höchst elastisch und incoërcibel, in großer Menge mit großer Gewalt ausströmend, den Helmont mit dem besonderen Namen Gas sylvestre bezeichnete, . . . ein furchtbares Gift, wenn er eingeatmet wird.[4] In der 2. Auflage (1745) sagt Boerhaave, wo vom „Spiritus rector" die Rede ist: Subtil, unsichtbar und ungreifbar, von höchster Flüchtigkeit, . . . fliegt er davon, vermengt sich mit der Luft, und kehrt zurück in das allen flüchtigen Körpern gemeinsame Chaos;[5] Weingeist verfliegt beim Verdunsten und Verbrennen, ist dann sinnlich nicht mehr wahrnehmbar, und verflüchtigt sich in das „Chaos aërium";[6] der andere (nicht erdige) Bestandteil des fixen Alkalisalzes, (d. i. des Kaliumkarbonates) entweicht flüchtig, durch seine äußerste Feinheit jeder Sinneswahrnehmung entzogen, in sein altes Chaos aërium;[7] derlei (mit Säuren aufbrausende) Alkalien nannte man auch Chaos.[8] Diese letzteren Sätze erregen durch ihre Paracelsische Färbung

[1] S. 569. [2] Nürnberg 1732, S. 176. [3] London 1732, Bd. I, S. 202ff.; s. auch „Helmonts wildes Gas" in Boerhaaves „Anfangsgründen der Chemie" (Berlin 1762), S. 207. [4] Bd. II, S. 72, 1 u. 5. [5] Basel 1745; Bd. I, S. 75. [6] ebd., Bd. I, S. 325. [7] ebd., Bd. I, S. 645. [8] ebd., Bd. I, S. 788.

Interesse, und könnten unmittelbar aus den Schriften des Paracelsus oder einer seiner Anhänger entlehnt sein; denn auch z. B. im „Dictionarium Paracelsi" des Dorn wird Chaos als aër (Luft) definiert, Chaomantia als Kunst der Luft-Weissagung, usf.[1]

J. F. Meyer identifiziert 1764 in den so merkwürdigen „Chymischen Versuchen" geradezu Helmonts „Gas" mit seinem „Causticum" und „Acidum pingue", das u. a. auch „die Basis des Chaos der äußeren Luft ist", und weist nach, daß bei der Verbrennung von Kohle um 75% weniger Gas sylvestre entsteht, als Helmont angab.[2] Nach Baumés „Manuel de Chymie" (1766) „enthalten manche Mineralwässer ein flüchtiges, anscheinend geistiges Prinzip, das man Gas nennt"[3] und Spielmann gedenkt in den „Institutiones Chemiae" (1766) des Stoffes „den man gewöhnlich als Gas sylvestre zu bezeichnen pflegt", (quod vulgo gas sylvestre solent appellare),[4] — der Ausdruck muß also damals schon seit längerem ziemlich gebräuchlich gewesen sein. De Smeth schrieb 1772 in Utrecht eine „Dissertatio de aëre fixo", in der er Gas vinificationis und acetificationis, Gas effervescentiarum, Gas aquae und terrae, Gas subterraneum, Gas salinum und septicum, u. dgl., (die im wesentlichen alle Kohlensäure sind) für verschieden hält, und demgemäß auch abhandelt;[5] 1773 gebraucht die Kommission der Pariser Akademie, die über Lavoisiers erste Arbeit vom „fluide élastique" zu berichten hatte, in ihrem Referate mehrmals den Ausdruck „eaux gazeuses";[6] 1774 findet sich „mephitisches Gas" in Lavoi-

[1] Frankfurt 1584, S. 27. [2] „Chymische Versuche . . ." (Hannover 1764), S. 182, 330. [3] Paris 1766, 2. Aufl., S. 317. [4] Straßburg 1766, 2. Aufl., S. 331. [5] Fourcroy, „Encyclopédie méthodique" (Paris 1796; Chimie III, S. 376ff.); Macquer, „Chymisches Wörterbuch" (1778), üb. Leonhardi (weiterhin nur kurz als „Macquer" angeführt), Bd. II, S. 750; Lavoisier, „Opuscules physiques et chimiques" (Paris 1774; 2. Aufl. 1801), S. 88ff., 107; Fischer, „Geschichte der Physik" (Göttingen 1804), Bd. V, S. 204ff. [6] „Enc. méth.", S. 424.

siers Laboratoriums-Journal,[1] und Bayen erklärt den Eisenspat für eine Verbindung von Eisen und Gas.[2] 1777 tut Rutherford in der Abhandlung „De aëre mephitico" einigemal der aus Kohle entstandenen Gase Erwähnung;[3] 1777 und 1779 gab Keir zu London seinen „Treatise on the various kinds of permanently elastic fluids or Gases" heraus, in dem u. a. auch von „nitrous acid Gas" und von der Luft als dem „Gas atmosphaericum" die Rede ist;[4] auch Rozier verweist 1777 auf die „näheren Kenntnisse von den Gasen bei Lavoisier und Fontana".[5] Lavoisier spricht in seinen 1777 veröffentlichten Arbeiten[6] noch von „fluides élastiques aëriformes" und von „air éminément respirable", d. i. Sauerstoff;[7] 1778 gibt er diesem den Namen Oxygine (vom griechischen γίγνω), den Fourcroy erst einige Jahre später, im Einverständnis mit ihm, in Oxygène umänderte,[8] bedient sich aber neben „air nitreux" auch der Ausdrücke „Gas nitreux" und „le gas provenant" (das entstehende Gas), läßt jedoch weder in dieser Zeit, noch in den nächsten Jahren, die alten Formen „fluides aériformes", „airs respirables", „air nitreux", u. dgl. schon gänzlich fallen.[9]

[1] Speter, „Lavoisier und seine Vorläufer" (Stuttgart 1910), S. 18, 85. [2] Zitiert von Fourcroy, „Enc. meth.", S. 489; die Luft als Atmosphäre nennt Bayen (in anderem Zusammenhange) „un règne chaotique" (ebd. S. 457). [3] Zitiert von Klaproth, „Chemisches Wörterbuch" (Berlin 1807), Bd. V, S. 98. [4] Macquer, Bd. II, S. 653, 656; „air de l'atmosphère" hat schon 1774 Lavoisier, in den „Opuscules", S. 226, aber Stahl kennt bereits 1731 die „arërea atmosphaera, quam plebs coelum interpretatur" (die das Volk Himmel nennt), s. „Experimenta et Observationes" (Berlin 1731), S. 45, 270. [5] Zitiert von Guareschi, „Storia della Chimica" (Turin 1909), Bd. 8, S. 420. [6] Die Daten der Abfassung und Veröffentlichung sind bekanntlich oft sehr verschieden. [7] „Enc. méth.", S. 435, 499. Die große Abhandlung Fourcroys (S. 362 bis 781) bleibt, trotz des zweifelhaften Verhaltens Fourcroys gegen Lavoisier (den bekanntlich auch er als Antirepublikaner denunzierte!), eine der wichtigsten Quellenschriften; vgl. Fischer, a. a. O., Bd. V, S. 204ff., Bd. VII, S. 621, und Fischer, „Physikalisches Wörterbuch" (Göttingen 1799), Bd. II, S. 594. [8] „Enc. méth.", S. 438. [9] Zitiert von Fourcroy, ebd. S. 438, 439; 447.

Die übliche Behauptung, daß erst Macquer 1778 in der 2. Auflage seines (zuerst 1766 erschienenen) „Dictionnaire de Chymie"[1] das Wort „Gas" der „fast völligen Vergessenheit" entrissen habe,[2] ist also nach obigem nicht zutreffend, und wird auch durch Macquers eigene Äußerung widerlegt, der gemäß zahlreiche Substanzen „derart, daß er sich ihnen nicht mehr entziehen läßt, im Besitz dieses Namens sind", den „anzunehmen" er sich daraufhin ebenfalls entschließt.[3] Auch nach Fourcroy[4] hat Macquer diese zuerst von Helmont aufgebrachte Bezeichnung „adoptiert", jedoch schrieb er dann nicht mehr „Gas", sondern „so wie ihm folgend auch wir (d. h. Fourcroy) diess thun", „Gaz", damit sich „das Wort von anderen ähnlich klingenden unterscheide"; indessen wird diese Veränderung der Orthographie auch damit begründet,[5] daß sie einer unrichtigen Aussprache (wie bei cas, bras, ...) vorbeugen sollte, und zugleich einer wissenschaftlichen Gewohnheit Genüge tat, der gemäß man zu jener Zeit immer noch analyze, baze, doze, grèz,[6] précipitéz, u. dgl. zu schreiben pflegte. Wie Macquer anführt, ist Gas eine Name, zuerteilt von den Chemikern allen jenen flüchtigen, unsichtbaren, nur in besonders eingerichteten Gefäßen aufzufangenden, luftartigen, elastischen, nicht coërziblen Teilchen, die bei vielerlei Verbrennungen, Gärungen und Fäulnissen, beim Erwärmen mineralischer Wässer, usf., entstehen und entweichen;[7] diesen allen habe er die Helmontsche Bezeichnung „Gas" beigelegt, ein barbarisches und an sich bedeutungsloses Wort,

[1] In der Übersetzung Leonhardis (Leipzig 1788ff.) nimmt der Artikel Gas im Bd. II, S. 626 bis 853, und im Bd. III, S. 1 bis 211 ein; Macquer verfaßte ihn 1776/1778 (s. ebd., Bd. II, S. 743 u. 812). [2] Speter, a. a. O. [3] Speter, a. a. O. [4] „Enc. méth.", S. 345; auch Fourcroy glaubt, Helmont habe Gas vom niederländischen Ghoast abgeleitet, das englisch Ghost heiße, und deutsch Geist, spr. Gaistre (!). [5] Meiner Erinnerung nach von Chevreul, doch kann ich die Stelle augenblicklich nicht angeben. [6] Grès = Sandstein, Steingut; alle diese Worte finden sich, mit z statt s geschrieben, z. B. im „Cours de Chymie" des Lémery, Ausgabe von 1697. [7] Macquer, Bd. II, S. 627.

das aber zweckmäßigerweise als allgemeiner Name beizubehalten sei.[1] Aus der Reihe der Gasarten zählt Macquer u. a. auf: Helmonts Gaz ventosum (gemeine Luft),[2] Gaz carbonum und pingue (entzündliche Luft),[3] Gaz flammeum (platzende = explodierende Luft; identisch mit dem „Fulmen" des Kunckel);[4] ferner Gaz méphitique („so von mir benannt"; Kohlensäure),[5] Gaz azotique (Stickstoff),[6] Gaz muriatique (Salzsäure),[7] Gaz fluorique (Flußsäure),[8] Gaz nitreux (NO),[9] Gaz sulfureux (SO_2),[10] Gaz hépatique (H_2S),[11] Gaz alcalin (NH_3),[12] Gaz aceteux (Essigsäure);[13] endlich gedenkt er auch des „eau aérée ou gazeuse."[14]

Zwei Abhandlungen über das „Gas inflammable" verfaßte Néret 1779;[15] im nämlichen Jahre erwähnt des Gases auch Krünitzs „Encyclopädie",[16] und Ingen-Housz schreibt einen Aufsatz „On the inflammable air or Gass".[17] Der nämliche Autor erzählt 1780 in seinem weltberühmten Werke „Expériments sur les végétaux": „Seit einiger Zeit haben mehrere hervorragende Chemiker begonnen, die unsichtbaren Fluide statt Luft nach Helmont Gas zu nennen, welchen nützlichen und präzisen Namens sich auch Macquer bedient".[18] In Übereinstimmung hiermit berichtet 1780 Guyton de Morveau in seiner Übersetzung von Bergmans „Opuscula chymica et physica":[19] „Den Gattungsnamen Gas (nom générique de gas) hat Macquer den elastischen Fluiden zuerteilt";[20] im einzelnen führt er u. a. auf: Gas élastique, inflammable, méphitique, muriatique, alcalin,[21] Gas vitriolique (SO_2),[22] Gas

[1] Macquer, Bd. II, S. 628, 629, 709; Bd. III, S. 11. [2] Bd. II, S. 656. [3] Bd. II, S. 794. [4] Bd. II, S. 794. [5] Bd. II, S. 663. [6] Bd. III, S. 1. [7] Bd. III, S. 94. [8] Bd. III, S. 150. [9] Bd. III, S. 9. [10] Bd. IV, S. 112. [11] Bd. II, S. 825. [12] Bd. III, S. 136. [13] Bd. IV, S. 132. [14] Bd. II, S. 718. [15] Zitiert nach Fourcroy, „Enc. méth.", S. 499. [16] Kluge, a. a. O. [17] „Enc. méth.", S. 426; s. sein „fulminating air" (Gemenge von Luft und Ätherdampf) bei Macquer, Bd. II, S. 794, 841; Bd. III, S. 26. [18] Paris 1780; Vorrede S. 53. [19] Dijon 1780; es erschienen nur zwei Bände. [20] ebd., Bd. I, S. 4. [21] ebd., Bd. II, S. 343, 374, 363, 360, 361. [22] ebd., Bd. II, S. 359, 377; nach Bd. I, Vorrede S. 29, nicht identisch mit acide aërien = CO_2!

hépatique,[1] Gas nitreux,[2] Gas de la craie und crayeux (CO_2),[3] Gas acide oder acide gazeux des Wassers (CO_2),[4] ferner „tous les gas nuisibles", „les accumulations des gas".[5]

Bei Berthollet ist 1781 mehrmals „Gas inflammable" und „Gas nitreux" nachweisbar, freilich neben „fluide aériforme", „air dephlogistiqué", u. dgl., — was indessen nicht wundernehmen kann, da dieser große Chemiker die alte Theorie erst 1785 endgültig aufgab;[6] 1781 ist bei De la Métherie von „Gaz inflammable" die Rede,[7] 1782 bei Saluzzo von „fluidi aëriformi ossia gas",[8] 1783 bei Monge von „Gaz inflammable" und bei Morozzo von „Gaz nitreux",[9] 1784 bei Lavoisier von „Gaz inflammable",[10] 1785 bei De la Métherie von „air gazeux" (CO_2) und von „Gaz, wie Einige alle Luftarten nennen",[11] sowie bei Sigaud von „espèces d'air fixe ou de Gaz",[12] 1786 bei Gren von Gas und „Gaz inflammable",[13] bei Saluzzo von „Gas déphlogistiqué" und „liqueurs gazeuses",[14] und bei Deimann und van Troostwijk von den „beiden Gasarten aus Wasser".[15]

Mehr noch als durch den Einfluß des ausgezeichneten und viel gelesenen Macquerschen Wörterbuches von 1778 und seiner verschiedenen Übersetzungen wurde die Anwendung des Namens „Gas" durch die 1786—1787 erfolgte Aufstellung der neuen chemischen Nomenklatur gefördert, die bekanntlich Lavoisier, Berthollet, Fourcroy, und Guyton zu verdanken ist;[16] sie führte die Gase und ihre Namen in die zur Vorherrschaft bestimmte offizielle Sprache der Wissenschaft

[1] Dijon 1780; Bd. II, S. 341, 347, 361. [2] ebd., Bd. II, S. 359, 360, 298, 373, 341. [3] ebd., Bd. I, S. 4, 13. [4] ebd., Bd. I, Vorrede S. 9, 29. [5] ebd., Bd. I, S. 4, 13. [6] „Enc. méth.". S. 544, 545. [7] Nach Fourcroy, ebd., S. 546. [8] ebd., S. 470. [9] Kahlbaum-Hoffmann, „Einführung der Lavoisierschen Theorien in Deutschland" (Leipzig 1897), S. 170. [10] Nach Fourcroy, „Enc. méth.", S. 452. [11] „Essai analytique sur l'air pur" (Paris 1785), S. 115. [12] Kahlbaum, a. a. O., S. 174. [13] „Enc. méth.", S. 555; Kahlbaum, S. 33. [14] „Enc. méth.", S. 474. [15] Kahlbaum, S. 65ff. [16] „Enc. méth.", S. 562, 691; Macquer, Bd. II, S. 701.

ein, und zwar in einer Form, an der sich später kaum mehr etwas veränderte, es sei denn, daß „Gaz azotique" 1789 durch Fourcroy zu „Gaz azot" und 1790 durch Chaptal zu „Nitrogène" umgetauft wurde.[1] In der Übersetzung des Kirwanschen „Essay on Phlogiston" von 1784, die 1788 zu Paris erschien,[2] und durch die polemischen Noten von Lavoisier, Laplace, Monge, Morveau, Berthollet und Fourcroy von größtem Interesse, und für die Geschichte der antiphlogistischen Theorie von hoher Bedeutung ist, steht die neue Nomenklatur schon siegreich im Vordergrunde, und der Name Gas wird fortlaufend benutzt.[3] Allerdings begegnete die „Terminologie nouvelle" der „Gasisten" oder „Pneumatiker" weit größerem Widerstande als ihre ganze „Théorie nouvelle", und zwar auch in Frankreich selbst; sagt doch ein Gelehrter vom Range De la Métheries noch 1787, die Worte Karbonate, Nitrate, Sulfate, u. dgl., seien roh, barbarisch, und sinnwidrig, denn unter „Karbonate" z. B. habe man bisher eine Fleischspeise verstanden, was solle man sich da jetzt unter „Carbonate de potasse" vorstellen?![4] Doch verhallten diese Proteste verhältnismäßig rasch; 1789 bediente sich der neuen Nomenklatur Fourcroy in der dritten Ausgabe seiner (nachher noch mehrmals aufgelegten) „Élémens de Chimie",[5] und desgleichen, — was weitaus bedeutsamer war, — Lavoisier in seinem „Traité élémentaire de Chimie", denn dieses grundlegende Werk, das erste moderne chemische Lehrbuch, verbreitete sich alsbald, teils unmittelbar, teils in zahlreichen Nachdrucken, Übersetzungen, und Auszügen, über die ganze gebildete Welt, — fand doch z. B. A. von Humboldt 1803 selbst in Mexiko schon zwei verschiedene, dort angefertigte und gedruckte spanische Übertragungen vor.[6] Während Lavoi-

[1] „Enc. méth.", S. 687, 700. [2] Übersetzerin ist Madame Lavoisier. [3] z. B. auf S. 12ff., 27ff., usf. [4] Kahlbaum, S. 79ff., 114. [5] „Enc. méth.", S. 686ff. [6] Humboldts „Corréspondance inédite", ed. Roquette (Paris 1869); Bd. I, S. 187.

sier in seinen älteren Abhandlungen, und auch noch in den „Opuscules" von 1774, zwar des durch Helmont aus dem niederländischen Ghoast abgeleiteten Gas gedenkt, selbst jedoch air fluide, air elastique, u. dgl., schreibt, heißt es im „Traité" ausdrücklich: „Fortan werde ich die luftförmigen Fluida mit dem Gattungsnamen Gas (nom générique de gas) bezeichnen, . . . den verschiedenen Gasen aber, die oft noch wenig bekannt sind, besondere Namen geben, . . . u. a. Gaz hydrogène, acide carbonique, muriatique, aqueux, alcool, . . .";[1] seiner unrühmlichen Gewohnheit gemäß sagt Lavoisier bei der ersten Einführung des Namens nicht, woher er ihn entlehnte, sondern läßt erst später gelegentlich einfließen: „Den von Helmont gebrauchten Namen Gas behalte ich nach Macquers Vorgange bei."[2] Zu beachten ist, daß nach Lavoisier die Gase, auch die einfachen, nicht die Grundstoffe selbst sind, sondern deren Verbindungen mit „Calorique", d. i. Wärmestoff, also z. B. Wasserstoffgas = Wasserstoff + Wärme; daher konnte Gadolin vorschlagen, den Wärmestoff, durch den erst die „Fluida aëriforma oder Gasa" entstehen, „Gasogenium" zu benennen.[3]

Betreff der, durch Lavoisiers Lehre vermittelten, raschen und allgemeinen Annahme der Worte Gas und Gaz seit 1789, sei auf die vortreffliche Darstellung verwiesen, die Kahlbaum und Hoffmann in ihrer oben genannten Schrift „Über die Einführung der Lavoisierschen Theorien in Deutschland" (und den übrigen wichtigen Ländern) gegeben haben. Hervorgehoben sei jedoch, daß diese schnelle Verbreitung in ungeahnter Weise noch durch einen besonderen Umstand gefördert wurde, der zunächst keinen rein wissenschaftlichen Charakter trug: durch die Erfindung des mit dem neuentdeckten

[1] „Traité" (Paris 1789), S. 17, 54, 200, 201. Auch die Bezeichnungen „gazométre" und „gazométrie" finden sich hier zuerst (S. 342, 359). [2] ebd., S. 53. [3] „Wissenschaftliche Abhandlungen", ed. Hjelt-Tigerstedt (Leipzig 1910), S. 65, 69.

Wasserstoffe gefüllten Gas-Luftballons, der „Charlière", seitens Charles im Jahre 1783. Daß der Name Gas gerade bei den Luftschiffern von Anfang an in regelmäßigen Gebrauch kam, erklärt sich vermutlich mit daraus, daß die militärische Verwertung der neuen Kunst in die Hände einer besonderen Kommission gelegt wurde, zu deren Mitgliedern auch Fourcroy und andere ihm nahestehende Gelehrte und Chemiker zählten. Zugleich mit dem so unerhörtes Aufsehen erregenden „Aërostaten" kam nun das Wort Gas zur Kenntnis weitester Kreise der Bevölkerung, und bürgerte sich sofort aller Orten ein, so auch in Deutschland;[1] in wörtlicher Übersetzung des französischen Wortes „le gaz" sagte man hier anfänglich „der Gas", — eine Redeweise, die trotz aller Bemühungen der Sprachberichtiger nie wieder ganz abgekommen ist, und in Süddeutschland und Österreich noch heute sehr allgemein im Volksmunde fortlebt.

[1] Kluge, a. a. O., S. 150; Speter, a. a. O.

Siebente Abteilung

32

ZUM HUNDERTJÄHRIGEN JUBILÄUM DES VAKUUM-APPARATES (ERFUNDEN 1812 VON E. C. HOWARD)[1]

1.

Als Bruder des zwölften Herzogs von Norfolk, demnach als Sprößling eines der ältesten und vornehmsten Geschlechter des englichen Hochadels, wurde Edward Charles Howard am 18. Mai 1774 zu Sheffield geboren;[2] der Name Howard scheint in der Familie seit langem üblich gewesen zu sein, denn schon ein gegen 1548 vollendetes Bild Titians soll (allerdings nach unverbürgter Überlieferung), „Howard, Herzog von Norfolk" darstellen.[3] Da nach englischem Herkommen und Rechte die Titel, Würden, und Stammvermögen allein auf den ältesten Sohn übergehen, standen Howard in dieser Hinsicht keine Erwartungen offen; sicher ist, daß ihm eine höchst sorgfältige Erziehung zuteil wurde. Näheres hierüber wissen wir aber nicht. Oscar Guttmann, der hervorragende Londoner Pulver- und Sprengstoff-Chemiker und -Historiker, der leider vor zwei Jahren in Brüssel einem Automobilunglück zum Opfer fiel, zog auf meine Bitte noch kurz vor seinem Tode abermals Erkundigungen im herzoglich Norfolkschen Hauptarchive ein, die jedoch er-

[1] „Chemiker-Zeitung" 1912, S. 981. [2] Guttmann, „Monumenta pulveris pyrii" (London 1906, S. 323); s. meine „Abhandlungen und Vorträge . . ." (Leipzig 1906, S. 31). [3] Fischel, „Titian" (Stuttgart und Leipzig 1904; Tafel 98 und S. 193).

gaben, daß in diesem ebensowenig irgendwelche Nachricht über einen solchen „jüngeren Abkömmling des Hauses" auffindbar ist, wie in den großen englischen Sammelwerken und biographischen Wörterbüchern, die Guttmann im Britischen Museum und anderwärts nachschlug oder nachschlagen ließ. Wann also Howards besondere Vorliebe für Chemie und Physik erwachte, wie und durch wen sie gepflegt wurde, und wo er sich die sehr bedeutenden Kenntnisse erwarb, die aus seinen späteren wichtigen Untersuchungen und Erfindungen hervorleuchten, — alle diese Fragen sind zurzeit nicht zu beantworten. Als fertigen Mann sehen wir ihn im 26. Jahre die Arena der Öffentlichkeit betreten, indem er am 18. März 1800 in der „Royal Society", deren Mitglied er war, seine Erstlingsarbeit über das von ihm neu entdeckte Knallquecksilber vortrug, betitelt „On a new fulminating mercury".

Howards Ausgangspunkt war ein rein theoretischer gewesen: da man gegen 1800 als den einen Bestandteil der Salzsäure den Wasserstoff erkannt hatte, über die Natur des anderen aber noch gänzlich im Unklaren war, und ihn zwar meist für Sauerstoff ansprach, diesen jedoch mit Wasserstoff auf direktem Wege nicht zu Salzsäure zu kombinieren vermochte, so versuchte Howard eine indirekte Vereinigung anzubahnen; er ließ auf eine Lösung von Quecksilber in Salpetersäure Alkohol einwirken, in der Erwartung, das Quecksilber werde, vermöge einer Art „prädisponierender Verwandtschaft", dem Alkohol Wasserstoff und der Salpetersäure Sauerstoff entziehen und diese zu Salzsäure zusammentreteln machen.[1] Der schön kristallisierte Niederschlag, den er erhielt, war allerdings weder Salzsäure noch ein salzsaures Salz, vielmehr glaubte Howard in ihm eine Verbindung von Oxal-

[1] Wieland, „Die Knallsäure" (Stuttgart 1909; mit ausführlichem Literaturnachweis S. 73); Scholl, „Entwicklungsgeschichte . . . der Theorien über die Natur der sogen. Knallsäure" (München 1893). Gegenwärtig betrachtet man bekanntlich Knallsäure als $C{=}NO.H$, als Oxim des Kohlenoxyds.

säure, Quecksilber, und einem „nitrous etherised gas" zu erkennen, etwa eine solche von Quecksilberoxalat und Äthylnitrit;[1] der Versuch, ihn mittels verdünnter Schwefelsäure zu zerlegen, veranlaßte eine furchtbare Explosion, bei der Howard bedenklich verletzt wurde.[2] Er stellte zwar noch fest, daß das neue Präparat nicht geeignet sei, das Schießpulver zu ersetzen, da es nur den Lauf eines Geschützes zerschmettere, die Kugel aber bloß eine kurze Strecke weit fortschleudere, und zeigte auch, daß Schießpulver durch die Explosion einer kleinen Menge des „fulminating mercury" nicht entzündet werde, beschäftigte sich dann aber mit der gefährlichen Substanz nicht weiter.

In geschichtlicher Hinsicht sei hier bemerkt, daß die Entstehung von detonierenden Derivaten der Edelmetalle jedenfalls bereits vor 1600 bekannt war. Nach Romocki berichtet schon 1609 Beguin im „Tyrocinium Chymicum" über die Darstellung des Knallgoldes durch Fällen einer Lösung von Gold in Königswasser mit Alkali, und in Glückradts Ausgabe dieses Werkes von 1625 heißt es „dissiliet et fulminabit" (es wird unter Donnerschlag auseinanderfliegen);[3] in der mir vorliegenden Lyoner Ausgabe von 1658 beruft sich Beguin auf Croll als seinen Gewährsmann, doch kann ich in dessen Hauptwerke „Basilica Chymica", dessen Vorrede aus Prag 1608 datiert ist, nichts Zugehöriges finden.[4] Unsicher bleibt es, woher die Schriften des sog. Basilius Valentinus (die Romocki noch für echt hält, die aber bekanntlich von Thölde oder Thölden in der ersten Hälfte des 17. Jahrhunderts untergeschoben sind), und woher Cornelius Drebbel ihre einschlägigen Kenntnisse schöpften; bei Letzterem erscheinen sie nach Romocki zuerst im „Tractatus de quinta essentia", der 1621 zu Hamburg gedruckt wurde, und in Verbindung

[1] Wieland, S. 46. [2] Guttmann, „The rise and progress of the british explosives-industry" (London 1909, S. 94); Guttmann, „Monumenta", a. a. O. [3] Romocki, „Geschichte der Explosivstoffe" (Berlin 1895, S. 229). [4] Ausgabe von Genf, 1631.

mit seinem Namen erwähnt das „aurum fulminans der Chemiker" auch der englische Admiralitäts-Sekretär Samuel Pepys in seinen Tagebüchern aus den Jahren 1662 und 1663;[1] doch spricht Th. Willis 1659 in der „Diatribe de fermentatione" ebenfalls vom Knallgolde und der Art seiner Explosion.[2] Nicht ausgeschlossen erscheint es nach Romocki,[3] daß Drebbel 1621 auch schon wirkliches Knallquecksilber in Händen hatte; ganz sicher war dies der Fall bei Kunkel, der im „Laboratorium Chymicum" (verfaßt um 1690, gedruckt in Hamburg und Leipzig 1716 und 1722) auf Seite 213 erzählt, wie zufällig, beim Stehen einer mit Alkohol versetzten salpetersauren Quecksilberlösung in der Wärme, eine schreckliche Explosion unter Donnerknall (fulmen) erfolgt sei, und der daher vom „Mercurius fulminans" ebenso spricht, wie an anderer Stelle (S. 273) vom „aurum fulminans".[4]

Die, jedenfalls ohne Kenntnis dieses Vorgängers verfaßte Abhandlung Howards, die noch 1800 im Druck erschien,[5] erregte außerordentliches Aufsehen, und wurde durch das „Allgemeine Journal der Chemie"[6] und Scherers „Grundriß der Chemie"[7] sofort auch in Deutschland bekannt;[8] in Frankreich untersuchte 1801 Berthollet, der 1788 das Knallsilber entdeckt hatte, auch das neue Salz, zeigte, daß es keine Oxalsäure enthalte, und erklärte es für die Verbindung eines hochoxydierten Quecksilbers mit Ammoniak und einer dem Alkohol noch sehr nahestehenden Substanz.[9] Nach Thomson (1805) ist es eine Verbindung von kleesaurem (oxalsaurem) Quecksilber mit „alkoholhaltigem Salpetergas",[10] nach Fourcroy

[1] Romocki, a. a. O., S. 221ff., 366ff.; Guttmann, „Rise . . .", S. 94. [2] Romocki, S. 230. [3] ebd., S. 367ff. [4] Romocki war dieser Umstand unbekannt; zuerst erwähnt ihn wohl 1826 Thénard im „Lehrbuch der theoretischen und praktischen Chemie", übers. Fechner, Leipzig 1826ff.; Bd. V, Abt. 1, S. 38ff. [5] „Philosophical. Transactions" 1800, S. 204; s. auch Nicholsons „Journal", Bd. IV, S. 175. [6] Bd. III, S. 467. [7] Tübingen 1800, S. 336. [8] Eine genaue Übersetzung brachten aber wohl erst 1811 Gilberts „Annalen", Bd. 37, S. 75. [9] Wieland, S. 3; Thomson, „System der Chemie", üb. Wolff, Berlin 1805; Bd. 2, S. 293. [10] Thomson, a. a. O.

(1806), der schon vor 1800 das „fulminierende kleesaure Quecksilber" erwähnte,[1] hat es überhaupt keine einheitliche Zusammensetzung, sondern diese wechselt je nach den Verhältnissen und Bedingungen der Darstellung, und nach Klaproth (1808) sind seine Hauptbestandteile kleesaures Quecksilber und viel Ammoniak,[2] dessen Vorhandensein auch Pfaff bestätigte.[3] Berzelius, der Howard unter den bedeutenden Chemikern anführt, die er 1812 in London kennen lernte,[4] sprach 1820 die Meinung aus, Howards Knallquecksilber sei ein Doppelsalz aus schon an sich explosivem kleesaurem Quecksilber und Ammoniak, das aber auch noch ein aus dem Alkohol entstandenes „ätherisches Produkt" in sich schließe,[5] und unterscheide sich hierdurch jedenfalls von Berthollets Knallsilber, einer Verbindung von Silberoxyd mit kaustischem Ammoniak;[6] sein Verhalten beim Abfeuern eines Geschützes erkläre sich daraus, daß die Geschwindigkeit der Explosion weit größer sei als die des Schießpulvers, und daher den Gasen keine genügende Zeit lasse, auf die Kugel zu wirken und sie in die Ferne zu schleudern.[7] Mit dem Jahre 1821 beginnen die weltberühmten Forschungen Liebigs, sowie Gay-Lussacs und Liebigs, die zur Erkenntnis der Zusammensetzung des knallsauren Silbers, und, weil diese sich als identisch mit jener von Wöhlers Silbercyanat ergab, zur Entdeckung der Isomerie führten.[8]

Trotz seiner ungeheuren Gefährlichkeit wurde das Knallquecksilber alsbald eine Zeitlang im großen dargestellt, und zwar zu militärischen Zwecken, in Deutschland u. a. bei Dreyse in Sömmerda, und bei Bellot in Schönebeck;[9] schon

[1] „System der chemischen Kenntnisse", über. Wolff (Königsberg 1800ff.; Bd. 3, S. 167); Wieland, S. 73. [2] „Chemisches Wörterbuch" (Berlin 1805); Bd. 3, S. 165, 179ff. [3] „Journal für Physik und Chemie", Bd. 1, S. 144. [4] „Briefwechsel" ed. Söderbaum (Upsala 1912), Bd. 1, S. 42. [5] „Lehrbuch der Chemie", üb. Blöde (Dresden 1820; Bd. 2, Abt. 1, S. 362, 370). [6] ebd., S. 310. [7] ebd., S. 374. [8] Über diese Untersuchungen, die Literatur bis 1825, und Howards Knallquecksilber, s. Thénard (1826), a. a. O. [9] Schubarth, „Elemente der technischen Chemie" (Berlin 1835); Bd. 2, S. 354.

1829 sagt Thon, „es ist dermalen ein sehr gesuchter Gegenstand des Handels, und dient zur Herstellung der für die neuen Perkussions-Gewehre nötigen Zündhütchen, die in Dosen von 500 oder 1000 Stück käuflich sind“,[1] und ähnliches berichten 1830 Dumas aus Frankreich,[2] und 1831 Ure aus England und anderen Staaten.[3] Nach Meyers „Grundzügen der Militär-Chemie“ erwiesen sich aber auf die Dauer die Vorzüge als zu gering, die Gefahren als zu groß, weshalb die Fabrikation und diese erste technische Verwendungsart ziemlich bald wieder aufgegeben wurden.[4]

2.

Nach 1800 veröffentlichte Howard nur mehr eine einzige Abhandlung rein wissenschaftlichen Inhaltes, und zwar über die Meteorsteine; er bewies, daß diese, entgegen der damals noch stark vorherrschenden Meinung, wirklich aus dem Weltenraume auf die Erde niederfallen, und zeigte, daß sie, entsprechend dieser gemeinsamen Herkunft, allerorten dieselben Eigenschaften und besonders dieselbe, sehr charakteristische Zusammensetzung aufweisen, nämlich hauptsächlich aus Eisen und Nickel bestehen.[5] Auch der Gedankengang dieser Arbeit zeugt von ungewöhnlichem Scharfsinne.

In den Anfangsjahren des 19. Jahrhunderts trat in Howards Lebensverhältnissen eine gänzliche Veränderung ein, indem er sich ausschließlich der industriellen Praxis zuwandte, und zwar jener der Zuckerraffination; wir wissen nicht, welche äußeren Ursachen ihn hierzu bewogen (vielleicht seine Verheiratung?), in welche der damaligen Londoner Großfirmen

[1] „Waarenlexicon“ (Ilmenau 1829), S. 960 und 2116. [2] „Handbuch der angewandten Chemie“, üb. Alex u. Engelhart (Nürnberg 1830); Bd. 1, S. 608; Bd. 5, S. 597ff. [3] „Dictionary of arts and manufactures“ (London 1840, S. 531). [4] Berlin 1834, S. 169. Über die Unglücksfälle und Explosionen s. Dumas, a. a. O., Bd. 5, S. 593, und Gerhardt, „Lehrbuch der organischen Chemie“ (Leipzig 1854), Bd. 2, S. 392. [5] Thomson, Bd. 3, Abt. 2, S. 149ff.; Dumas, Bd. 5, S. 593.

er eintrat, und ob er seine Tätigkeit als Mitbesitzer, oder zunächst nur als Techniker begann; sie scheint längere Zeit angedauert, und ihn über die großen Mängel der damals noch äußerst unvollkommenen Fabrikationsmethoden[1] auf das Genaueste aufgeklärt zu haben. Howard besaß die Kenntnisse, aber auch die Energie, um daraufhin in grundlegender Weise einzugreifen, mit allen Überlieferungen der Vergangenheit zu brechen, und in gänzlich neue Bahnen einzulenken. Vor gerade hundert Jahren, 1812, waren seine Gedanken zur Reife gediehen, seine Erfahrungen genügend gefestigt, und so reichte er denn am 31. Oktober 1812 und am 20. November 1813 die beiden Patente ein, die bestimmt waren, der Zucker-Raffination und -Fabrikation völlig unbetretene Wege zu erschließen.

Folgendes sind die leitenden Ideen der Howardschen Patente:[2]

1. Es ist verkehrt, die ganze im Rohzucker enthaltene Melasse mit durch die Fabrikation zu schleppen; richtiger wird man den Rohzucker mit Wasser oder mit einem passenden Sirup (der ebenfalls immer noch mehr Nichtzucker[3] als Zucker löst) zu einem dicken, mörtelartigen Brei einmaischen, und aus diesem den flüssigen Anteil abziehen lassen, wodurch man einen vorgereinigten, vom meisten Nichtzucker bereits befreiten Einwurf erhält.

2. Aus der Lösung dieses Einwurfes kann noch ein Teil des Nichtzuckers durch Chemikalien gefällt werden, als welche sich besonders Alaun oder Tonerdehydrat (aus Alaun durch Alkali gewonnen) bewährt haben.

3. Den in der Lösung suspendierten Nichtzucker soll man

[1] s. meine „Geschichte des Zuckers" (Leipzig 1890), S. 352. [2] Woodcroft, „Abridgements of specifications relating to sugar (London 1871, S. 17ff.); kurze Übersicht in der „Geschichte des Zuckers", S. 367ff; ausführliche Übersetzung in Webers „Zeitblatt für Gewerbetreibende" (Berlin 1828, Bd. 1, S. 129ff.). [3] Der Kürze wegen sind die modernen Fachausdrücke gebraucht.

aus ihr durch mechanische Filtration entfernen, so daß nur ganz klare Säfte zur Verarbeitung gelangen. Nach Hawkins, dem Inhaber der Maschinenfabrik, die Howards Apparate zuerst ausführte, erkannte Howard von Anfang an, daß eine solche Filtration große Oberfläche und reichliche Zeit erfordere, wandte aber zu Beginn weitaus zu hohen Druck an, der allmählich von 20 auf 6 Fuß herabgesetzt werden mußte; seine „Fachfilter", die Vorläufer der „Filterpressen", waren 4 Fuß breit, 3 Fuß lang, 2 Fuß hoch, und enthielten 65 einzelne, mit Leinen bespannte „Filterrahmen", die fest aufeinander saßen, jedoch leicht herausgenommen und ausgedämpft werden konnten, und die Flüssigkeit von außen nach innen durchdringen ließen. Hawkins versichert, auch er selbst habe „viel an diesen Fachfiltern getan", und namentlich ihre gleichmäßige Beschickung mit Hilfe des sog. Kugelschwimmers zur Erhaltung eines konstanten Niveaus erfunden.[1]

4. Das Decken der Brode kann, statt mit der üblichen feuchten Tonmasse, mit kalt gesättigter Zuckerlösung, Deckkläre, Liquor, geschehen, wobei man am besten den Boden der Brode mit einer kleinen Maschine ausdreht und ebnet, und zunächst einen Brei aufbringt, der aus der ausgedrehten Zuckermasse und Sirup zurecht gemacht wird.

5. Um die Fertigstellung der Brode zu beschleunigen, kann man die, stets nur sehr langsam abziehenden Köpfe abdrehen, und neue Spitzen anschleifen; auch lassen sich aus passender Zuckermasse rasch und einfach gepreßte Brode herstellen.

6. Die zahlreichen, unter den Klärpfannen, Siedepfannen, und Heizöfen jeder größeren Raffinerie brennenden Feuer, sind durch ein Einziges zu ersetzen, das unter einem Dampfkessel brennt; demgemäß ist Dampfkraft in den Raffineriebetrieb einzuführen, für alle Kochungen, Heizungen, und

[1] Webers „Zeitblatt", 1828, Bd. 1, S. 164ff., 227ff., 241ff.; Kugelschwimmer, S. 227.

Massenbewegungen ist Dampf zu benutzen, besonders sind die Brode durch mechanische Aufzüge auf die Zuckerböden zu heben, und in mit Dampf geheizten Stuben zu trocknen.

7. Da, wie Howard 1812 ausspricht, „keine wässerige Zuckerlösung ohne großen Schaden für Kristallisationsvermögen und Farbe bis zur erforderlichen Dichte eingekocht werden kann", ist die Konzentration „in der Luftleere vorzunehmen, unter Anwendung einer kontinuierlich arbeitenden Luftpumpe oder einer anderen Exhaustionsvorrichtung". Der hierzu dienende Apparat ist die Vakuumpfanne (vacuumpan); sie ist von linsenförmiger Gestalt, und besteht[1] aus zwei kupfernen, sehr flachen Kugelabschnitten (Kalotten), deren oberer einen Dom trägt, während der untere einen Doppelboden besitzt, der mit Dampf von 1—2 at Spannung geheizt wird, und das Kondenswasser zu Zwecken der Kesselspeisung zurückliefert. Die Luftpumpe erzeugt anfangs eine Luftleere von nur etwa 1 Zoll, später aber eine geringere, etwa 45 bis 47° R Siedetemperatur entsprechende, und da die Differenzen zwischen den Temperaturen der kochenden Lösung und des Dampfes sehr beträchtliche sein können,[2] der Erfolg der Arbeit aber vom Einhalten der richtigen Temperaturen abhängt, so ist stete Kontrolle durch Thermometer und Quecksilber-Manometer geboten; doch kann man auf letzterem die entsprechenden Siedepunkte, die aus einer besonders entworfenen Tabelle zu ersehen sind, auch gleich mit anzeichnen. Proben der kochenden Masse lassen sich mittels eines eigentümlichen Probestockes (Probesonde) jederzeit entnehmen, ohne die Luftleere zu beeinträchtigen. Aus dem Dom zweigen zwei Rohre ab, das eine, das die etwa mitgerissene Kläre wegleitet, schräg nach unten, das andere, stark gekrümmte, nach oben; letzteres

[1] Thelen, „Entwicklung der Vakuumverdampfung" (in Matschoss „Beiträge zur Geschichte der Technik und Industrie", Berlin 1909, Bd. I, S. 118); Degrand, „L'évaporation des liquides sucrés" (Paris 1845). [2] Nach Degrand (a. a. O., S. 16) beobachtete Howard solche von 10—12° C.

führt die Saftdämpfe zum Kondensator, der, analog jenem der Wattschen Dampfmaschine, sie durch kontinuierliche Einspritzung kalten Wassers niederschlägt;[1] dieses wird hierbei, entsprechend der Menge des zuströmenden Dampfes, durch eine von der Hand verstellbare Kurbel eingelassen, und tritt durch ein Schieberventil in das Kondensationsrohr. Sobald die richtige Dichte der Zuckerlösung erreicht ist, wird ein Lufteinlaßhahn geöffnet, und die „blank" eingekochte Masse, durch Lockern eines mit Gegengewicht versehenen konischen Verschlußventils, aus dem Unterteile des Apparates abgelassen.[2] Sie fließt in den bisherigen „Kühler", der aber jetzt als „Anwärmer" dient, und in diesem mit Dampf geheizten Kristallisationsgefäße (granulating vessel), in dem mehrere der 20—25 Brode umfassenden Sude vereinigt werden können, erhält man alsbald sehr schönes Korn, besonders wenn man einige Male vorsichtig anwärmt und abkühlt, zu welchem Zwecke ein weniger heißer, entsprechend gesättigter Zuckersirup nach Bedarf zugesetzt werden kann. —

Betrachtet man die Gesamtheit dieser Howardschen Vorschläge, so muß die treffende Einsicht, die Folgerichtigkeit, und die Kühnheit, die sie in allen Punkten verraten, mit Bewunderung und Staunen erfüllen, namentlich wenn man die Schwierigkeiten bedenkt, die sich auch heute noch jedem entgegenstellen, der es unternimmt, in seit alters her rein empirisch betriebene Gewerbszweige neue und rationellere Methoden einzuführen. Zwar hatten schon von 1780 an die Brüder Boucherie in Bordeaux eine Art Vorreinigung der Rohzucker durch Decken mit Tonbrei vorgeschlagen, und auch, ebenso wie Achard um 1800, das Verdampfen in niedriger Schicht (an offener Luft) empfohlen,[3] ferner soll bereits 1782 ein Salinenbeamter

[1] Degrand, a. a. O., S. 5ff. [2] Leon, „Raffinage du Sucre" (Paris 1827). [3] „Geschichte des Zuckers", S. 366; Degrand, a. a. O., S. 4. Ein von Degrand (S. 5) erwähntes Patent des Pariser Ingenieurs Lebon von 1796 betraf allein die Destillation bei niedriger Temperatur im luftverdünnten Raume, u. a. mit Hilfe einer Luftpumpe.

zu Hall in Tirol das Versieden der Salzsoole im luftverdünnten Raum für möglich erklärt haben,[1] aber die Praxis blieb bei ihren „altbewährten" Verfahren, oder ersetzte höchstens die Kochkessel allmählich durch die, vom Raffineur Guillon zu Orléans erfundenen Kipp- oder Schaukelpfannen.[2] Im wesentlichen besaß Howard also keine Vorgänger, und die völlige Neuheit seiner Gedanken erhellt am deutlichsten daraus, daß sie endgültig und vollständig zumeist erst nach Jahrzehnten verwirklicht wurden, z. B. der einheitliche Dampfbetrieb 1830 bis 1850, das Decken mit Deckkläre 1830—1850,[3] die mechanische Filtration 1863—1885, die Affination 1880—1890, usf.[4]

Der Erzählung von Delabarre und Chaumé,[5] die eigentümlichste und merkwürdigste der Howardschen Ideen, das Verkochen im Vakuum, sei erst nach langen und sehr kostspieligen Vorversuchen als im großen ausführbar erschienen, darf man daher vollen Glauben schenken; nach Leon[6] bewog Howard, als er soweit gelangt war, den ihm befreundeten technischen Leiter der damals schon auf der Höhe ihres Ruhmes stehenden Maschinenfabrik von James Watt & Boulton zu Birmingham, J. Mac Mordo,[7] nach London zu kommen, um den ersten Vakuumapparat zu entwerfen und zu zeichnen; die Ausführung erfolgte, wie Güssefeldt, der Siedemeister der

[1] Thelen, a. a. O. Näheres findet sich, nach freundlicher Mitteilung von Herrn F. M. Feldhaus in Dinglers „Polyt. Journal" 1822, S. 375. [2] „Geschichte des Zuckers", S. 366; Guillon nahm auch 1805 ein Patent auf Entfärbung und Reinigung der Zuckersäfte durch Kohle jeder Art (außer Steinkohle) und auf deren Wiederbelebung. [3] Es wird als ein großer Fortschritt berichtet, daß 1833 die Raffinerie von Canby und Lovering in Philadelphia, und 1838 die von Hecker in Staßfurt, schon mit Deckkläre arbeiteten (Silliman, „Manual on the cultivation of sugarcane", Philadelphia 1833, S. 75; André, „Ökonomische Neuigkeiten . . .", Prag 1838, Bd. 2, S. 900). [4] s. meine Festschrift „Die Entwicklung der deutschen Zuckerindustrie von 1850 bis 1900" (Leipzig 1900). [5] „Améliorations . . . apportées dans la fabrication et le raffinage" (Paris 1847; S. 37 ff.). [6] a. a. O. [7] Ob identisch mit dem, in früheren Jahren als „bestem Monteur" dieser Firma erwähnten Murdoch? (s. Matschoss, „Geschichte der Dampfmaschine", Berlin 1901, S. 79). Herr Feldhaus hält dies für ausgeschlossen.

Schicklerschen Raffinerie zu Berlin, in einem sehr lesenswerten Aufsatze berichtet, durch die Maschinenfabrik J. J. Hawkins in London, und gelang in ganz hervorragender Weise.[1] Selten war eine industrielle Umwälzung größter Tragweite von so vollkommenem und sofort durchschlagendem Erfolge gekrönt; man erhielt, je nach der Beschaffenheit des Rohzuckers, sogleich um 3—5 % mehr Raffinade von bisher unbekannter Schönheit, sehr helle, gar nicht mehr brenzlich riechende Farine, und an Speisesirup zwar um 6—10 % weniger als früher, aber Ware von schönster Farbe und tadellosem Geschmacke.[2] Zum Erträgnisse der höheren Ausbeuten und Verkaufspreise gesellten sich erhebliche Ersparnisse an Löhnen und Kohlen,[3] so daß, in Ansehung der damaligen Markt- und Steuerverhältnisse, der Gewinn nach Bollmann um 20 % stieg,[4] nach Güssefeldt um 23 %.[5] Daraufhin suchten Kapitalisten die Howardschen Patente für 40000 £ anzukaufen, doch lehnte Howard dieses Angebot ab, und zog es vor, anderen Raffinerien Lizenzen zu gewähren;[6] nach Degrand forderte und erhielt er für je 100 kg verarbeiteten Rohzuckers 2,65 Fr., also rund 2 M., aber trotz der Höhe dieser Patentprämie und der Einrichtungskosten fand das Verfahren alsbald in eine Reihe von Raffinerien Eingang,[7] da man nunmehr an 100 kg Rohzucker 24,35 Fr. (= 19,50 M.) Gewinn erübrigte,[8] also, wenn man auch nur 20 % Zunahme rechnet, um rund 4 M.

[1] Webers „Zeitblatt" (Berlin 1827), Bd. 1, S. 246. [2] Blachette-Zoëga, „Manuel du fabricant de sucre et du raffineur" (Paris 1833); s. meinen Aufsatz „Die Zuckerindustrie um 1830" („Ztschr. Zuckerind." 1899, Bd. 49, S. 573). [3] Güssefeldt, a. a. O., S. 242ff.; Chandelet, „Art du Raffineur" (Paris 1828, S. 239ff.). [4] s. meine „Abhandlungen und Vorträge . . ." (Leipzig 1906, S. 323). [5] a. a. O., S. 246. [6] Bollmann, a. a. O. [7] Degrand, a. a. O., S. 5ff. [8] Chandelet, a. a. O., S. 119; man wird diesen Gewinn nicht übertrieben finden, wenn man bedenkt, daß der Amsterdamer Raffineur Reisig in seinem Buche von 1793 angibt, keine Raffinerie könne bestehen, die nicht an 100 kg Rohzucker 34 M. verdiene (s. meinen Aufsatz „Die Zuckerraffination in Amsterdam vor hundert Jahren"; „Ztschr. Zuckerind." 1899, Bd. 49, S. 362).

mehr als früher. Leon berichtet[1] von einem anfänglichen jährlichen Vorteile der Raffinerien von 1143960 Fr. (= rund 920000 M.); nun stellte eine Raffinerie ersten Ranges damals täglich etwa 1500 Brode zu 10 kg, d. i. 150 dz Brodware her, demnach in 300 Arbeitstagen 45000 dz, was (bei der üblichen Produktion von 60 % Broden) auf 75000 dz Rohzuckerverarbeitung hinweist; der „Vorteil" von 920000 M. entspricht also, da auf 1 dz 4 M. entfallen, einer Menge von 230000 dz Rohzucker, der Verarbeitung dreier großer Raffinerien. Howard empfing demgemäß schon in dieser Zeit jährlich 230000 × 2 = 460000 M. oder 23000 £ Patenthonorar, und mit Recht kann daher Leon von einer „revenue prodigieuse de son brevet d'invention" sprechen; auch Van Blommestein bestätigt in seiner Schrift „Het verbeterte Suiker-Fabrijkaat",[2] daß Howard in wenigen Jahren schon 480000 holländische Gulden (= 40000 £) Patenthonorar einnahm, und um 1816 erreichte sein jährliches Einkommen nach Bollmann 60000 £. Leider sollte er sich dieses glänzenden Erfolges nicht mehr lange erfreuen; seine ohnehin nicht sehr feste Gesundheit hatte durch die andauernden, ebenso anstrengenden wie aufregenden Arbeiten bereits argen Schaden gelitten, und so wurde er eines Tages, — angeblich nach zu langem Verweilen in den mit Dampf geheizten Trockenstuben einer Raffinerie[3] —, plötzlich von einem Blutsturze befallen, dem er am 13. März 1816 erlag.[4]

Nach dem Tode des Erfinders bewährte sich die Vakuumpfanne, wie Güssefeldt richtig hervorhebt, nicht nur als Quelle dauernder Einnahmen für seine hinterlassene Familie, sondern „begründete auch den Wohlstand jedes Zuckersieders, der sie einführte".[5] Im Interesse der Beteiligten hatte man, Leons Bericht zufolge, den Apparat und seine besonderen Teile (Barometer, Thermometer, Probesonde, Ablaßventil, . . .)

[1] „Raffinage du sucre" (Paris 1827). [2] Batavia 1843, S. 15. [3] Leon, a. a. O.; Chandelet, a. a. O., S. 241. [4] Guttmann, „Monumenta", S. 31. [5] a. a. O., S. 242ff.

strengstens geheim gehalten, so daß ihn vor 1816 allein der (mit Howard befreundete?) Chemiker Thomson sehen, und in seinen „Annals of philosophy" erwähnen durfte, jedoch ohne jede nähere Angabe. Im Jahre 1827 besaßen allein in London 10 Raffinerien 40 Vakuen (meist zu je vieren in einer Reihe stehend und von einem Kocher bedient) nebst Luftpumpen und Dampfmaschinen von 94 H.P., sämtlich entworfen von Mac Mordo und ausgeführt von Hawkins,[1] deren Arbeiten nach Leon im Rufe standen, niemals Reparaturen von Belang erfordert zu haben, und zwar erzeugten nach Poutet alle diese Raffinerien gespannten Dampf, und verwendeten ihn gleichzeitig zum Betriebe der Maschinen und Pumpen, zum Kochen im Vakuum, zum Auflösen des Zuckers, und zum Waschen und Ausdämpfen der Formen und Fässer.[2] Aber auch die größeren Raffinerien in Bristol, Glasgow, Hull, Liverpool, Sheffield, ... waren damals bereits mit Vakuen versehen.[3] Wesentliche Veränderungen an deren ursprünglicher Konstruktion scheinen erst 1828, nach dem Erlöschen der Patente, durch Hodgson und Hawkins vorgeschlagen, und durch W. Oaks and Son ausgeführt worden zu sein:[4] sie betrafen hauptsächlich wohl die Vergrößerung der Apparate und die Vermehrung der Heizflächen, durch Einlegen von Dampfschlangen nach Muster der inzwischen in Frankreich aufgetauchten Konstruktionen (s. unten); Letzteren erwiesen sich übrigens, nach Güssefeldt, 1828 die englischen noch entschieden überlegen.[5] Mit einem 1844 von Robinson patentierten „Röhren-Vakuum", das auch in Eisen ausgeführt, und nach einigen Jahren von Walcker noch verbessert wurde,[6]

[1] Güssefeldt, a. a. O., S. 246. [2] „Nouveau manuel du raffineur du sucre" (Marseille 1826), S. 135ff. [3] Leuchs, „Vollständige Rübenzucker-Fabrikation" (Nürnberg 1836), S. 534ff. [4] Silliman, a. a. O., S. 56ff., 116; Schubarth, a. a. O., Bd. 3, S. 182. Über die Geheimhaltung s. die von mir veröffentlichten Jacobsschen „Briefe über die Zuckerindustrie 1827—1845" („Deutsche Zuckerind.", Berlin 1910, S. 9). [5] a. a. O., S. 167ff., 242ff, 246. [6] Woodcroft, a. a. O., S. 75, 142.

zeigten sich jedoch die Einflüsse der englischen Erfinder erschöpft, die der französischen erhielten rasch das Übergewicht, und 1850 bildet Leon in seinem Prachtwerke „The art of making and refining sugar" schon eine „French Vacuum-Pan"[1] ab.

Bemerkt sei noch, daß die Annahme Degrands,[2] die erste Idee des Vakuums stamme von Davy her, ganz irrtümlich ist, und offenbar auf einer Verwechslung dieses berühmten Physikers und Davis beruht, der 1828 ein Patent auf den Kondensator mit barometrischem Fallrohre und ohne Benutzung der Luftpumpe nahm;[3] demgemäß glauben auch Delabarre und Chaumé,[4] der „savant physicien Davy" habe 1809 (!) das Vakuum mit barometrischer Kondensation patentiert, allerdings aber nicht in die Praxis eingeführt. Letzterer Umstand ist insofern sehr erklärlich, als, laut Patentliste, Davis das fragliche Patent nur im Auftrage ausländischer, französischer Erfinder anmeldete,[5] die es übrigens alsbald dahin „verbesserten", daß sie das „Torricellische Rohr" wieder fallen ließen;[6] vermutlich waren es Trappe und Louvier-Gaspard, die Thelen als „nach 1830 tätig" erwähnt.[7] Der ganze Gedanke konnte übrigens von Rechts wegen weder für neu noch für patentfähig gelten, da J. Watt schon um 1763 des barometrischen Kondensators mit trockener Luftpumpe, als für Zwecke des Maschinenbaues ebenfalls brauchbar, ausdrücklich gedacht hatte.[8]

3.

In den Raffinerien Frankreichs waren, wie Dubrunfaut in seinem grundlegenden Werke „L'art de faire le sucre de betterave" berichtet,[9] noch 1825 ausschließlich Schaukelpfannen in Gebrauch, denn Howards Apparat hatte man

[1] London 1850, in Groß-Folio, Tafel 7. [2] „Evaporation" (Paris 1845), S. 5. [3] Woodcroft, S. 36. [4] a. a. O., S. 41, 49, 54. [5] Webers „Zeitblatt" (Berlin 1831), Bd. 4, S. 110. [6] a. a. O., S. 111. [7] Thelen, a. a. O., S. 122. [8] Matschoss, „Geschichte der Dampfmaschine", S. 61. [9] Paris 1825, S. 394.

zwar als nützlich und vorteilhaft rühmen gehört, hielt ihn aber für viel zu kostspielig und betriebsunsicher.[1] Dubrunfauts Behauptung ist jedoch irrtümlich, denn nach Poutet[2] stellte schon 1824 der Ingenieur Degrand in der „großen" Marseiller Raffinerie von Poutet und Loze einen Howardschen Apparat auf, allerdings unter verschiedenen, durch örtliche Verhältnisse bedingten „Abänderungen"; die „pompe pneumatique" wurde zwar beibehalten, wenn auch statt durch eine Dampfmaschine nur durch einen Pferdegöpel betrieben, gekocht wurde aber nicht mittels Dampfes, sondern weiter auf freiem Feuer, jedoch ebenfalls bei 45—47° R; die beiden kippbaren Kochkessel zu je 500 kg Inhalt lieferten, binnen drei Stunden, jeder etwa 400 kg eingekochte Masse, „die im Kühler sehr rasch Korn gibt, weil die fortwährende starke Bewegung so bedeutender Massen im Vakuum diese schon sehr geneigt zur Kristallisation gemacht hat." Die fertigen Zucker, besonders auch die Farine, waren von solcher Reinheit und Feinheit, daß der Fortschritt bewunderungswürdig erschien, und Degrand 1827 eine Medaille erhielt „als Erster, der in Marseille einen Apparat zum Zuckerkochen unter Luftabschluß in Gang brachte".[3] Die Ergebnisse bei Poutet zeigten übrigens, wie Chandelet 1828 feststellt, daß zwar die technischen und ökonomischen Vorteile der Howardschen Erfindung groß seien, ihrer Einführung aber auch große Schwierigkeiten im Wege stünden, nämlich der hohe Preis, der hohe Bedarf an Wasser (der mindstens zwölfmal größer sei als der bisherige), und die Notwendigkeit einer besonders sorgsamen Aufsicht.[4] — In den größeren Pariser Raffinerien, die zu jener Zeit etwa 30000 dz Rohzucker jährlich verarbeiteten,[5] fand Leon 1827 noch kein Vakuum vor, und empfahl ihnen,

[1] Blachette-Zoëga, „Manuel" (Paris 1826), S. 263. [2] „Manuel" (Marseille 1826), S. 135. [3] Degrand, „Notice sur la concentration des jus sucrés" (Paris 1835), S. 20. [4] „L'art du raffineur" (Paris 1828), S. 239ff., 119ff. [5] Webers „Zeitblatt" (Berlin 1828), Bd. 1, S. 239.

„allein das auf dem Kontinent noch unbekannte Howardsche anzuschaffen, die Aufträge jedoch nur durch Mac Mordo ausführen zu lassen";[1] die erste Pariser Raffinerie, die sich zur Anlage eines Vakuums entschloß, nach Delabarre und Chaumé[2] die von Santerre, stellte jedoch den nämlichen Apparat auf wie Poutet. Péclet erwähnt 1828 im „Traité de la chaleur",[3] das Kochen durch Dampf und mittels der Luftpumpe stehe nur in England und jetzt auch in einigen Raffinerien Frankreichs in Gebrauch, doch sei ihm eine Besichtigung noch nicht gestattet worden; immerhin gibt er eine ziemlich zutreffende Beschreibung und Abbildung, und ist der Meinung, die Verdichtung der Dämpfe erfolge der Hauptsache nach in einem Kondensator oder schlangenförmigen Refrigerator durch kaltes Wasser, das man zeitweilig erneuere, während der Rest des Dampfes, sowie die eingedrungene Luft, durch die Pumpe abgesaugt würden.

Im Jahre 1831 nach Payen,[4] 1830 nach Delabarre und Chaumé,[5] tatsächlich aber schon 1828 nach Laffargue,[6] trat Roth in Paris mit einem neuen Vakuumapparat auf, den zuerst der Pariser Raffineur Bayvet, der sich später als sein Associé erwies,[7] aufstellte und warm empfahl. Payen bezeichnet als seinen größten Vorteil den Wegfall der Luftpumpe: erzeugt und erhalten wurde nämlich die Luftleere nur durch anfängliches Füllen des Apparates und Kondensators mit Dampf, und durch Niederschlagen dieses, und des weiterhin beim Kochen entstehenden Saftdampfes, mittels eines starken, im Kondensator niedergehenden „Wasserregens". Der „Kochkessel" besaß, außer dem Doppelboden, auch noch eine Dampfschlange, und anstatt des Probestockes einen einfachen Probe-

[1] „Raffinage du sucre" (Paris 1827); „On Sugar-cultivation in Louisiana and Cuba" (London 1848), S. 43. [2] a. a. O., S. 37ff. [3] Übers. Hartmann (Braunschweig 1830), Bd. 2, S. 246. [4] „Traité de la fabrication et du raffinage du sucre" (Paris 1832), S. 35. [5] a. a. O., S. 43. [6] „Traité de la fabrication du sucre" (Toulouse 1829), S. 290. [7] Degrand, a. a. O., S. 12.

nehmer (wie er noch jetzt in Gebrauch steht); „ausgeblasen" (bei Betriebsbeginn) und geheizt wurde mit niedrig gespanntem Dampfe von nur $1^1/_4$ at, und das Kondenswasser diente zum Kesselspeisen. Ein Vakuum von 2 m Durchmesser genügte für eine tägliche Verarbeitung selbst von 125 dz Rohzucker, und lieferte binnen 14—16 Minuten 30 Brode; die Temperatur betrug 55—60° R, „und wenn man für je 1 kg des Sirups noch mehr als 5 Liter Wasser aufwenden will, läßt sie sich noch weiter erniedrigen"; bei 55—60° R abgekochte Masse kristallisiert aber im Kühler schon bei geringem „Schlagen" (Umrühren) sehr rasch, und erfordert keine besondere Anwärmung. Obwohl Payen einsieht, daß der Apparat Roths dem Howards nachsteht, schon weil er, trotz noch größeren Wasserbedarfes, eine kleinere und nicht gleichmäßig anhaltende Luftleere ergibt, so glaubt er dennoch, ihm den Vorzug zusprechen zu sollen, denn er sei in Anlage und Erhaltung billiger, brauche weniger Raum, und erfordere weder Maschine noch Pumpe, daher auch keinen bedenklichen „gespannten" Dampf; eine Ersparnis an Kohle finde allerdings nicht statt, immerhin werde aber aller der Dampf kondensiert, „der sonst offen entweicht, und stets die Holzteile der Gebäude verdirbt, oft aber auch den Zucker". Den großen Verbrauch an Wasser suchte übrigens Bayvet dadurch zu vermindern, daß er das Kondensationswasser durch Herabfließen an Leinwandflächen oder Durchsickern durch Leinwandschläuche abkühlte, und es wieder dem Betriebe zuführte.

Zum Ersatze der ursprünglichen direkten Wattschen Kondensation hatte sich, nach Leon,[1] schon 1822 Clark einen von außen durch Wasser zu kühlenden Röhrenkondensator, 216 Rohre enthaltend, patentieren lassen, ohne ihn jedoch in der Praxis einbürgern zu können. Als nun Degrand in der Reybaudschen Raffinerie zu Marseille 1833 ein neues Vakuum

[1] „Cultivation" (London 1848), S. 45; „Art of refining" (London 1850), S. 19ff.

(ohne Luftpumpe) aufstellte, das verschiedene patentierte Verbesserungen aufwies,[1] — u. a. eine besonders angebrachte Heizschlange, einen vor dem Kondensator liegenden Saftabscheider (der den Brüden zwang, mehrmals seine Richtung zu wechseln), einen mit dem Kochkessel verbundenen „Hilfsbehälter“ (in den die Masse „ohne Störung der Luftleere“ abgelassen werden konnte), sowie ein „Schaufenster“, bestehend aus einer dicken Glaslinse („durch das man nunmehr sehen kann, was im Apparat vorgeht“) —, da ersetzte er auch den Rothschen Kondensator durch einen auf Clarks Prinzip beruhenden neuen: es war dies eine Art Rieselkühler, bestehend aus einer größeren Anzahl langer, übereinander liegender Rohre, die der Saftdampf durchstreichen mußte, während über ihre Außenfläche kaltes Wasser herabfloß; zudem war der ganze Kühler mit einem Blechmantel umgeben, der einen starken, aufsteigenden, die Verdunstung lebhaft fördernden Luftstrom erzeugte. Schon 1835 kann Degrand berichten, daß jüngst in Marseille ein Rothscher Apparat, und in Paris ein Howardscher (den man noch dazu importieren mußte!) vielerlei Schwierigkeiten verursacht hätten, während sich der seinige, — dessen „Luftleere“ allerdings auch nicht besser war als die von Roth erzielte —, bei Reybaud, bei Guillon, in Paris, sowie in Orleans und Bordeaux ganz trefflich bewährt habe.[2] Der Verbreitung von Degrands Konstruktionen kam es zustatten, daß verschiedene andere tatsächlich Mißerfolge zu verzeichnen hatten, zuweilen freilich unverdiente: ein Howardsches Vakuum, nebst Kessel, Maschine, und Pumpe, kostete um diese Zeit in Frankreich noch an 100000 Fr., erwies sich als schwer zu bedienen und zu überwachen (es besaß noch kein Schauglas!), und hatte das weitverbreitete Vorurteil gegen sich, „der darin gesottene Zucker sei weniger gut, an-

[1] Delabarre und Chaumé, S. 49ff.; Degrand, „Concentration“ (Paris 1835), S. 24ff.; Thelen, a. a. O., S. 124. [2] „Concentration“, S. 44b, 56, 58, 62; Delabarre und Chaumé, a. a. O.

sehnlich, und süß, als der gewöhnliche";[1] das vielgerühmte Verkochen durch Einblasen heißer Luft nach Brame-Chevalier hatte sich nicht bewährt,[2] ebensowenig anscheinend eine schon 1826 von Poutet erwähnte Methode, gespannten Dampf durch die Schlangen zweier hintereinander liegender Kochkessel gehen zu lassen und ihn dann noch zum Auflösen von Zucker zu benutzen;[3] desgleichen versagte ein Verfahren von Pelletan und Delabarre, das darin bestand, den Brüden abzusaugen, mittels des von den nämlichen Erfindern 1829 erdachten „Dampfstrahlgebläses" zu komprimieren und in den Heizkörper zurückzuführen,[4] usf.

Aber die erwähnte rasche Verbreitung zeitigte auch eine für Degrand höchst unheilbringende Folge, sie machte nämlich Derosne auf die Vorzüge seiner Ideen aufmerksam. Derosne, ursprünglich Pharmazeut, der 1825 zusammen mit Cail eine Maschinenfabrik in Paris begründet hatte, vereinigte beträchtliche chemische und technische Kenntnisse, er stand der Zuckerindustrie seit langem nahe, — schon 1812 hatte er auch, gemeinsam mit Angar, Achards Hauptwerk auszugsweise übersetzt —, er besaß zugleich ungewöhnlichen industriellen Scharfblick und kaufmännische Begabung, war von größtem Fleiß und eiserner Energie, und verfügte auch über erhebliche Geldmittel; mit den Vorzügen seines Geistes verband er jedoch keine gleichwertigen des Charakters, und vor allem zeichnete er sich durch ein ebenso kühnes wie rücksichtsloses „Aneignungsvermögen" aus, durch das er zeitlebens den tüchtigen Erfindern auf allen Gebieten außerordentlich gefährlich wurde, namentlich wenn sie, wie zumeist, noch kein Vermögen besaßen. Wie später Rillieux seitens Tischbein,[5] so etwa erging es Degrand seitens Derosne. Zunächst baute

[1] Blachette-Zoëga, „Manuel" (Paris 1833); s. meinen Aufsatz „Ztschr. Zuckerind." 1899, Bd. 49, S. 573; Thelen, S. 119. [2] Degrand, a. a. O., S. 35. [3] Poutet, a. a. O., S. 135ff. [4] Degrand, a. a. O., S. 22ff.; Delabarre und Chaumé, S. 39, 44ff., 49, 56. [5] s. meine Festschrift „Entwickelung . . ." (Leipzig 1900), S. 149.

dieser einfach den Rieselkühler nach, und kündigte ihn 1834 unter dem Namen „Condensateur Derosne" als seinen eigenen an;[1] ebenso versah er seine Vakuen mit Degrands Verbesserungen, wobei er jedoch die Glaslinse auch durch die 1833 Pelletan und Delabarre patentierten Schaugläser ersetzte: von diesen lagen eines oder zwei an der Vorder-, und eines oder zwei gegenüber an der Rückseite des Apparates, und hinter letzteren Gläsern brannten Lampen, so daß eine vortreffliche Durchsicht möglich war.[2] Degrand sah sich genötigt, einen Patentprozeß anzustrengen, in dem u. a. Arago, Dulong und Dumas als Sachverständige berufen wurden;[3] Derosne wußte den Prozeß, der sich nicht günstig für ihn anließ, in die Länge zu ziehen, und da Degrands Mittel bald erschöpft waren, kam 1835 ein Vergleich zustande; in diesem wurde der unerfahrene und vertrauensselige Degrand durch den geriebenen und mit allen Winkelzügen vertrauten Derosne derart übervorteilt, daß er in der Folge nicht nur fast aller materiellen Vorteile verlustig ging, sondern auch, und zwar bis auf den heutigen Tag, des Ruhmes seiner besten, noch in anderer Hinsicht höchst wichtigen und weittragenden Erfindungsgedanken, die er, „als künftiger Teilhaber am Gewinne", laut Vertrag Derosne mitzuteilen hatte. Dieser betrachtete fortan alles als sein alleiniges Eigentum, die Degrand zustehenden Summen kamen unter nichtigen oder rein formalen Vorwänden nur teilweise oder gar nicht zur Auszahlung, Degrands Name wurde nicht mehr genannt, jeder Versuch, seine Rechte geltend zu machen, unterdrückt oder totgeschwiegen, und für den „Apparat Derosne", der bis 1839 in 14 Raffinerien eingeführt war, erhielt Derosne 1835 bei der Industrieausstellung den Orden der Ehrenlegion und 1839 die goldene Medaille,[4] während

[1] Degrand, a. a. O., S. 62, 72, 73. [2] Laffargue, a. a. O., S. 391.
[3] Degrand, „Mémoire contre Derosne et Cail" (Paris 1845); Aragos Gutachten ist abgedruckt im „Avis à messieurs les raffineurs" (Paris 1834).
[4] Leon, „Cultivation", S. 40.

seinem Associé Cail die erstere Auszeichnung 1844 dafür zuteil wurde, daß er den alten Wattschen Kondensator unter dem Namen „Combination Cail“ einer ununterrichteten Jury als neueste Erfindung und Verbesserung vorführte![1]

Noch nach 1840 fand man nach Degrand[2] eigentliche Howard-Apparate nur in einigen kleineren französischen Raffinerien, die sich noch zu dieser Zeit mit der Anbringung von Barometer und Thermometer allein am Kondensator zufrieden zeigten, und ohne Rücksicht auf die Zuckerzerstörungen mit Dampf von 150° C kochten. Delabarre und Chaumé geben aber 1846 an, daß die Apparate von Roth und Degrand (ohne Luftpumpe) nicht den Anforderungen Howards entsprechen, der richtig in hoher Temperatur und freiem Luftzutritt die großen Feinde des Zuckersieders erkannte, und daß man sie deshalb neuerdings in eigentliche Howardsche umzuändern beginnt;[3] doch erhalten diese jetzt, nach Vorschlag Gaspards, große Dampfschlangen, deren Heizfläche die des Doppelbodens um das Vierfache übertrifft, auch besitzen sie wirksamere Saftfänger, die durchaus erforderlich sind, da gemäß der neuen polarimetrischen Analyse täglich in je 100 cbm Wasser 50 kg Zucker und mehr verloren gehen.[4] Dieserhalb, und weil auf 1 kg Brüden 25—30 Liter kaltes Wasser nötig sind, glauben die genannten Autoren, daß auch Howards Apparat „unhaltbar“ sei, und hoffen, ihn mit Vorteil durch einen ihnen selbst patentierten, auch in Eisen ausführbaren, zu ersetzen,[5] — worin ihnen jedoch die Folgezeit nicht Recht gab.

4.

In den französischen Rübenzuckerfabriken, die, Dank der hervorragenden Intelligenz, Beharrlichkeit, und Tat-

[1] Leon, „Cultivation“, S. 50. [2] „Evaporation“, S. 7ff., 5ff. [3] „Améliorations“, S. 30, 43. [4] ebd., S. 37ff., 49. [5] ebd., S. 41; 35, 36, 68.

kraft einzelner Führer, den Sturz des Kaiserreiches überstanden, und sich schon um 1820 allmählich zu neuer Blüte entfaltet hatten, war bis 1825 nur die Verkochung auf offenem Feuer üblich; dies bestätigen alle älteren Schriften von Chaptal und Dombasle, sowie die historischen Werke von Hélot,[1] Légier,[2] und Warenghien.[3] Dubrunfaut[4] (1825), sowie Blachette-Zoëga (1826) sagen ausdrücklich, zum Verkochen besäßen alle Fabriken nur Kipp-Pfannen; zum Eindicken des Dünnsaftes benutzte man zwar, nach letzteren Autoren, mancherorts bereits offene Pfannen, die mit den 1815 durch Taylor und Martineau empfohlenen Dampfschlangen beheizt wurden, wozu Dampf bis 3 at diente,[5] — aber Chaptal, Dombasle, und auch Dumas,[6] verwarfen diese „schon von Achard befürwortete Gebrauchsweise des Dampfes" gegenüber jener des freien Feuers.

Das erste Vakuum, und zwar das Rothsche, führte 1829 die Leclercsche Fabrik in Peronne, sowie die in Vierson ein; sie verkochten anfangs täglich 4000 Liter Klärsel mit bestem Erfolge, mußten aber alsbald den Apparat stillstellen, weil er endlose Störungen verursachte und Unmengen Wasser verbrauchte.[7] Dubrunfaut, der die Vorteile der Luftleere nunmehr zugab, konnte daher „den sinnreichen Apparat Roths" nicht empfehlen,[8] und Blachette-Zoëga bezeichnen 1833 Vakuen als für Rübenzuckerfabriken unanwendbar,[9] vermutlich gestützt auf die Mißerfolge des Pelletanschen Systems in Choisy-le-roi,[10] und des Rothschen in einer nicht genannten Fabrik, deren Apparat gleich bei Betriebsbeginn durch den

[1] „Le sucre de betterave en France" (Cambrai 1900). [2] „Histoire des origines de la fabrication du sucre en France" (Paris 1901). [3] „Histoire des origines de la fabrication du sucre dans le département du Nord" (Douai 1912). [4] „Sucre de betterave" (Paris 1825), S. 394. [5] „Manuel" (Paris 1826), S. 268. [6] Hélot, a. a. O., S. 56. [7] Webers „Zeitblatt" (Berlin 1830), Bd. 3, S. 226; Laffargue, S. 290. [8] Weber, a. a. O., Bd. 3, S. 215. [9] s. meinen Aufsatz, „Ztschr. für Zuckerind.", Bd. 49, S. 587. [10] Delabarre und Chaumé, a. a. O., S. 44ff.

Luftdruck zerquetscht wurde;[1] auch Beaujeu äußert sich 1834 dahin, daß ein Vakuum zwar an sich sehr zu wünschen wäre, die Anschaffung der bisher versuchten Systeme aber, wegen der Kosten, der Schwierigkeiten, und des Wasserbedarfes, dringend zu widerraten sei,[2] und nach Degrand befriedigten die wenigen, bis 1835 aufgestellten Rothschen Apparate nirgends dauernd, um so mehr „als manche Konstrukteure den Fabriken in Aussicht gestellt hatten mehr Zucker zu erzeugen als die Rübe zu enthalten scheine, diese Zusage aber nicht einzulösen vermochten".[3]

Schon 1833 hatte Degrand die Notwendigkeit dargelegt, den Gefahren der bedenklich gewordenen Lage der Rübenzuckerfabrikation durch Einführung rationellerer Betriebsweisen vorzubeugen,[4] und in erster Linie Ersparnisse an Brennstoff anzustreben; als prinzipiell sehr wichtiges und besonders wirksames Mittel schlug er 1833 vor, die latente Wärme der Saftdämpfe dadurch doppelt auszunutzen, daß man sie auf seinem Rieselkühler nicht durch Wasser abkühle, sondern durch die einzudickende Lösung, in Rübenzuckerfabriken also durch den Dünnsaft, der auf diese Weise völlig kostenlos bis zu bedeutender Konzentration eingedampft werden könne.[5] Nun ist es zwar richtig, daß Gedanken und Vorschläge in dieser Richtung während der Jahre 1829 bis 1835 von verschiedenen Seiten, u. a. von Péclet und Pecqueur, geäußert wurden, jedoch trugen sie entweder überhaupt den Charakter rein akademischer Theorien, die daher die Praxis weder beachtete noch verwertete, oder sie erwiesen sich zunächst als für diese unzureichend und unverwendbar, wie das noch 1834 bei einer Konstruktion von Pecqueur der Fall war;[6] mit Recht bezeichnete deshalb der schon mehrfach genannte englische Ingenieur und Raffineur Leon,[7] und ebenso Hélot,[8] Degrand

[1] Laffargue, S. 290. [2] „Mémoire sur la fabrication du sucre de betterave" (Paris 1834), S. 44. [3] „Concentration", S. 12, 68; 63. [4] ebd., S. 69. [5] ebd., S. 24ff. [6] Thelen, S. 129. [7] „Cultivation", S. 39, 32, 37. [8] Hélot, a. a. O., S. 72, 73.

als den Vater jener glänzenden Idee, und damit des so unermeßlich fruchtbaren Systems der „mehrfachen Verdampfung". Tatsächlich setzte bereits 1834 Louvrier den ersten Degrandschen „Appareil à double effet" mit Rübensaft in Betrieb,[1] zwei weitere folgten nach Mérian 1835 in Saultain und Famars nach,[2] und zugleich meldete Degrand auch in Frankreich und England seine Patente an.[3] Der unglückliche Gesellschaftsvertrag von 1835 mit der Firma Derosne & Cail, auf die auch sämtliche Patentrechte übergingen, brachte ihm aber auch in dieser Hinsicht Verderben. Noch 1835 veröffentlichte Derosne die ihm von Degrand entwickelten, zum größten Teile völlig richtigen Grundsätze der mehrfachen Verdampfung in einer ausführlichen Abhandlung als sein geistiges Eigentum,[4] und seine Firma kündigte den Apparat als ihre Erfindung an, „funktionierend nach dem von uns neu erdachten Prinzip des condenseur à évaporation, der évaporation et cuite à double effet";[5] in der befreundeten Fabrik zu Richelieu wurde ermittelt, daß der „Double-Effet Derosne et Cail" 50 % Kohlenersparnis bewirkt habe, und auf ähnliche Garantieen hin gaben in den nächsten Jahren 7, und bis 1839 etwa 40 Fabriken den Apparat in Auftrag.[6] Als ihn Derosne & Cail 1839 gelegentlich einer Industrieausstellung der Jury vorführten, erklärte diese die Erfinder eines solchen ganz neuen „Hauptstückes" für des höchsten Preises würdig.[7]

Aus den im vorstehenden angeführten Quellen läßt sich nicht genau ersehen, wann und wo zuerst die, den Degrandschen Prinzipien folgerichtig entfließende Umwandlung des offenen Rieselkühlers in einen geschlossenen Verdampfkörper

[1] Leon, „Cultivation", S. 39. [2] „Histoire de l'industrie sucrière de la région du Nord" (Lille 1891), S. 207. [3] Leon, „Art of refining", S. 47. [4] Thelen, S. 124. [5] Derosne et Cail, „De la fabrication du sucre aux colonies" (Paris 1844), S. 141; auch holländisch (Amsterdam 1844). [6] ebd., S. 145; Leon, „Cultivation", S. 40. [7] Degrand, „Mémoire (Paris 1845), S. 29.

erfolgte, der fortan die spezielle Bezeichnung „Double-Effet" behielt, obwohl diese, als Namen eines Apparates, Vielen wenig logisch erschien. Sehr bald nach 1835 muß aber jene Umwandlung geschehen sein, denn Mauny de Mornay,[1] der die verschiedenen patentierten Vakuen bespricht, und sehr richtig sagt, daß sie bei zweckmäßiger Dimensionierung sämtlicher Teile (besonders auch der Rohrleitungen und Hähne) „in den Händen der geschicktesten Fabrikanten wohl alle gleich gut gehen", berichtet schon 1837, man habe „seit kurzem" einen Roth-Bayvetschen Apparat durch Beifügen eines zweiten Körpers in einen „Double-Effet" verwandelt,[2] den von Degrand in Melun und Pontoise aufgestellten, ganz vortrefflichen Apparat aber sogar zu einem „Triple-Effet" umgebaut.[3] Vermutlich hingen diese Veränderungen damit zusammen, daß Derosne & Cail so ziemlich von Anfang an ihren Kunden, teils aus zutreffender technischer Einsicht, teils aus rein geschäftlichen Gründen, stets auch die Anlage von Luftpumpen empfahlen, die natürlich das Vorhandensein geschlossener Verdampfkörper voraussetzen; zugleich lieferte ihnen wohl diese Mitbenutzung der Luftpumpe den besten Vorwand, die Teilhaberrechte Degrands zu bestreiten, da dieser ursprünglich ohne Luftpumpe gearbeitet hatte.

Die Annahme, daß die neuen Arbeitsweisen nunmehr sogleich allgemeine Anerkennung gefunden hätten, wäre jedoch um so weniger zutreffend, als anfangs auch Derosne & Cail nicht selten noch grobe Fehler begingen, ja noch 1836 Apparate ablieferten, die beim Anstellen der Luftpumpe zerdrückt wurden, — über welche „der Verbreitung der Sache nicht nützliche Zwischenfälle" sie jedoch stets in geeigneter Weise hinwegzukommen wußten.[4] Noch 1835 sprechen sich Raffenau-

[1] „Livre du fabricant de sucre" (Paris 1837), S. 187, 189. [2] ebd., S. 187. [3] ebd., S. 188; wie alle diese Apparate eingerichtet waren, wie die Heizdämpfe und Brüden zirkulierten, und wie viele Körper unter Luftleere standen, ist nicht ersichtlich. [4] Degrand, „Mémoire", S. 15

Delile,[1] sowie Payen und Crespel,[2] allein für die offene „cuve de concentration“ mit Heizschlange aus, oder allenfalls für das Verfahren von Brame-Chevalier; der Technologe Schubarth, der im Auftrage der preußischen Regierung 1836 in Frankreich die neuesten Fortschritte der Rübenzuckerindustrie studierte, hörte unter diesen die Verdampfung oder Verkochung in der Luftleere gar nicht nennen;[3] ob diese dem Kochen auf freiem Feuer wirklich wesentlich überlegen seien, galt nach Mercier[4] noch 1843 bei nicht wenigen Industriellen als offene Frage, wenngleich Dombasle bereits 1836 festgestellt hatte, daß diese durch die Erfahrung endgültig im bejahenden Sinne beantwortet sei;[5] Laffargue, der 1839 die Anlage von Rübenzuckerfabriken mit einer täglichen Verarbeitung von 200 dz befürwortet, sieht davon ab, ihnen ein Vakuum zu empfehlen, denn das früher so sehr angepriesene Rothsche stehe jetzt nur mehr in einem, 1837 nach Montauban gelieferten Exemplare in Betrieb, und vom Degrandschen verlaute nur, daß es 1836 in Melun, und seither auch in einigen anderen Fabriken, mit gutem Erfolge gearbeitet habe.[6] Noch unbestimmter äußern sich 1840 Baudrimont,[7] 1841 Fontenelle, der den Apparat Roths als „echt französischen“ lobt, den Howards als teuer und unzuverlässig tadelt,[8] 1843 Mercier, der ihm in letzterer Hinsicht zustimmt,[9] und 1844 Payen, der Vakuen nur zum Verkochen des Dicksaftes empfiehlt, dagegen offene Pfannen mit Heizschlangen zum Verdampfen des Dünnsaftes vorzieht, besonders falls dieser von schlechteren Rüben herrührt.[10] Und doch hatten schon 1843 Chaumé und Delabarre

[1] „Description des procédés usités . . .“ (Paris 1835), S. 17. [2] „Rapport au nom d'une commission spéciale . . .“ (Paris 1835), S. 12. [3] „Beiträge zur näheren Kenntnis der Rübenzuckerfabrikation Frankreichs“ (Berlin 1836). [4] „Traité de la fabrication du sucre de betterave“ (Bruxelles 1843), S. 85ff. [5] „Du sucre indigène“ (Paris 1836), S. 19. [6] „Traité“, S. 237, 291. [7] „Du sucre“ (Paris 1840), S. 63, 83. [8] „Manuel“ (Paris 1841), S. 192ff., 253, 325. [9] „Traité“ (Bruxelles 1843), S. 85ff. [10] Schmidt, „Handbuch der Zuckerfabrikation“ (Weimar 1847), Vorr. S. 16.

mitgeteilt, daß, allen Vorurteilen entgegen, gerade die Säfte von solchen Rüben 1839 zu Montauban in Pecqueurs Pfanne gar nicht kristallisierten, in einem von ihnen gelieferten Vakuum aber ausgezeichnet, — woraufhin sie die Kochapparate ihrer Fabrik „vom Kleinsten an bis zum Größten,(der à Triple-Effet geht)" eindringlich empfahlen,[1] ganz besonders ihre seit kurzem auch in Eisen ausgeführten Vakuumverdampfer für die dünnen Säfte, „pour la première évaporation".[2]

Wesentliche Abänderungen der Verdampfung erfolgten vor dem Auftauchen des Rillieuxschen Systemes 1849, — diese Zeitgrenze soll hier festgehalten werden —, nicht mehr: bei der Verkochung trugen hingegen die eigentlichen Howardschen Apparate langsam, aber sicher den Sieg über die aller Mitbewerber davon, und wenn es gegen 1845 schon einige Rübenzuckerfabrikanten gab, „die deren Vorzüge völlig begriffen haben und richtig auszunutzen verstehen",[3] so waren solche Einsichtige um 1850 schon mächtig an Zahl angewachsen, und umfaßten bald nachher die Gesamtheit der Industriellen.

5.

In der kolonialen Industrie, auch der englischen, waren bis 1830 die alten Methoden alleinherrschend geblieben, denn wie Porter, der Verfasser des ganz vortrefflichen Buches „The nature and properties of the sugarcane", versichert, ist „die berühmte Vakuumpfanne Howards für die Pflanzer viel zu kompliziert, das einfachere Verfahren Knellers (auf Durchblasen von Luft beruhend) aber viel zu unsicher".[4]

Das erste Vakuum in der neuen Welt gelangte 1831 zu Neworleans zur Aufstellung, als Georges aus London, ein Hauptteilhaber der „Louisiana Sugar-Refining-Company", daselbst eine Raffinerie erbaute,[5] und der Erfolg war ein so

[1] „Moyens simples des retirer tout le sucre . . ." (Paris 1843), S. 26, 35.
[2] „Améliorations", S. 35, 36, 68. [3] Degrand, „Evaporation", S. 9, 13.
[4] Porter (London 1830), S. 202, 278, 289. [5] Leon, „Cultivation", S. 4.

glänzender, daß nach Silliman schon 1832 auch je eine Raffinerie in Philadelphia und Newyork den nämlichen Apparat anschafften, „dessen nähere Beschreibung aber noch unzulässig ist".[1]

Die erste Rohrzuckerfabrik, die ein Vakuum benutzte, war 1832 die Morgan gehörige zu Plaquemines in Louisiana, und einige ihr benachbarte folgten alsbald nach.[2] Die Angabe Lengs, das Vakuum sei zu gleicher Zeit auch in englischen Kolonien „mit dem größten Vorteil auf Zuckerrohrmasse angewandt-worden",[3] ist richtig, denn 1833 bestätigt Silliman, „ganz neuerdings hätten Oaks and Son in London einen von Hodgson und Hawkins verbesserten Apparat nach Demerara geliefert": er sei zwar sehr teuer, sehr umständlich, und verbrauche sehr viel Wasser, den technischen Ergebnissen und den vorliegenden Zuckerproben nach müsse man aber seine allgemeine Einführung für fraglos erachten, wenngleich nur weitere Erfahrung lehren könne, innerhalb welcher Zeit und unter welchen Voraussetzungen sie sich vollziehen werde.[4]

Nach Leon ergab sich für die Betriebe in den Vereinigten Staaten, die schon damals den europäischen an Umfang weitaus überlegen waren, von vornherein die Notwendigkeit, Vakuen von viel größerem Rauminhalte zu konstruieren; weil man aber daselbst noch nicht darauf eingerichtet war, Kupferbleche in den erforderlichen Stärken und Abmessungen herzustellen und zu bearbeiten, so entschloß man sich, Eisen als Material anzuwenden, — obwohl dies viele Fachleute (der sauren Säfte wegen?) für sehr bedenklich erklärten —, „und daher bestehen alle Vakuen in den Vereinigten Staaten und in Louisiana aus Eisen, und enthalten als Heizkörper ein Rohrsystem".[5] Dies war also die Neuerung, deren Beschreibung Silliman

[1] Silliman, „Manual of the culture of the sugarcane" (Washington 1833), S. 69, 76. [2] Leon, a. a. O., S. 4. [3] „Vollständiges Handbuch der Zuckerfabrikation" (Ilmenau 1834), S. 109. [4] Silliman, a. a. O., S. 56ff., 116ff. [5] Leon, a. a. O., S. 55, 57.

anfangs als „noch untunlich" bezeichnete, über die er sich später aber doch etwas näher ausließ, wenn auch immer noch mit einiger Zurückhaltung: das von Morgan kürzlich angekaufte Vakuum, das bisher einzige auf einer Plantage, das bei seiner zehn Tage währenden Erprobung wiederholt binnen 15 Minuten die riesige Menge von etwa 675—900 Liter verdampfte, ermögliche eine so unglaubliche Leistung nur dadurch, daß es über dreimal größer als ein Howardsches sei, und einen liegenden, aus starkem Eisenblech genieteten, mit Heizmantel und (was nur angedeutet wird) mit Röhrenkörper ausgestatteten Kessel vorstelle.[1] Daß, nach Silliman, diese Verbesserungen von Lovering angegeben wurden, der u. a. auch Teilhaber der Raffinerie Canby & Lovering zu Philadelphia war, ist ein sehr wichtiger Hinweis: in Philadelphia hatte nämlich der berühmte Ingenieur Evans schon 1802 die erste Dampfmaschinenfabrik Amerikas errichtet, deren Spezialität von Anfang an Hochdruck-Maschinen und -Kessel waren, ganz besonders aber auch jene Röhrenkessel mit kupfernen Heizrohren, die zuerst Stephenson 1829 für seine erste Lokomotive ausführen ließ, und die man sofort in Amerika nachbaute, jedoch gleich für 8—9 at Betriebsdruck.[2] Keine Stätte war also geeigneter als Philadelphia, um die einschlägigen, in der Maschinenindustrie gesammelten Erfahrungen, auch zugunsten der Zuckerindustrie nutzbringend zu verwerten.

Während sich Sillimans schon 1833 gefälltes Urteil, das Vakuum müsse in der kolonialen Industrie allgemein eingeführt werden, als zutreffend bewährte, war die hierzu nötige Zeitdauer doch noch eine sehr viel längere, als seine, wie man zugeben muß, recht vorsichtige Abschätzung voraussehen ließ.

Im französischen Westindien war nach Silliman[3] 1833, und nach Hotessier[4] 1840, kein Vakuum zu finden,

[1] Silliman, a. a. O. [2] Matschoss, „Geschichte der Dampfmaschine", S. 127, 201, 213. [3] a. a. O., S. 117. [4] „Sur les améliorations à introduire dans la fabrication du sucre exotique" (Paris 1840).

ja Saint-Croix[1] und Dupuy[2] sprachen sich noch 1843 entschieden zu Ungunsten der Einführung aus; dagegen bezeichnete diese Chaumé 1843 „zur Verbesserung der überaus elenden Arbeit in den Colonieen“ nicht nur als empfehlenswert, sondern geradezu als notwendig,[3] worin ihm 1845 Dupuy[4] und 1847 Delabarre[5] beistimmen. Tatsächlich wurden erst 1844 in Guadeloupe seitens einer neugebildeten Plantagengesellschaft fünf Vakuen aufgestellt;[6] anscheinend gehörten sie zu den neun Apparaten, die Derosne & Cail, zwecks Umgehung der Abgabe an Degrand, heimlich, und deshalb nicht in einem französischen, sondern in einem belgischen Hafen, zur Ablieferung brachten.[7]

Englisch-Westindien besaß, trotz der Empfehlungen von Terry und Parker,[8] 1845 nach Leon kein Vakuum,[9] und 1848 nach Verteuil nur einige wenige,[10] — 1846 waren nämlich „drei sehr große, von 7 Fuß Durchmesser“ in Jamaika,, aufgestellt worden;[11] Jay erklärte 1847 das Durchblasen heißer Luft für weit geeigneter;[12] Evans sagt im nämlichen Jahre, das Verdampfen erfolge am vorteilhaftesten auf freiem Feuer, oder allenfalls mittels Dampfschlangen,[13] während für die Verkochung das Vakuum freilich an sich der beste Apparat wäre und den schönsten Zucker lieferte, aber unter den einmal gegebenen allgemeinen Verhältnissen „unmöglich ist, und für immer unmöglich bleiben wird,“ „will for ever be impossible“;[14] selbst der so einsichtige Wray hält 1848 zwar

[1] „De la fabrication du sucre aux colonies“ (Paris 1843). [2] „Fabrication du sucre à la Guadeloupe“ (Paris 1843), S. 75. [3] „Moyens simples“, S. 33, 42. [4] „Culture de la canne à la Guadeloupe“, in der „Revue coloniale“ (Paris 1845), S. 457, 470. [5] „Améliorations“, S. 30. [6] Leon, „Cultivation“, S. 41; Dupuy, a. a. O. [7] Degrand, „Mémoire“ (Paris 1845). [8] „Patented Process for increasing the production of sugar“ (London 1838), S. 84. [9] „The sugar question“ (London 1848), S. 13. [10] „Three Essays“ (Trinidad 1848), S. 78. [11] Fyfe, „A central factory in Jamaica“ (London 1846), S. 22. [12] „Observations on the making of sugar“ (London 1847). [13] „The sugar-planters manual“ (London 1847), S. 116, 123. [14] ebd., S. 149, 195.

die kupfernen und eisernen Vakuen von Sheers and Sons in London für unübertrefflich in ihren Verdampf- und Verkochleistungen, äußert aber die größten Bedenken über ihre Anwendbarkeit in den Kolonien.[1] Erst Scoffern verkündigt 1849 energisch „das Vacuum muß und wird über kurz oder lang überall eingeführt werden", denn die allgemeinen Vorurteile seien grundlos und falsch, und die „Mißerfolge" beruhten in einigen Fällen auf unzureichenden Plänen und Aufstellungen, in den meisten jedoch auf mangelhafter Saftreinigung, denn schlecht geschiedene und trübe Säfte nachträglich im Vakuum „abzuschäumen", sei freilich unmöglich![2] Zunächst scheinen aber auch diese Mahnungen ungehört verhallt zu sein, denn 1851 berichtet Kerr noch immer in Englisch-Westindien sei das Vakuum so gut wie unbekannt.[3]

Günstiger war die Sachlage in Demerara. Dort hatte Dodson, früher Gesellschafter der Oaksschen Firma, sodann Mitinhaber oder Vertreter von Sheers and Sons in London, 1843 einige neue Apparate aufgestellt, die in besonders sorgfältig gebauten, liegenden Kesseln mit kupfernen Röhrenkörpern bestanden, daher „Tubular Vacuum-Pans" hießen, und bei größter Massenleistung Zucker von derartiger Qualität lieferten, daß man sie in England, wo damals noch ein vielgegliederter Differentialzolltarif bestand,[4] zunächst gar nicht als Rohzucker einlassen wollte.[5] Erreicht wurde diese Beschaffenheit durch „granulating in vacuo", d. h. durch Kornbilden und Kornkochen im Vakuum; die Behauptung, diese Künste seien erst gegen oder nach 1850 in französischen Rübenzuckerfabriken erfunden worden, wird auch durch die vorliegende Stelle wieder als völlig irrtümlich erwiesen, vielmehr

[1] „The practical sugar-planter" (London 1848), S. 318ff., 368ff. [2] „The manufacture of sugar" (London 1849), S. 86, 90. [3] „A practical treatise . . ." (London 1851), S. 116, 129. [4] Evans, a. a. O., S. 114. [5] „A few observations upon the defects of the present mode of making sugar in the colonies" (London 1843), S. 9, 10, 13.

war da, wo man mit sehr reinen Klären zu tun hatte, also in Raffinerien und Rohrzuckerfabriken, die Möglichkeit dieser Verfahren längst bekannt geworden; sie systematisch ausgebildet, und durch den Bau besonders geeigneter Vakuen zum Gemeingute der Rübenzucker-, und weiterhin der Zuckerindustrie überhaupt, gemacht zu haben, ist aber allerdings ganz vorwiegend ein Verdienst französischer Zucker- und Maschinenfabriken.

In Kuba wurde nach Leon das erste Vakuum 1835 seitens einer englischen Gesellschaft aufgestellt, die an einer Fabrik bei Matanzas beteiligt war,[1] und 7 oder 8 andere von Derosne & Cail folgten bis 1843 nach; bei einer Leistung von täglich 500 hl kosteten diese (ohne Dampfkessel, und nur am Kondensator mit Barometer und Thermometer versehen) in Paris 30000 Fr.; ein solcher Apparat wurde auch nach Surinam geliefert.[2]

Was die Kolonien in der alten Welt anbelangt, so empfing Java 5 oder 6 der von Derosne & Cail heimlich angefertigten Vakuen,[3] deren erstes nach Buddingh 1838 zu Tegal in Betrieb gelangte;[4] 1843 erwähnt van Blommestein, die Einführung derartiger Apparate sei sehr nützlich und wünschenswert, bisher zähle man solcher aber nur einige wenige;[5] Leon spricht 1848 bloß von 7 oder 8 Stück.[6] — Nach Mauritius ließ der französische Plantagenbesitzer Vincent 1838 das erste Vakuum kommen, und bestätigte 1839 Derosne & Cail bei der Nachbestellung eines zweiten, er habe 50—60 % mehr Zucker erzielt als bisher; 1844 waren ihrer 4 vorhanden,[7] darunter ein von Pecqueur in Paris erbautes, dessen glücklicher Besitzer sogar 100 % mehr Zucker als vordem gewonnen

[1] „Sugar-Question", S. 18. [2] Leon, „Cultivation" S. 41, 43, 59. [3] Degrand, „Mémoire". [4] „Kultuur en fabricatie der suiker op Java" (Batavia 1842), S. 18ff. [5] a. a. O., S. 48ff., 53. [6] „Cultivation", S. 41; „Sugar-Question", S. 12. [7] Buddingh, a. a. O., S. 18ff.; Leon, „Cultivation", S. 40, 41; „Sugar-Question", S. 9.

zu haben bezeugte![1] — Gänzlich ablehnend verhielt sich Ostindien; 1849 versichert Robinson, die Praktiker hätten festgestellt, daß das Einkochen auf freiem Feuer keineswegs schädlich sei, demnach könne man vom Versieden in der Luftleere auch keinerlei Nutzen erwarten.[2] — Nicht unerwähnt bleibe, daß 1846 auch in den Rohrzuckerfabriken Ägyptens und Spaniens einige Vakuen aufgestellt wurden;[3] 1845 waren sie in Andalusien, nach Ramon de la Sagras „Informe sobra el cúltivo de la caña", welches Buch 1845 zu Madrid erschien, noch völlig unbekannt.

Der französische Double-Effet wurde zwar 1834 bis 1836 auch für die Kolonien patentiert und seitens Derosne & Cail noch 1841 warm empfohlen, fand aber weder im französischen noch im englischen Westindien Aufnahme,[4] und auch nach Louisiana kam nur ein einziges, für die Fabrik Lapice nächst Neworleans bestimmtes Exemplar.[5] Einen solchen amerikanischen Ursprungs stellte dagegen 1842 Letory, Besitzer der Plantage Lafourche in Louisiana, in seiner Fabrik auf, mit so günstigem Erfolge, daß sehr rasch noch 9 weitere in Auftrag gegeben waren, und 1844 diese Apparate schon „in Louisiana allgemein angewandt, generally used" heißen.[6] Angefertigt wurden sie von Merrik & Towne, sowie von Morris & Cie. in Philadelphia, und zwar in Gestalt liegender eiserner Kessel, vom Aussehen der Lokomotiv-Röhrenkessel; bei einem Apparat, den Morris & Cie. 1844 für Morgan in Placquemine lieferten, waren die Kessel 10 Fuß lang und 5 Fuß breit, und enthielten ein auf Rollen laufendes, daher leicht herausschiebbares System einzölliger kupferner Heizröhren von 1000 Fuß Gesamtlänge, weshalb dann auch der Preis, einschließlich Pumpe und Kondensator, nicht weniger als 1354 £ betrug.

[1] Leon, „Cultivation", S. 61ff. [2] „The Bengal sugar planter" (Calcutta 1849), S. 165. [3] Leon, „Sugar-Question", S. 13, 14. [4] Leon, „Art of refining", S. 47, mit Abbildung auf Tafel V; „Sugar-Question", S. 18. [5] Leon, „Cultivation", S. 56. [6] Leon, ebd., S. 5, 55ff.

„Einem schon im Patente Derosnes (recte Degrands) von 1835 erwähnten Gedanken gemäß" durchstrich der direkte Dampf hintereinander die Heizsysteme des ersten und zweiten Körpers, welcher Letztere allein unter Luftleere stand; die bedenklichen Folgen dieser Anordnung waren, nach Leon, erhebliche Karamelisierung und starke Abscheidung von Niederschlägen im ersten Körper, durch die zahlreiche Störungen des Betriebes fast unausbleiblich wurden.[1]

An diesem Punkte setzten nun die Bestrebungen Rillieuxs ein, eines in Louisiana französischem Blute entsprossenen Ingenieurs, der seine Ausbildung in Paris empfangen, bei Pecqueur gearbeitet, und sich auch mit den Ideen Degrands bekannt gemacht hatte.[2] Im „Dokument Nr. 177" des United-States-Patent-Office erwähnt Price 1844 das neue, von Rillieux erdachte, und von Packwood soeben in seiner Fabrik Myrtlegrove in Louisiana zuerst eingeführte Verfahren, wobei er sowohl der Methode als auch des Erfinders mit hohem Lobe gedenkt;[3] im Dokument Nr. 78 kündigt dann Rillieux selbst an,[4] sein neuer Apparat werde nunmehr von Merrick und Towne in drei Größen erbaut, die täglich 30, 60, oder 90 dz Zucker lieferten, und die Garantieen erstreckten sich auf die Ersparnis von 66 % Kohle, sowie auf die Mehrgewinnung von 40 % Zucker, dessen Qualität einen Aufschlag von 50 % auf den gewöhnlichen Marktpreis rechtfertigen müsse. Der wesentliche Fortschritt Rillieuxs bestand darin, daß er die sämtlichen Körper, von denen zwei oder drei als Verdampfer, und einer als Fertigkocher auf Korn diente, unter Luftleere setzte, den ersten Körper nicht (oder nur mehr aushilfsweise) mit direktem Dampfe (Kesseldampf) beheizte, sondern mit dem Rückdampfe der Maschine, von den übrigen aber jeden mit dem Saftdampfe des ihm Vorhergehenden. Die (liegenden) Körper

[1] Leon, „Cultivation", S. 5, 55ff. [2] Hélot, a. a. O., S. 73; s. meine Festschrift, „Entwicklung", S. 149ff.; Thelen, S. 130. [3] Price, a. a. O., S. 98, 325. [4] a. a. O., S. 295.

hatten ebenfalls die Gestalt von Lokomotiv-Röhrenkesseln, und enthielten zweizöllige, kupferne, in die Wände der Heizkammern eingestemmte Rohre, die der Saft umspülte; das Kondenswasser des ersten Körpers wurde für sich aufgefangen und diente zum Kesselspeisen, das der restlichen Körper fand seine Verwendung zum Auflösen von Zucker und zu ähnlichen Zwecken; der Brüden des Vakuums gelangte in einen kräftig wirkenden barometrischen Kondensator.[1] Die großen Vorzüge dieses Systems waren die Ersparnis an Brennstoff, die schonende Eindickung der Säfte infolge der alleinigen Benutzung von Rückdampf und Brüden in luftverdünnten Räumen, sowie des Fertigkochens mit Saftdampf, und endlich die reichliche Bildung prächtiger, wenig gefärbter Kristalle. Als empfindlichster Nachteil blieb die ungleichmäßige Verteilung der Dämpfe in den Rohrsystemen bestehen, die erst 1850 Robert in Seelowitz behob, indem er die Körper aufrecht stellte, so daß sich nunmehr die Säfte innerhalb der Rohre befanden, während der Dampf diese umspülte.[2] Walkhoffs Behauptung,[3] derartige Apparate habe schon 1834 die Rittersche Raffinerie zu Görz besessen, beruht auf einem Irrtum: nach Angabe des vor längerem in hohem Alter verstorbenen Barons A. von Ritter, der über die Einrichtung jener Raffinerie in seiner Jugendzeit sehr wohl Bescheid wußte, war in ihr nur ein kleiner stehender Röhrenkessel vorhanden, der vermutlich in Triest als „ausrangierter Schiffskessel" gekauft worden war, und zu allerlei Aushilfszwecken benutzt wurde; „Walkhoff, der als Erfinder einer Saft-

[1] Als ich 1882 Rillieux zu Ouval in Böhmen, mit der Inbetriebsetzung seines ersten Dreikörpers (neueren Systems) beschäftigt, kennen lernte, und er dem Besitzer der Fabrik, H. Riedl von Riedenstein, einem Jugendfreunde meines Vaters, gelegentlich die Entwicklung seiner Erfindung erzählte, betonte er ausdrücklich, sein eigentlich führender Gedanke sei gewesen „Verdampfung in mehreren, miteinander stufenweise verbundenen, sämtlich luftleeren Körpern". [2] s. meine Festschrift, „Entwicklung", S. 149ff. [3] Auch Thelen führt sie S. 135 an.

gewinnungsmethode, und als heftiger Feind des ihr weit überlegenen Diffusionsverfahrens von Robert, sehr gegen diesen eingenommen war, trachtete eben, ihm überhaupt jedes Verdienst irgend welcher Art abzusprechen".[1]

6.

Auch die Raffinerien Deutschlands und Österreichs erhielten nur langsam Kunde von Howards Erfindung, und wenn 1823 Keess in seiner „Darstellung des Fabriken- und Gewerbswesens im österreichischen Kaiserstaat" ihrer Erwähnung tut,[2] so zeigt schon die Art, in der diese geschieht, daß er nur nach unbestimmtem Hörensagen berichtet.

Die Raffinerie Königsaal bei Prag, deren Besitzer, Richter, zu den tüchtigsten und aufgeklärtesten Köpfen seiner Zeit gehörte, war die erste, die 1828 (offenbar genau nach englischem Vorbilde) vier kleine Vakuen und eine Dampfmaschine von 14 H.P. zur Aufstellung brachte.[3] Den preußischen Raffinerien, deren Zahl seit dem Tode Friedrich des Großen von 18 (mit 267 Arbeitern) auf 42 gestiegen war, und die um 1828 jährlich 166600 dz Rohzucker verarbeiteten (im Mittel also jede 4000 dz), war das neue Hilfsmittel zwar bekannt, doch konnten sich damals, nach Güssefeldt, selbst die größten, die der Gebr. Schickler in Berlin, nicht zur Einführung entschließen, obwohl sie anderen Neuerungen, z. B. den von Cleland verbesserten Howardschen Fachfiltern, freundlich gegenüberstanden;[4] allgemein verbreitet war eben die Meinung, „das Vakuum passe gewiß trefflich für engliche Raffinerien, für andere sei es aber zu teuer und zu kompliziert".[5] Der erste, der mit diesem Vorurteile zu brechen wagte, war, einer Familientradition nach, August Helle, in Magdeburg-Sudenburg, ein älterer Bruder Ernst Carl Helles, dessen Firma

[1] Privatmitteilung. [2] Keess, a. a. O. (Wien 1823), T. 2, Bd. 2, S. 287. [3] s. meine Notiz, „Chemiker-Zeitung" Repert. 1910, S. 221; Leuchs, a. a. O., S. 534ff. [4] Webers „Zeitblatt" (Berlin 1828), Bd. 1, S. 129ff., 413; Bd. 2, S. 228; Bd. 4, S. 220. [5] ebd., (Berlin 1831), Bd. 4, S. 551, 556.

E. C. Helle dort noch gegenwärtig als Zuckerraffinerie besteht; seine Fabrik, in der er auch, als einer der ersten, die schon von seinem Vater, Ernst Christoph Helle, zur Zeit der Kontinentalsperre betriebene Rübenzuckerfabrikation wieder aufnahm, war nach Bleys Bericht „nicht weniger schön und vollkommen eingerichtet, denn eine französische“,[1] und wie er stets auf Fortschritt bedacht war, so entschloß er sich 1831 oder 1832 auch zur Anschaffung eines Vakuums (das aus Frankreich oder Belgien gekommen sein soll, vielleicht aber englischer Herkunft war); daß er sich vom Nutzen eines solchen besonders anläßlich einer Reise in die Niederlande überzeugt habe, ist sehr wohl möglich, denn die erste Einführung daselbst war schon 1827 durch Leon erfolgt, und zwar in einer Raffinerie zu Gent.[2]

Bald nach 1835 kamen in einigen Wiener und Prager Raffinerien Vakuen nach Roth und Degrand in Betrieb.[3] Mit Recht erklärt jedoch Schubarth, daß diesen das Howardsche weitaus überlegen sei,[4] besonders das durch Oaks & Son mit so bedeutenden Verbesserungen versehene: diese bestehen in Dichtung des Helmes durch einen mit Wasser gefüllten Falzring, Anbringung des Barometers und Thermometers am Apparate selbst, Hebelsteuerung des vergrößerten Ablaßkonus, Einbau einer etwa 1 m hohen, zwei Dampfschlangen enthaltenden Zarge, und besondere Beheizung dieser Schlangen, sowie einer oberhalb des Doppelbodens liegenden, mit Dampf von 4—4,5 at. Gegen 1836 scheint man aber ähnliche Apparate auch schon in Prag gebaut zu haben. André berichtet nämlich, daß Böhmen jetzt einen großen Teil seines jährlich fast 25000 dz betragenden Zuckerbedarfes in zwei Raffinerien selbst herstelle; die Eine von diesen, Königsaal,

[1] Bley, „Zuckerbereitung aus Runkelrüben“ (Halle 1836), S. 198. [2] „Cultivation“, S. 43. [3] André, „Ökonomische Neuigkeiten . . .“ (Prag 1838), Bd. 2, S. 783. [4] „Elemente der technischen Chemie“ (Berlin 1835), Bd. 3, S. 182; mit vielen, bis 1834 reichenden Literaturangaben und Abbildung auf Tafel 16, Figur 1.

die allein jährlich 10000 dz Rohware verarbeitete (darunter, als Erste, auch Rübenzucker), habe erst einen „besten Howard-Apparat" aus England bezogen, sodann drei ebensolche an Ort und Stelle dazu anfertigen lassen, später noch einen fünften aufgestellt, und soeben noch zwei Stück in Auftrag gegeben; freilich gehörten zu einer so großartigen Anlage auch nicht weniger als drei Dampfkessel.[1] — In Berlin begann, nach Hartmann,[2] um 1840 Heckmann Vakuen zu bauen, und zwar ausschließlich Howardsche; er zeigte an, „er könne solche, da man nun gelernt habe, Kupferbleche in große Tafeln zu walzen, auch mit mehr als 2 m Durchmesser herstellen, so daß sie, bei 17,5 dz Gewicht, binnen einer Stunde Sude von 100 Broden auf einmal gäben, allerdings aber auch, dieser Größe entsprechend, 2400 Taler kosteten". Viel Erfolg hatte diese Ankündigung zunächst nicht; in Stephans „Zucker-Siedemeister" von 1841, einem damals sehr geschätzten Spezialwerk über Raffination, wird das Kochen in der Luftleere nicht einmal erwähnt;[3] in Hamburg richtete man erst nach 1848 eine „Dampfzuckersiederei" ein, deren Erzeugnisse aber für weniger schön und süß galten als die der 76 alten Zwergbetriebe;[4] erst 1850 erklärt endlich Schmidt:[5] „jetzt ist das Kochen auf freiem Feuer[6] fast ganz aufgegeben, und fast alle größeren Raffinerien haben ein Vakuum".

Die älteren Schriftsteller über die gegen 1830 neu aufblühende Rübenzuckerindustrie, die begreiflicherweise ganz vorwiegend aus französischen Quellen schöpften, schweigen entweder völlig über das Vakuum, oder versichern, es sei für

[1] André, a. a. O., Bd. 1, S. 170, 413. [2] „Die Rübenzucker-Fabrikation auf ihrem neuesten Standpunkte" (Quedlinburg 1850), S. 49, 56. [3] Stephan (Quedlinburg 1841). [4] s. meine „Geschichte des Zuckers", S. 365. [5] „Handbuch der Zuckerfabrikation" (Weimar 1850), S. 481. [6] Ende der 70er Jahre sah ich in einer kleinen, bald darauf eingegangenen Kandisfabrik zu Uerdingen a. Rh. noch auf freiem Feuer kochen, und als ich 1881 als Direktor nach Duisburg kam, versicherten mir die Besitzer der dortigen Raffinerie, „nie wieder hätte man so schönen Zucker erhalten, wie den, der ehemals noch auf freiem Feuer eingekocht wurde"!

diesen Zweig der Industrie unanwendbar oder doch ungeeignet, so z. B. 1834 Krause,[1] 1836 Bley[2] und Leuchs,[3] 1838 Krause[4] und Stolle,[5] 1840 Otto;[6] Hochstetter kommt sogar 1843 zum Ergebnisse, das Konzentrieren in der Luftleere sei bei alkalischen Säften nicht nur zwecklos, sondern liefere sogar schlechtere Produkte, besonders wenn man minderwertige Rüben zu verarbeiten habe.[7] Bedenkt man, daß Stolle „von gefährlichen Mißerfolgen aus unbekannten Gründen" zu berichten weiß,[8] und daß 100 hl Saft allein zum Verkochen im Vakuum 2202 kg (also 22 %) guter Steinkohle erfordert haben sollen,[9] so ist der Mut zu bewundern, mit dem 1837 Robert in Seelowitz, sowie Reichenbach in der fürstlich Salmschen Fabrik Raitz (Mähren), neben 20 offenen Halletteschen Verdampfpfannen, auch „4 Howardsche Vakuen und Luftpumpen" aufstellten;[10] nach Robert galt dieses damals allgemein als eine „sehr bedenkliche Kühnheit."[11] Auch die herrschaftliche Fabrik zu Napagedl in Mähren besaß 1837 ein Vakuum: der Dünnsaft gelangte zunächst in zwei 10 Fuß lange, durch freies Feuer angeheizte Vorverdampfer, wurde dann in einem ersten Vakuum weiter konzentriert, und schließlich in einem zweiten fertig verkocht; der Betrieb der beiden Vakuen erfolgte mittels des Brüdens der Vorverdampfer, und die Luftpumpen setzten zwei Ochsengöpel in Bewegung, die erst 1857 einer Dampfmaschine Platz machten.[12] Ein ganz

[1] „Darstellung der Fabrikation des Zuckers aus Runkelrüben" (Wien 1834). [2] Bley, a. a. O., S. 67. [3] Leuchs, a. a. O., S. 534 ff.; auf S. 544 bemerkt er, „den Dampf vom Verdichter könnte man noch zum Erwärmen benutzen". [4] 2. Auflage (Wien 1838). [5] „Die neuesten Fortschritte in der Fabrikation des Rübenzuckers" (Quedlinburg 1838), S. 36. [6] „Lehrbuch der rationellen Praxis der landwirtschaftlichen Gewerbe" (Braunschweig 1840), S. 407. [7] „Über verschiedene Erscheinungen bei der Darstellung des Zuckers" (Leipzig 1843), S. 45, 50. [8] Stolle (1838), a. a. O. [9] Pokorny, „Österr.-ungar. Ztschr. Zuckerind." 1910, S. 60. [10] Strohmer, „Die technische Entwicklung der Zuckerindustrie in Österreich" (Wien 1900), S. 13. [11] Privatmitteilung J. Roberts. [12] Sukup, „Die Zuckerfabrik Napagedl 1837 bis 1887" (Napagedl 1890).

ähnliches System erwähnte noch 1851 Alleram,[1] ja in etwas verbesserter Gestalt ließen es Keyr und Melichar 1884 abermals auftauchen![2]

In Böhmen waren 1836 bereits 17 Rübenzuckerfabriken tätig, die aber meist nur Sirup von 30° Bé herstellten, und an die beiden Raffinerien der Provinz verkauften;[3] noch 1841 wurden nach Divis 50% der Rüben in dieser Weise verarbeitet,[4] desgleichen 1843 nach Divis[5] sowie nach Siemens,[6] doch kochte man 1838 immerhin schon vielerorts in offenen Pfannen mit Dampfschlangen.[7] André weiß aber zu melden, daß es 1837 wie in Mähren so auch in Böhmen schon einige Vakuen gab. Das erste soll 1836 Weinrich für die Rübenzuckerfabrik Girna bei Prag bestellt haben; gebaut war es von Matthias in Wien, der Derosnes Patente für Österreich erworben hatte, kostete 7000 fl., und lieferte binnen 28 Minuten einen Sud von 28 Melisformen; Fachgenossen, die es in Girna besichtigten, „erfaßte ein Grausen über das betäubende, durchdringende, gefahrdrohende Brodeln und Zischen".[8]

Während nach Siemens der berühmte Schüzenbach zu Waghäusel in Baden, „als einem an mechanischen Werkstätten armen Lande", noch kein Vakuum aufzustellen wagte,[9] besaßen 1843 viele der größeren Fabriken im Magdeburgischen und in der Mark schon „Vakuumpfannen nach Roth oder Degrand, jedoch mit Kondensatoren und Luftpumpen, und machten mit ihnen schönen Meliszucker".[10] Allgemein verbreitet waren solche aber noch keineswegs, und Schmidt,[11]

[1] „Darstellung der Rübenzucker-Fabrikation" (Wien 1851), S. 60, 63, 75.
[2] s. meine Festschrift, „Entwicklung", S. 152. [3] André, a. a. O., Bd. 1, S. 170.
[4] „Beiträge zur Geschichte der Zuckerindustrie in Böhmen" (Kolin 1891), S. 78ff. [5] a. a. O., S. 52. [6] „Journal der neuesten Fortschritte der landwirtschaftlichen Fabrikkunde" (Weimar 1845), Bd. 1, S. 138). [7] Pokorny, a. a. O. [8] André, a. a. O. (Prag 1838), Bd. 2, S. 788; nach Divis (S. 78) war dieser Apparat von Wagenmann in Wien ausgeführt. [9] Siemens „Journal" (Weimar 1847), Bd. 3, S. 113. [10] ebd., (1845), Bd. 1, S. 138; (1847), Bd. 3, S. 55. [11] „Handbuch" (Weimar 1847), S. 227, S. 249.

der den angepriesenen Vorteilen ungläubig gegenübersteht, sagt 1847: „da man von den Fabriken selten die Wahrheit erfährt, kann man sich die Mühe sparen, sie zu befragen"; viel wichtiger als ein Vakuum, so bemerkt er, wäre ein wirklich brauchbarer Apparat zum Eindicken der Dünnsäfte, bisher sei aber ein solcher nicht bekannt.[1] Schon 1850 jedoch berichtet derselbe Schmidt in einer Neuauflage seines Buches,[2] und übereinstimmend mit ihm auch Hartmann,[3] über eine in Brieg und Mährisch-Ostrau seit 1846 sehr bewährte neue „Dünnsaft-Verdampfpfanne unter Luftleere" von Hanewald, die infolge des sehr niedrigen Saftstandes eine besonders große Leistung ermögliche, und auch billig einstehe, weil sie statt in Kupfer in Eisen gebaut werde. Die genannten Autoren erwähnen, daß manche Fabriken, die über andere Vorkehrungen nicht verfügen, in ihrem Howardschen Vakuum auch die Dünnsäfte einkochten,[4] jedoch, des geringen Rauminhaltes wegen, unter mancherlei Aufenthalten und Schwierigkeiten; dies scheint sehr glaublich, wenn man bedenkt, daß z. B. noch 1852 in der neuerbauten „Musterfabrik" Thale das mit Klärsel gefüllte Vakuum „nicht weniger als 10 dz wog"![5] — Die Notwendigkeit einer rationellen Verdampfung des Dünnsaftes machte sich also, wie diese Nachrichten ersehen lassen, in immer gebieterischerer Weise geltend, um so mehr als ein Hilfsmittel, wie der Degrandsche Zweikörper, der sich z. B. in Holland 1843 sehr gut bewährte,[6] in Deutschland und Österreich anscheinend niemals in Gebrauch kam. Die ersehnte Abhilfe brachte erst das inzwischen in Amerika ausgereifte Rillieuxsche Verfahren, dessen erste Erwähnung (wenn auch nur unter des Usurpators Namen) in der 1848/1850 erschienenen Neuauflage des Handbuches von Otto-Siemens zu finden ist.

[1] „Handbuch" (Weimar 1847), S. 120. [2] ebd., (Weimar 1850), S. 381ff. [3] „Runkelrübenzucker-Fabrikation", S. 103ff., 116. [4] Hartmann, a. a. O., S. 45; Schmidt, a. a. O., S. 196, 225. [5] s. meine Festschrift, „Entwicklung", S. 161. [6] Van Blommestein, a. a. O., S. 48ff.

Die Verfasser berichten, daß jetzt fast alle Fabriken der Magdeburger und Braunschweiger Gegend ihre Vakuen Rothscher oder sonstiger Konstruktion, durch Ortlepp in Magdeburg und durch andere tüchtige Kupferschmiede, in richtige Howardsche hätten umwandeln lassen, die teils nasse, teils trockene Luftpumpen besäßen (letztere u. a. nach Entwurf Schattens), und in denen man auch schönes Korn kochen könne;[1] aber die kommende Kampagne 1850/51 werde auch noch über den Wert einer völlig neuen, sehr wichtigen Erfindung Tischbeins entscheiden, von dessen mit Rückdampf geheizten, je zwei Körper nebst einem Vakuum umfassenden Siede- und Kochapparaten, die Buckauer Maschinenfabrik 10 Stück in Arbeit habe; da bei einer Vorprobe in der Freiseschen Fabrik zu Magdeburg, trotz ungünstiger Umstände, 50 % Steinkohle erspart wurden, dürfte man die besten Erwartungen hegen.[2]

Wie glänzend sich diese Hoffnungen seit 1850 erfüllten, namentlich nach dem Eingreifen Roberts, — vermöge dessen Verbesserungen auch in Frankreich die von Pecqueur eingeführten Rillieux-Apparate erst in richtigen Gang gebracht werden konnten[3] —, ist allgemein bekannt; die vorliegende Darstellung soll jedoch mit dem Jahre 1850 ihren Abschluß finden, während betreff der ferneren Gestaltungen auf die Festschrift: „Die Entwicklung der deutschen Zuckerindustrie von 1850—1900" verwiesen sei. —

Nur langsam und allmählich, wie alle die reformatorischen Gedanken Howards, hat sich auch der des Kochens in der Luftleere Bahn gebrochen, zunächst auf dem Gebiete der Kolonialzuckerveredlung, sodann auf jenem der kolonialen Rohzuckererzeugung, schließlich auch auf dem der Rübenzucker-Fabrikation und -Raffination: im Beginne angefeindet vom

[1] Otto-Siemens, S. 678, 688, 690, 693, 695, 864. [2] ebd., S. 692ff.; auf S. 645 ist von einer solchen Verdampfung des Dünnsaftes noch nicht die Rede. [3] Hélot, S. 73.

alten Hergebrachten, später ringend mit minderwertigen Ersatzmitteln, endlich aber, kraft seines Wertes, obsiegend durch die Macht der Zeit. Bedenken wir, wie für die Gewinnung und Verfeinerung des Zuckers die Konzentrations-, Kochungs-, und Kristallisations-Vorgänge in technischer und finanzieller Richtung so ziemlich die ausschlaggebenden sind, und wie sich gerade diese, von Howards Idee befruchtet und sie wieder befruchtend, während des seit 1812 verflossenen Jahrhunderts schrittweise zu einer Höhe der Vollendung entwickelten, die nur in den Methoden sehr weniger Gewerbszweige ihresgleichen findet, — so darf man wohl aussprechen, daß die Zuckerindustrie kaum jemals eine bedeutsamere Anregung empfing als die von Howard ausgegangene. Mehr als alle anderen Industrien, unter denen besonders die chemische von Howards Entdeckungen und Erfindungen großen Vorteil gezogen hat und noch größeren zu ziehen vermag, liegt daher ihr die Ehrenpflicht ob, jenes hervorragenden Mannes eingedenk zu sein, und seinem Genius die schuldige Verehrung zu zollen.

Achte Abteilung

33

ENCHEIRESIS NATURAE[1]

In der Schülerszene des Goetheschen „Faust" beschließt Mephistopheles den satirischen Vortrag, den er dem jungen Studiosus über das „Collegium logicum" hält, mit den allbekannten Worten:[2]

Wer will was Lebendigs erkennen und beschreiben
Sucht erst den Geist heraus zu treiben.
Dann hat er die Theile in seiner Hand,
Fehlt leider! nur das geistige Band.
Encheiresin Naturae nennt's die Chemie,
Spottet ihrer selbst und weiß nicht wie.

Auch die älteste uns erhalten gebliebene Fassung des „Faust", vermutlich die nämliche, die Goethe 1775 nach Weimar mitbrachte, weist diese Verse bereits auf;[3] sie lauten dort etwas derber:

Wer will was Lebigs erkennen und beschreiben
Muß erst den Geist herauser treiben.
Dann hat er die Theile in seiner Hand,
Fehlt leider nur das geistliche Band.
Encheiresin Naturae nennt's die Chimie,
Bohrt sich selbst einen Esel und weiß nicht wie.

und in dieser „alten Lesart" pflegte sie Goethe selbst noch in seinen späteren Jahren zu zitieren.[4]

[1] „Chemiker-Zeitung" 1907, S. 461. [2] Goethes Werke, Weimarer Ausgabe, Abt. 1, Bd. 14, S. 91. [3] „Goethes Faust in ursprünglicher Gestalt" (ed. E. Schmidt, Weimar 1888, S. 15). [4] Falk, „Goethe aus näherem persönlichem Umgange dargestellt" (Leipzig 1856, S. 24); einen

Die Herkunft des befremdenden Kunstausdruckes „Encheiresis Naturae“, sowie seine eigentliche Bedeutung zu ermitteln und daraufhin den Sinn der angeführten Stelle in zureichender Weise aufzuklären, ist seit langer Zeit, bisher aber vergeblich, ein „heißes Bemühen“ literarischer wie chemischer Sachverständiger geblieben.

Düntzer z. B., der wegen seiner schlechten Schreibweise und kleinlichen Weitschweifigkeit zu Unrecht oft völlig Verkannte, der bereits 1854 den ersten ausführlichen „Faust“-Kommentar herausgab und ihn in den späteren Auflagen stets auf das sorgsamste weiter ergänzte, weiß nach fast fünfzigjähriger Arbeit noch nicht viel mehr zu sagen als schon anfangs: Wie die Logik die Gedanken, so zerlegt die Chemie die Körper, aber deren Teilen neues Leben einzuflößen, vermag sie nicht; Encheiresis ist eine althergebrachte Bezeichnung für chemische Operationen und Versuche, heißt jedoch wörtlich „Behandlung“, worauf Mephistopheles' Witz hinausgeht; doch kommt „Encheiresis Naturae“ in chemischen Lehrbüchern nicht vor, beruht aber auch kaum auf absichtlicher Erfindung, sondern wohl allein auf einem Mißverständnis, falls nicht vielleicht der Professor der Chemie in Leipzig oder Straßburg den „unglücklichen Ausdruck“ gebrauchte.[1] Schließlich führt Düntzer noch an, daß sich Goethe kurz vor seinem Tode des nämlichen Wortes, „jedoch in ganz anderem Sinne“, in einem Schreiben an den Chemiker Wackenroder zu Jena abermals bedient habe. (Die Stelle in diesem Briefe vom 21. Januar 1832 lautet: „.... ob wir gleich gern der Natur ihre geheime Encheiresis, wodurch sie Leben schafft und fördert, zugeben, und, wenn auch keine Mystiker, doch zuletzt ein Unerforschliches eingestehen müssen.“)

Ausspruch Goethes von 1819 über den „West-östlichen Divan“ als „Vehikel mancher Eselsbohrereien“ berichtet auch der Kanzler v. Müller (Biedermann, „Goethes Gespräche“, Leipzig 1889, Bd. 4, S. 2).

[1] „Goethes Faust“ (Leipzig 1889, Bd. 1, S. 120).

Kuno Fischer, der große Historiker der Philosophie und Literaturgeschichte, der gleichfalls seit fast einem halben Jahrhundert mit zu den bewährtesten Erklärern des „Faust" zählt, spricht sich noch in der jüngsten Auflage seines Kommentars in analoger Weise aus:[1] Die Logik liefere tote Gerippe, die Natur lebendige Dinge; auf die Frage nach der Herkunft dieses Lebens laute die Antwort „das sei eben Werk und Handgriff der Natur, Operatio Naturae, Encheiresis Naturae", man erkläre also die Sache durch das Eingeständnis, sie nicht erklären zu können, bilde sich zugleich aber doch ein, sie durch solche Fremdworte erklärt zu haben. K. Fischer fügt hinzu, es sei bei den Worten „Encheiresis Naturae..." vielen Auslegern des „Faust" genau so ergangen wie dem Schüler: „Kann Euch nicht eben ganz verstehn"; er versichert, Encheiresis Naturae sei kein chemischer Terminus und als solcher nirgends aufzufinden, und gedenkt zuletzt, unter Hinweis auf Loeper,[2] ebenfalls des Goetheschen Briefes an Wackenroder.

Auch der Altmeister chemischer Geschichtsforschung, H. Kopp, hat die fraglichen Verse des „Faust" zum Gegenstand jahrzehntelanger Nachforschung gemacht; er berichtet über deren Ergebnisse kurz in seiner Schrift „Aurea catena Homeri", die den Inhalt dieses von Goethe so hochgehaltenen Buches darlegt und seinen Verfasser nachweist,[3] ausführlicher aber in den „Beiträgen zur Geschichte der Chemie",[4] einem Werke von fast unermeßlicher Gelehrsamkeit, das aber, infolge Mangels zureichender Register, für jeden, der es nicht annähernd auswendig kennt, so gut wie unbenutzbar bleibt.

Als Sinn der Worte des Mephistopheles bezeichnet Kopp folgendes: Statt die Erscheinungen geistig zu fassen, gehe man nur darauf aus, das ihnen zugrunde Liegende sinnlich wahrnehmbar, „handgreiflich" in der eigentlichen Bedeutung dieses

[1] „Goethes Faust" (Heidelberg 1905, Bd. 3, S. 399). [2] G. v. Loeper, „Faust, 1. Teil" (Berlin 1879, S. 83). [3] „Aurea catena Homeri" (Braunschweig 1880, S. 5). [4] Braunschweig 1875, Bd. 3, S. 146.

Wortes zu machen, und die in dieser Richtung betriebene Chemie spotte unbewußt ihrer selbst und erscheine lächerlich. Er gibt jedoch zu, „daß damit eine Deutung, auf was die Stelle sich eigentlich beziehe, noch nicht genügend gegeben sei", denn „Encheiresis Naturae" in dem hiernach bei Goethe vorauszusetzenden Sinne „des in die Hand Bekommens, des ganz eigentlichen Begreifens" ist in keiner chemischen Schrift „weder für dieses Streben selbst, noch für die Bearbeitung der so gestellten Aufgabe" nachzuweisen.

Encheria oder Enchirisis entspricht nach Kopp nicht genau der eigentlichen Bedeutung von ἐγχειρία oder ἐγχείρισις (Einhändigung, Überlieferung), und ist ein seltener Kunstausdruck, ebenso wie das verwandte Encheiresis, ἐγχείρησις (das Angreifen oder Anfassen, die Behandlungsart). Als erstes chemisches Werk, das dieses Wort gebraucht, bezeichnet Kopp die „Alchemia" des Libavius von 1595:[1] die Alchemie, so sagt dieser Autor, zerfällt in zwei Teile, die Encheria und die Chymia, und zwar handelt die erstere „de operationum modis", d. h. über die Lehre von den Handgriffen und von der manuellen Behandlungsweise, und die letztere „de speciebus.... quae per operationes.... in Enchirisi expositas conficiuntur", d. h. über die Präparate, die man vermöge der in der Handgrifflehre erörterten Operationen darstellt. Einige weitere Belegstellen hat Kopp noch aus folgenden, nach 1600 erschienen alchemistischen und chemischen Schriften angemerkt: Im „Mundus subterraneus" von 1664 sagt Athanasius Kircher[2] „revertemur ad enchirisin", d. h. „reden wir aber weiter von der Behandlungsart"; 1684 spricht der berühmte Stahl von der Zerlegung der Körper in Grundstoffe „per enchireses adhuc notas", durch die bisher bekannten Operationen"; 1705 erklärt Fr. Hofmann das Gelingen eines Experimentes abhängig von

[1] Siehe auch Kopp, „Geschichte der Chemie" (Braunschweig 1844, Bd. 2, S. 11) und Hiortdahl, „Fremstilling af Kemiens Historie" (Kristiana 1906, Bd. 1, S. 68). [2] lib. 11, sect. 2, cap. 4.

der „debita enchiresi", „vom gehörigen Handgriff";[1] 1721 erscheinen des Roth-Scholz' „Fundamenta chymicopharmaceutica ac manuductio ad Enchireses artis pharmaceuticae speciales" (Grundlagen der pharmazeutischen Chemie und Anweisung betreffs der besonderen pharmazeutischen Kunstgriffe); 1732 gibt ein Anonymus heraus „Fundamenta Chymiae dogmaticae, ... quae ... viam ... sternunt ... per solida ratiocinia ad dextras Encheireses" (Grundlagen der theoretischen Chemie, ... die auf zuverlässigem Wege die Kenntnis der richtigen Kunstgriffe erschließen).

Diesen Anführungen Kopps wüßte ich noch nachstehende zuzugesellen: 1647 bemerkt A. Sala bei Besprechung des Weingeistes[2] „veniam ad ipsam encheiresin ... seu manualem operam destillandi", d. h. „jetzt komme ich zur wahren Encheirese ... oder Manipulation beim Destillieren"; 1714 versichert Morhof im „Polyhistor",[3] daß oft auch bei ganz richtigen chemischen Angaben dennoch „ἐγχειρήσεις quaedam celantur" „die eigentlichen Kunstgriffe verschwiegen werden", sowie daß der Hüttenmann Erker klarer als alle Vorgänger die „ἐγχειρίσεις metallicas" beschrieben habe, „die metallurgischen Verfahren". Häufig begegnet man endlich dem Ausdrucke in Junckers umfangreichem Lehrbuche „Conspectus Chemiae" (Halle 1730): er erwähnt die Encheiresen bei der Destillation, Kristallisation, Kalzination und Reduktion,[4] die besondere Encheirese (singularis encheiresis) bei der Darstellung des Quecksilbers, beim Fällen des Silbers, beim Gebrauche des Scheidewassers und bei der Behandlung des weingeistigen Phlegmas,[5] empfiehlt wiederholt, die einzelnen Encheiresen zu beachten und zu bemerken,[6] und beklagt, daß kein Chemiker mehr vermöge, die Kenntnis aller der nötigen ungezählten

[1] „Opera omnia" (Genf 1740, Bd. 5, S. 171). [2] „Opera medico-chymica" (Frankfurt 1647, S. 95). [3] „Polyhistor" (Lübeck 1714, Bd. 1, S. 711; Bd. 2, S. 403). [4] ebd., S. 506, 549, 579, 644. [5] ebd., S. 410, 570, 572, 653, 1014. [6] ebd., S. 362, 418.

Operationen und speziellen Encheiresen (operationum et peculiarium encheiresium) aus Büchern zu erlernen und im Gedächtnisse zu behalten.[1]

Der Ausdruck „Encheiresis" scheint ursprünglich ein medizinischer zu sein und findet sich (worauf mich Prof. Dr. R. Kobert freundlichst aufmerksam machte) gemäß einer Angabe des Bartholomäus Castellus[2] bereits im Corpus der Hippokratischen Schriften;[3] in der Medizin wird er auch heute noch zuweilen benutzt, so z. B. sagt Huber in einer Anmerkung zur „Gynäkologie" des Soranus von Ephesus:[4] „Binden der Glieder . . ., diese Encheirese soll Chrysippos von Knidos um 350 v. Chr. erfunden haben"; Guttmanns „Medizinische Terminologie"[5] gibt nur kurz an: „Encheirese = Handgriff, Verfahren". In diesem Sinne, also dem der griechischen χειρότμητα[6] oder des lateinischen „operatio" und „operatio manuaria"[7], ging das Kunstwort dann vermutlich während des iatrochemischen Zeitalters in Schriften chemischen Inhaltes über; in solchen gebrauchte es, auch nach Castellus, zuerst Libavius, der gleichzeitig Arzt und Chemiker war.[8]

Die sämtlichen oben angeführten Stellen sprechen jedoch immer nur von Encheiresis allein, niemals von „Encheiresis Naturae", und auch nur von Encheiresis in der angegebenen allgemeinen Bedeutung, nicht aber in der besonderen, die ihr offenbar in jenem kombinierten Terminus zukommt. Es ist daher leicht begreiflich, daß Düntzer den „unglücklichen Ausdruck" für ein Mißverständnis Goethes oder eines seiner

[1] „Polyhistor" (Lübeck 1714, Bd. 2, S. 630, 651). [2] „Lexicon Medicum" (Leipzig 1773, S. 299). [3] „Opera omnia" II, de articulis t. 40. [4] ed. Lüneburg-Huber (München 1894, S. 121); Soranus lebte im 2. Jahrh. n. Chr. [5] Berlin-Wien 1906. [6] Chirotmeta, χειρότμητα, überliefern Plinius (lib. 24, cap. 17) und Vitruv (lib. 9, cap. 3) als Titel einer dem Demokrit, recte Pseudo-Demokrit, (später auch dem Zosimos) zugeschriebenen „Lehre von den Handgriffen"; s. auch Schmieder, „Geschichte der Alchemie" (Halle 1832, S. 56). [7] So bei Rulandus, „Lexicon Alchemiae" (Frankfurt 1612, S. 193). [8] Castellus verweist auf Libavius „De igne naturae", cap. 36.

Lehrer ansah; auch Kopp[1] warf die Frage auf, „ob etwa eine Reminiszenz der Straßburger Zeit vorliege", verneinte sie aber mit den Worten: „denn aus Spielmanns chemischen Schriften ist mir nichts in Erinnerung, auf was jenes Dictum Bezug haben könnte".

Hierin hat aber den sonst fast unfehlbaren Forscher sein Gedächtnis völlig im Stiche gelassen, denn gerade Spielmanns Hauptschrift birgt des Rätsels Lösung. Jacob Reinhold Spielmann, bei dem Goethe nach dem Zeugnisse seiner Selbstbiographie[2] in Straßburg Chemie hörte, war Dr. med. et phil., Professor der Poesie, der Chemie, der Botanik und anderer Hilfswissenschaften der Medizin, und gab in den Jahren 1740—1763 eine Anzahl medizinischer und chemischer Schriften heraus; als wichtigste unter diesen gilt sein Werk „Institutiones Chemiae, praelectionibus academicis adcommodatae",[3] ein im wesentlichen für Mediziner „zum Ersatz der mündlichen Diktate" bestimmtes Lehrbuch der Chemie, das sich durch Freiheit von Vorurteilen, durch gute Darstellung und getreue Angabe der Quellen, sowie durch Berücksichtigung quantitativer Verhältnisse, weit über den Durchschnitt der zu jener Zeit meist benutzten Kompendien erhebt.

Von Encheiresen im herkömmlichen Sinne spricht Spielmann sehr häufig, z. B. von jenen bei der Bereitung von Lösungen, bei der Kristallisation und Extraktion, bei der Destillation, bei der Röstung, Reinigung und Trennung der Metalle, bei der Darstellung von Phosphor, sogen. Salzäther, Antimonpräparaten, Bleipflastern usw.[4] Die kritische Stelle findet sich aber gleich in der Einleitung,[5] woselbst Spielmann, nachdem er die Chemie als „scientia mutationum" (Lehre von den Veränderungen) definiert hat, ausführt, daß durch chemische Zerlegung der Körper teils Edukte, teils Pro-

[1] „Beiträge", a. a. O. [2] „Werke" (Weimarer Ausgabe), Bd. 27, S. 238. [3] Straßburg 1763, bei Joh. Gottfr. Bauer. [4] ebd., S. 46, 85; 63, 87; 193, 296; 220, 253, 273, 163; 72, 162, 116, 83. [5] ebd., S. 8.

dukte entstehen. Die Produkte sind aus den ursprünglichen Teilen der Substanz (partes ex quibus surrexerunt) erst im Laufe der chemischen Eingriffe durch Mutation hervorgegangen und waren in den Stoffen selbst noch gar nicht enthalten; es ist also fraglos, daß Jene auf das Schwerste irren (illos gravissime errare), die aus dem Wesen solcher Produkte das der Stoffe zu erklären suchen, denn derlei Folgerungen sind völlig unsicher und trügerisch (fallax atque incertum). Was die Edukte betrifft, so sind sie allerdings Teile der Substanzen, die schon von vornherein in diesen vorhanden waren und unverändert aus ihnen gewinnbar sind, und deshalb könnte man aus ihnen offenbar die Ausgangsstoffe wieder herstellen, wenn es nur gelänge, sie wiederum so zu verbinden, wie das ursprünglich der Fall war; aber da die Encheiresen der Natur zur Verbindung der Substanzen mannigfaltige sind (cum autem Natura plures noverit Encheireses substantias uniendi), und wir sie teils gar nicht kennen, teils nicht nachzuahmen vermögen, so bleibt auch hierbei Ungewißheit bestehen.

Die Teile werden innerhalb der Substanzen in Verbindung zusammengehalten durch ein Band (vinculum), von dessen innerem Wesen (vis interna) wir nur wissen, daß es kein mechanisches ist (nulla causa mechanica), und das wir „Affinität" = Verwandtschaft nennen;[1] auf Affinität beruhen alle chemischen Reaktionen, und es ist daher sehr wichtig, Verwandtschaftstafeln (Scalae affinitatum) aufzustellen,[2] denn „die Teile von Körpern, die zueinander mehr Verwandtschaft haben, verlassen jene, zu denen die Verwandtschaft geringer ist, und vereinigen sich gegenseitig miteinander".[3]

Versucht man pflanzliche oder tierische Stoffe zu zerlegen,

[1] S. 10, 11, 43. [2] S. 11, 256ff., 266. [3] S. 44. Dies ist, bis auf den vom schwedischen Chemiker Bergman erst seit etwa 1775 gebrauchten Kunstausdruck, der Satz von den „Wahlverwandtschaften", dessen hohe Bedeutung also Goethe wohl schon in sehr früher Zeit entgegentrat.

sei es durch Gärung und Fäulnis,[1] oder gar durch Auskochen, Erhitzen, Destillieren, Kalzinieren[2] usw., so wird das, was sie zusammenhält, ihr Essentielles, ihr „Spiritus rector", — wie ihn Boerhaave mit Recht wiederum bezeichnete[3] —, als „flüchtiger Geist" herausgetrieben (expellitur),[4] während die sonstigen Teile zurückbleiben (remanent partes).[5] Vergeblich wäre es nun, was nur in den Ausgangsstoffen vorhanden war, auch in den Rückständen zu suchen, oder aus diesen die ersteren wiederherstellen zu wollen;[6] der Chemiker soll überhaupt, wie an einigen Beispielen erläutert wird, nicht das Unmögliche versprechen,[7] nicht phantastisch (pro ingenio luxuriante) das in Aussicht stellen, was dem Wesen der Sache nach unausführbar ist (quae ex ipsa natura fieri non possunt),[8] und sich auch nicht durch „Unklugheiten, Absurditäten, und krasse Ignoranz kompromittieren".[9]

Überblickt man die Gesamtheit der im vorstehenden angeführten Stellen, so kann kein Zweifel daran walten, daß den Versen des „Faust" Reminiszenzen an sie oder an analoge mündliche Äußerungen Spielmanns zugrunde liegen: hier haben wir das „Heraustreiben des Geistes" aus dem Lebendigen und die Vernichtung des „geistigen Bandes", hier das Übrigbleiben der „Teile", hier die „Eselbohrerei" des leichtfertigen Adepten, hier endlich die „Encheiresis Naturae" im Sinne der ursprünglichen Verknüpfung und Verkettung der Bestandteile; völlige Parallelität besteht nun zwischen dem Weber in der Gedankenfabrik, der umsonst mittels tausend „Verbindungen" aus den logischen Abfällen den Geist des Zerfaserten wieder herzustellen sucht, und dem Famulus im Laboratorium, der vergeblich mit Hilfe der rechten „Verbindungen" aus den chemischen Rückständen das Leben des Zerstörten zu regenerieren trachtet; zugleich zeigt sich, daß Goethe in dem

[1] S. 286, 307. [2] S. 90ff., 193, 199, 218, 202. [3] S. 187. [4] S. 90ff., 221, 308. [5] S. 90ff. [6] S. 90ff., 64ff., 174ff., 176, 178ff. [7] S. 187. [8] S. 194. [9] S. 191.

eingangs erwähnten Briefe von 1832 den Ausdruck „Encheiresis" keineswegs, wie Düntzer meinte, in einem „ganz anderen Sinne" als im „Faust" gebrauchte, sondern in genau dem nämlichen.[1]

Viele Gedanken Spielmanns erinnern lebhaft an die Boerhaaves, z. B. an dessen Lehre von den „Operationes, Kunstgriffen und Vorteilen", von der „Abscheidung der natürlichen Teile der Körper und ihrer Wiedervereinigung", vom „geistigen Wesen oder Spiritus rector der Pflanzen und Tiere, so durch Kunst weder nachzuahmen noch hervorzubringen ist", usw.[2] Da nun Goethe in der Selbstbiographie erwähnt,[3] daß Boerhaaves Werk ihn in seiner Jugend „gewaltig anzog", so lag es nahe, die alte lateinische Ausgabe zu vergleichen;[4] in dieser findet sich zwar der Terminus „Encheiresis" = Operatio einmal im Texte und fünfmal im Register,[5] wo aber die Zerlegung der Stoffe und die Verbindung ihrer Teile (Elementorum combinatio) besprochen wird,[6] und wo von den „Opera naturae" und „Artificia Chemiae",[7] sowie vom „Spiritus rector" oder „Archeus"[8] die Rede ist, fehlt er. Daß auch die 1762 erschienene lateinische Übersetzung der „Aurea catena Homeri", in der Goethe „die Natur in einer schönen Verknüpfung dargestellt" sah,[9] den Ausdruck Encheiresis nicht enthält, hat schon Kopp richtig angegeben.[10]

Von sonstigen älteren chemischen Kompendien wären noch die von Goethe[11] nach seiner Heimkehr aus Leipzig eifrig studierten des sog. Basilius Valentinus und des Paracelsus

[1] So schreibt 1825 auch Schütz an Goethe: „Wir nennen Band, was vielleicht noch ursprüngliches Nichtgeschiedensein ist, die wahre Encheiresis, zugleich aber jede bis zu einer gewissen Innigkeit vollbrachte Wiedervereinigung" („Goethes Naturwissenschaftliche Correspondenz", ed. Bratranek, Leipzig 1874, Bd. 2, S. 245). [2] „Anfangsgründe der Chemie" (Berlin 1762, S. 6—11, 29, 31). [3] „Werke", Bd. 27, S. 208. [4] „Elementa Chemiae" (Leipzig 1732). [5] Bd. 1, S. 29; Bd. 2 unter aqua, fermentatio, nitrum (zweimal), vegetantium olea. [6] Bd. 1, S. 71, 72; Bd. 2, S. 5ff. u. Register. [7] Bd. 1, S. 3, 5. [8] Bd. 1, S. 73, 64, 629. [9] „Werke", Bd. 27, S. 204. [10] „Aurea catena", a. a. O. [11] „Werke", Bd. 27, S. 204.

in Betracht zu ziehen. Die Werke des ersteren (die übrigens nicht aus dem 15. Jahrhundert stammen, sondern vermutlich von Thölden erst im 17. untergeschoben sind), erwähnen indessen nur „das Heraustreiben des in allem Lebendigen wirkenden Geistes“,[1] des „Spiritus vitalis“,[2] sowie die chemischen „Handgriffe, Präparationen und Operationen“,[3] und auch bei Paracelsus findet sich „Encheiresis Naturae“ nicht, wohl aber „Operatio Naturae“, z. B. im Buche „Paramirum“.[4] Diese 1529 verfaßte Schrift enthält auch im übrigen manches, was auf Goethe dauernden Eindruck gemacht zu haben scheint: sie redet von den Elementen als „Müttern“,[5] sie verficht den Satz „Alle Krankheiten der Frauen sind aus der Matrix conditioniert und genaturt“,[6] den Mephistopheles schon im „Urfaust“ dem Schüler vorhält (der bereits dort als Mediziner auftritt);[7] endlich erörtert sie an zahlreichen Stellen „die große und kleine Welt“[8] und die Parallelität des Makro- und Mikrokosmus, — einen Gedanken, der zwar ganz besonders zur Zeit der Renaissance die Herzen aller Besten mächtig bewegte, seine Quelle aber u. a. schon in den (echten) Schriften des griechischen Philosophen Demokritos hat.[9]

[1] „Triumphwagen Antimonii“ (Nürnberg 1676, S. 20, 30). [2] „Letztes Testament und vom großen Stein der Weisen“ (Straßburg 1645, Bd. 2, S. 33, 103). [3] ebd., Bd. 1, S. 13, 163, 111; Bd. 2, S. 116. [4] ed. Strunz (Jena 1904, S. 152). [5] S. 237. [6] S. 344. [7] „Es ist ihr (der Frauen) Weh und Ach, So tausendfach, Aus einem Punkte zu kurieren“. [8] z. B. S. 90, 93, 144, 234; siehe hierüber auch bei Basilius Valentinus, „Testamentum“, Bd. 2, S. 101, 127. [9] Diels, „Die Fragmente der Vorsokratiker“ (Berlin 1903, S. 417); Demokritos lebte im 5. Jahrh. v. Chr.

34

ALEXANDER VON HUMBOLDT ALS VORLÄUFER DER LEHRE VON DER ISOMERIE[1]

„Isomer“ nannte bekanntlich 1830 Berzelius[2] Substanzen, „die bei gleicher Zusammensetzung mit verschiedenen Eigenschaften begabt sind“; als solche hatte 1824 Liebig (gemäß der Erstlingsarbeit über Fulminate) sein „knallsaures Silber“ und das von Wöhler 1824 analysierte cyansaure Silber erkannt, 1825 Faraday den heute Butylen genannten „Kohlenwasserstoff aus Ölgas“ und das Äthylen, 1828 Wöhler den Harnstoff und das Ammoniumcyanat, und endlich 1830 Berzelius selbst die Traubensäure und die Weinsäure. Die Möglichkeit der Isomerie führte schon Gay-Lussac (1824) darauf zurück, „daß sich die nämlichen Bestandteile nach mehreren verschiedenen Weisen untereinander zu verbinden vermöchten“,[3] und auch Berzelius äußerte sich später dahin, „daß schon die Natur solcher Substanzen eine verschiedene Stellung der Atome voraussetze, und die Letzteren wohl auf verschiedene Weise zu zusammengesetzten Radikalen gruppiert seien“, — welchen Worten man natürlich, wie E. von Meyers „Geschichte der Chemie“[4] mit Recht hervorhebt, keinen allzu modernen Sinn unterlegen darf.

In diesen Erkenntnissen besitzen nun, was bisher unbeachtet geblieben ist, Gay-Lussac und Berzelius einen

[1] „Chemiker-Zeitung“ 1909, S. 1. [2] Poggendorffs „Annalen“, Bd. 19, S. 326. [3] „Annales de Chimie“ II, Bd. 27, S. 199. [4] Leipzig 1905, S. 224.

bedeutsamen Vorgänger an Alexander von Humboldt. Die kaum faßbare Vielseitigkeit dieses großen Forschers symbolisiert Goethe in einem unübertrefflichen Bilde: „Er gleicht einem Brunnen mit vielen Röhren . . . unter die man überall nur Gefäße zu halten braucht, und aus denen allen es uns immerfort erquicklich und unerschöpflich entgegenströmt“.[1] Das schöne Gleichnis gilt auch hinsichtlich der Leistungen Humboldts auf chemischem Gebiete, die merkwürdigerweise, obwohl neben einer erheblichen Anzahl einzelner Aufsätze auch mehrere große Werke in Frage kommen, noch niemals eine zusammenfassende Würdigung erfahren haben; selbst in der 1872 von Bruhns herausgegebenen monumentalen „Wissenschaftlichen Biographie Alexander von Humboldts“ fehlt im dritten Bande, der speziell „Humboldts Wirksamkeit auf verschiedenen Gebieten der Wissenschaft“ behandelt, ein eigener Abschnitt über Chemie vollständig, und auch im Absatze „Einzelne physikalische und chemische Forschungen“ hat sich der Bearbeiter, G. Wiedemann, mit der ihm ferner liegenden chemischen Seite recht flüchtig abgefunden.

Im Jahre 1797 erschien, (in Posen bei Decker, in Berlin bei Rottmann), Humboldts zweite größere Schrift „Versuche über die gereizte Muskel- und Nervenfaser, nebst Vermutungen über den chemischen Prozeß des Lebens in der Tier- und Pflanzenwelt“. Um dieser, hauptsächlich das Problem der elektrischen Irritabilität behandelnden umfangreichen Arbeit (zwei Bände von fast tausend Seiten!) gerecht zu werden, hat man im Auge zu behalten, daß ihre Abfassung noch in die Periode vor Entdeckung der Voltaschen Säule fällt, und daß zu jener Zeit zahlreiche Forscher, unter ihnen auch nicht gerade phantastisch Veranlagte, durch die Entwicklungen auf dem Gebiete der Elektrizität in eine Art Rausch versetzt wurden, der völlig dem gegenwärtig durch die Erscheinungen der Radio-

[1] „Gespräche mit Eckermann“, ed. Düntzer (Leipzig 1885; Bd. 1, S. 180).

aktivität hervorgerufenen glich, ihnen Besonnenheit und kritisches Vermögen benahm, und sie ernstlich glauben ließ, der Urgrund alles auf sämtlichen Wissensgebieten noch Dunkeln und Rätselhaften sei identisch mit „dem Proteus der Naturkräfte, der Elektrizität", und daher „allein durch Elektrizität erklärbar". Doppelt hoch sind, dem Gebaren solcher Zeitgenossen gegenüber, die Klarheit und Ruhe anzuschlagen, mit denen der noch jugendliche Humboldt der gestellten Aufgabe näher trat; seine umfassende Vorbildung auf physikalischem, chemischem, und physiologischem Gebiete, und seine seltene Energie, — die ihn nicht davor zurückschrecken ließ, die eigenen Muskeln und Nerven Monate lang mit Hilfe großer Blasenpflaster zu Zwecken des Experimentes bloßzulegen —, befähigten ihn, eine große Reihe der schwierigsten Versuche am Menschen und an Vertretern aller Klassen des Tierreiches derart auszuführen und derart zu deuten, daß er (nach W. Wundts Urteil im physiologischen Abschnitte der Bruhnsschen Biographie), trotz zahlreicher Irrtümer allgemeiner und besonderer Natur, der richtigen Auffassung der Probleme meist näher kam als fast alle Fachgelehrten des Zeitalters, in vielen Punkten aber die volle Wahrheit entweder auffand, oder doch vorahnte.

Betrachtungen physiologischer Natur waren es wohl auch, die Humboldt zu Schlüssen zurückführten, deren Grundgedanken ihm zuerst anläßlich der Untersuchung bestimmter Gruppen von Mineralien, sowie der Analyse gewisser Grubengase, aufgestiegen waren; sie finden sich im ersten Bande S. 127ff. und im zweiten Bande S. 137ff. und 260 des genannten Werkes dargelegt, und lassen sich, unter möglichster Beibehaltung der Humboldtschen Ausdrucksweise, wie folgt zusammenfassen:

Was man häufig als „Umhüllung" eines chemischen Bestandteiles (α) der Körper durch einen zweiten (β) bezeichnet, besagt nichts anderes, als daß α und β derart miteinander verbunden sind, daß β seine Affinität gegenüber α

entfaltet; hierdurch wird α gehindert, die ihm in isoliertem Zustande zukommenden Eigenschaften frei zu äußern, weshalb denn, sobald $(\alpha + \beta)$ mit einem dritten Körper reagiert, das Spiel einer zusammengesetzten Verwandtschaft beginnt. Der Terminus „Umhüllung" reduziert sich also auf den allgemeinen Begriff der Bindung, deren Erscheinungen des Näheren zu erklären unsere chemischen Kenntnisse aber noch nicht ausreichen, so daß die eigentliche Natur der Substanzen nicht enträtselt werden kann. Da aber gerade diese Natur die ununterbrochene Folge von Reizen bedingt, auf denen das ganze organische Leben beruht, so wäre ihre Erforschung für die Physiologie und für die praktische Medizin höchst wichtig. Einiges in dieser Hinsicht hat die neuere Chemie schon geleistet, aber an das kommende Jahrhundert sind ganz andere Forderungen zu stellen. Es wird nicht mehr genügen, nach den sicheren Regeln der heutigen Analyse bloß die qualitativen und quantitativen Verhältnisse der Elemente festzustellen, — und demgemäß z. B. dreierlei Grubengase, obwohl sie in Wahrheit nicht minder differierende Eigenschaften zeigen wie die drei Stickstoffoxyde, dennoch sämtlich für „schweren Kohlenwasserstoff" zu erklären —, vielmehr muß die Chemie die Art auffinden, auf die sich die Elemente gegenseitig verbinden, und sie muß hierfür bestimmte Kriterien angeben. Drei Körper *a*, *b*, *c*, können nämlich sehr wohl aus gleichen Mengen Sauerstoff, Wasserstoff, Kohlenstoff, Stickstoff und Metall zusammengesetzt, und dennoch in ihrer Natur unendlich verschieden sein; *a* enthält vielleicht einen Teil des Wasserstoffes an den Kohlenstoff gebunden, und sich dadurch dem Zustande des öligen Kohlenwasserstoffes nähernd; in *b* kann ein Teil des Stickstoffes an den Sauerstoff nach Art der Salpetersäure, und dieses Ganze an das Metall gebunden sein; in *c* wieder mag ein Teil des Wasserstoffes mit Stickstoff vereinigt als Ammoniak, das Metall aber in leicht oxydierter Form auftreten. Ebenso können zwei Substanzen aus gleichen

Mengen Kohlenstoff, Wasserstoff, Stickstoff, und Phosphor bestehen, aber in der Einen ist etwa zunächst Kohlenstoff und Wasserstoff nach Art eines öligen Kohlenwasserstoffes und erst weiterhin dieser mit dem Stickstoff und Phosphor verbunden, während sich in der Anderen zunächst Phosphor und Wasserstoff nach Art des Phosphorwasserstoffes vereinigten und erst weiterhin diese Basis mit dem Kohlenstoff und Stickstoff zu einer ternären Substanz zusammentrat; kein Wunder also, daß zwei solche Stoffe auch in physiologischer Hinsicht völlig verschieden reagieren. Es wäre daher durchaus denkbar, daß z. B. arabischer Gummi und das schreckliche, von Fontana untersuchte Viperngift, beide aus Kohlenstoff, Wasserstoff, und Sauerstoff beständen, denn ihre Verschiedenheit kann auf der Art der gegenseitigen Bindung dieser drei Bestandteile beruhen, ja auf dem Grade ihrer stärkeren oder schwächeren, innigen oder lockeren Bindung. Solche relative Verbindungen der Elemente zu ermitteln, sind wir indessen noch weit zurück; auf derlei Lücken der Kenntnisse aufmerksam zu machen, ist aber höchst wichtig, schon weil die Arzneimittellehre, ja die gesamte praktische Therapie, erst dann zur Wissenschaft werden kann, wenn es gelingt, eine hellere Einsicht in die Wirkungsart der Stoffe zu erhalten. Die Erklärung des Molièreschen Baccalaureus, „daß das Opium deshalb einschläfert, weil es eine schlafmachende Kraft in sich hat", ist freilich bequemer, und auch noch immer bei Vielen beliebter, weil sie jeder Mühe weiterer Untersuchung überhebt; aber vom Fleiße der Nachwelt läßt sich Großes erwarten, und gerade die Chemie der sehr zusammengesetzten Substanzen bietet noch ein weites Feld, denn offenbar sind diese (oft schon unter dem Einflusse relativ kleiner Einwirkungen) auch besonders mannigfaltiger chemischer Umsetzungen fähig, und zählen daher unter Umständen zu den furchtbarsten Reizmitteln des Organismus, obwohl sie nur die gewöhnlichsten Elemente enthalten, und nicht etwa Gifte, wie freien Phosphor.

Die vorstehenden Darlegungen zeigen, daß Humboldt die Möglichkeit der Isomerie mit völliger Klarheit erfaßt, die Existenz chemischer Substanzen von gleicher Zusammensetzung, aber ungleichen Eigenschaften mit größter Bestimmtheit angekündigt, und die Tragweite seiner Lehre mit erstaunlicher Voraussicht abgeschätzt hat; aber auch das bedingende Moment der Verschiedenheiten erkannte er bereits richtig, und was Gay-Lussac sowie Berzelius über die „Art der Bindung der Elemente" und ihre „verschiedene Gruppierung zu zusammengesetzten Radikalen" aussprachen, ist fast wortgetreu auch schon seinen Ausführungen zu entnehmen. Daß diese später in gänzliche Vergessenheit gerieten, erklärt sich genügend aus dem Verlaufe der wissenschaftlichen Entwicklung, sowie aus dem Umschwunge in den Lebensschicksalen Humboldts, dem weitere eigene Forschungen auf dem, in so vielversprechender Weise betretenen Gebiete, nicht mehr beschieden waren; daß sie aber auch heute noch vergessen sind, daran trägt zweifellos ein Umstand Schuld, dessen ich in der „Chemiker-Zeitung" schon vor vielen Jahren[1] gedachte: die Ehrenpflicht der deutschen Nation, einem ihrer größten Söhne durch Herausgabe seiner „Gesammelten Werke" das würdige Denkmal zu errichten, ist immer noch unerfüllt, seine rein wissenschaftlichen Abhandlungen und Schriften sind daher der großen Mehrzahl selbst der Fachgelehrten unzugänglich[2] und unbekannt, und wenn dies vorkommendenfalls damit entschuldigt wird, daß sie ja doch „veraltet", „rückständig", und „überwunden" seien, so kann dies nicht wundernehmen „in einer Zeit, wo das rastlose Streben nach Neuem, oft so Wertlosem, der jüngeren Generation kaum einen Blick auf die Grundpfeiler gestattet, die das schönste und mächtigste Gebäude tragen".

[1] „Chemiker-Zeitung" 1892, S. 1396. [2] Die in Gemeinschaft mit Gay-Lussac verfaßte „Abhandlung über die Volumgesetze gasförmiger Verbindungen" bildet jedoch den 42. Band von Ostwalds „Klassikern der exakten Wissenschaften".

Die angeführten Worte stammen aus der Vorrede, mit der Liebig 1840 sein Werk „Die Chemie in ihrer Anwendung auf Agrikultur und Physiologie" Alexander von Humboldt widmete, und in der er erzählt, wie dieser sich seiner, des jungen und hilflosen Forschers, während seines Pariser Aufenthaltes zuerst in freundschaftlichster und uneigennützigster Weise annahm, und ihm durch die Empfehlung an Gay-Lussac die Laufbahn der Wissenschaft endgültig erschloß. Die erste Begegnung beider Männer erfolgte, der Angabe Liebigs nach, gelegentlich des, von ihm im Frühjahr 1824 vor der Pariser Akademie gehaltenen Vortrages über die Fulminate, und da dieser, nach des Autors eigenem Berichte, „eine analytische Untersuchung" betraf, so schien die Möglichkeit vorzuliegen, daß, neben der genialen und überwältigenden Persönlichkeit Liebigs, auch der von ihm behandelte Gegenstand die so lebhafte Anteilnahme Humboldts erweckt hätte, denn die Analysen der Fulminate ergaben die nämlichen Zahlen wie die von Wöhler für die 1822 entdeckten Cyanate gefundenen, und berührten somit ein Gebiet, mit dem sich Humboldts Gedanken schon ein Vierteljahrhundert vorher in eindringlicher Weise beschäftigt hatten.

Als ich diese Vermutung vor mehreren Jahren in einer Sitzung der Halleschen „Naturforschenden Gesellschaft" aussprach, machte mich jedoch Herr Geheimrat Prof. Dr. J. Volhard freundlichst darauf aufmerksam, daß sie unmöglich zutreffen könne, und hatte die Güte, mir zum Beweise dessen die einschlägigen Manuskriptblätter seiner Liebig-Biographie zur Verfügung zu stellen. Aus diesem, soeben im Druck erschienenen Werke ergibt sich der Sachverhalt wie folgt: Als Liebig die Vorrede zu seiner Agrikulturchemie niederschrieb, täuschte ihn selbst sein Gedächtnis, denn der fragliche Vortrag über die knallsauren Salze fand nicht erst am 22. März 1824 statt, sondern schon am 28. Juli 1823, und betraf auch nur deren Darstellung und Eigenschaften, und nicht „eine analytische Untersuchung".[1] Bis dahin war es Liebig noch nicht gelungen, die Zusammensetzung der knallsauren Salze zu ermitteln,[2] vielmehr wurde er erst im Laboratorium Gay-Lussacs mit dessen Verbesserungen der Elementaranalyse, sowie mit den zu einer so schwierigen Arbeit erforderlichen analytischen Methoden bekannt und vertraut,[3] und diese im Winter 1823/24 unter Anleitung Gay-Lussacs ausgeführte „analytische Untersuchung" war es, die am 22. März 1824 in der Akademie zum Vortrage kam;[4] die Zusammensetzung der Cyanate kannte man damals noch nicht, denn Wöhler hatte die Cyansäure zwar schon 1822 entdeckt, analysierte sie aber erst im Verlaufe des Jahres 1824.[5] Die Isomerie der beiden Säuren gelangte also keinesfalls schon in der Versammlung vom 22. März 1824 zur Sprache, und zudem wohnte Humboldt nicht dieser Sitzung bei, sondern jener vom 28. Juli 1823, in der übrigens Gay-Lussac die Liebigsche Arbeit las;[6] der kaum zwanzigjährige Verfasser scheint nur seine Präparate vorgezeigt zu haben, und wurde bei dieser Gelegenheit von Humboldt angesprochen,[7] der mit gewohntem Scharfblicke sogleich erkannte, in ihm einen Berufenen vor sich zu haben.

[1] Volhard, „Justus von Liebig" (Leipzig 1909), S. 47. [2] ebd., S. 205. [3] ebd., S. 48 und 214ff. [4] ebd., S. 48. [5] ebd., S. 206. [6] ebd., S. 43. [7] ebd., S. 47.

35

ZUR GESCHICHTE DER TAUTOMERIE[1]

Bei einer ganzen Anzahl von Kohlenstoffverbindungen hat sich allmählich herausgestellt, daß sie scheinbar im Sinne zweier verschiedener Reaktionsformeln reagieren; oder, anders ausgedrückt, ... es gibt Verbindungen, denen man zwei, oder unter Umständen noch mehr Konstitutionsformeln beilegen müßte." Mit den angeführten Worten leitet z. B. die „Organische Chemie" v. Richters den Abschnitt über Tautomerie ein,[2] und in gleichem oder ähnlichem Sinne äußern sich auch die meisten andern Lehr- und Handbücher (Beilstein; V. Meyer-Jacobson; usw.).

Da diese Einsicht der großen Mehrzahl der Chemiker als eine Errungenschaft der neuesten Zeit gilt, ist es nicht ohne Interesse, darauf hinzuweisen, daß sie, in klarster Weise ausgesprochen, schon bei Ch. Gerhardt zu finden ist. In dem höchst geistvollen Schlußabschnitte seines großen „Lehrbuches der Organischen Chemie" von 1854, der u. a. Gerhardts Typentheorie, sein System der Klassifizierung, sowie das Prinzip der Anordnung nach homologen Reihen darlegt und rechtfertigt, ist der § 2453 überschrieben: „Ein- und derselbe Körper kann mehrere rationelle Formeln haben."[3] Gerhardt, der schon früher in den nämlichen chemischen Individuen, je nach

[1] „Chemiker-Zeitung" 1910, S. 49. [2] ed. Anschütz-Schroeder, Bonn 1903, Bd. 1, S. 47. [3] Übersetzung von R. Wagner, Leipzig 1857; Bd. 4, S. 614.

den Arten ihrer Bildung und ihres Abbaues, verschiedene „Reste“ angenommen hatte, und sich dabei auf noch ältere Vermutungen Berzelius' und Liebigs hinsichtlich der in gegebenen Verbindungen vorauszusetzenden verschiedenen „Radikale“ berufen konnte, äußert sich an der bezeichneten Stelle im wesentlichen wie folgt:

„Substanzen von nicht ganz einfacher Zusammensetzung, besonders organische, werden den Einflüssen verschiedener Agentien nicht stets die nämliche Angriffsseite darbieten, vielmehr können die doppelten Umsetzungen in verschiedenem Sinne verlaufen, so daß sich die Stoffe dann mit Recht durch mehrere rationelle Formeln ausdrücken lassen, und es zulässig und selbst notwendig wird, die nämlichen Körper auch mit mehreren verschiedenen Namen zu benennen. Belege hierfür bieten u. a. Benzaldehyd, Cacodyl, und Cyansäure: das Bittermandelöl funktioniert z. B. bald als Hydrür des Benzoyls, bald als Oxyd des Radikales C_7H_6, Cacodyl bald als einheitliches Metall, bald als Methylderivat des Arsens, und Cyansäure bald als Hydroxyd des Cyans, bald als Imid des Karbonyls. Unsere Formeln sind eben nur ein Mittel, gewisse Beziehungen der Synthese und Zersetzung anzudeuten; zwängt man aber eine Substanz nur in eine einzige Formel, so verbirgt diese oft chemische Beziehungen, die eine andere Formel unmittelbar hervortreten läßt, sie bringt dem Geiste nur ganz bestimmte Zusammenhänge in Erinnerung, hält ihn aber entfernt von anderen, ebenso berechtigten, weil ebenso innigen.“

Gerhardt sieht voraus, daß solche Betrachtungen seitens der meisten Chemiker nicht verstanden, und daher heftig angefochten werden dürften; der frühe, sehr bald nach Vollendung seines umfangreichen Handbuches erfolgte Tod des Autors scheint jedoch bewirkt zu haben, daß seine letzten Lehren, ohne zur gewohnten lebhaften Polemik Anlaß zu geben, alsbald gänzlicher Vergessenheit anheimfielen.

36

JUSTUS LIEBIG ÜBER ROBERT MAYER[1]

Vor gerade fünfzig Jahren erschien im Viewegschen Verlage zu Braunschweig ein heutzutage völlig verschollenes Buch „Wissenschaftliche Vorträge, gehalten zu München im Winter 1858, von Bischoff, Bluntschli, Bodenstedt, Carriere, Heyse, Jolly, Knapp, v. Kobell, v. Liebig, Löher, Pettenkofer, Riehl, Seidel, v. Sybel, v. Voelderndorff, Windscheid"; es führt die Aufschrift: „Seiner Majestät dem König Maximilian I., dem erhabenen Beschützer und tätigen Freunde jedes geistigen Lebens, dem Schöpfer und Lenker einer neuen wissenschaftlichen Aera in Bayern, in tiefster Ehrfurcht gewidmet", und enthält 16 Vorlesungen, die, wie die Vorrede vermeldet, „im chemischen Hörsaal, vor einem gebildeten Publikum aller Stände" seitens der Korona oben genannter erlauchter Geister zunächst mündlich verlautbart, „auf vielseitigen Wunsch" nunmehr aber auch gedruckt herausgegeben wurden.

Die vorletzte, fünfzehnte Vorlesung,[2] die Liebigs, ist betitelt: „Über die Verwandlung der Kräfte", und behandelt die von Robert Mayer entwickelten Grundlehren des gegenwärtig als „Energetik" bezeichneten Gebietes; sie scheint vollkommen in Vergessenheit geraten zu sein, mindestens findet sie sich in keinem mir bekannten Werke über Liebig angeführt,

[1] „Chemiker-Zeitung" 1908, S. 341. [2] S. 591 bis 597 der „Wissenschaftlichen Vorträge."

wird, soweit mir erinnerlich, in keiner der 1903 zur Jahrhundertfeier von Liebigs Geburtstag gehaltenen Festreden erwähnt, und fehlt merkwürdigerweise auch in der Sammlung von Liebigs „Reden und Abhandlungen", die Carriere 1874 herausgab.[1] Ihr Inhalt, dem Liebig mit Rücksicht auf die Zusammensetzung des Zuhörerkreises eine durchaus allgemeinverständliche und elementare Fassung gab, ist im wesentlichen der nachstehende:

Schon seit langem wurde vermutet, daß zwischen den sog. Naturkräften, deren man von alters her eine ganze Anzahl kennt, nähere Beziehungen walten, aber erst die neueste Zeit erbrachte hierfür tatsächliche Beweise, und wir besitzen jetzt die Gewißheit, daß jene Kräfte keineswegs völlig verschieden, vielmehr gemeinschaftlichen Ursprunges sind, und als Äußerungen einer und derselben Grundursache angesehen werden müssen.

Maschinen erzeugen bekanntlich keine Kraft, sondern verrichten nur mittels der ihnen zugeführten eine gewisse Arbeit, deren Größe als Summe aller überwundenen Widerstände darstellbar und meßbar ist; aber keineswegs leistet auch alle den Maschinenteilen mitgeteilte Kraft wirklich Arbeit, vielmehr geht ein bedeutender Teil stets verloren, er wird, hauptsächlich durch die Reibung, „aufgezehrt", und galt tatsächlich für „vernichtet"; solange man aber annahm, eine Kraft könne gänzlich verschwinden, also „ein Nichts zur Wirkung haben", war es auch kein Widerspruch das Umgekehrte vorauszusetzen, nämlich die Erzeugung einer Kraft aus dem Nichts, d. h. die Möglichkeit eines Perpetuum mobile, und der bis in die jüngste Zeit fortdauernde Glauben an diese Möglichkeit entsprang nicht zum wenigsten der Unklarheit jener Anschauungen.[2]

[1] „Reden und Abhandlungen" von Justus v. Liebig (Leipzig u. Heidelberg, 1874).

[2] Bei dieser Gelegenheit sei daran erinnert, daß noch im Jahre 1878 das Deutsche Patentamt unter Nr. 4453 ein Patent auf ein Perpetuum mobile erteilte.

Richtigere Vorstellungen über das Wesen der Naturkräfte verdanken wir erst dem Arzte Dr. Robert Mayer in Heilbronn: „sie brachten Licht in eine Menge bis dahin unverständlicher und unerklärbarer Vorgänge“, „sie erlangten durch die sich daran knüpfenden Forschungen der ausgezeichnetesten Physiker und Mathematiker eine kaum geahnte Bedeutung und Wichtigkeit“. Nach R. Mayer sind Kräfte Ursachen, und unterliegen gemäß der Grundregel „Causa aequat effectum“ dem allgemeinen Gesetze, daß die Wirkungen ihren Ursachen genau entsprechen und ihnen gleich sind; daher kann in einer Kette von Ursachen und Wirkungen niemals ein Glied zu Null werden oder verschwinden, die Glieder sind unzerstörlich, und nicht um quantitative Veränderungen kann es sich handeln, sondern nur um qualitative Umwandlungen. Wo also, wie in den Maschinen, ein Teil der bewegenden Kraft anscheinend vernichtet wird, kann in Wahrheit die Bewegung nur eine andere Form angenommen haben, und zwar wird dies, wie zahlreiche wohlbekannte Beispiele dartun, in der Regel die der Wärme gewesen sein. Zwischen der aufgewandten Bewegung, bzw. mechanischen Arbeit, und der entwickelten Wärme muß eine bestimmte quantitative Beziehung bestehen, und die angestellten Berechnungen und Messungen haben ergeben, daß eine Arbeitsleistung von 450 m/kg fähig ist, 1 kg Wasser von 0 auf 1° C zu erwärmen, und daß umgekehrt ebendiese Wärmemenge vermag, eine Arbeitsleistung von 450 m/kg zu vollbringen, so daß die Zahl 450 als Äquivalent der Wärme und Arbeitskraft anzusehen ist.[1] Es werden also z. B. 27000 Schläge[2] mit einem 5 kg schweren Hammer aus $^1/_3$ m Höhe, oder 9000 Schläge aus 1 m Höhe, oder 45000 Schläge mit einem 1 kg schweren Hammer aus 1 m Höhe, hinreichen, um 1 kg

[1] Die Zahl 450 ist zu hoch, als richtigster Wert gilt zurzeit 427 (s. Erdmann-Köthner, „Natur-Constanten“ Berlin, 1905, S. 28). [2] Liebig gibt diese Zahlen in etwas anderer Anordnung und mit anderen Werten an, da er noch mit Pfunden und Fußen rechnet.

Wasser von 0 bis 100°, also um 100 Grade, zu erwärmen; 450 Schläge letzterer Art werden demnach die Temperatur von 1 kg Wasser um 1° C erhöhen, und umgekehrt wird sich durch Aufwendung gerade dieser Wärmemenge ein Gewicht von 1 kg 450 m hoch erheben lassen.

Wie die Arbeitskraft der Wärme durch Bestimmung der Höhe ausgedrückt werden kann, auf die sie ein gegebenes Gewicht zu heben vermag, so auch die Arbeitskraft des elektrischen Stromes, den ein rotierender Magnet, oder ein galvanisches Element erzeugt (letzteres durch die Auflösung eines Metalles), die Arbeitskraft eines Magneten, den der elektrische Strom, oder eine elektro-magnetische Spule ins Leben ruft, endlich auch die Arbeitskraft einer chemischen Umwandlung, z. B. der Elektrolyse des Wassers zu Wasserstoff nebst Sauerstoff. Mag also Wärme, Elektrizität, Magnetismus, oder chemische Affinität in Frage kommen, so sind und bleiben doch alle diese Kräfte nach bestimmten Verhältnissen äquivalent, und gegenseitig ineinander umwandelbar: „nirgends ein Ausfall, nirgends ein Überschuß, ... die Kraft ist unsterblich, ihre scheinbare Vernichtung nur eine Wandlung."

Auch der Körper des Menschen erzeugt Wärme und verrichtet Arbeit, offenbar unter Verbrauch des ihm in der Nahrung zugeführten Kraftvorrates. Doch wo hat hinwiederum dieser seine Quelle? Er stammt, gemeinsam mit jenem aller unserer Brenn- und Leuchtstoffe und mit jenem der gesamten pflanzlichen Organismen, direkt oder indirekt aus der Sonne: „Indem die Sonnenstrahlen als das, was sie waren, verschwinden, häufen sich organische Verbindungen im Pflanzenleibe an, und die wärmende Kraft (dieser Strahlen) ruht jetzt in diesen Produkten; ... in ihnen sind die Strahlen der Sonne ebenso ‚latent' geworden, wie die strömende Elektrizität in dem, durch die Wasserzersetzung erzeugten Wasserstoff." Beim Genusse der Nahrungsstoffe empfangen wir also eine Summe aufgespeicherter Kraft und Wärme; wir heizen mit ihnen den

Körper ganz ebenso wie einen Ofen mit Heizmaterial, doch können natürlich die Stoffe, deren unmittelbare Verbrennung Wärme liefert, nicht gleichzeitig auch noch mechanische Kraft erzeugen, diese nimmt vielmehr ihren Ursprung aus der chemischen Veränderung der zusammengesetztesten, stickstoff- und schwefelhaltigen Bestandteile der Muskeln, also aus dem Stoffwechsel. Die Vorräte aufgespeicherter Wärme und Kraft werden wieder frei und wirksam, sobald durch die Verbrennung und den Stoffwechsel, d. i. durch den Verlauf des Lebensprozesses, die Nahrungsstoffe stufenweise und allmählich in die nämlichen ursprünglichen Substanzen zurückgeführt werden, aus denen sie entstanden, also in Kohlensäure, Wasser, und Ammoniak. —

Wie bekannt, beschäftigten Liebig schon seit den dreißiger Jahren des vergangenen Jahrhundertes Ideenverbindungen, die den soeben dargelegten nahe verwandt waren, die er aber nicht zu völliger Klärung zu bringen vermochte; schon in seinem agrikulturchemischen Werke, noch mehr aber in der „Tierchemie“ (1842 zuerst erschienen), finden sich zahlreiche Gedanken, die bis an die Schwelle der Wahrheit heranführen, Gedanken, die ihn in rastlosem Streben bemüht zeigen, die erahnte reife Frucht endlich an rechter Stelle zu fassen, — während sie sich dem Zugreifenden immer wieder aufs neue entzieht. Als ihm 1842 Robert Mayer seine erste, von Poggendorff in ihrer ursprünglichen Gestalt zurückgewiesene Abhandlung einsandte, war er daher durchaus vorbereitet und befähigt, ihre Bedeutung zu erfassen; sie bot die lange gesuchte Lösung des großen Rätsels, und indem Liebig dies sogleich erkannte, und sie in seinen Annalen zum Abdrucke brachte, leistete er der Wissenschaft einen unermeßlichen Dienst.

In der Neidlosigkeit, mit der Liebig Mayers Leistungen ankündigte und zeitlebens hochhielt, tritt die Lauterkeit seines Charakters ebenso glänzend hervor, wie in der Art, nach der er sich die Tragweite der Mayerschen Lehren zu eigen machte, die Schärfe seines Geistes. Heutzutage ist freilich der Satz von der „Erhaltung der Energie“ längst Gemeingut aller Naturforscher und daher auch aller Chemiker geworden, vor fünfzig Jahren aber wurde er selbst von den nächstbeteiligten Fachleuten teils gar nicht verstanden, teils sogar bestritten: so z. B. glaubte zu jener Zeit noch der, als Wärmetheoretiker und Ingenieur so hervorragende Hirn, Dampfmaschinen vermöchten sehr wohl auch ohne Wärmeverbrauch Arbeit zu leisten, und ein Wärmeäquivalent brauche, falls es bestehe, keineswegs konstant zu sein, — Ansichten, die er erst 1862 endgültig fallen ließ.[1] Bewunderungswürdig bleibt daher die Sicherheit, mit der Liebig die volle Tiefe des Mayerschen Grundgedankens begriff und würdigte, erstaunlich auch die Klarheit, mit der er den wesentlichen Inhalt der Mayerschen Lehren darzulegen, und einem wenig vorgeschulten Zuhörerkreise verständlich zu machen wußte. Daß sein Vortrag von 1858 ihn auch selbst durchaus befriedigte, geht aus der Tatsache hervor, daß er ihn für die im nämlichen Jahre abgeschlossene neue (vierte) Auflage der „Chemischen Briefe“ verwertete, in deren Vorrede auf die „Bearbeitung einer Anzahl von Vorträgen“ (jedoch ohne nähere Bezeichnung) hingewiesen ist. Mit verschiedenen Abänderungen und Zusätzen versehen, bildet er dort den neu eingefügten 13. Brief,[2] und müßte daher eigentlich jedem Chemiker wohlbekannt sein, — ermangelte jenes Werk heute nicht so gänzlich der Leser, die ihm, als einem wahrhaft klassischen der wissenschaftlichen Literatur, gebühren; denn über die veralteten und überholten Einzelnheiten läßt sich unschwer hinwegsehen, unsterblich bleibt aber das Bemühen des Aufschwingens zum höchsten Gesichtskreise, das selbstlose Streben nach Wahrheit, und die unerschrockene Kritik und Bekämpfung jener Fehlschlüsse und Irrtümer, die

[1] s. meine „Abhandlungen und Vorträge zur Geschichte der Naturwissenschaften“ (Leipzig 1906, S. 554, im Aufsatze über Robert Mayer.)
[2] S. 103 der vierten Auflage.

leider ebenfalls einer Art Unsterblichkeit teilhaftig sind, und fast mit jeder Generation in neuem Gewande wieder auftauchen. Daher läßt sich auch noch heute selbst aus Liebigs Fehlern nicht selten mehr lernen, als aus den Berichtigungen seiner Gegner und Widersacher.

Auch viele andere Stellen jener Neuauflage der „Chemischen Briefe" zeigen, wie völlig durchdrungen Liebig von R. Mayers Anschauungen war: „Wärme, Licht, Magnetismus, Elektrizität, stammen von einer Mutter" (S. 11); „erst die chemische Auflösung des Zinks erzeugt den entsprechenden elektrischen Strom, denn keine Kraft kann aus nichts entstehen" (S. 97); „Wärme, Elektrizität, Magnetismus . . . sind äquivalent, und durch ein gewisses Maß von Elektrizität bringen wir ein entsprechendes Verhältnis von Wärme oder magnetischer Kraft hervor, die sich gegenseitig äquivalent sind; . . . chemische Affinität bringt, in der einen Form verbraucht, Wärme hervor, in der anderen Magnetismus oder Elektrizität, . . . und mit einer gewissen Summe Affinität erkaufen wir ein Äquivalent Elektrizität, gerade so wie wir umgekehrt durch ein gewisses Maß von Elektrizität Äquivalente von chemischen Verbindungen zersetzen" (S. 98). Wie klar sich Liebig über die Arbeitsleistung, als den wesentlichen Punkt, war, beweist der auf das Beispiel des Magneten bezügliche Satz: „. . . es gilt, das Eisen zu heben, ihm eine Bewegung zu erteilen, . . . denn ein Magnet, der nur trägt, wirkt wie ein Felsen, der ruhend nur mit seinem Gewichte auf die Unterlage drückt, er ist ein eingeschlossener See, der keinen Fall besitzt" (ebd.[1]). Gleich durchdringend ist das Urteil über einen anderen Punkt von höchster Bedeutung: Wie die Erzeugung der Bewegung durch die Dampfmaschine, oder jene des elektrischen Stromes im galvanischen Element, so bleibt auch die der mechanischen Kraft im Körper an einen Stoffwechsel gebunden, aber die nähere

[1] Das nämliche Bild gebraucht schon Lionardo da Vinci (s. meine „Abhandlungen und Vorträge", S. 355).

Beziehung ist uns vorerst noch gänzlich unbekannt, und niemals können die Vorgänge des Stoffwechsels und die Tätigkeiten der hierbei ins Spiel kommenden Kräfte direkt oder indirekt Geistestätigkeiten, Selbstbewußtsein, oder Gedanken erzeugen, da man sonst, nach dem Gesetze von der Erhaltung der Kraft, fähig sein müßte, auch umgekehrt durch Gedanken Lasten zu heben, oder etwa Elektrizität, Magnetismus, und Wärme hervorzubringen (S. 187).

Noch in seiner letzten großen Arbeit „Über Gärung, Quelle der Muskelkraft, und Ernährung", — die u. a. den unvergeßlichen Satz enthält: „Man sollte doch endlich zur Einsicht kommen, daß man ‚Ursachen' auch mit Mikroskopen nicht sehen kann"[1] —, sagt Liebig in gleichem Sinne: „Bei der Bildung organischer Substanz in der Pflanze unter dem Einflusse des Sonnenlichtes wird Wärme (oder Sonnenkraft) gebunden, oder, wie man sagt, latent; bei ihrer Rückbildung wird sie wieder frei, und das Maximum wird frei, wenn die Rückbildung dieser Substanzen genau ihrer Bildung entspricht. ... Die Pflanze ist ein Magazin von Sonnenkraft, ... und die in den Nährstoffen der Tiere aufgespeicherte Kraft kommt im Tierleibe wieder zur Äußerung."[2] Von solchen Gedanken erfüllt, durfte Liebig mit Recht in einem Briefe vom 1. Dezember 1867 an Fr. Mohr den Ausspruch tun: „Wie unendlich fruchtbar ist doch das Prinzip der Erhaltung der Kraft in den Naturwissenschaften gewesen, und wenn ich daran denke, daß die erste Abhandlung Mayers weder Poggendorff noch ein Anderer drucken wollte, und daß man ihn in Heidelberg und Karlsruhe für einen Narren erklärte, so erscheint der geistige Fortschritt von da bis heute ganz wunderbar".

Bemerkenswert ist es, daß Liebig in seinem Vortrage von 1858 zwar die, sich an Mayers Lehren „knüpfenden

[1] Seite 44 des Sonderabdruckes (Leipzig u. Heidelberg 1870). [2] ebd., S. 80 und 123.

Forschungen der ausgezeichnetesten Physiker und Mathematiker" erwähnt, aber keinen von diesen nennt, insbesondere nicht Helmholtz. Ich habe an anderer Stelle die einschlägigen leidigen Streitigkeiten über die Priorität betreff des Krafterhaltungsgesetzes behandelt, und gezeigt, daß Helmholtz diese mit Unrecht für sich in Anspruch nahm;[1] daß ein Kronzeuge wie Liebig zeitlebens die Priorität Mayers anerkannte, und (so viel man weiß) über anderweitige Behauptungen niemals auch nur ein Wort verlor, verdient deshalb besondere Hervorhebung, weil noch neuerdings Koenigsberger in seiner ausgezeichneten Biographie Helmholtz'[2] dem Verdienste R. Mayers durchaus nicht genügend gerecht wird. Es ist mit dem vorliegenden Tatbestande unvereinbar, das Prinzip von der Erhaltung der Kraft ein Helmholtzsches, den Begriff vom konstanten Energievorrate des Weltalls „einen völlig neuen, Helmholtz allein angehörigen" zu nennen,[3] sowie zu behaupten, auch R. Mayer sei zwar zum nämlichen Gedanken gelangt,[4] aber „weniger allgemein und weniger klar bewußt" und „nicht durch wissenschaftliche Methoden", und sei „weit davon entfernt gewesen, ... die Richtigkeit ... des Gesetzes ... an allen damals bekannten Naturprozessen zu prüfen."[5] Die Abhandlungen R. Mayers von 1842 und 1845 erweisen das gerade Gegenteil dieser Angaben, und daß Helmholtz die Schrift von 1845 „Die organische Bewegung in ihrem Zusammenhange mit dem Stoffwechsel", — nach Moleschott „ein Werk von monumentalem Charakter, würdig des größten und fruchtbarsten Gedankens, den das Jahrhundert zutage gefördert hat" —, weder als Physiologe noch als Physiker ihrer vollen Tragweite nach zu durchschauen vermochte, sie vielmehr ganz nebenbei mit wenigen Zeilen einer völlig nichtssagenden Besprechung abtat, wird stets unbegreiflich erscheinen.

[1] S. meine „Abhandlungen und Vorträge", a. a. O. [2] Braunschweig 1902ff. [3] ebd., Bd. 1, S. 79 und 208; Bd. 1, S. 89 und 213. [4] ebd., Bd. 2, S. 318; s. auch Bd. 2, S. 167. [5] ebd., Bd. 1, S. 82 und 87.

wie denn überhaupt das Verhalten dieses großen Mannes gegenüber R. Mayer vielfach rätselhaft und unerfreulich bleibt.[1]

Nachschrift bei der Korrektur: Vor einigen Tagen teilte mir Geheimrat Prof. Dr. J. Volhard freundlichst mit, daß er in seiner, der Vollendung nahen Biographie Liebigs, anläßlich der Besprechung der „Chemischen Briefe" auch Liebigs Beziehungen zu R. Mayer kurz erörtert, und dabei auf den Münchener Vortrag von 1858 hingewiesen habe.

[1] Über die späteren Prioritäts-Streitigkeiten zwischen Helmholtz und Mayer geht Koenigsberger ganz hinweg (Bd. 2, S. 237).

I

Register der geographischen und Eigennamen

(einschließlich der Namen von zitierten Schriftstellern und der Titel anonymer Werke)

II
Sachregister

(Der Raumersparnis wegen ist nicht jedes einzelne Schlagwort aufgenommen; man hat also z. B. ein Fett auch unter „Fette der Pflanzen“ oder „Fette der Tiere“ aufzusuchen, ein Öl unter „Öle der Pflanzen“, Rubin unter „Edelsteine“, Kiefernharz unter „Harze“ usf.)

Schriften

von Prof. Dr. Edmund O. von Lippmann:

Geschichte des Zuckers, seiner Darstellung und Verwendung, seit den ältesten Zeiten bis zum Beginne der Rübenzuckerfabrikation. Ein Beitrag zur Kulturgeschichte. (Leipzig 1890; 474 S.)

Die Entwicklung der Deutschen Zuckerindustrie von 1850 bis 1900. Festschrift zum fünfzigjährigen Bestande des Vereins der Deutschen Zuckerindustrie. (Leipzig 1900; 341 S.)

Die Chemie der Zuckerarten, 3. Aufl. (Braunschweig 1904; 2 Bände, 2004 S.)

Analyse der Rohstoffe, Erzeugnisse und Hilfsprodukte der Zuckerfabrikation. (Berlin 1911, 115 S.; Bd. IV von Lunge's „Chemisch-technischen Untersuchungsmethoden", 6. Auflage.)

Die beiden Grundschriften der Rübenzucker-Fabrikation: **A. S. Marggraf** (1747) u. **F. C. Achard** (1803); Neuausgabe mit Anmerkungen. (Leipzig 1907, 72 S.)

Ferner:

Gemeinverständliche Nationalökonomische Vorträge; geschichtliche und eigene Forschungen, von weil. **Prof. Dr. Wilhelm Neurath.** Herausgegeben von **Prof. Dr. Edmund O. von Lippmann.** (Braunschweig 1902; 308 S.)

www.ingramcontent.com/pod-product-compliance
Lightning Source LLC
LaVergne TN
LVHW092150300926
849161LV00002B/234
9783112691410